国家卫生和计划生育委员会"十二五"规划教材

全国高等医药教材建设研究会"十二五"规划教材

全国高等学校教材

供卫生检验与检疫专业用

分析化学

第 2 版

主　编　毋福海

副主编　赵云斌　周　彤　李华斌

编　者（以姓氏笔画为序）

王春艳（吉林大学）

毋福海（广东药学院）

白　研（广东药学院）

孙　静（广东医学院）

李华斌（中山大学）

连靠奇（河北医科大学）

易　钢（重庆医科大学）

周　彤（南昌大学）

赵云斌（华中科技大学）

钮树芳（包头医学院）

姜　泓（中国医科大学）

徐小娜（南华大学）

黄东萍（广西医科大学）

龚一苑（成都中医药大学）

秘　书　白　研（兼）

人民卫生出版社

图书在版编目（CIP）数据

分析化学/毋福海主编. —2 版. —北京：人民卫生出版社，2014

ISBN 978-7-117-20081-3

Ⅰ.①分…　Ⅱ.①毋…　Ⅲ.①分析化学-高等学校-教材

Ⅳ.①065

中国版本图书馆 CIP 数据核字（2014）第 286393 号

| 人卫智网　www.ipmph.com | 医学教育、学术、考试、健康，购书智慧智能综合服务平台 |
| 人卫官网　www.pmph.com | 人卫官方资讯发布平台 |

分 析 化 学

第 2 版

主　　编：毋福海

出版发行：人民卫生出版社　（中继线 010-59780011）

地　　址：北京市朝阳区潘家园南里 19 号

邮　　编：100021

E - mail：pmph @ pmph.com

购书热线：010-59787592　010-59787584　010-65264830

印　　刷：三河市宏达印刷有限公司

经　　销：新华书店

开　　本：787×1092　1/16　印张：18

字　　数：449 千字

版　　次：2006 年 4 月第 1 版　2015 年 1 月第 2 版
　　　　　2025 年 5 月第 2 版第 16 次印刷（总第 26 次印刷）

标准书号：ISBN 978-7-117-20081-3

定　　价：35.00 元

打击盗版举报电话：010-59787491　E-mail：WQ @ pmph.com

质量问题联系电话：010-59787234　E-mail：zhiliang @ pmph.com

全国高等学校卫生检验与检疫专业
第2轮规划教材出版说明

为了进一步促进卫生检验与检疫专业的人才培养和学科建设,以适应我国公共卫生建设和公共卫生人才培养的需要,全国高等医药教材建设研究会于2013年开始启动卫生检验与检疫专业教材的第2版编写工作。

2012年,教育部新专业目录规定卫生检验与检疫专业独立设置,标志着该专业的发展进入了一个崭新阶段。第2版卫生检验与检疫专业教材由国内近20所开办该专业的医药卫生院校的一线专家参加编写。本套教材在以卫生检验与检疫专业(四年制,理学学位)本科生为读者的基础上,立足于本专业的培养目标和需求,把握教材内容的广度与深度,既考虑到知识的传承和衔接,又根据实际情况在上一版的基础上加入最新进展,增加新的科目,体现了"三基、五性、三特定"的教材编写基本原则,符合国家"十二五"规划对于卫生检验与检疫人才的要求,不仅注重理论知识的学习,更注重培养学生的独立思考能力、创新能力和实践能力,有助于学生认识并解决学习和工作中的实际问题。

该套教材共18种,其中修订12种(更名3种:卫生检疫学、临床检验学基础、实验室安全与管理),新增6种(仪器分析、仪器分析实验、卫生检验检疫实验教程:卫生理化检验分册/卫生微生物检验分册、化妆品检验与安全性评价、分析化学学习指导与习题集),全套教材于2015年春季出版。

第2届全国高等学校卫生检验与检疫专业规划教材评审委员会

全国高等学校卫生检验与检疫专业
第2轮规划教材目录

前 言

随着社会经济发展、环境和气候变化以及各类公共卫生和安全（食品安全、环境安全、生物安全）事件的频发，社会对卫生检验与检疫专业人才的需求与日俱增。2013年8月全国高等医药教材建设研究会在成都组织召开"全国高等学校卫生检验与检疫专业规划教材第2轮修订论证会"，决定开始组织编写全国高等学校卫生检验与检疫专业第2轮规划教材。

本教材是在《分析化学》第1版的基础上编写的，编写前广泛听取了许多院校对上版教材的意见，充分肯定了上版教材的编写质量，认为第1版教材符合当时教学大纲的基本要求，所包含的内容与当时实际应用相符，且文笔流畅，对教材的总体印象较好。与第1版教材相比主要做了如下变动：①第1版教材包括了化学分析和仪器分析两部分，根据大多数院校化学分析和仪器分析单独开课的具体情况，决定将第1版教材的内容分为两个部分，作为两本教材分别出版，化学分析部分的书名沿用第1版的名称为《分析化学》，并定为第2版，仪器分析部分作为新教材，以书名《仪器分析》出版；②根据分析化学课程的特点和教学实际需要，同时编写辅导教材《分析化学学习指导与习题集》；③根据实际工作需要对一些相关章节的内容进行了补充和完善；④将第1版的分析质量保证部分和实验室认证部分合并为分析化学实验室质量管理一章。

全书共十一章，包括绪论、分析化学中的误差和数据处理、分析化学实验室质量管理、滴定分析概论、酸碱平衡和酸碱滴定法、配位滴定法、氧化还原滴定法、沉淀滴定法、重量分析法、分析试样的采集与制备以及分析化学中常用的分离和富集方法。

为了体现教材的先进性、适用性和完整性，在教材编写体系和内容上进行了重新整合，对于基本概念和基本理论进行了提炼，对于每章内容进行了必要的取舍，并注意引进学科前沿知识。为了便于教学和学生自学，在每章增加了本章小结，对其内容进行总结，章末附有思考题与习题，引导学生思考，以加深对教学内容的理解。书末附有关键词中英文名词对照索引。

本教材可供卫生检验与检疫、医学检验技术、医学实验技术和预防医学专业的学生使用，也可作为药学及其他相关专业的教材以及研究生和检验技术人员的参考书。

本教材编写过程中，参考了部分已出版的教材和著作，使用了《分析化学》第1版中的部分图、表和资料，在此向有关作者和出版社致以真诚的谢意！感谢各位编委的通力合作以及各编委所在院校的大力支持，尤其是南京医科大学和山东大学圆满承办编写会议和定稿会议所付出的辛勤劳动！感谢广东药学院的领导以及教务处、教材科领导的大力支持！

限于编者学识水平和经验，教材中难免存在错漏和不妥之处，恳请专家和读者批评指正。

毋福海

2014年9月

目 录

第一章 绪 论

第一节 分析化学的性质、任务和作用

分析化学（analytical chemistry）是研究物质的组成、含量、结构和形态等信息的一门科学。欧洲化学联合会（FECS）对分析化学的定义为：分析化学是发展和应用各种方法、仪器和策略以获得有关物质在空间和时间方面组成和性质的一门科学。

分析化学的主要任务是采用各种方法和手段，获取信息，确定物质的化学组成、测定有关组分的含量、确定物质的结构和形态及其与物质的性质之间的关系等。

分析化学是最早发展起来的化学分支学科，在早期化学的发展中一直处于前沿和重要地位，被称为"现代化学之母"。美国科学院组织编写的《化学中的机会：今天和明天》把分析化学列为美国化学7个需要优先发展的领域之一。

分析化学的应用十分广泛，遍及社会发展的各个方面，关系到国计民生、科技发展、社会稳定和国家安全等众多领域。例如资源勘探、海洋调查、航空航天、化学化工、生命科学、环境保护、医疗卫生、公共安全、产品检验、重大疾病和突发公共卫生事件的处理等。

在科学研究方面，分析化学已成为"从事科学研究的科学"，"科学研究的眼睛"，生命科学、材料科学、环境科学、能源科学等众多研究领域都离不开分析化学的支撑。例如20世纪90年代初期的人类基因组计划被认为是一项类似人类登月的伟大工程，该计划能够得以顺利完成完全有赖于分析化学工作者在毛细管电泳分离分析方法方面的突破。

1999年，布鲁塞尔发生的二噁英污染中毒事件引起了全球恐慌，是分析化学工作者提出了解决问题的办法。近年来发生的几起重大食品安全事件的起因以及解决，如2005年发生的苏丹红事件和孔雀绿事件、2008年发生的三聚氰胺事件、2011年发生的塑化剂事件等，分析化学都起了关键作用。

第二节 分析方法的分类

分析化学的分类方法很多，可根据分析任务、分析对象、方法原理、试样用量、被测组分含量、分析目的等来分类。

1. 定性分析、定量分析和结构分析　按照分析任务，分析方法可分为定性分析、定量分析和结构分析。定性分析（qualitative analysis）的任务是鉴定试样的各组分是什么，即确定试样由哪些元素、离子、基团或化合物组成；定量分析（quantitative analysis）的任

务是测定试样中有关组分的含量；结构分析(structural analysis)的任务是研究物质的分子结构、晶体结构、综合形态以及对物质化学性质的影响。

一般情况下，需先进行定性分析，弄清试样是什么，然后进行定量分析。在试样成分已知时，可直接进行定量分析。对于结构未知的新化合物，则需进行结构分析，确定化合物的分子结构。随着现代分析技术，尤其是联用技术、计算机和信息学的发展，常可同时进行定性、定量和结构分析。

2. 无机分析和有机分析　按照分析对象，分析方法可分为无机分析和有机分析。两者的分析对象不同，对分析的要求和使用的方法多有不同。无机分析(inorganic analysis)的对象是无机物。由于组成无机物的元素多种多样，在无机分析中要求鉴定试样是由哪些元素、离子、原子团或化合物组成，以及各组分的相对含量，有时还要求测定其存在形式(即形态分析)。有机分析(organic analysis)的对象是有机物。虽然组成有机物的元素种类并不多，但有机物的化学结构却很复杂。有机分析不仅需要进行元素分析，更重要的是进行基团分析和结构分析。

3. 化学分析和仪器分析　按照分析方法的原理，分析方法可分为化学分析法和仪器分析法。

化学分析法(chemical analysis)是以物质的化学反应为基础的分析方法。被分析的物质称为试样(sample)或样品，与试样起反应的物质称为试剂(reagent)。根据化学分析反应的现象和特征鉴定物质的化学组成，属于定性分析；根据化学反应中试样和试剂的用量测定物质中各组分的相对含量，属于定量分析。在卫生检验中，化学分析法主要是定量分析。化学分析法又分为重量分析法(gravimetric analysis)(称重分析)和滴定分析法(titrimetry)或容量分析法(volumetric analysis)。化学分析法历史悠久，又是分析化学的基础，故称为经典分析法。化学分析法主要用于高含量和中含量组分(又称常量组分)的测定。重量分析法的准确度很高，至今仍是一些组分测定的标准方法，但其操作繁琐，分析速度慢。滴定分析法操作简便，条件易于控制，速度快，测定结果的准确度高，应用更为广泛。

仪器分析法(instrumental analysis)是以物质的物理或物理化学性质为基础的分析方法。根据物质的某种物理性质，如相对密度、折射率、旋光度及光谱特征等，不经化学反应，直接进行分析的方法，称为物理分析法(physical analysis)，如光谱分析法等。根据物质在物理能的作用下产生的特征性化学作用为基础，或根据化学反应引起的特征性物理效应为基础的分析方法称为物理化学分析法(physicochemical analysis)，如电化学分析法、化学发光法等。这些方法通过测定物质的物理或物理化学参数来进行，需要特殊的仪器，因此称为仪器分析法。只要物质的某种性质所表现出来的测量信号与它的某种参量之间存在简单的函数关系，就可据此建立相应的分析方法。仪器分析法具有灵敏、快速、准确的特点，发展很快，应用很广。

化学分析法和仪器分析法是分析化学的两大分支，两者互为补充，前者是后者的基础。

4. 常量分析、半微量分析、微量分析和超微量分析　根据试样用量的多少，分析方法可分为常量分析法(macro analysis)、半微量分析法(semi-micro analysis)、微量分析法(micro analysis)和超微量分析法(ultra-micro analysis)。各种分析方法的试样用量列于表1-1中。

表 1-1 各种分析方法的试样用量

分析方法	试样质量/mg	试液体积/ml
常量分析法	>100	>10
半微量分析法	10～100	1～10
微量分析法	0.1～10	0.01～1
超微量分析法	<0.1	<0.01

　　无机定性分析一般采用半微量分析；化学定量分析一般采用常量分析；进行微量及超微量分析时，常常采用仪器分析方法。

　　5. 常量组分分析、微量组分分析、痕量组分分析和超痕量组分分析　根据被测组分在试样中的含量，分析方法可分为常量组分分析法（macro component analysis），微量组分分析法（micro component analysis）、痕量组分分析法（trace component analysis）和超痕量组分分析法（ultra- trace component analysis）。各种分析方法中被测组分在试样中的含量列于表 1-2 中。

表 1-2 各种分析方法中被测组分在试样中的含量

分析方法	被测组分的含量/%
常量组分分析法	>1
微量组分分析法	0.01～1
痕量组分分析法	0.0001～0.01
超痕量组分分析法	<0.0001

　　要注意的是，这种分类方法与按试样用量分类方法不同，两种概念不可混淆，痕量组分分析不一定是微量分析。例如自来水中痕量有机污染物的测定，属于痕量组分分析，但自来水的取样量往往多达数十升，却属于常量分析。

　　6. 例行分析和仲裁分析　根据分析目的，分析方法可分为例行分析（routine analysis）和仲裁分析（arbitral analysis）。例行分析，又称常规分析，是指一般分析实验室对日常生产或工作中的检验指标进行分析，如疾病预防控制中心、环境监测站实验室的日常检验工作；仲裁分析是指不同单位对分析结果有争议时，请权威机构进行裁判的分析工作。

　　此外，根据应用领域，分析方法还可以分为水质分析、食品分析、环境分析、药物分析、工业分析、刑侦分析、临床分析等。

第三节　分析过程及分析结果的表示

一、分析过程

　　分析化学的目的是获取关于物质的组成和结构等化学信息，分析过程实际上就是获取物质化学信息的过程。分析过程一般包括明确任务和制订计划、采样（sampling）、试样预处理（pretreatment）、测定（determination）、分析结果计算和表达、方法认证、形成报告等步骤。

1. 分析任务和制订计划　首先要明确分析任务，包括试样的来源、测定的对象、测定的试样数、可能存在的影响因素等。根据任务制订一个初步的研究计划，包括采用的分析方法、仪器设备、试剂、准确度、精密度要求等。

2. 采样　所谓采样是指从整批样品中抽取一部分有代表性的试样。试样是获得分析数据的基础，而采样是分析过程的关键环节，如果采样不合理，就不能获得有用的数据，甚至会导致错误结论，给工作带来损失。由于分析对象种类繁多（组分分布的均匀性，组分含量的高低），分析目的不同（有的要求分析结果能反映分析对象整体的平均组成，有的要求反映其中某一特定区域或特定时间的特殊状态等），应根据分析的具体情况选择合理的采样方法。

3. 试样预处理　由于试样多种多样，存在形式各不相同，采集的试样往往不能直接测定，所谓试样预处理就是将试样处理成分析所需的状态。大多数分析方法要求将试样转化为溶液状态，或将被测组分转入溶液体系中。样品预处理包括试样的溶解和分解，被测组分的提取、分离和富集（浓缩）等。

4. 测定　根据被测组分的性质、含量和对分析测定的具体要求，选择合适的分析方法。分析方法选定后，进一步优化试验条件，进行分析质量控制，以确保分析结果符合要求（包括准确度、精密度、检出限、定量限或线性范围等）。

5. 分析结果的处理和表达　运用统计学的方法对分析所提供的信息进行有效的处理。借助计算机技术和各种专用数据处理软件，对大量数据或者特定时空分布的信息进行处理，除可直接获得分析结果外，还可以从中获得更多有用的信息，解决更多的实际问题。

二、分析结果的表示方法

（一）被测组分的表示形式

对所测定的组分通常有以下几种表示形式

1. 以实际存在的型体表示　测定结果以实际存在型体的含量表示。如水质理化检验中测定 Ca^{2+}、Mg^{2+}、NO_3^-、NO_2^- 等，其测定结果直接以其实际存在型体的含量表示。

2. 以元素形式表示　将测定结果折算为元素的含量表示。如进行 Fe、Mn、Al、Cu、N、S 等元素分析，测定结果常以元素的含量表示。

3. 以氧化物形式表示　将测定结果折算为氧化物的含量表示。如中国表示水的硬度的方法是将所测得的钙、镁的量折算成 CaO 的质量，以每升水中含有 CaO 的质量表示，并且规定 1L 水中含有相当于 10mg 的 CaO 为 1 度（°dH）。

4. 以化合物的形式表示　将测定结果折算为化合物的含量表示，如用重量法测定试样中 S，测定结果以 $BaSO_4$ 的含量表示。

以上所列的四种表示形式，只是一般的规则，实际工作中往往按需要或历史习惯表示。

（二）被测组分含量的表示方法

被测组分的含量通常以单位质量或单位体积中被测组分的量来表示。由于试样的物理状态和被测组分的含量不同，其计量方法和单位不同。

1. 固体试样　固体试样中某一组分的含量，用该组分在试样中的质量分数 w 表示。

$$w = \frac{m}{m_s} \tag{1-1}$$

式中，m 和 m_s 分别为被测组分和试样的质量，g。

如果被测组分为常量组分，则 w 的数值可用百分率（%）表示，这里的"%"是表示质量分数，例如 $w = 0.25$，可记为 25%；如果被测组分含量很低，则 w 可用指数形式表示，如 $w = 1.5 \times 10^{-5}$，也可以用不等的两个单位之比表示，$\mu g/g$、ng/g 等表示。

2. 液体试样　液体试样的分析结果一般用物质的量浓度 c 表示，单位为 mol/L、mmol/L 等。在卫生检验工作中，被测物质往往以多种形态存在，没有固定的摩尔质量，因此，测定结果常用质量浓度 ρ 表示，单位为 g/L、mg/L、$\mu g/L$、mg/ml 或 $\mu g/ml$ 等。

3. 气体试样　气体试样中被测组分的含量表示方法，随其存在状态不同分为两种。

（1）质量浓度：用每立方米气体中被测组分的质量表示，单位为 mg/m^3。目前，空气污染物浓度大都采用这种表示方法，如空气中 SO_2 的浓度用 mg/m^3 表示。

（2）体积分数：当被测组分以气体或蒸气状态存在时，其含量可用体积分数，即以每立方米气体中所含被测物质的体积表示，单位为 ml/m^3。

第四节　分析化学发展简史及发展趋势

分析化学是一门古老的科学，其发展有着悠久的历史。人类有科技就有化学，化学从分析化学开始。20 世纪以来，由于现代科学技术的发展，学科之间的相互渗透，促进了分析化学的发展。分析化学的发展大致经历了三次巨大的变革。

第一次变革发生在 20 世纪初，物理化学中溶液理论的发展，特别是溶液四大平衡理论的建立，为分析化学奠定了理论基础，使分析化学从一门技术（art）发展成为一门科学（science）。

第二次变革发生在 20 世纪 40 年代，由于物理学与电子学的发展，促进了以测量物质的物理或物理化学性质为基础的分析方法的发展，各种仪器分析方法相继建立，分析化学从以溶液化学分析为主的经典分析化学发展成为以仪器分析为主的现代分析化学。

第三次变革是从 20 世纪 70 年代末开始至今。新兴的生命科学、环境科学和新材料科学的发展，向分析化学提出了更高的要求。计算机技术、生物技术和信息科学的引入，促使分析化学发生着更广泛、更深刻的变革。"现代分析化学已发展成为获取形形色色物质尽可能多和尽可能全面的结构和成分信息，进一步认识自然和改造自然的科学"，分析化学将吸收当代科学技术的最新成就，利用物质的一切可以利用的性质，建立有效而实用的原位（in situ）、在体（in vivo）、实时（real time）、在线（on line）和高灵敏度、高选择性的新型动态分析检测和无损探测分析方法及多元多参数的检测监视方法，这将是分析化学发展的方向。现代分析化学已经远远超出化学学科的领域，它正把化学与数学、物理学、计算机科学、生物学结合起来，发展成为一门多学科性的综合科学。

第五节　分析化学的学习方法

分析化学是高等医药院校卫生检验、医学检验、预防医学、药学等专业的主干基础课之一，通过本课程的学习，不仅要掌握各种分析方法的理论和技术，还要学习科学研究的方法，培养观察判断问题的能力和精密地进行科学实验的技能，为学习后续课程和以后从事医药卫生工作打下良好的基础。

分析化学包括化学分析和仪器分析两部分内容，本教材介绍化学分析部分，其内容主要是定量分析方法和分析数据的处理。

在学习时要紧抓化学分析法是以化学反应为基础，用于化学分析的反应必须按确定的化学计量关系定量进行这一关键点。无机化学中所学的溶液平衡理论以及影响平衡移动的因素是分析化学的基础，学习过程中应有意识地运用这些知识和理论分析反应过程中各种平衡状态、各成分的浓度变化，充分掌握化学平衡理论在分析化学中的具体应用。

在分析方法原理的基础上，探讨影响反应进行的因素，控制实验条件以减小误差、提高测定准确度是所有分析方法的共性。由于不同的分析方法各具特点，在学习中应注重分析方法的原理、测定条件以及为提高准确度所采取的措施。要掌握各类分析结果的计算和正确表达。

分析化学是一门实践性学科，以解决实际问题为目的，实验教学是分析化学教学的一个重要环节，应该引起足够的重视。在实验中，要严格执行基本操作规程，仔细观察实验现象，认真做好实验记录，注意培养严谨的科学态度。除一些基本操作实验外，大部分分析化学实验的设置具有强化理论基础的目的，在开展实验教学中要注意结合分析化学理论知识，充分认识分析化学理论在分析实践中的指导作用。

充分利用各种教学资源是学好分析化学的重要途径。分析化学教学资源很多，包括各类教材、教学参考书、网络资源等。各类教材和教学参考书由于编者的风格和应用对象不同，各有特点，可根据具体情况参考有关章节或专题学习。这里要特别强调的是分析化学的网上教学资源，尤其是国家精品课程资源网（http://www.jingpinke.com/）。精品课程是具有一流教师队伍、一流教学内容、一流教学方法、一流教材、一流教学管理等特点的示范性课程，精品课程建设是高等学校教学质量与教学改革工程的重要组成部分，其目的是倡导教学方法的改革和现代化教育技术手段的运用，鼓励使用优秀教材，提高实践教学质量，发挥学生的主动性和积极性，培养学生的科学探索精神和创新能力；建设内容包括教学队伍建设、教学内容建设、教材建设、实验建设、机制建设以及教学方法和手段建设，实现优质教学资源共享等。国家课程资源中心以精品课程建设成果为基础，采用现代信息技术、网络技术，集成国家、省、学校各级精品课程，建成了为全国高校师生和社会大众提供优质教育资源共享和个性化教学资源服务的共享服务平台——国家精品课程资源网，该网站集成了10门国家级、66门省级和64门校级分析化学精品课程。

分析化学及其应用涉及的领域很广，其发展日新月异，本课程的学习只是使学生具有必要的基础知识。学生在今后的学习和工作中，还应时刻关注分析化学的最新发展动态，了解分析化学新技术、新方法在卫生检验与检疫领域中的应用和卫生检验与检疫的发展对分析化学的新要求，为此，必须学会查阅分析化学资料和文献，从中掌握所需要的信息。分析化学文献的形式多种多样，如丛书、大全、手册、图书、期刊以及各种网上资源等。

本 章 小 结

分析化学是研究物质的组成、含量、结构和形态等信息的一门科学，在医药卫生、环境保护、公共安全、产品检验、重大疾病和突发公共卫生事件的处理、科学研究等众多领域中具有重要作用。

分析方法按任务可分为定性分析、定量分析和结构分析；按分析对象可分为无机分析和有机分析；按分析原理可分为化学分析和仪器分析；按试样用量可分为常量分析、半微量分析、微量分析和超微量分析；按被测组分在试样中的含量可分为常量组分分析、微量组分分析、痕量组分分析和超痕量组分分析；按分析目的可分为例行分析和仲裁分析。

分析过程一般包括明确任务和制订计划、采样、试样预处理、测定、分析结果计算和表示等。分析结果可以被测组分的实际存在型体、元素形式、氧化物形式或化合物形式表示，并且根据试样的物理状态和被测组分的含量，采用质量分数、物质的量浓度、质量浓度以及体积分数等表示。

思考题和习题

1. 根据无机化合物和有机化合物的组成和结构特点，阐述无机分析和有机分析的特点。

2. 简述化学分析和仪器分析的原理和特点。

3. 举例说明常量分析和常量组分分析的区别。

4. 简述分析结果的表示方法。

（毋福海）

第二章　分析化学中的误差和数据处理

定量分析的任务是准确测定试样中被测组分的含量。但是，在分析过程中，由于受某些主客观条件的制约，所得结果与被测组分的真实含量不同，其差值称为误差(error)。误差是客观存在的，即使是同一分析人员，在相同的条件下对同一试样进行多次测定，也不可能得到完全一致的分析结果。因此，必须认识分析过程中各种误差产生的原因及其规律，采取有效措施对分析误差加以有效控制，进而获得准确可靠的分析结果。

第一节　分析化学中的误差及其表示方法

一、误差的分类

误差的大小是衡量一个测量值不准确性的尺度，表明测量准确性的大小，即误差越小，测量的准确性越高。根据误差的性质和产生的原因，可将误差分为系统误差(systematic error)和随机误差(random error)两类。

（一）系统误差

系统误差，又称可定误差(determinate error)，是由于分析过程中某些比较确定的因素引起的误差。系统误差有三个特点：①重现性：系统误差在同一条件的重复测量中重复出现；②单向性：系统误差对分析结果的影响是比较固定的，具有一定的方向性，要么偏高，要么偏低；③可测性：系统误差的大小，一般是可以估计的，且大小不变，并可设法减小和加以校正。

系统误差主要是由以下几个方面原因造成的：

1. 方法误差　由于不适当的实验设计或分析方法不够完善所造成，其大小与分析方法的特性有直接关系。如滴定分析法中由于滴定终点与化学计量点的差异、副反应的发生所引起的误差，重量分析中因沉淀的溶解和共沉淀而产生的误差，都属于方法误差。

2. 仪器误差　仪器误差主要是由于仪器不合格、不够精密或未经校准而引起的误差。如各种测量仪器未经校准，砝码磨损或锈蚀，使用的容量瓶和吸量管的刻度不准等都将产生仪器误差。

3. 试剂误差　试剂误差是指分析时所使用的试剂纯度不够，或因试剂变质、被污染等引起的误差。如蒸馏水中含有微量杂质，基准物质的组成与化学式不完全相符，试剂失效等。

4. 操作误差　操作误差是由于分析者对操作规程的理解程度或生理习惯上的原因所引起的误差。如在滴定分析中对终点颜色判断总是偏深或偏浅，读取滴定液体积时总是偏高或偏低，操作者为追求数据的精密度而产生的判断倾向等。

按照系统误差的变化规律，系统误差又可分为恒定系统误差和可变系统误差。恒定系统误差的大小与试样的多少无关，在测量过程中绝对误差保持不变，而相对误差会随试样质量增大而减小，如滴定分析中的指示剂误差便属于这种误差。可变系统误差中常见的是线性系统误差，也称比例误差，其分析结果的绝对误差随样品量的增大而成比例增大，而相对误差却与试样的多少无关。如重量分析中，沉淀所含的水分随着沉淀重量的增加而增加，但水分的相对含量是不变的。在实际工作中，可以根据这两种类型误差的差别，通过改变试样的称取量，从分析结果来判断系统误差的性质，并采取措施减少系统误差。

（二）随机误差

随机误差，又称偶然误差（accidental error）或不定误差（indeterminate error），是由于分析过程中各种偶然的、不确定因素引起的误差。这些因素主要指分析过程中实验室条件或操作者操作水平发生的细微变化，通常难以觉察，如测量仪器示值的波动、电压的微小变动、天平和滴定管最后一位读数的不确定性，实验室温度、湿度、气流、气压的变化，操作人员的视觉误差和取样误差等。

随机误差的特点是：①不确定性；②分布服从统计学规律。由于原因不确定，其大小和正负都难以预测，因此随机误差不可避免且无法加以校正。同时单次测量时，随机误差大小和方向的变化无规律可循，但经多次重复测量后，就会发现它服从一定的统计规律，即正态分布，也就是说无限多次测定的随机误差的代数和为零。根据这一规律，分析工作中通常采用增加平行测定次数、取平均值的方法来减小随机误差。

除了上述两种误差外，在分析工作中往往会遇到由于差错而引起的所谓过失误差（gross error），其实质是一种错误，不能称为误差，但习惯上称为过失误差。过失误差是指由于分析人员缺乏经验、粗心大意或不按规程操作而导致的结果不准确，如加试剂时溶液溅失、加错试剂、定容不准、器皿不洁净、读数及记录错误、计算错误等。这些不该发生的过失会对分析结果造成极大的影响，在进行数据处理时，应将其舍弃。过失误差没有规律可言，但可以通过加强分析人员工作责任心，认真细致、严格遵守操作规程来避免。

二、准确度与误差

准确度（accuracy）是指测量值与真值的接近程度。就误差分析而言，准确度是反映分析方法或测量系统存在的系统误差和随机误差的综合指标。它说明测定结果的可靠性，用误差来表示。误差大，则准确度低；误差小，则准确度高。

准确度用绝对误差（absolute error）和相对误差（relative error）来表示。

1. 绝对误差　指测量值与真值之差，用 E_a 来表示。

$$E_a = x - x_T \tag{2-1}$$

式中，x 为测量值，x_T 为真值。真值（true value）是试样中被测组分客观存在的真实含量。x_T 通常是未知的，但在以下特定情况下认为是已知的：①理论真值，如化合物的理论组成；②计量学约定真值，如国际计量大会确定的长度、质量、物质的量单位等；③相对真值，如高一级精度的测量值相对于低一级精度的测量值。

绝对误差的单位与测量值单位相同。当测量值大于真值时，绝对误差为正误差，反之为负误差。测量值越接近真值，绝对误差越小，反之，则绝对误差越大。

2. 相对误差　相对误差是指绝对误差与真值之比，用 E_r 表示。

$$E_r = \frac{E_a}{x_T} \times 100\%$$ (2-2)

相对误差没有单位，但同样有正负之分，通常以%表示。

绝对误差反映的是测量值偏离真值的程度，而相对误差反映的是绝对误差在真值中所占的比例。因此在实际应用中，相对误差更能体现误差的大小，相对误差也比绝对误差更为常用。根据相对误差的大小，还能提供正确选择分析方法的依据。

例2-1 用分析天平称取 A、B 两份试样，得到的质量分别为 2.2682g 和 0.2268g。假定 A、B 的真值分别为 2.2680g 和 0.2266g，则它们的绝对误差和相对误差分别是多少？

解 根据式(2-1)得，绝对误差为

$$E_a(A) = x_A - x_T(A) = 2.2682 - 2.2680 = 0.0002(g)$$
$$E_a(B) = x_B - x_T(B) = 0.2268 - 0.2266 = 0.0002(g)$$

根据式(2-2)得，相对误差为

$$E_r(A) = \frac{E_a(A)}{x_T(A)} \times 100\% = \frac{0.0002}{2.2680} \times 100\% = 0.009\%$$

$$E_r(B) = \frac{E_a(B)}{x_T(B)} \times 100\% = \frac{0.0002}{0.2266} \times 100\% = 0.09\%$$

可见，当测量值的绝对误差相等时，测量值越大，相对误差就越小，准确度越高；反之，准确度越低。

三、精密度与偏差

精密度(precision)是指对同一均匀试样多次平行测定结果之间一致的程度，反映分析方法或测定系统存在的随机误差的大小，也反映了数据的分散程度。精密度越好，表示随机误差越小，数据的分散程度越小。

精密度用偏差(deviation)来表示，偏差越小，精密度越高。偏差包括绝对偏差(absolute deviation, d)、相对偏差(relative deviation, d_r)、平均偏差(average deviation, $\bar{d}$)、相对平均偏差(relative average deviation, $\bar{d}_r$)、标准偏差(standard deviation, s)、相对标准偏差(relative standard deviation, RSD, s_r)、平均值的标准偏差(standard deviation of mean, $s_{\bar{x}}$)等。

1. 绝对偏差 指测量值与平均值(mean)之差，用 d 表示。

$$d = x - \bar{x}$$ (2-3)

式中，x 为测量值，$\bar{x}$ 为平均值。

2. 相对偏差 指绝对偏差在平均值中所占的百分比，用 d_r 表示。

$$d_r = \frac{d}{\bar{x}} \times 100\%$$ (2-4)

3. 平均偏差 指各个测量值绝对偏差的绝对值的平均值，它反映一组测量值之间的分散程度，用 $\bar{d}$ 表示。

$$\bar{d} = \frac{|d_1| + |d_2| + |d_3| + \cdots + |d_n|}{n} = \frac{\sum_{i=1}^{n} |x_i - \bar{x}|}{n}$$ (2-5)

式中，n 为平行测量次数。

4. 相对平均偏差　指平均偏差与测量平均值之比，用 $\bar{d}_r$ 表示。

$$\bar{d}_r = \frac{\bar{d}}{\bar{x}} \times 100\% \tag{2-6}$$

被测物含量不同时，相对平均偏差可用于比较其测量值平均偏差的大小。

5. 标准偏差　当一组测量数据中含有偏差较大的数据时，平均偏差不能很好地反映测量值之间的离散程度，需要采用标准偏差来表示精密度。标准偏差有总体标准偏差（population standard deviation）和样本标准偏差（sample standard deviation）两种表示方法。

在统计学中，将所有研究对象的全体称为总体，从总体中随机抽出的一小部分称为样本。衡量所有研究对象分析数据的精密度用总体标准偏差 σ 来表示，衡量其中一部分分析数据（$n \leqslant 20$）的精密度时，用样本标准偏差 s 来表示。

总体标准偏差的计算公式为：

$$\sigma = \sqrt{\frac{\sum_{i=1}^{n}(x_i - \mu)^2}{n}} \tag{2-7}$$

式中，μ 为总体均数，是指总体中所有测量值的平均值，也就是总体平均值。n 为测量值的个数。

样本标准偏差的计算公式为：

$$s = \sqrt{\frac{\sum_{i=1}^{n}(x_i - \bar{x})^2}{n-1}} \tag{2-8}$$

式中，$n-1$ 称为自由度（degree of freedom），表示 n 次测量中只有 $n-1$ 个独立变化的偏差，主要是为了校正以样本平均值代替总体平均值所引起的误差。

标准偏差的计算中可将大的偏差进行放大，而平均偏差 $\bar{d}$ 的计算中平均对待每个大小不同的偏差，所以标准偏差比平均偏差更能反映数据的离散程度。例如有两组测量数据，各测量值的偏差如下：

A 组：$+0.4$，$+0.3$，$+0.2$，$+0.2$，$+0.1$，0.0，-0.2，-0.3，-0.3，-0.4

B 组：$+0.9$，$+0.1$，$+0.1$，$+0.1$，0.0，0.0，-0.1，-0.2，-0.2，-0.7

两组的平均偏差分别是：$\bar{d}(A) = 0.24$，$\bar{d}(B) = 0.24$

但从原始数据中可以明显看出 B 组的离散程度大。如果分别计算两组的样本标准偏差，则

$$s(A) = \sqrt{\frac{(0.4-0)^2 + (0.3-0)^2 + (0.2-0)^2 + \cdots + (-0.4-0)^2}{10-1}} = 0.28$$

$$s(B) = \sqrt{\frac{(0.9-0)^2 + (0.1-0)^2 + (0.1-0)^2 + \cdots + (-0.7-0)^2}{10-1}} = 0.40$$

$s(A) < s(B)$，说明 B 组数据的精密度差。由此可见，用平均偏差表示精密度时对大偏差反映不够充分，而标准偏差通过平方运算，突出了较大偏差的影响，避免了正负绝对偏差的相互抵消，因而更能敏感地反映测量值之间的离散程度。

6. 相对标准偏差　标准偏差与测量值的平均值之比，用 RSD 或 s_r 表示。相对标准偏差也称为变异系数（coefficient of variation，CV）

$$s_r = \frac{s}{\bar{x}} \times 100\% \tag{2-9}$$

7. **平均值的标准偏差**　又称标准误（standard error），反映样本平均值之间的离散程度，是样本平均值抽样误差大小的衡量指标，用 $s_{\bar{x}}$ 表示。对同一样品进行一系列有限次数的测量，得到的平均值 $\bar{x}_1$、$\bar{x}_2$、$\bar{x}_3$、…不可能完全相同，这些平均值的精密度用平均值的标准偏差来表示。

$$s_{\bar{x}} = \frac{s}{\sqrt{n}} \qquad (2\text{-}10)$$

平均值的标准偏差越小，表明随机误差越小，样本平均值越接近于总体平均值。由式（2-10）可见，平均值的标准偏差与测定次数的平方根成反比。因此，可通过增加测定次数来提高分析结果的精密度。当 $n \to \infty$ 时，$s_{\bar{x}} \to 0$，如果不存在系统误差，该平均值就是总体平均值。

由图 2-1 可以看出，对同一样品进行多次测量，当 $n < 5$ 时，$s_{\bar{x}}/s$ 随测定次数的增加而迅速减小；当 $n > 5$ 时，$s_{\bar{x}}/s$ 的减小趋势变缓；当 $n > 10$ 后，$s_{\bar{x}}/s$ 减小的趋势已不明显。因此，在实际工作中应根据需要确定平行测定的次数，过多增加平行测定次数对提高分析结果的精密度不仅意义不大，而且浪费人力、物力和时间。在一般的测定中，平行测定 3 ~ 4 次即可，要求较高时，可测定 5 ~ 9 次。

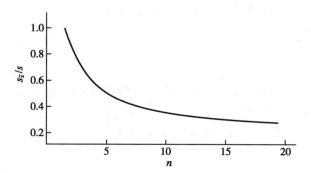

图 2-1　随机误差与测量次数的关系

除了偏差以外，样本平行测定值的精密度还可以用极差（range，R）来表示。极差又称全距或范围误差，指一组数据中最大值与最小值的差。

$$R = x_{\max} - x_{\min} \qquad (2\text{-}11)$$

式中，$x_{\max}$ 和 $x_{\min}$ 分别指一组数据中的最大值和最小值。极差只指明了测定值的最大离散范围，仅仅取决于两个极端值的水平，不能反映其间的测量值分布情况及测量值彼此相符合的程度。它的优点是计算简单，含义直观，运用方便。偏差和极差的数值都在一定程度上反映了随机误差的大小。

四、精密度与准确度的关系

精密度仅反映了分析方法或测定系统中存在的随机误差的大小，而准确度则全面反映了分析方法或测定系统中存在的系统误差和随机误差的大小。精密度好，只表明随机误差较小，并不表示准确度一定很好。

图 2-2 是四位分析人员甲、乙、丙、丁测定同一试样中某组分含量时所得的结果，测定次数均为 6 次。试样的 x_T 为 10%。甲所得结果的精密度虽然很高，但准确度较低，表明存在系统误差；乙所得结果的精密度和准确度均较好，表明随机误差和系统误差均较小；丙所得结果的精密度很差，表明随机误差较大，其平均值虽然接近真值，

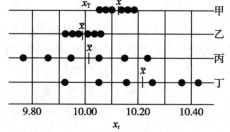

图 2-2　准确度与精密度的关系

但这是由于大误差正负相互抵消的结果；丁所得结果的精密度和准确度均不好，存在较大的随机误差和系统误差。由此可见，精密度是保证准确度的先决条件。在消除了系统误差的情况下，精密度好，才能获得较高的准确度。

五、测量不确定度

准确度是指测量结果与真值接近的程度，由于真值是不知道的，故准确度是不可能知道的，只有概念上的意义。为了定量描述测量值的可靠性，1986年国际计量委员会开始推广使用不确定度的概念。国际计量局等七个国际组织于1993年联合起草，并由国际标准化组织（ISO）正式发布了"测量不确定度表示指南（Guide to the Expression of Uncertainty in Measurement）"，简称GUM。GUM统一了不确定度的评定方法和表示方法。当今世界各国已广泛使用不确定度来表征测量结果的质量。不确定度表示方法的统一是与国际接轨所必需的，它可使各国进行的测量和得到的结果进行相互比对时，得到相互的承认或达成共识。

测量不确定度（uncertainty in measurement）是与测量结果相联系的，合理地表征被测量值的分散性参数。"合理"是指应考虑到各种因素对测量的影响所做的修正，特别是测量应处于统计控制的状态下，即处于随机控制过程中。"相联系"是指测量不确定度是一个与测量结果"在一起"的参数，在测量结果的完整表示中应包括测量不确定度。此参数可以是诸如标准偏差或其倍数，或说明了置信水平的区间的半宽度。该定义描述了测量结果正确性的可疑程度和不肯定程度。测量的水平和质量用测量不确定度来评价，不确定度越小，则测量结果的可疑程度越小，可信程度越大，测量结果的质量越高，水平越高，价值更大。

测量不确定度是现代误差理论的核心和最新发展，两者有联系也有区别。测量不确定度是建立在误差分析的基础上的，不确定度的标准差、合成、传播和扩展均是误差分析方法的推广并依赖于误差理论。但是，测量不确定度表征的是测量结果的分散性，误差是测量结果与被测量的真值之差。前者恒为正，后者可正可负。由于真值不可知，测量误差不可能准确知道，而测量不确定度则可定量评定。

（一）测量不确定度的来源

在测量过程中，测量不确定度可能来源于以下几个方面：①对被测量的定义不完整；②测量的方法不完善；③取样的代表性不够，即被测量的样本不能代表所定义的被测量；④对测量过程受环境影响的认识不周全，或对环境条件的测量与控制不完善；⑤对模拟仪器的读数存在人为偏移；⑥测量仪器的分辨力或鉴别力不够；⑦赋予计量标准的值或标准物质的值不准；⑧引用于数据计算的常量和其他参量不准；⑨测量方法和测量程序的近似性和假定性；⑩在相同的条件下，被测量重复观测值的变化。

由此可见，测量不确定度一般来源于随机性和模糊性，前者归因于条件不充分，后者归因于事物本身概念不明确。这就使测量不确定度一般由许多分量组成，其中一些分量可以用测量列结果（观测值）的统计分布来进行评价，并且以实验标准偏差表征；而另一些分量可以用其他方法（根据经验或其他信息的假定概率分布）来进行评价，并且也以标准偏差表征。所有这些分量，都对分散性产生影响。若需要表示某分量是由某原因导致时，可以用随机效应导致的不确定度和系统效应导致的不确定度来表示。

（二）测量不确定度的分类

测量不确定度按照其评定方法可分为"A类"和"B类"。

用对观测列进行统计分析的方法来评定标准不确定度，称为不确定度的A类评定，也称统计不确定度。如测量读数有分散性，测量时温度波动影响等。由于不确定度的A类评定用统计学的方法对观测列进行数据处理，因此其具有较强的客观性和统计学的严格性。

用不同于对观测列进行统计分析的方法来评定标准不确定度，称为不确定度的B类评定，也称非统计不确定度。如采样及样品预处理过程中的不确定度、标准对照物质浓度的不确定度、标准校准过程中的不确定度、仪器示值的误差等。通常这类不确定度用根据经验或资料及假设的概率分布估计的标准偏差表征，也就是说其原始数据并非来自观测列的数据处理，而是基于实验或其他信息来估计，因此主观性较强。

根据表示方式的不同，测量不确定度又分为三类：标准不确定度、合成不确定度、扩展不确定度。

1. 标准不确定度　以标准偏差表示的测量不确定度，用符号u表示。

2. 合成不确定度　当测量结果是由若干个其他量的值求得时，按其他各量的方差和协方差算得的标准不确定度，称为合成不确定度，用符号u_c表示。

假设A类、B类分量保持各自独立变化，A类分量用s表示，B类分量用σ_B表示，则合成不确定度为

$$u_c = \sqrt{s^2 + \sigma_B^2} \tag{2-12}$$

3. 扩展不确定度　为了提高置信水平，用统计因子k乘以合成不确定度得到的一个区间来表示的测量不确定度，称为扩展不确定度，用符号U表示。

$$U = ku_c \tag{2-13}$$

k为统计因子。当置信度为95%时，$k=2$；当置信度为99%时，$k=3$。

（三）测量结果的表示

任何一个测量结果的表示均应包括被测物质的平均值$\bar{x}$和一定概率下的不确定度U。因此测量结果通常用$\bar{x} \pm U$表示。

例2-2　采用原子吸收分光光度法测定浓度为$1.00\mu g/ml$的铅标准溶液，5次平行测定的结果（$\mu g/ml$）分别为：1.02、1.07、0.98、1.05、0.95。经估算B类不确定度为$0.032\mu g/ml$。试对该方法进行不确定度评定并给出测定结果。

解　5次平行测定结果的平均值及标准偏差分别为

$$\bar{x} = 1.01(\mu g/ml) \quad s = 0.049(\mu g/ml)$$

根据式（2-12）得，合成不确定度为

$$u_c = \sqrt{s^2 + \sigma_B^2} = 0.059(\mu g/ml)$$

根据式（2-13），置信度为95%时，扩展不确定度为

$$U = 2u_c = 0.12(\mu g/ml)$$

则测定结果可表示为：$\bar{x} \pm U = 1.01 \pm 0.12(\mu g/ml)$

六、误差的传递

在分析工作中，一般需要经过一定的分析步骤，测量一系列参数，再按一定函数关系式进行计算，得到分析结果。每一步测量所引起的误差通过一定形式的运算都可能影响最

后的分析结果，也就是误差会传递到最终结果中，这就是误差传递（propagation of error）。由于系统误差和随机误差的性质不同，这两类误差的传递规律也不相同。

（一）系统误差的传递

系统误差是可定误差。假设 A、B、C 为分析过程中测量的物理量，R 为分析结果。分别以 E_A、E_B、E_C 表示 A、B、C 的测量绝对误差，分析结果的绝对误差依据测量值与结果的函数关系式的不同，采用以下方法进行计算：

1. 加减运算　分析结果的绝对误差等于各测量值绝对误差的代数和。如分析结果与测量值有如下关系：$R = A + B - C$，则误差传递关系式为：

$$E_R = E_A + E_B - E_C \qquad (2\text{-}14)$$

2. 乘除运算　分析结果的相对误差等于各测量步骤相对误差的代数和。在乘法运算中，分析结果的相对误差等于各测量值相对误差之和，而除法运算则等于它们的差。如分析结果与测量值有如下关系：$R = \dfrac{A \cdot B}{C}$，则误差传递关系式为：

$$\frac{E_R}{R} = \frac{E_A}{A} + \frac{E_B}{B} - \frac{E_C}{C} \qquad (2\text{-}15)$$

3. 指数关系　有指数关系的分析结果，其相对误差等于测量值的相对误差的指数倍。如分析结果与测量值有如下关系：$R = mA^n$，则误差传递关系式为：

$$\frac{E_R}{R} = n \times \frac{E_A}{A} \qquad (2\text{-}16)$$

4. 对数关系　有对数关系的分析结果，其绝对误差为测量值相对误差的 0.434 倍。如分析结果与测量值有如下关系：$R = m \lg A$，则误差传递关系式为：

$$E_R = 0.434m \times \frac{E_A}{A} \qquad (2\text{-}17)$$

例 2-3　用减量法称取 $AgNO_3$ 1.7208g，溶解后转移至 100ml 棕色容量瓶中，稀释至刻度，配制成 0.1013mol/L 的 $AgNO_3$ 标准溶液。假设分析天平的称量误差为 0.2mg，容量瓶的误差为 0.02ml。试计算 $AgNO_3$ 标准溶液的相对误差和绝对误差。

解　$AgNO_3$ 标准溶液的浓度按下式计算：

$$c = \frac{m}{M \cdot V}$$

上式属乘除法，因此，根据式（2-15）得

$$\frac{\Delta c}{c} = \frac{\Delta m}{m} - \frac{\Delta M}{M} - \frac{\Delta V}{V}$$

由于 m 是采用减量法获得，因此 $m = m_1 - m_2$（m_1 为称量前的质量，m_2 为称量后的质量）

上式属加减法，根据式（2-14）得

$$\Delta m = \Delta m_1 - \Delta m_2 = 0.2 - 0.2 = 0$$

摩尔质量为约定真值，可以认为 $\Delta M = 0$。

所以，$AgNO_3$ 标准溶液的相对误差为

$$\frac{\Delta c}{c} = \frac{\Delta m}{m} - \frac{\Delta M}{M} - \frac{\Delta V}{V} = -\frac{\Delta V}{V} = -\frac{0.02}{100.00} = -0.02\%$$

$AgNO_3$ 标准溶液的绝对误差为

$$\Delta c = -0.02\% \times 0.1013 = -0.00002\,(mol/L)$$

（二）随机误差的传递

随机误差是不定误差，无法知道误差的确切值，也无法知道它们对计算结果的确切影响，但可以采用标准偏差法对其影响进行推断和估计。

标准偏差法认为随机误差的大小、方向等符合统计学规律，可以利用其统计学规律估计传递误差。假设 A、B、C 为分析过程中测量的物理量，R 为分析结果。利用标准偏差法估计随机误差传递的计算方法如下：

1. 加减运算　分析结果标准偏差的平方等于各测量值标准偏差的平方和。如分析结果与测量值有如下关系：$R = A + B - C$，则误差传递关系式为：

$$s_R^2 = s_A^2 + s_B^2 + s_C^2 \tag{2-18}$$

2. 乘除运算　分析结果相对标准偏差的平方等于各测量值相对标准偏差平方的和。如分析结果与测量值有如下关系：$R = A \times B / C$，则误差传递关系式为：

$$\left(\frac{s_R}{R}\right)^2 = \left(\frac{s_A}{A}\right)^2 + \left(\frac{s_B}{B}\right)^2 + \left(\frac{s_C}{C}\right)^2 \tag{2-19}$$

3. 指数运算　分析结果相对标准偏差等于测量值相对标准偏差的指数倍。如分析结果与测量值有如下关系：$R = A^n$，则误差传递关系式为：

$$\frac{s_R}{R} = n \times \frac{s_A}{A} \tag{2-20}$$

4. 对数运算　分析结果相对标准偏差等于测量值相对标准偏差的 0.434 倍。如分析结果与测量值有下列关系：$R = m \lg A$，则误差传递关系式为：

$$s_R = 0.434m \times \frac{s_A}{A} \tag{2-21}$$

例 2-4　设分析天平的称量标准偏差 $s = 0.1\text{mg}$，求用减量法称取试样时的随机误差 s_m。

解　减量法称取试样的结果是两次称量 m_1 和 m_2 的差值，即 $m = m_1 - m_2$。根据式(2-18)得

$$s_m^2 = s_{m_1}^2 + s_{m_2}^2$$
$$s_m = \sqrt{s_{m_1}^2 + s_{m_2}^2} = \sqrt{0.1^2 + 0.1^2} = 0.14$$

在误差传递的计算中，通常要将系统误差和随机误差考虑进去。了解误差的传递规律，有助于我们估计各测量步骤中应该达到的准确程度，对于可能产生大误差的环节要尽量避免，使最终的测量结果更加准确。

第二节　随机误差的统计学规律

前已述及，随机误差有某些难以控制的偶然因素引起的，其大小、正负都不确定，具有随机性。尽管单个随机误差的出现没有规律，但进行多次重复测定时会发现随机误差是服从一定统计规律的，可以用数理统计的方法研究随机误差的分布规律。

一、频数分布

一个班 40 名学生用相同的滴定方法测定同一份乙酸溶液的百分含量，共得到 120 个测定值：

4.69	4.46	4.43	4.51	4.48	4.49	4.50	4.45	4.52	4.53
4.52	4.41	4.50	4.57	4.54	4.49	4.65	4.43	4.53	4.43
4.56	4.57	4.53	4.47	4.51	4.60	4.52	4.54	4.59	4.54
4.54	4.55	4.53	4.58	4.51	4.56	4.51	4.56	4.54	4.46
4.51	4.57	4.54	4.48	4.51	4.57	4.50	4.56	4.45	4.41
4.57	4.46	4.50	4.54	4.39	4.54	4.53	4.49	4.43	4.50
4.49	4.62	4.54	4.51	4.53	4.53	4.61	4.52	4.54	4.54
4.50	4.53	4.64	4.45	4.57	4.60	4.53	4.57	4.51	4.52
4.54	4.53	4.45	4.60	4.48	4.57	4.53	4.57	4.61	4.46
4.44	4.49	4.57	4.57	4.47	4.53	4.53	4.66	4.48	4.50
4.54	4.49	4.51	4.59	4.50	4.48	4.45	4.63	4.54	4.49
4.41	4.46	4.39	4.53	4.52	4.47	4.64	4.63	4.47	4.46

由于随机误差的存在，这些测定值有高有低，参差不齐。为了研究随机误差的分布规律，将这些测定值按一定的规则分成若干个组，然后统计每个组中包含测量值的个数，称为频数（frequency，n_i），频数除以测量值总数称为相对频数或频率。将各组测量值的范围、频数以及频率列表可得频数分布表，简称频数表（frequency table）；以频数或频率为纵坐标，测量值范围为横坐标可绘制频数分布直方图。

分组时要根据样本容量的大小，既要保证有一定的组数，又要保证各组有一定的容量。分组过少，数据就非常集中；分组过多，数据又非常分散，不能很好反映数据的分布特征，当数据在 100 左右时，一般分 5～12 组。本例将所有测量值分为 10 个组。具体分法是：将全部数据从小到大排序，计算极差，由极差除以组数求出组距，统计各组中测量值的个数（即频数），计算各组段的频率，得到频数分布表。本例中极差 R 为 4.69 – 4.39 = 0.30，组距为 0.30/10 = 0.03。分组时需要注意，因为是连续资料，所以区间是 4.39～4.42、4.42～4.45、……，即前组的区间上限是后组的区间下限，习惯上将该界限值分在后组，如 4.42 分在 4.42～4.45 这一组，而不是 4.39～4.42 这一组。从本例所得频数表和频数分布直方图分别见表 2-1 和图 2-3。

表 2-1　乙酸百分含量测量结果的频数分布表

组段	频数	频率
4.39～4.42	5	0.042
4.42～4.45	5	0.042
4.45～4.48	15	0.125
4.48～4.51	20	0.167
4.51～4.54	29	0.242
4.54～4.57	19	0.158
4.57～4.60	14	0.117
4.60～4.63	6	0.050
4.63～4.66	5	0.042
4.66～4.69	2	0.017
合计	120	1.00

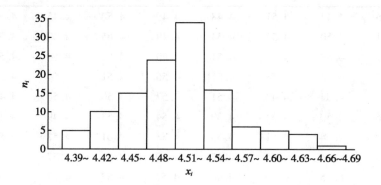

图2-3　乙酸百分含量测量结果的频数分布直方图

从表2-1和图2-3可以看出，120个测量值中出现在4.51~4.54这一组比较多，较集中，占总数的24.2%，称为集中趋势（central tendency）。以此为中心，两侧的频数逐渐减少，这种来自于同一总体的一组数据的分散程度称为离散程度（dispersion）。可见，通过频数表或频数分布直方图可以显示数据分布的范围和形态。

二、数据的集中趋势和离散程度

对于大量的分析数据，编制频数表及绘制频数分布直方图仅做了简单的描述统计分析，还需要进一步计算数据的集中趋势和离散程度的大小。

（一）数据的集中趋势的表示方法

数据的集中趋势可以用平均数（average）表示，包括平均值 $\bar{x}$ 和中位数 M。

1. 平均值　平均值也称算术均数，简称均数，用 $\bar{x}$ 表示，反映一组数据在数量上的平均水平，常用来代表一组数据的总体"平均水平"，是总体均数 μ 的最佳估计值。当 $n \to \infty$ 时，$\bar{x} \to \mu$。平均值与每一个数据都有关，其中任何数据的变动都会相应引起均数的变动。平均值主要缺点是易受极端值的影响，这里的极端值是指偏大或偏小数，当出现偏大数时，平均值将会被抬高，当出现偏小数时，平均值会降低。

2. 中位数　将一组数据按大小顺序排列，位于中间位置的值叫做这组数据的中位数（median），用 M 表示。如果 n 是奇数，则处于中间位置的数值就是这组数据的中位数；如果 n 是偶数，则中位数为中间两个数据的平均值。中位数将数据分成前半部分和后半部分，因此用来代表一组数据的"中等水平"。中位数与数据的排列位置有关，某些数据的变动对它没有影响，因此不受数据极端值的影响。中位数作为一组数据的代表值，可靠性比较差，因为它只利用了部分数据。但当一组数据的个别数据偏大或偏小时，用中位数来描述该组数据的集中趋势就比较合适。

（二）数据的离散程度

数据的离散程度可以用极差、标准偏差（包括总体标准偏差和样本标准偏差）、相对标准偏差、方差（即标准偏差的平方）等来表示。这些参数数值越大，表明数据的离散程度越大。

三、正态分布

（一）正态分布的概念

频数分布图是对数量较大的数据进行统计描述的常用方法。如果测定的数据无限增多，组距更小，测定值分的组数就更多，则频数分布直方图中的直条将逐渐变窄，其顶端将趋近于一条连续的曲线，这条曲线称为频率密度曲线 $f(x)$，近似于数学上的正态分布曲线，见图2-4。

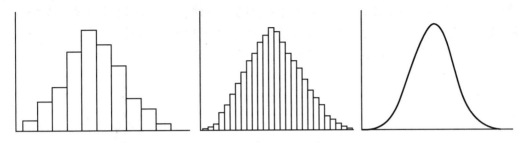

图2-4　测量数据的频率密度曲线逐渐接近正态分布示意图

正态分布(normal distribution)也称高斯分布(gaussian distribution)，是一种重要的连续型概率分布，在概率论和数理统计中，占有极其重要的地位。正态分布的概率密度函数方程式为：

$$y = f(x) = \frac{1}{\sigma\sqrt{2\pi}}e^{-\frac{(x-\mu)^2}{2\sigma^2}} \tag{2-22}$$

式中，y 为概率密度(probability density)，表示某一测量值出现的概率；x 为测量值；μ 为总体均值；σ 为总体标准偏差。正态分布由参数 μ 和 σ 确定，因此正态分布常记作 $N(\mu,\sigma^2)$。如果随机变量 x 服从正态分布，则记为 $x \sim N(\mu,\sigma^2)$。x 是一个连续型随机变量，可在区间 $(-\infty, +\infty)$ 内任意取值，符号 $\sim$ 表示随机变量服从什么样的分布，N 表示正态分布。如果以 x 为横坐标，不同 μ 值时的概率 y 为纵坐标，得到测量值 x 的正态分布曲线。如果以随机误差 $x-\mu$ 为横坐标，得到的是随机误差的正态分布曲线。由于测量值和随机误差是来自同一个总体，所以测量值和随机误差具有相同的分布规律，两者的曲线形状是一样的，见图2-5。

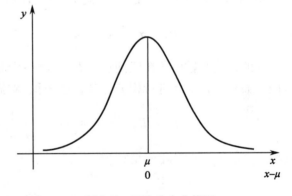

图2-5　正态分布曲线图

（二）正态分布的特征

由于无限多次测量数据的随机误差服从正态分布。因此，随机误差的分布也具有正态分布曲线的特征：

1. **对称性**　正态分布曲线呈钟型，以 μ 为中心，中间高、两头低、左右完全对称。说明随机误差分布是对称的，正误差和负误差出现的概率相等。

2. **单峰性**　正态分布曲线在 $x=\mu$ 处，y 取最大值，x 越远离 μ，y 越小。说明测量值出现在其平均值附近的概率最大，测量值有集中趋势的特征。

3. **有界性**　正态分布曲线当 x 趋于 $-\infty$ 或 $+\infty$ 时，曲线以 x 轴为渐近线。说明在一定的测量条件下，随机误差在一定范围内分布，即小误差出现概率大，大误差出现概率小，出现很大误差概率极小，趋于零。

正态分布曲线的位置和形状由 μ 和 σ 两个参数决定。① μ 是位置（即平均水平）参数，决定正态分布曲线最高点的位置。若总体标准偏差 σ 相同，总体平均值 μ 不同，则曲线形状相同，只是曲线沿横轴平移，如图 2-6（a）。如果以一条曲线代表一组数据，则说明了这几组数据来自不同的总体，或者说数据来自同一总体，但在测量时出现了系统误差。② σ 是变异参数，决定正态分布曲线的形态。若总体平均值 μ 相同，总体标准偏差 σ 不同，则曲线的形状不同。σ 小，曲线陡峭，σ 大，曲线平坦，见图 2-6（b）。

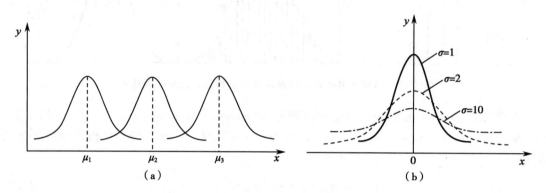

图2-6 μ 和 σ 决定正态曲线的位置和形状

（三）正态分布曲线下面积分布规律

正态分布曲线与横坐标之间所夹的总面积，代表所有测量值出现的概率 P 的总和，其值为 100%（或 1），曲线下面积（即概率 P）的计算公式为：

$$P(-\infty < x < \infty) = \frac{1}{\sigma\sqrt{2\pi}}\int_{-\infty}^{\infty} e^{-\frac{(x-\mu)^2}{2\sigma^2}}\mathrm{d}x = 1 \tag{2-23}$$

同样的，当测量值落在区间（a，b）的概率为曲线与 a，b 间所夹面积，见图 2-7。这一区间的面积可按下式进行积分计算，该面积（即概率）将小于 100%。

$$P(a < x \leqslant b) = \frac{1}{\sigma\sqrt{2\pi}}\int_{a}^{b} e^{-\frac{(x-\mu)^2}{2\sigma^2}}\mathrm{d}x \tag{2-24}$$

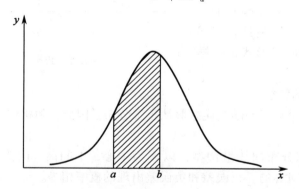

图2-7 测量值出现在区间（a，b）内的概率

四、标准正态分布

正态分布曲线会随着 μ 和 σ 的不同而不同，因此，相同的区间所对应的面积（概率）

不同，给应用带来不便。为方便应用，将横坐标 x 按式(2-25)进行变量变换，横坐标以 u 来表示(即以 σ 为单位来表示随机误差)

$$u = \frac{x - \mu}{\sigma} \tag{2-25}$$

经过 u 变换后，式(2-22)变成

$$y = f(x) = \frac{1}{\sigma\sqrt{2\pi}} e^{-\frac{u^2}{2}} \tag{2-26}$$

由于 $\mathrm{d}x = \sigma\mathrm{d}u$

故

$$f(x)\mathrm{d}x = \frac{1}{\sqrt{2\pi}} e^{-\frac{u^2}{2}}\mathrm{d}u = \varphi(u)\mathrm{d}u$$

即可将式(2-22)转变成只有变量 u 的函数表达式

$$\varphi(u) = \frac{1}{\sqrt{2\pi}} e^{-\frac{u^2}{2}} \tag{2-27}$$

当 $\mu = 0$ 和 $\sigma = 1$ 时，正态分布称为标准正态分布，也称 u 分布，以 $u \sim N(0, 1)$ 表示。以 u 值为横坐标，概率密度 y 为纵坐标表示的正态分布曲线称为标准正态分布曲线，如图2-8所示。经过 u 变换后，σ 大小不等的各种正态分布曲线都可以转变成为形状相同的标准正态分布曲线，曲线的形状与 σ 和 μ 无关。

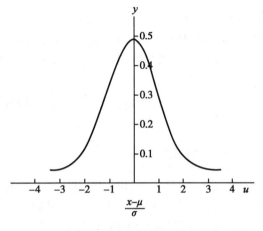

图2-8　标准正态分布曲线

五、随机误差的区间概率

无限次测量可以得到总体均值 μ 和标准差 σ。对于某次测量得到的测量值 x，根据随机误差符合正态分布的原理，可以预测 x 出现在 μ 附近的一个区间的概率。当考虑 u 的符号时

由 $\frac{x - \mu}{\sigma} = \pm u$，得

$$x = \mu \pm u\sigma$$

即

$$\mu - u\sigma \leqslant x \leqslant \mu + u\sigma$$

测定值或误差在 $(\mu \pm u\sigma)$ 范围内出现的概率称为置信水平(confidence level)，又称置信度或置信概率，用 P 表示。当 u 值不同时，随机误差或测量值在某一区间出现的概率可根据式(2-28)求出。

$$\int_{-\infty}^{\infty} \varphi(u)\mathrm{d}u = \frac{1}{\sqrt{2\pi}} \int_{-\infty}^{\infty} e^{-\frac{u^2}{2}}\mathrm{d}u = 1 \tag{2-28}$$

例如，当随机误差出现的区间为 $u = \pm 1$，测量值出现在 $(\mu \pm \sigma)$ 区间的概率为：

$$P(-1 \leqslant u \leqslant 1) = \frac{1}{\sqrt{2\pi}} \int_{-1}^{1} e^{-\frac{u^2}{2}}\mathrm{d}u = 0.6827$$

即测量值 x 出现在 $(\mu-\sigma, \mu+\sigma)$ 区间的概率为 68.27% 。同样可以求出当随机误差出现的区间为 $u = \pm2$ 和 $u = \pm3$ 时，测量值在区间 $(\mu-2\sigma, \mu+2\sigma)$ 和 $(\mu-3\sigma, \mu+3\sigma)$ 内出现的概率分别为 95.44% 和 99.74% ，见图 2-9 。图 2-9 还表明，随机误差在 $\pm1\sigma$ 、$\pm2\sigma$ 、$\pm3\sigma$ 范围以外的测量值出现的概率分别为 31.73% 、4.56% 、0.26% 。为此，根据小概率事件的实际不可能性原理，我们通常只在区间 $(\mu-3\sigma, \mu+3\sigma)$ 内研究正态总体分

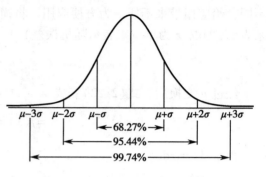

图 2-9　标准正态分布区间概率图

布情况，而忽略其概率很小的一部分。在实际应用中，通常认为服从于正态分布 $u \sim N(\mu, \sigma^2)$ 的随机变量 x 只取 $(\mu-3\sigma, \mu+3\sigma)$ 之间的值，并简称之 3σ 原则。因此，在多次重复测量中，出现随机误差大于 3σ 的数据时，应将它弃去。

第三节　有限测定数据的统计处理

一、t 分布

无限次测量时，随机误差服从正态分布规律。但在实际分析工作中，有限次测量不能得到 μ 和 σ ，只能得到 $\bar{x}$ 和 s ，无法转换为 u 分布。1908 年英国统计学家 Gosset 提出用样本标准偏差 s 代替总体标准偏差 σ ，引进了一个新的概念"t 分布"。从正态总体中抽取随机样本，若该正态总体的均数为 μ ，但方差 σ^2 用其估计量 s^2 来代替，则其样本均值服从 t 分布（student distribution）。

与 u 变换相似，t 变量的计算公式为：

$$t = \frac{\bar{x}-\mu}{s_{\bar{x}}} = \frac{\bar{x}-\mu}{s/\sqrt{n}} = \frac{\bar{x}-\mu}{s}\sqrt{n} \tag{2-29}$$

t 分布是有限次测量的数据及其随机误差的分布规律。以 t 为横坐标，概率密度 y 为纵坐标可以得到 t 分布曲线。该曲线具有以下特征：①对称性：t 分布与标准正态分布类似，以 0 为中心（均数），左右对称的单峰分布；②峰形略"胖"：t 分布是一簇曲线，其形态变化与 n（确切地说与自由度 f）大小有关。自由度 f（$f = n-1$）越小，t 分布曲线越低平；自由度 f 越大，t 分布曲线越接近标准正态分布曲线，见图 2-10 。

与正态分布相似，t 分布曲线下所包括的面积，就是该范围内测定值出现的概率。但是对于正态分布，只要 u 值确定了，相应的概率也就

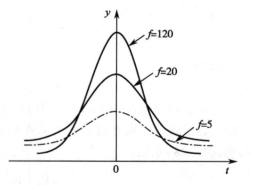

图 2-10　不同自由度下的 t 分布曲线

确定了。而对于 t 分布，当 t 值一定时，如果测定次数不同（f 不同），t 分布曲线的形状不同，相应曲线下的面积也不同，即概率不同。在某一 t 值时，测定值落在 $(\mu \pm ts)$ 范围

内的概率(P)称置信水平。测定值落在($\mu \pm ts$)范围外的概率($1-P$)，称为检验水准或显著性水平(significance level)，用 α 表示。因 t 值与自由度 f 和显著性水平 α 有关，故使用时常加脚注说明，一般表示为 $t_{\alpha,f}$。例如 $t_{0.05,8}=2.306$，表示检验水准为 0.05，即置信度为 95%，自由度为 8 时的 t 临界值(critical value)为 2.306。

为了使用方便，统计学家们使用积分的方法，算出不同自由度对应的 t 分布曲线下尾部面积(概率)的百分位临界值，编制成 t 界值表，见表 2-2。t 界值表中，左侧为自由度，上端为常用的单侧和双侧概率。表中的数字表示当自由度 f 和 P 确定时对应的 t 临界值。单侧概率用符号 $t_{\alpha,f}$ 表示，双侧概率用 $t_{\alpha/2,f}$ 表示。例如，当 $f=10$，单侧概率为 0.05 时，单侧 $t_{0.05,10}=1.812$；而 $f=10$，双侧概率为 0.05 时，双侧 $t_{0.05/2,10}=2.228$。在相同的 t 值时，双侧概率为单侧概率的两倍，如 $t_{0.10/2,10}=t_{0.05,10}=1.812$。从表 2-2 中还可以看出，测定次数越多，$t$ 值越小；当 $f \to \infty$ 时，$t \to u$；当 $f=20$ 时的 t 值与 $f=\infty$ 的 t 值已经很接近了。

表 2-2　t 界值表

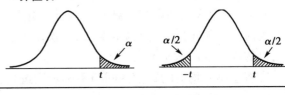

f		0.25	0.20	0.10	0.05	0.025	0.01	0.005	0.0025
	单侧	0.25	0.20	0.10	0.05	0.025	0.01	0.005	0.0025
	双侧	0.50	0.40	0.20	0.10	0.05	0.02	0.01	0.005
1		1.000	1.376	3.078	6.314	12.706	31.821	63.657	127.321
2		0.816	1.061	1.886	2.920	4.303	6.965	9.925	14.089
3		0.765	0.978	1.638	2.353	3.182	4.541	5.841	7.453
4		0.741	0.941	1.533	2.132	2.776	3.747	4.604	5.598
5		0.727	0.920	1.476	2.015	2.571	3.365	4.032	4.773
6		0.718	0.906	1.440	1.943	2.447	3.143	3.707	4.317
7		0.711	0.896	1.415	1.895	2.365	2.998	3.499	4.029
8		0.706	0.889	1.397	1.860	2.306	2.896	3.355	3.833
9		0.703	0.883	1.383	1.833	2.262	2.821	3.250	3.690
10		0.700	0.879	1.372	1.812	2.228	2.764	3.169	3.581
11		0.697	0.876	1.363	1.796	2.201	2.718	3.106	3.497
12		0.695	0.873	1.356	1.782	2.179	2.681	3.055	3.428
13		0.694	0.870	1.350	1.771	2.160	2.650	3.012	3.372
14		0.692	0.868	1.345	1.761	2.145	2.624	2.977	3.326
15		0.691	0.866	1.341	1.753	2.131	2.602	2.947	3.286
20		0.687	0.860	1.325	1.725	2.086	2.528	2.845	3.153
30		0.683	0.854	1.310	1.697	2.042	2.457	2.750	3.030
40		0.681	0.851	1.303	1.684	2.021	2.423	2.704	2.971
∞		0.674	0.842	1.282	1.645	1.960	2.326	2.576	2.808

二、平均值的置信区间

由于真值是未知的，在实际分析工作中，一般通过对样品进行有限次平行测定，用样本平均值 $\bar{x}$ 和样本标准偏差 s 来估计总体平均值（真值）所在的范围，这一范围被称为平均值的置信区间（confidence interval，CI）。由统计学原理可推导出有限次数测量结果样本平均值与总体平均值 μ 之间的关系为

$$\mu = \bar{x} \pm t_{\alpha,f} \frac{s}{\sqrt{n}} \tag{2-30}$$

式中，μ 为总体平均值，$\bar{x}$ 为样本平均值，$t_{\alpha,f}$ 为检验水准为 α，自由度为 f 时的 t 临界值，$\frac{s}{\sqrt{n}}$ 为样本平均值的标准偏差（即标准误）。式（2-30）表明，在选定的置信度下，总体平均值在以测量值平均值 $\bar{x}$ 为中心的一定范围内出现，这个范围就是总体平均值的置信区间。置信区间越小，说明样本平均值 $\bar{x}$ 与总体平均值 μ 越接近，即测量准确度越高。由于 t 值随着测定次数的增多而减小，因此测定次数越多，置信区间范围越窄，当测定次数足够大时，$\bar{x}$ 趋向于 μ。但测定次数 20 次以上，t 值相差不大，再增加测定次数对提高测定结果的准确度已意义不大了。

将总体平均值的置信区间与不确定度进行比较可知，如果 B 类不确定度控制在可忽略不计的程度，测量结果的总体平均值才处在 $\mu = \bar{x} \pm t_{\alpha,f} \frac{s}{\sqrt{n}}$ 范围内。

例 2-5　用邻菲咯啉法测定样品中 Fe 的含量，得到如下数据（mg/L）：52.12、52.29、52.46、52.34、52.84、52.54、52.47。求测量结果的平均值、标准偏差、相对标准偏差、置信度为 90% 和 95% 时总体平均值的置信区间。

解　测量结果的平均值：$\displaystyle \bar{x} = \frac{\sum_{i=1}^{7} x_i}{7} = 52.44 \; (\text{mg/L})$

标准偏差：$\displaystyle s = \sqrt{\frac{\sum_{i=1}^{7}(x_i - \bar{x})^2}{7-1}} = 0.23 \; (\text{mg/L})$

相对标准偏差：$RSD = \dfrac{s}{\bar{x}} \times 100\% = 0.44\%$

置信度为 90% 时，查 t 界值表得 $t_{0.10,6} = 1.94$，总体平均值的置信区间为：

$$\mu = \bar{x} \pm t_{0.10,f} \frac{s}{\sqrt{n}} = 52.44 \pm 1.94 \times \frac{0.23}{\sqrt{7}} = 52.44 \pm 0.17 (\text{mg/L})$$

置信度为 95% 时，查 t 界值表得 $t_{0.05,6} = 2.45$，总体平均值的置信区间为：

$$\mu = \bar{x} \pm t_{0.05,f} \frac{s}{\sqrt{n}} = 52.44 \pm 2.54 \times \frac{0.23}{\sqrt{7}} = 52.44 \pm 0.21 (\text{mg/L})$$

以上计算结果说明，若 μ 的置信区间为 52.44 ± 0.17mg/L（即 52.27 ~ 52.61mg/L），则 μ 在此范围出现的概率为 90%；若 μ 的置信区间扩大到 52.44 ± 0.21mg/L（即 52.23 ~ 52.65mg/L），则 μ 出现的概率为 95%。也就是置信区间范围越大，置信度越高，即所估计的区间包括真值的可能性越大。在实际工作中，置信度不能定得过高或过低，过高则会使置信区间过宽导致判断失去意义，过低则置信区间太窄而无法保证判断的可靠性。在分

析化学中，一般选取置信度为95%或90%。

第四节 测定数据的评价

在分析工作中，得到了一系列测定数据后，需要对这些数据进行评价。首先要对于重复测定数据中出现与其他测定值相差较大的可疑数据做出判断，并根据判断结果进行取舍；其次是要对保留下来的数据进行统计分析，研究其变量之间的关系或对两组变量进行显著性检验，分析不同数据之间的差异是由系统误差引起还是随机误差引起，从而做出分析结论。

一、可疑值的取舍

当对同一试样进行多次平行测定时，有时会出现个别测量值与其他测量值相差较大，称为可疑值（suspect value）或离群值（outlier）。对于有限的测定数据，可疑值的取舍往往对平均值和精密度造成显著的影响，因而不可随意取舍。如果确定是过失造成，应舍弃，否则就必须按照统计学方法进行检验，以决定其取舍。最常用检验方法有 Q 检验法（Q-test）和 G 检验法（Grubbs test）。

（一）Q 检验法

Q 检验法适用于 3～10 个测量值中存在一个可疑值的检验。该方法比较严格，使用方便。其具体步骤如下：

1. 将测定值按从小到大进行排序，如 x_1，x_2，x_3，…，x_n，其可疑值为 x_1 或 x_n。
2. 计算最大值与最小值之差（极差）：$x_n - x_1$。
3. 计算可疑值与其邻近值之差：$x_n - x_{n-1}$ 或 $x_1 - x_2$。
4. 用可疑值与邻近值之差的绝对值除以极差，计算统计量 Q：

$$Q = \frac{|x_n - x_{n-1}|}{x_n - x_1} \quad 或 \quad Q = \frac{|x_1 - x_2|}{x_n - x_1} \tag{2-31}$$

Q 值越大，说明可疑值离群越远，远至一定程度时则应将其舍去，故 Q 值也称为舍弃商。统计学家已计算出不同置信度时 Q 临界值表（表2-3）；

5. 根据测定次数 n 和要求的置信度 P，查 Q 值表，如果 $Q > Q_表$，则可疑值应舍弃，否则应保留。

表2-3 Q检验临界值表

n	3	4	5	6	7	8	9	10
$Q_{0.90}$	0.94	0.76	0.64	0.56	0.51	0.47	0.44	0.41
$Q_{0.95}$	0.97	0.84	0.73	0.64	0.59	0.54	0.51	0.49
$Q_{0.99}$	0.99	0.93	0.82	0.74	0.68	0.63	0.60	0.57

例2-6 测定某一水样中的镁含量，平行测定 6 次，其结果（mg/L）为：0.244、0.232、0.250、0.242、0.245、0.238。试用 Q 检验法确定 0.232 是否应该舍弃？

解 将数据按从小到大排序：0.232、0.238、0.242、0.244、0.245、0.250。
计算 Q 值：

$$Q = \frac{|x_1 - x_2|}{x_n - x_1} = \frac{|0.232 - 0.238|}{0.250 - 0.232} = 0.333$$

查表2-3，n 为6、P 为90%，$Q_{0.90} = 0.56$。由于 $Q < Q_{0.90}$，故测定值0.232应该保留。

（二）G 检验法

G 检验适用范围比 Q 检验法广，可用于10个以上测量值中存在可疑值的检验，当测量值中存在多个可疑值时，也可采用 G 检验法。具体步骤如下：

1. 将测定值按从小到大进行排序，如 x_1，x_2，x_3，$\cdots$，x_n，其中，x_1 或 x_n 为可疑值。

2. 计算包括可疑值在内的所有数据的平均值 $\bar{x}$ 和标准偏差 s。

3. 计算 G 值。

$$G = \frac{|x_n - \bar{x}|}{s} \text{ 或 } G = \frac{|x_1 - \bar{x}|}{s} \tag{2-32}$$

4. 根据测定次数和要求的置信度，查 G 值表（表2-4）。

5. 将计算的 G 值与查表得到的 G 值进行比较，若 $G > G_{表}$，则可疑值应该舍弃，否则予以保留。

表2-4　G 检验临界值表

n	$G_{0.95}$	$G_{0.99}$	n	$G_{0.95}$	$G_{0.99}$
3	1.15	1.16	10	2.18	2.41
4	1.46	1.49	11	2.23	2.48
5	1.67	1.75	12	2.28	2.55
6	1.82	1.94	13	2.33	2.61
7	1.94	2.10	14	2.37	2.66
8	2.03	2.22	15	2.41	2.70
9	2.11	2.32	16	2.56	2.88

例2-7　对例2-6中的数据进行 G 检验，确定0.232是否应该舍弃？

解　将测定值按从小到大进行排序：0.232、0.238、0.242、0.244、0.245、0.250。计算平均值和标准偏差

平均值：
$$\bar{x} = \frac{\sum\limits_{i=1}^{6} x_i}{6} = 0.242 \text{（mg/L）}$$

标准偏差：
$$s = \sqrt{\frac{\sum\limits_{i=1}^{6} (x_i - \bar{x})^2}{6 - 1}} = 0.0062 \text{（mg/L）}$$

再计算 G 值

$$G = \frac{|x_{可疑} - \bar{x}|}{s} = \frac{|0.232 - 0.242|}{0.0062} = 1.61$$

查表2-4，当 n 为6，P 为95%时，G 值为1.82。由于 $G < G_{表}$，故0.232应该保留。

Q 检验和 G 检验的依据不同，对同一组数据的可疑值检验的结论有可能不同。G 检验法在判断中利用了样本的两个重要统计量——平均值和标准偏差，所以更为合理。

二、相关和回归

在分析工作中，我们对同一类分析对象测量所获得的各种变量之间，可能存在相互联系、相互影响的关系。各种变量间的关系大致可分为两类：确定性关系和非确定性关系。

确定性关系又称函数关系，是指变量间完全确定的数量依从关系，即当一个或几个变量取值确定后，另一个变量有唯一确定的值与之对应，数量依从关系可以用精确的数学表达式来表示。如当溶质的质量 m 和溶液的体积 V 确定后，溶液的物质的量浓度 c 就确定了，因为溶液的物质的量浓度与溶质的质量和溶液的体积有确定的函数关系：$c = m/(M \cdot V)$，其中 M 为溶质的摩尔质量。

非确定性关系是指各变量之间都存在十分密切的关系，但不能由一个或几个变量的值精确地求出另一个变量的值，即变量间存在一种不完全确定的数量依从关系，统计学中把这些变量间不确定的数量依从关系称为相关关系。相关变量间的关系分为两种：一种是因果关系，指一个变量的变化受另一个或几个变量的影响，如比色法中吸光度与显色剂用量、显色时间、反应温度、溶液 pH 等因素的影响；另一种是平行关系，指变量间互为因果或共同受到另外因素的影响，如色谱法中色谱峰面积与峰高的关系属于平行关系。

变量之间数量的确定性关系和相关关系在一定的条件下是可以互相转换的。本来具有函数关系的变量，当存在系统误差时，其函数关系往往以相关关系的形式表现出来。相关关系虽然是不确定的，却是一种统计关系，在多次测量后，往往会呈现出一定的规律性，这种规律性可以通过大量的测量值的散点图反映出来，也可以借助相应的函数式表达出来，这种函数称为回归函数或回归方程。

散点图能直观地、定性地反映出两个变量之间关系的情况。以其中一个变量为纵坐标，另一个变量为横坐标，将实验数据以点的方式标在坐标系中，即得到散点图。图 2-11 中，(a) 和 (b) 显示随着 x 的增大，y 也增大，两个变量的变化趋势是同向的，称正相关，其中 (a) 的散点在一条直线上称完全正相关；而 (c) 和 (d) 中，x 和 y 是呈反向变化的，称为负相关，其中 (c) 的散点在一条直线上称完全负相关；(e)、(f) 和 (g) 中各散点杂乱无序，无明显的线性趋势，称为零相关；(h) 中各点的趋势不呈线性，但有规律地呈曲线关系，称为非线性相关。

从散点图中仅能直观地判断两个变量之间是否有线性趋势，但还不能确定是否有相关关系，需要一个定量的度量指标来描述两变量相关情况，这个指标就是相关系数 (correlation coefficient)，也称积差相关系数，以符号 r 表示。其定义式为

$$r = \frac{l_{xy}}{\sqrt{l_{xx} l_{yy}}} = \frac{\sum (x - \bar{x})(y - \bar{y})}{\sqrt{\sum (x - \bar{x})^2} \sqrt{\sum (y - \bar{y})^2}} \tag{2-33}$$

式中 l_{xx}，l_{yy}，l_{xy} 分别表示 x 的离均差平方和，y 的离均差平方和，x 与 y 的离均差乘积和。相关系数没有单位，其取值范围为 $-1 \leqslant r \leqslant 1$，$r > 0$ 表示正相关，$r < 0$ 表示负相关，$|r| = 1$ 表示完全相关。相关系数只能观察两个变量相关关系的密切程度和方向，无法从一个变量的变化推测另一个变量的变化情况。

为了反映变量之间内在的定量关系，需要采用回归分析进行估计预测，即从已知量的变化来推测未知量。回归分析就是对有相关关系的对象，根据关系的形态选择合适的数学

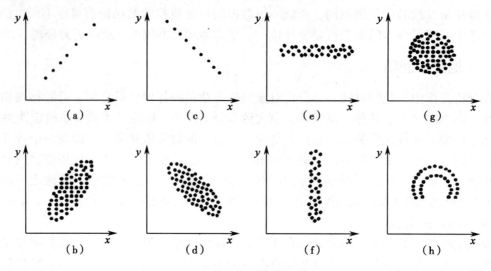

图 2-11 常见的散点图

模型近似地表达变量间平均数量变化关系。这个数学模型称为回归方程式。根据所研究自变量的多少，回归分析分为一元回归分析和多元回归分析。在一元或多元回归分析中，又以自变量和因变量之间的关系分为线性回归(linear regression)和非线性回归。在这里仅讨论一元线性回归分析。

一元线性回归分析又称直线拟合，是处理两个变量之间关系的最简单模型。设有一组测量数据 x_i 和 $y_i(i=1, 2, 3, \cdots, n)$，其中 x 是自变量，y 是因变量。若 x，y 符合线性关系，则可拟合为直线回归方程：

$$\hat{y}_i = a + bx_i \tag{2-34}$$

上式就是变量 x，y 的一元线性回归方程，式中，$\hat{y}$ 称为因变量 y 的理论估计值或回归值，a 称为截距，b 称为回归系数(regression coefficient)。用最小二乘法可计算出回归系数：

$$a = \bar{y} - b\bar{x} \tag{2-35}$$

$$b = \frac{\sum(x-\bar{x})(y-\bar{y})}{\sum(x-\bar{x})^2} \tag{2-36}$$

在回归分析中，判断回归模型拟合效果的指标称为决定系数(coefficient of determination)，它的定义为回归平方和 SS_r 与总平方和 SS_t 之比，用 R^2 表示：

$$R^2 = \frac{SS_r}{SS_t} = \frac{l_{xy}^2}{l_{xx}l_{yy}} = \frac{[\sum(x-\bar{x})(y-\bar{y})]^2}{\sum(x-\bar{x})^2\sum(y-\bar{y})^2} \tag{2-37}$$

R^2 作为回归值与实际测量值拟合程度的度量，其取值范围为 $0 \leqslant R^2 \leqslant 1$。决定系数越大，自变量对因变量的解释程度越高，自变量引起的变动占总变动的百分比越高，测量值在回归直线附近越密集，说明两者的拟合程度越好。决定系数越小，模型拟合程度越差。对于一元线性回归分析，决定系数就等于相关系数的平方，即 $R^2 = r^2$。

相关系数 r，截距 a 和回归系数 b 可通过计算器或数据处理软件 origin 求出。决定系数 R^2 可通过数据处理软件 Excel 求出。

例 2-8 某实验室用分光光度法检验尿汞时，已知尿汞浓度 $x(\text{mg/L})$ 与吸光度值读数 y 如下，试建立 y 与 x 的直线回归方程。

x	2.0	4.0	6.0	8.0	10.0
y	0.064	0.138	0.205	0.285	0.360

解　将数据输入计算器或数据处理软件 origin 计算，得出 $a = -0.0113$，$b = 0.0370$，$r = 0.9997$，回归方程为：$\hat{y} = -0.0113 + 0.0370x$。相关系数 r 接近 1，说明在该测量范围内，尿汞浓度 x 与吸光度 y 呈良好的线性关系。

值得指出的是，利用直线回归方程进行预测时，一般只能内插，不要轻易外延，也就是说只适用于原来测量的范围，不能随意把范围扩大。因为在测量的范围内两个变量是直线关系，但不能保证在测量范围之外仍然是直线关系。如要扩大预测范围，则要有充分的理论依据或进一步的实验依据。

三、显著性检验

在实际工作中，往往会遇到对标准样品进行测定时，所得到的平均值与标准值（相对真值）不完全一致；或者采用两种不同的分析法，或不同的分析仪器，或不同的分析人员对同一试样进行分析时，所得的两个样本平均值有一定的差异。这些差异是由不可避免的随机误差引起的，还是系统误差引起的？这类问题的回答属于统计学中的"假设检验"。如果上述差异是由系统误差引起的，就认为它们之间有"显著性差异"；否则，就没有"显著性差异"，其差异纯属随机误差引起，属于正常情况。判断两组分析结果的准确度或精密度是否存在统计学意义上的显著性差异的方法称为显著性检验（significance test）。常用的显著性检验方法有 t 检验法和 F 检验法。其中 t 检验法常用于检验方法的准确度，F 检验法常用于检验方法的精密度。

（一）F 检验法

F 检验法是通过比较两组数据的样本方差 s^2（标准偏差的平方），以判定它们的精密度是否存在显著性差异的方法。具体步骤如下：

1. 计算出两组数据的方差 s_1^2，s_2^2（$s_1^2 > s_2^2$）。
2. 按式（2-38）计算 F 值，大的方差 s_1^2 为分子，小的方差 s_2^2 为分母：

$$F = \frac{s_1^2}{s_2^2} \tag{2-38}$$

F 检验的基本假设是如果两组测定值来自同一总体，就应该具有相同（或差异很小）的方差，F 值接近 1；s_1 和 s_2 差别越大，F 值越大。表 2-5 是置信度为 95% 时不同自由度下 F 的临界值 $F_{\alpha, (f_1, f_2)}$（单侧），其中 $f_1 = n_1 - 1$，$f_2 = n_2 - 1$。

3. 将计算出的 F 值与 F 临界值 $F_{\alpha, (f_1, f_2)}$ 进行比较，若 $F < F_{\alpha, (f_1, f_2)}$，说明两组数据的方差 s_1^2 和 s_2^2 之间不存在显著性差异（置信度为 95%），也就是两组数据的精密度之间不存在显著性差异。反之，则说明两组数据的精密度之间存在显著性差异。

表 2-5 列出的 F 值是单边值。如果检验一组数据的精密度是否优于（劣于）另一组数据的精密度，属于单侧检验，应选择 95% 的置信度（$\alpha = 0.05$）。如果是判断两组数据的精密度是否存在显著性差异，而无论何优何劣，则属于双侧检验，显著性水平为单侧检验时的两倍，即 0.10。这时，虽然查的仍然是置信度为 95% 的 F 值表，但最后所做统计推断的置信度为 90%。

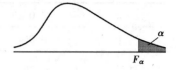

表 2-5　置信度 95% 时的 F 值

		f_1									
		2	3	4	5	6	7	8	9	10	∞
f_2	2	19.00	19.16	19.25	19.30	19.33	19.35	19.37	19.38	19.40	19.50
	3	9.55	9.28	9.12	9.01	8.94	8.89	8.85	8.81	8.79	8.53
	4	6.94	6.59	6.39	6.26	6.16	6.09	6.04	6.00	5.96	5.63
	5	5.79	5.41	5.19	5.05	4.95	4.88	4.82	4.77	4.74	4.36
	6	5.14	4.76	4.53	4.39	4.28	4.21	4.15	4.10	4.06	3.67
	7	4.74	4.35	4.12	3.97	3.87	3.79	3.73	3.68	3.64	3.23
	8	4.46	4.07	3.84	3.69	3.58	3.50	3.44	3.39	3.35	2.93
	9	4.26	3.86	3.63	3.48	3.37	3.29	3.23	3.18	3.14	2.71
	10	4.10	3.71	3.48	3.33	3.22	3.14	3.07	3.02	2.98	2.54
	∞	3.00	2.60	2.37	2.21	2.10	2.01	1.94	1.88	1.83	1.00

例 2-9　某试样用旧仪器测定 6 次，得标准偏差为 0.055，再用一台新的仪器测定 4 次，得标准偏差为 0.022。试问新仪器的精密度是否显著优于旧仪器的精密度?

解　根据式 (2-38)，得

$$F = \frac{s_1^2}{s_2^2} = \frac{0.055^2}{0.022^2} = 6.25$$

由表 2-5 查出 $F_{0.05,5,3} = 9.01$，$F < F_{0.05,5,3}$，说明两种仪器的精密度不存在显著性差异，即不能做出新仪器的精密度比旧仪器的精密度好的结论。由表 2-5 给出的置信度可知，做出这种判断的可靠性为 95%。

例 2-10　用甲乙两种方法分别测定同一试样中铝的含量，甲法共测定 5 次，标准偏差为 0.54；乙法共测定 6 次，标准偏差为 0.39。试判断这两种方法的精密度有无显著性差异。

解　在这里，无论是甲法的精密度显著优于或劣于乙法的精密度，都认为它们之间可能有显著性差异，因此，属于双侧检验问题。根据式 (2-38)，得

$$F = \frac{s_1^2}{s_2^2} = \frac{0.54^2}{0.39^2} = 1.9$$

由表 2-5 查出 $F_{0.05,4,5} = 5.19$，$F < F_{0.05,4,5}$，说明甲乙两种方法的精密度无显著性差异，因为是双侧检验，做出这种判断的可靠性为 90%。

（二）t 检验

t 检验用于评价某一分析方法或操作过程的准确度，主要应用在样品平均值与标准值（真值）之间的比较或两个样本平均值之间的比较。t 检验的依据是样本随机误差的 t 分布规律。

1. 测量平均值与标准值之间的比较　为检验某一分析方法或操作过程是否存在系统误差，可对标准物质进行若干次重复测定，然后对测量平均值与标准值（视为真值 x_T）进行比较。从置信区间的定义可知，结果 n 次测定以后，如果以 x 为中心的某区间已经按指定的置信度将 μ 包含在内，那么它们之间就不存在显著性差异，这种差异是仅由随机误差

引起的。由式(2-30)可得

$$|\bar{x} - \mu| = t_{\alpha,f}\frac{s}{\sqrt{n}} \tag{2-39}$$

式(2-39)中的 $t_{\alpha,f}$ 值可由表 2-2 查得。实际上，$t_{\alpha,f}\frac{s}{\sqrt{n}}$ 就是一定条件下随机误差的界限值。

进行 t 检验时，先按式(2-40)计算 t 值

$$t = |\bar{x} - \mu|\frac{\sqrt{n}}{s} \tag{2-40}$$

再根据置信度和自由度由表 2-2 查出相应的 $t_{\alpha,f}$ 值。如果 $t > t_{\alpha,f}$，则说明 $\bar{x}$ 和 μ 之差已超出随机误差的界限，$\bar{x}$ 和 μ 之间存在显著性差异，即分析方法或操作过程存在系统误差；否则不存在系统误差，其差异是随机误差引起的。

例 2-11 某实验室测定含钾标准样(浓度为 4.73mmol/L)，6 次平行测定结果(mmol/L)如下：5.20、5.01、5.32、5.08、5.25、5.12。设检验水准 $\alpha = 0.05$，问该分析方法是否存在系统误差？

解 测量值的平均值：$\bar{x} = 5.16$mmol/L

标准偏差：$s = 0.11$mmol/L

$$t = \frac{\bar{x} - \mu}{s}\sqrt{n} = \frac{5.16 - 4.73}{0.11}\sqrt{6} = 9.57$$

由表 2-2 查得，$t_{0.05,5} = 2.57$，$t > t_{0.05,5}$，所以测量值与真值之间存在显著性差异，该分析方法存在系统误差。

2. 两组数据平均值之间的比较 对两种不同分析方法测定同一样品所得结果的平均值进行 t 检验，可以判断这两种分析方法间是否存在系统误差；对不同实验室或不同分析者测定同一样品所得结果的平均值进行 t 检验，可以判断实验室或分析者之间是否存在系统误差。具体方法如下：

(1) 先对两组测量数据进行 F 检验，以判断两组测量数据的精密度差异是否有显著性。如果两组数据的精密度存在显著性差异，说明较大方差的那组数据的精密度低，其准确度值得怀疑，没有必要再对两组数据的平均值进行比较。

(2) 如果两组数据的精密度之间的差异无显著性，再进一步用 t 检验法检验两组数据的平均值之间是否有显著性差异。t 值按式(2-41)进行计算：

$$t = \frac{|\bar{x}_1 - \bar{x}_2|}{s_c}\sqrt{\frac{n_1 \cdot n_2}{n_1 + n_2}} \tag{2-41}$$

式中 s_c 为合并标准偏差

$$s_c = \sqrt{\frac{(n_1 - 1)s_1^2 + (n_2 - 1)s_2^2}{n_1 + n_2 - 2}} \tag{2-42}$$

此时，自由度为 $f = n_1 + n_2 - 2$。查 t 值表，如果 $t < t_{\alpha,f}$，则说明两组测量平均值之间无显著性差异，可以认为两组分析数据属于同一总体，即两组数据之间不存在系统误差；反之，两组数据之间存在系统误差。

例 2-12 采用某种新方法与经典方法分别对某水样中的铁含量进行 6 次测定，测定结果(mg/L)如下

n	1	2	3	4	5	6
新方法	5.62	5.75	5.82	5.94	5.88	5.68
经典方法	5.52	5.43	5.61	5.48	5.45	5.55

试比较两种方法的测定结果间是否存在显著性差异？

解 新方法测定值的平均值和标准偏差分别为：$\bar{x}_1 = 5.78\text{mg/L}$；$s_1 = 0.12\text{mg/L}$。

经典方法测定值的平均值和标准偏差分别为：$\bar{x}_2 = 5.51\text{mg/L}$；$s_2 = 0.07\text{mg/L}$。

（1）先进行 F 检验：

$$F = \frac{s_1^2}{s_2^2} = \frac{0.12^2}{0.07^2} = 2.94$$

两组数据的自由度均为 5，查 F 值表，$F_{0.05,5,5} = 5.05$，$F < F_{0.05,5,5}$，表明两种方法测定结果精密度之间无显著性差异。

（2）再进行 t 检验：

合并标准偏差为

$$s_c = \sqrt{\frac{(n_1-1)s_1^2 + (n_2-1)s_2^2}{n_1 + n_2 - 2}} = \sqrt{\frac{5 \times 0.12^2 + 5 \times 0.07^2}{6 + 6 - 2}} = 0.10(\text{mg/L})$$

$$t = \frac{|\bar{x}_1 - \bar{x}_2|}{s_c}\sqrt{\frac{n_1 \cdot n_2}{n_1 + n_2}} = \frac{5.78 - 5.51}{0.10}\sqrt{\frac{6 \times 6}{6 + 6}} = 4.68$$

$f = n_1 + n_2 - 2 = 6 + 6 - 2 = 10$，$P = 95\%$，查表 2-2 得，$t_{0.05,10} = 2.23$。$t > t_{0.05,10}$，两种方法的测定结果存在显著性差异。

第五节 有效数字及其运算规则

在分析工作中，分析结果的准确与否，除了与实验过程中的误差控制有关外，还与实验数据的正确记录和运算密切相关。

一、有效数字及其定位规则

测量所得数据的位数不仅表示测量值的大小，还反映了测量的准确度。所以在记录实验数据时，应根据测量的准确度保留最后结果的有效位数。有效数字（significant digit）就是指在分析过程中实际能测量到的有实际意义的数字。在记录的测量数据中，最后一位数值是估计值，因为这位数字可能有上下一个单位的误差，所以称为不确定数字，也称可疑数字。实验数据中所有的数字都应该是有效的。保留有效数字位数的原则是：只允许保留一位可疑数字。例如，用最小分刻度值为 0.1ml 的滴定管进行滴定时，读数为 25.43ml，此数据中一共有四位有效数字，前面三位数字 25.4 是准确的，最后一位数字"3"是估计的读数。这个数据可能有 ±0.01ml 的误差。又如用感量为万分之一的分析天平称量时，称量数据只能读到小数点后第四位，其中第四位为不确定数字，称量的绝对误差为 ±0.0001g。如果改用感量为千分之一天平称量，只能记录到小数点后第三位，称量的绝对误差为 ±0.001g。可见，有效数字反映了测量仪器的准确度，反映了绝对误差的大小。在读取测量数据时，应根据仪器的准确度确定读取几位有效数字，绝不能随意增加或减少。

在有效数字的运算过程中，涉及有效数字位数的确定。以下是确定有效数字位数时应遵循的原则：

1. 圆周率 π、自然对数的底 e、法拉第常数 F 等常数以及 $\sqrt{2}$、2/3 等数字的有效数字的位数，可以认为无限制，根据运算的需要，取任意位数。

2. pH、pM、logK 等对数值的有效数字位数取决于小数部分的位数，整数部分只是说明该数值的方次。如 pH 4.30，即 $[H^+] = 5.0 \times 10^{-5}$ 的有效数字位数为两位。

3. 数字 1~9 均为有效数字，但数字"0"具有双重意义，它可能是有效数字，也可能不是有效数字。如果"0"用于定位时，就不是有效数字；而在其他情况下，"0"是有效数字。如在数据 0.5060g 中有效数字位数为四位，前面第一个"0"用于定位，不是有效数字，第二个"0"和最后一个"0"是有效数字，其中最后一个"0"除了表示数量外，还表示该数据的不确定程度。因此在记录实验数据时，特别要注意不要把末尾数字为"0"随意漏掉。以"0"结尾的数字，应以科学记数法表述，才能准确表示其有效数字位数，如无法判断数字 23 000 的有效数字位数，而写成 2.300×10^4，则表示四位有效数字。

4. 从相对误差考虑，首位大于或等于 8 的数有效数字可以多计一位。如 86.5 的有效数字位数是四位。

5. 单位变换不影响有效数字位数。如 10.00ml 为四位有效数字，改为以 L 为单位时，应记为 0.010 00L，仍为四位有效数字。

二、有效数字的修约规则

有效数字的位数确定后，超过有效数字位数的数字毫无意义，应该按一定的规则对其进行取舍，这就是有效数字的修约。有效数字修约的基本原则如下：

1. 当欲舍去的数字只有一位时，有效数字的修约规则是"四舍六入五留双"。根据随机误差的正态分布规律，在大量的数据舍入处理中，由舍和入产生的误差应该可以相互抵消。"四舍五入"法中，当第 $n+1$ 位是 5 时，其舍入误差是 5，此误差无法抵消。这就是古老的"四舍五入"法的弊端。如果我们人为地将第 $n+1$ 位是 5 的舍入误差分为两半，一半舍去而另一半进入，就可以在大量数据处理中，使当第 $n+1$ 位是 5 时的舍入误差相抵消，这也就是为什么采用"四舍六入五留双"的原因。"四舍六入五留双"具体规定是：①当欲舍去的数字小于 5 时，直接将其舍去，如 0.2034 修约为三位有效数字时，结果应记为 0.203；②当欲舍去的数字大于或等于 6 时，舍去该数字时需进一位，如 1.246 修约为三位有效数字时，结果应记为 1.25；③当欲舍去的数字为 5 时，需使修约后的最后一位数为偶数。若 5 后面数字不为 0，则进位，如 1.005 001 修约为三位有效数字时，结果应记为 1.01。若 5 后面数字为 0，则看 5 前的数字是奇数还是偶数，若为偶数则舍弃 5，若为奇数则进位。如 1.025 修约为三位有效数字时，结果应记为 1.02；如 1.015 修约为三位有效数字时，结果也记为 1.02。

2. 当欲舍去的数字为两位以上的数字（末尾不为 0）时，只能进行一次修约，不可连续修约；根据欲舍去数字的左边第一位数字大小，按照"四舍五入"的原则进行修约。如将数字 2.3455 修约成两位有效数字时，应直接修约为 2.3，而不应该先将 2.3455 修约为 2.346，再修约为 2.35，最后修约为 2.4。又如，将数字 12.5852 修约为四位有效数字，结果应为 12.59，而不是 12.58。

3. 大量数据运算时，可先多保留一位有效数字，运算后再修约。例如计算 3.126 + 1.3 + 1.048 + 3.25 时，按照加减法的运算规则，计算结果只应保留一位小数。但在计算过程中，先保留多一位，上述计算式可写成 3.13 + 1.3 + 1.05 + 3.25 = 8.73，最后结果再修约成一位小数，即 8.7。

4. 修约标准偏差时，修约的结果应使准确度变得更差些。表示标准偏差或相对标准偏差时，一般取两位有效数字。例如，测量结果的标准偏差 $s = 0.114$，修约为两位有效数字，结果应为 0.12。

5. 在与标准限度进行比较时，测定值不应修约。在分析结束后，通常用测定值与标准限度进行比较从而对测定结果进行评判。如果标准中无特别注明，一般采用全数值进行比较，而不应对测定值进行修约。例如生活饮用水中砷的标准限度为 0.01mg/L，某水样中砷的含量为 0.014mg/L，如果用修约值 0.01mg/L 比较应为合格，而按全数值 0.014mg/L 比较则判为不合格。

三、有效数字的运算规则

在分析结果时，每个测定值的误差都要传递到分析结果中去。只有根据误差传递规律，按照有效数字的运算规则进行合理取舍，才能保证测量的准确度。对有效数字进行运算时，根据以下规则保留计算结果的有效数字：

1. 加减运算　有效数字加减运算的和或差是各个数值绝对误差的传递结果。因此，进行加减运算时，计算结果的绝对误差必须与各数据中绝对误差最大的数据相同，即计算结果的小数位数应与小数点后位数最少的数据（绝对误差最大）一致。如 0.032、14.28、5.45167 三个数据相加，14.28 这个数小数点后位数最少、绝对误差最大，即使与另外两个准确度更高的数据相加，小数点后第二位起也不可能准确了，故应以 14.28 为准，计算结果保留两位小数。在计算前，先将三个数据修约为 0.032、14.28、5.452，相加得 19.764，再修约为 19.76。

2. 乘除运算　有效数字进行乘除运算时，积或商是各个数据相对误差的传递结果。计算结果的有效数字位数应与有效数字位数最少的数据一致，即计算结果的有效数字的位数取决于相对误差最大的那个数据。如 0.1111、0.111、0.11 三个数据相乘，各个数据的相对误差分别为 0.09%、0.9% 和 9%。0.11 这个数有效数字位数最少、相对误差最大，故应以该数为准，计算结果保留两位有效数字。在计算前，先将三个数据修约为 0.111、0.111、0.11，相乘得 0.00135531，再修约为 0.0014。

3. 乘方和开方运算　有效数字进行乘方和开方运算时，计算结果的有效数字位数应与原数据的有效数字位数相同。如 $3.25^2 = 10.6$，$\sqrt{13.65} = 3.695$。

4. 对数和反对数运算　有效数字进行对数和反对数运算时，计算结果的有效数字位数也应与原数据的有效数字位数相同。如 $[H^+] = 0.0065mol/L$ 为两位有效数字，换算为 pH = 2.18 仍为两位有效数字。

第六节　提高分析结果准确度的方法

要提高分析结果准确度，就必须减少测量中的各种误差。通常采用以下几种方法：

一、选择合适的分析方法

要获得准确结果，首先必须根据试样的组成、性质及相关条件，结合对准确度的要求选择合适的、有相应准确度的方法，制定正确的分析方案。不同的分析方法各有其特点，其灵敏度和准确度也有很大的差别。如化学分析法灵敏度低，但准确度高（相对误差小于0.2%），适合常量组分的测定；仪器分析法灵敏度高，但准确度较低（相对误差较大），不适合常量组分的测定，但能满足微量或痕量组分测定准确度的要求。例如，某试样含铁量为45.20%，如果用重铬酸钾滴定法测定其铁含量，相对误差0.2%，其含铁量应为45.11%～45.29%，结果准确；而用分光光度法测定，相对误差2%，其含铁量为44.30%～46.10%，测定准确度很差。但对于含铁量为0.05%的试样，滴定法无法直接测定，分光光度法的测定结果在0.049%～0.051%之间，这样的结果是能满足要求的。

二、减少测量误差

为了保证分析结果的准确度，必须尽量减少实验各环节的测量误差。例如在称量环节中，需要注意称样量对分析结果的影响。一般分析天平的称量误差为±0.0001g，不管采用增量法还是减量法都要称量两次，因此可能造成的最大误差为±0.0002g。为了使称量的相对误差≤0.1%，则称取试样的量应不少于0.2g。同样，在滴定分析中，一般滴定管的读数有±0.01ml的误差，而每次滴定需要两次读数，因此会产生±0.02ml的误差。如果要求测量相对误差≤0.1%，则每次消耗滴定剂的体积应不少于20ml。

值得指出的是，各实验环节的准确度应该与分析方法的准确度相似。例如采用不同的分析方法对0.2g的试样进行分析，若采用滴定分析法进行测定，由于滴定分析法的相对误差为≤0.1%，称量的相对误差也要≤0.1%，称样的绝对误差为0.2×0.1%＝0.0002g，这时应该使用感量为0.0001g的分析天平称取试样；但如果采用分光光度法进行测定，该方法的相对误差为≤2%，则称量的相对误差可以达到2%，称样的绝对误差为0.2×2%＝0.004g，这时使用感量为0.001g的天平称取即可，也就是说，并不是所有的分析方法都要采用万分之一的分析天平进行称样。

三、消除测量过程中的系统误差

测量过程中，应从分析方案设计、仪器和试剂、实验操作等方面检验和消除可能出现的系统误差。

1. 与标准品或标准参考物质进行对照分析 该法是检验系统误差的最有效方法，用于校正方法误差。取一已知准确含量的标准物质或标准参考物质（组成最好与被测试样相似，含量相近），用测定被测试样的方法，在相同的条件下平行测定，得标准物质或标准参考物质的平均值。将该平均值与标准物质或标准参考物质的真实含量进行 t 检验。如果两者没有显著性差异，则说明不存在系统误差；如果两者有显著性差异，说明有系统误差，未知试样测定结果需加以校正。对于同一分析方法，在同样的条件下测定，则存在以下关系：

$$\frac{\overline{x}_B}{\mu_B} = \frac{\overline{x}_A}{\mu_A} \qquad (2\text{-}43)$$

式中，$\overline{x}_B$ 是标准物质测得的平均值，μ_B 是标准物质的真实含量，$\overline{x}_A$ 是被测物质测得的平均值，μ_A 是被测物质的真实含量。故

$$\mu_A = \overline{x}_A \times \frac{\mu_B}{\overline{x}_B}$$

式中，$\mu_B / \bar{x}_B$ 作为校正系数。被测物质的测定值经校正后，就能消除测定中的系统误差。

已知准确组成的标准物质或标准参考物质有下列几种：①由国家有关部门组织生产并由权威机构发给证书的标准试样；②根据分析试样的大致组成用纯化合物配制而成的合成试样；③由实验室自制的、结果比较可靠的管理样。

2. 与经典的分析方法或标准分析方法进行比较　该法通常用于新建分析方法的评价。采用新建的分析方法与经典的分析方法或标准分析方法对同一未知样品进行分析，分别计算其平均值和标准偏差，并进行显著性检验。如果差异没有显著性，说明新建的分析方法可行。如果两种方法差异有显著性，应查明原因；若不存在明显的操作错误，则说明新建的方法不够完善，应进行系统校正或进一步优化实验条件。

3. 加标回收实验　加标回收实验是指在几份相同的试样中加入已知量的被测组分，然后进行平行测定，根据加入的被测组分是否能定量回收，判断分析过程是否存在系统误差。回收率的计算公式如下：

$$P(\%) = \frac{x_i - x_0}{m} \times 100\% \tag{2-44}$$

式中，P 为加入被测组分的回收率（recovery），m 为加入被测组分的量，x_i 为加标后样品的测定值，x_0 为加标前样品的测定值。

一般要求，被测组分的回收率应达 $85\% \sim 110\%$。回收率越接近 100%，说明系统误差越小，该方法的准确度越高。

4. 空白试验　由于试剂或溶剂中含有干扰杂质或溶液对器皿的侵蚀等所产生的系统误差，可通过空白试验来消除。空白试验是在不加被测试样的情况下，用分析试样完全相同的方法及条件进行平行测定。一般情况与试样同时进行，所得的结果称为空白值。从试样分析结果中扣除空白值，就可得到比较可靠的分析结果。

空白值一般不应过大，特别在微量组分分析时。如果空白值太大，应提纯试剂和改用其他适当的器皿等途径来减少空白值。

5. 校准仪器　仪器不准确引起的系统误差可以通过仪器校准来减小。在准确度要求高的分析中，天平、砝码、移液管和滴定管等应预先校准，并在计算实验结果时用校正值。某些分析仪器规定了刻度修正值，也应按说明书来修正使用。例如名义质量为 2g 的砝码经校准后其值为 2.0001g，则此砝码的校正值为 +0.1mg。若用此砝码称量，应以 2.0001g 值表示该砝码重。一般分析天平出厂时都有"砝码检定合格证"，内附各砝码名义值的校准值。砝码使用一段时间后，或在做准确度要求特别高的分析时，应重新校准。绝大部分计量所需的仪器或衡器都需要定期校准。

6. 分析结果的校正　有些分析方法的系统误差可采用其他方法校正。例如电解重量法测定铜的纯度，要求分析结果十分准确。但因电解不完全，引起负系统误差。为此，用分光光度法测定溶液中未被电解的残余铜，将所得结果加到电解重量法测定的结果中去，消除系统误差。

四、减小随机误差

在消除或校正系统误差后，可通过增加平行测定次数求平均值的方法减少随机误差。但过多增加测定次数，人力、物力、时间上耗费较多。因此，在实际工作中要根据分析结果对准确度的要求，确定平行测定次数。一般对同一试样重复测定 3 ~ 4 次，其精密度符合要求即可。

第七节　数据处理软件简介

在分析工作所得到的一系列实验数据，经过记录、整理、分析计算后，需要用一定的方式如表格或图形的形式显示出来，以此说明实验现象并做出结论。传统的方法是在记录本上做表，然后再在坐标纸上描点作图。这样的方法耗时耗力，效率低，且误差大。随着计算机软件的大量开发，有一些软件具有强大的数据计算与分析功能，可以帮助我们快速高效地处理实验数据，并获得理想的图表效果。本节将介绍数据处理中图表的要求及常用的数据处理软件。

一、实验数据的图表表示法

表和图是实验数据的两种基本表示方式。正确的列表和绘制图形是实验数据分析处理的最基本技能。

1. 列表的要求　分析工作中的表格主要分为两类：实验数据表和结果表。实验数据表是实验记录和实验数据初步整理的表格，是根据实验内容设计的一种专门表格，用于记录原始数据、中间数据和最终计算结果的数据。实验数据记录表应在实验正式开始之前列出，这样可以使实验数据的记录更有计划性，且不容易遗漏数据。结果表是反映实验所涉及的变量之间的依存关系，能够简明扼要地表达实验的结论。如果实验数据不多，原始数据和实验结果的关系很明显，就可以把实验数据表和结果表合二为一。

不管是实验数据表还是结果表，都应包括四部分内容：标题、标目、数据、线条。标题应放在表的上方，主要用于说明表的主要内容，为了引用的方便，还应包含表号。标目包括行标目和列标目，分别放在表的左侧和表的上方，它主要是表示所研究问题的类别名称和指标名称。数据资料：表格的主要部分，应根据标题按一定的规律排列。必要时，在表格的下方加上备注。备注通常放在表格的下方，主要是一些不便列在表内的内容，如指标注释、资料来源、不变的试验数据等。

列表格时，应遵循以下原则：①表格设计应简明合理、层次清晰，以便阅读和使用；②标目要列出变量的名称、符号和单位，如果表中的所有数据的单位都相同，单位可以在右上角标明；③记录的有效数字位数应与实验的精度相匹配；④试验数据较大或较小时，要用科学记数法来表示，并将数量级记入表头；⑤数据表格记录要正规，原始数据要书写得清楚整齐，要记录各种试验条件，并妥为保管。

2. 绘制图的要求　图形能以直观形象的形式将复杂的数据表现出来，便于数据间的比较，以及表现出极值点、周期性、变化率或其他特性。常用的数据图有：线图、条形图、饼图、散点图等。

线图表示因变量随自变量的变化情况。线图通常分为普通线图和半对数线图，形式有单式线图和复式线图。普通线图的纵坐标和横坐标都是算术尺度，主要用于表达一个变量随另一个变量变动的趋势；半对数线图的纵坐标为对数尺度，横坐标为算术尺度，用于比较研究指标随时间变动的速度或相差悬殊的研究指标。单式线图表示某一种事物或现象的动态。复式线图是在同一图中表示两种或两种以上事物或现象的动态，可用于不同事物或现象的比较。

条形图或柱形图是用等宽长条的长短或高低来表示数据的大小，以反映各数据点的差异。纵坐标称为数值轴，表示数量性因素或变量。横坐标称为分类轴，表示的是属性因素或非数量性变量。

饼图表示总体中各组成部分所占的比例。只适合于包含一个数据系列的情况。饼图的总面积看成100%，每3.6°圆心角所对应的面积为1%，以扇形面积的大小来分别表示各项的比例。

散点图表示两个变量间的相互关系。散点图可以看出两个变量关系的统计规律。

在数据处理时，一般可根据数据的类型和数据表现的目的，选择不同的图形。计量数据可以采用直方图和折线图表示。计数和表示性状的数据可以采用柱形图和饼图来表示，表示动态变化情况可以用线图来表示。

作图时需要注意以下几点：①一般情况下用横轴代表自变量，纵轴代表因变量。对于定量的坐标轴，其分度不一定从零开始，可用低于最小实验值的某些整数作为起点。一般使坐标的最小分格对应于实验数据的精密度。坐标轴上必须注明该坐标轴所代表的变量名称、符号及所用的单位；②在绘制线图时，要求曲线光滑，并使曲线尽可能通过较多的实验点，或者使曲线外的点尽可能位于曲线附近，并使曲线两边的点数大致相等；③在可能的情况下，最好在图中给出数据的误差范围；④图必须有图号和图题或图名（置于图的下方），以便于引用，必要时还应有图注。

二、数据处理软件

目前，可以用于数据处理的软件有很多，例如 Matlab、Mathmatic 和 Maple 等，这些软件可以进行图形可视化和数据分析，功能强大，可满足分析工作的很多需求。但这些软件需要一定的计算机编程知识和矩阵知识，并运用大量的函数和命令，对于大多数分析工作者来说有较大的难度。Excel 和 Origin 是应用较多的数据处理软件，具有界面友好，操作简单，只需要选择菜单命令就能完成大部分数据处理工作等特点。

（一）Excel 软件

Microsoft Excel 是微软公司的办公软件 Microsoft office 的组件之一，是由 Microsoft 为 Windows 和 Apple Macintosh 操作系统的电脑而编写和运行的一款功能强大的电子表格处理软件，它与文本处理软件的差别在于它能够运算复杂的公式，并且有条理的显示结果。Excel 集表格处理、数据管理和统计图绘制三项功能于一体。除了能完成表格的输入、统计和分析外，还可以生成精美的报告和统计图，可以链接各种流行的 PC 机数据库。

1. 数据编辑和管理功能　在 Excel 中，工作表是一个由行和列组成的表格，工作簿是工作表的集合。工作簿是计算和存储数据的文件，每一个工作簿都可以包含多张工作表，因此，可以在一个工作簿中管理各种类型的相关信息。工作表是用来存储和处理数据的最主要文档。多个工作表可以同时操作。每张工作表最多可容纳 65 536 个观察个体、256 个变量。Excel 数据的录入可以通过手动输入，也可以通过导入的方式，或自动填充有规律的数据。通过 Excel 数据管理功能，可以对数据进行排序、筛选、查找、分类汇总等。

2. 数据的统计分析　Excel 有一个分析工具叫做"数据分析（data analysis）"。首次使用 Excel 的"数据分析"工具进行统计时，需加载数据分析工具库。利用数据分析工具可简单地完成常用的统计学分析，如数据的统计学描述、制作直方图、进行 t 检验、方差分析、相关与回归分析等。

Excel 内置函数有近 400 个，包括数学和三角函数、统计函数、日期与时间函数、文本函数、逻辑函数、查询和引用函数、数据库函数、信息函数、工程函数、财务函数、用户定义函数等 11 类。利用函数和运算符可建立各种 Excel 公式，完成各种纷繁复杂的统计计算。

3. 绘图功能 Excel 绘图功能非常强大，有 14 种标准图表类型，每一种类型又有 2 ~ 7 个子类型。同时，还有 20 种自定义图表类型，他们可以是标准类型的变异，也可以是标准类型的组合，每种类型主要是在颜色和外观上有所区别。常用的图表类型有折线图、饼图、柱形图、XY 散点图等。

Excel 绘图的方法也非常简单：选定图表类型→选择产生图形所用的数据区域→设置图表选项→完成绘图。对绘制好的 Excel 图形进一步修饰加工后可以得到精美的图形。另外，单元格数据与 Excel 分析结果之间具有"联动"关系，改变其中一个单元格数据，与之相关的 Excel 公式或图表就会发生相应的改变，具有"即改即见"的效果。

（二）Origin 软件

Origin 为图形可视化和数据分析软件，自 1991 年问世以来，由于其操作简便，操作灵活、功能强大，很快就成为国际流行的分析软件之一。它既可以满足一般用户的制图需要，也可以满足高级用户数据分析、函数拟合的需要。由于它具有专业级的图表处理功能、强大的实验数据分析功能以及尽善尽美的图形展示功能，因此，成为科技工作者的首选科技绘图及数据处理软件。它的最新的版本号是 9.0，另外分为普通版和专业版（Pro）两个版本。

像 Window 操作系统下其他窗口软件一样，Origin 采用图形化、面向对象的窗口菜单和工具栏操作，因此易学易用。Origin 软件是个多文档界面应用程序，一个文件可以包含多个子窗口，可以是工作表窗口（Data）、绘图窗口（Graph）、版面设计窗口（Worksheet）、矩阵窗口（Matrix）等。各子窗口之间是相互关联的，可以实现数据的即时更新。Origin 软件将所有窗口文件都保存在 Project（ * . OPJ）总文件中。子窗口可以随 Project 文件一起存盘，也可以单独存盘，以便其他程序调用。

在众多窗口中，分析工作者们最常用的是 Origin 的工作表格窗口（Worksheet）和绘图窗口（Plot Windows）。这两个窗口是 Origin 的数据分析和绘图两大主要功能的重要核心区域。在这个核心区域中，绝大多数实验数据可以在 Origin 上同时完成其数据处理和绘图。

工作表格的主要功能是存放和组织 Origin 中的数据，并利用这些数据进行统计、分析和作图。工作表中的数据可直接输入，也可以从外部文件导入，对数据量没有限制（仅受限于计算机内存容量大小），支持各种数据类型，并可进行数据转换等工作。Origin 的数据分析主要包括排序、调整、计算、统计、信号处理、图像处理、峰值分析和曲线拟合等各种完善的数学分析功能。在工作表格窗口准备好数据后，进行数据分析时，只需选择所要分析的数据，然后再选择相应的菜单命令即可。在工作表窗口时可以完成的数据统计包括：平均值、标准偏差、标准误、最小值、最大值、百分位数、直方图、t 检验、方差分析、相关、线性、多项式和多元回归分析等。

使用绘图窗口，可以方便地更改图形的外貌、直观地进行数学分析、拟合。Origin 的绘图是基于模板的，Origin 本身提供了直线图、散点图、向量图、柱状图、饼图、极坐标图以及三维图表、统计图表等几十种二维和三维绘图模板而且允许用户自己定制模板。绘图时，只要选择所需要的模板就行。绘图窗口还具有以下特点：多种线型可供选用；超过100个内置的符号可供选择；可调整数据标记(颜色、字体等)；可选择多种坐标轴类型(线性、对数等)、坐标轴刻度及轴的显示；用绘图工具绘制简单图形；提供双 Y 轴、左右对开、上下对开、四屏图形、九屏图形、叠层图形等常用的多图层模板；可输出为多种格式的图像文件，譬如 JPEG、GIF、EPS、TIFF 或以对象形式拷贝至剪贴板等。

Origin 里面也支持编程，以方便拓展 Origin 的功能和执行批处理任务。Origin 里面有两种编程语言——Lab Talk 和 Origin C。在 Origin 的原有基础上，用户可以通过编写 X-Function 来建立自己需要的特殊工具。X-Function 可以调用 Origin C 和 NAG 函数，而且可以很容易地生成交互界面。用户可以定制自己的菜单和命令按钮，把 X-Function 放到菜单和工具栏上，以后就可以非常方便地使用自己的定制工具。

本 章 小 结

本章讨论了分析化学中各种误差的来源、规律以及数据处理方法。

一、误差的分类及其表示方法

1. 误差的分类及其特点。根据误差的来源和性质，分为系统误差和随机误差。系统误差的特点是重现性、单向性和可测性；随机误差的特点是不确定性、分布服从统计学规律。

2. 准确度和精密度。准确度是指测量值与真值的相符程度，是反映分析方法或测量系统存在的系统误差和随机误差的综合指标，用误差表示。精密度是指对同一均匀试样多次平行测定结果之间的符合程度，反映分析方法或测定系统存在的随机误差大小，用偏差表示。误差表示分析结果接近真值的程度，偏差表示测定数据的分散程度。精密度高，准确度不一定高，精密度是保证准确度的必要条件。

3. 测量不确定度是定量描述测量结果分散性的参数。测量不确定度一般来源于随机性和模糊性。测量不确定度按照其评定方法可分为"A 类"和"B 类"。按照表示方式又分为标准不确定度、合成不确定度和扩展不确定度三类。测量结果的表示均应包括被测物质的平均值 $\bar{x}$ 和一定概率下的不确定度 U。

4. 误差的传递。根据误差产生的原因不同，传递的规律不同。系统误差用绝对误差或相对误差进行计算，随机误差用标准偏差进行计算。

二、随机误差的分布规律

1. 无限次测量数据的随机误差服从正态分布。正态分布的特点是对称性、单峰性、有界性，即正误差和负误差出现的概率相等，小误差出现的概率大，大误差出现的概率小，特别大误差出现的概率极小。正态分布曲线的位置和形状由 μ 和 σ 两个参数决定。

2. 有限次测定数据的随机误差服从 t 分布。t 分布曲线与标准正态分布曲线相似，都是对称分布，且随自由度 f 大小变化。

有限次测定数据的集中趋势通常用平均值、中位数来描述；离散程度通常用极差、标准偏差、方差和相对标准偏差等表示。

3. 置信度与置信区间以及平均值的置信区间的计算。平均值的置信区间是指在一定置信度下，以测量平均值 $\bar{x}$ 为中心，包括总体平均值在内的取值范围，其作用是根据有限的测定值估计真值可能存在的范围。

三、实验数据的处理及评价

1. 可疑值含义及其取舍方法。判断可疑值是由随机误差还是过失所引起的。常用的检验方法有 Q 检验法和 G 检验法。

2. 显著性检验的意义及方法。显著性检验就是运用统计学的方法来推断分析结果间的差异是由随机误差引起的，还是由系统误差引起的。常用的显著性检验方法有 t 检验法（准确度检验）和 F 检验法（精密度检验）。

3. 相关和回归。对同一类分析对象测量所获得的各种变量之间的关系可通过做散点图来分析其相关性；变量之间的相关关系可以通过计算相关系数 r 进行说明；变量之间的数量关系可借助相应的函数式表达出来，即通过回归方程来反映变量之间内在的数量关系。描述两个相关变量的相关性强弱的度量指标是相关系数 r，其取值范围为 $-1 \leqslant r \leqslant 1$，$r > 0$ 表示正相关，$r < 0$ 表示负相关，$|r| = 1$ 表示完全相关。一元线性回归方程 $\hat{y}_i = a + bx_i$ 是说明两个变量之间依存数量关系的最简单模型，a 称为截距，b 称为回归系数。

4. 有效数字的定义、定位规则、修约规则和运算规则。有效数字是指在分析过程中实际能测量到的具有实际意义的数字。有效数字位数的保留应根据分析方法和测量仪器的准确度而定。数字修约采用"四舍六入五留双"的规则。在计算结果时要正确取舍有效数字，正确表示分析结果。

5. 数据处理软件 Excel 和 Origin 在实验数据处理中的应用。

四、提高分析结果准确度的方法

选择合适的分析方法；检验和消除系统误差（与标准品或标准参考物质进行对照分析、与经典的分析方法或标准分析方法进行比较、加标回收实验、空白试验、校正仪器、分析结果的校正）；减小随机误差（适当增加平行测定的次数）。

思考题和习题

1. 试判断以下各种误差是系统误差还是随机误差？并说明消除的方法。①天平的零点突然变动；②试剂含有被测组分；③在称量氯化钠标准时，吸收了空气中的少量水分；④在滴定分析中，终点颜色深浅判断不一致；⑤分析天平砝码未经校正；⑥在重量分析中，被测组分的沉淀不完全；⑦读取滴定体积时，最后一位数估计不准；⑧分光光度法测定中，电压不稳引起读数波动；⑨分析测定中，某一样品管的某一试剂未加准确。

2. 何谓准确度和精密度？它们有何区别？精密度好，是否说明准确度一定好？为什么？

3. 某一分析天平的称量误差为 $\pm 0.1\text{mg}$，如果称取试样 0.0500g，相对误差是多少？如称取试样 0.5000g，相对误差又是多少？这个数值说明了什么问题？

$$(\pm 0.4\% ; \pm 0.04\% ; 增加称样量可减小称量误差。)$$

4. 对某一水样的硬度进行了四次测定，测得其中碳酸钙含量（mg/L）为 102.2、102.8、103.1 和 102.3，试计算：①标准偏差；②相对标准偏差；③平均值的标准偏差。

$$(0.42\text{mg/L}；0.41\%；0.21\text{mg/L})$$

5. 下列数字有几位有效数字？

①120.06；②$5.02 \times 10^{-8}$；③0.000850；④10.200；⑤0.0054%；⑥24.02% ⑦pH =

7.21；⑧pK_a = 0.38

6. 根据有效数字的运算规则计算下列各式：

（1）$213.64 + 4.4 + 0.44$

（2）$1.576 \times 3.286 + 1.7 \times 10^{-5} - 0.075 \times 0.040$

（3）$\dfrac{7.654 \times 5.62}{262.6 \times 0.005164}$

（4）$\sqrt{\dfrac{4.5 \times 10^{-5} \times 3.22 \times 10^{-6}}{7.3 \times 10^{-7}}}$

（218.5；5.176；31.7；0.014）

7. 某学生在标定盐酸溶液浓度时，得到如下数据（mol/L）：0.1011、0.1012、0.1016 和 0.1010。按 Q 检验法和 G 检验法分别进行判断，第三个数据是否应保留（置信度 95%）？

（$Q = 0.67$，第三个数据应该保留；$G = 1.54$，第三个数据应该舍弃）

8. 用一新方法测得一水标样中铅的浓度（μg/L）为 0.25、0.24、0.26、0.23、0.24 和 0.23，而标样证书给定的标准值为 0.22 ± 0.02 μg/L，问新方法测定结果是否可靠（置信度 95%）？

（$t = 4.08$，新方法测定结果不可靠）

（黄东萍）

第三章　分析化学实验室质量管理

目前，众多的检验、检测、校准实验室已广泛分布于我国工农业生产、科研、质量监督、检验检疫和商品流通等各个领域。在实验室中利用科学仪器设备进行检测、校准等工作，为我国国民经济的建设和发展提供科学、公正的技术服务，已经成为我国经济活动中重要的组成部分。为推进实验室检测技术的进步，提升实验室管理水平并且对实验室实施有效的监督，需要具备完善的实验室管理评价系统。我国目前主要存在两种实验室管理评价系统：实验室资质认定（包括计量认证和审查认可）与实验室认可。实验室资质认定是法律法规所规定的强制性行为，而实验室认可是实验室的自愿申请行为。

为了获得准确可靠的分析结果，需对分析过程进行质量管理；为了保证分析数据的科学、准确、公正，满足社会的需求，还要加强实验室内部管理，建立质量保证体系。

第一节　实验室资质认定与实验室认可管理

一、实验室资质认定与实验室认可管理简介

（一）实验室资质认定

随着我国《行政许可法》的实施和入世后过渡期的逐步完成，于 2006 年国家认证认可监督管理委员会（简称认监委）组织专家经过反复调研和论证，制定了《实验室和检查机构资质认定管理办法》（简称《办法》）。《办法》规定：为行政、司法、仲裁机关和社会公益活动、经济或者贸易关系人提供具有证明作用的数据和结果的实验室和检查机构以及其他法定需要通过资质认定的机构，必须通过资质认定。

1. 实验室资质认定的内容　实验室资质是指向社会出具具有证明作用的数据和结果的实验室应当具有的基本条件和能力。认定是指国家认证认可监督管理委员会和各省、自治区、直辖市人民政府质量监督部门对实验室和检查机构的基本条件和能力是否符合法律、行政法规规定以及相关技术规范或者标准实施的评价和承认的活动。实验室资质认定的形式包括计量认证和审查认可。

（1）实验室计量认证：中国计量认证（China Metrology Accreditation，CMA）是我国省级以上人民政府计量行政部门依据《中华人民共和国计量法》的规定，对为社会出具公证数据的检验机构（实验室）进行强制性考核，包括计量检定、测试能力和可靠性、公正性考核，证明其是否具有为社会提供公证数据的资格，是具有中国特色的政府对第三方实验室的行政许可。

1987 年发布的《计量法实施细则》中将对检验机构的考核称之为计量认证。因此，所有对社会出具公正数据的产品质量监督检验机构及其他各类实验室必须取得中国计量认

证，即 CMA 认证。只有取得计量认证合格证书的检测机构，才能够从事检测检验工作，可按照合格证书上所批准的项目，在检测（检测、测试）证书及报告上使用 CMA 标志。有 CMA 标志的检验报告可用于产品质量评价、成果及司法鉴定，并具有法律效力。未经计量认证的技术机构为社会提供公证数据属于违法行为。也就是说，计量认证在我国是检验市场准入的必要条件。

（2）审查认可：审查认可（验收）是国家依据《标准化法实施条例》，并以法规的形式明确了对设立的检验机构进行的规划和审查工作。审查认可是国家实施的一项针对承担监督检验、仲裁检验任务的各级质量技术监督部门所属的质检机构和授权的国家、省级质检中心（站）的行政审批制度。对技术监督局授权的非技术监督局系统质检机构（国家质检中心、省级产品专业产品质量监督检验站）的授权称为审查认可，对技术监督系统内质检机构的考核称为验收。

2. 实验室资质认定的对象 从事以下活动的实验室必须通过资质认定：①为行政机关做出的行政决定提供具有证明作用的数据和结果的实验室；②为司法机关做出的裁决提供具有证明作用的数据和结果的实验室；③为仲裁机构作出的仲裁决定提供具有证明作用的数据和结果的实验室；④为社会公益活动提供具有证明作用的数据和结果的实验室；⑤为经济或者贸易关系人提供具有证明作用的数据和结果的实验室。

资质认定证书的有效期为 3 年。国家认监委和地方质检部门定期公布取得资质认定的实验室和检查机构名录，以及计量认证项目、授权检验的产品等。

（二）实验室认可

1. 认可和实验室认可 认可（accreditation）是正式表明合格评定机构具备实施特定合格评定工作能力的第三方证明。按照认可对象的不同，认可分为认证机构认可、实验室及相关机构认可和检查机构认可等。

实验室认可（lab accreditation）是指权威认可机构对实验室有能力进行规定类型的检测/校准所给予的一种正式承认。意味着认可机构按照相关国际标准或国家标准批准实验室从事特定的校准或检验活动。经认可的实验室或认证、审核机构能证明其具有从事特定任务的能力；经认可的评审员和审核员则表明具有从事相关评审和审核活动的能力，并可获得颁发的认可证书。

2. 实验室认可的对象 实验室认可中的"实验室"不再是传统意义上进行实验的场所，而是进行检测/校准工作的组织机构，它既包括完成检测/校准工作的实验场所及人员，也包括维护实验室正常运行的组织、管理结构和机制。为了证明实验室的管理及技术能力，保证实验室各种检测/校准工作的科学性、公正性、准确性和可靠性，获取社会各界的信任和国际间双边和多边承认，必须建立完善的实验室质量管理体系，规范各项管理程序和技术程序，并通过实验室认可。

二、实验室资质认定的起源与发展历程

（一）计量认证的起源与发展历程

随着我国对外开放的经济体制改革进步的不断加快，计划经济一统全国的局面逐渐由多种经济成分共存的新社会主义市场经济模式所取代，产生了供需双方的验货检验需求。

在这种形式下，政府开始开展对生产和流通领域的产品实施质量监督工作。于是在随后的几年里，从国家到各行业、部门，从省（自治区、直辖市）到地市县相继成立了各

级产(商)品质量监督检验机构,承担政府对产(商)品的质量监督抽查及验货、仲裁任务。为了规范这批新成立的产(商)品质检机构和依照其他法律法规设立的专业检验机构的工作行为,提高检验工作质量,原国家计量局借鉴国外对检验机构(检测实验室)管理的先进经验,在1985年颁布《中华人民共和国计量法》时,规定了对检验机构的考核要求。1987年发布了《计量法实施细则》,细则中指出对于检验机构进行的考核称之为计量认证。

计量认证已经成为一个"品牌",是目前我国实验室评价管理工作中应用范围最广、知名度最高的管理模式。经济活动中"评价产品质量的检验报告必须带有计量认证标志"已经成为社会共识。

(二)审查认可的起源与发展历程

为了有效地对国家各级产(商)品质量监督检验机构的工作范围、工作能力、工作质量进行监控和界定,规范检验市场秩序,1986年由原国家经委标准局颁布了《产品质量监督检验测试中心管理试行办法》,对检验机构进行审查认可。1990年,国家发布了《标准化法实施条例》,以法规的形式明确了对设立检验机构的规划、审查条款(《标准化法实施条例》第29条),并将规划、审查工作称之为"审查认可(验收)",即对技术监督局授权的非技术监督局系统的质检机构的授权称为审查认可,对技术监督系统内的质检机构的考核称为验收。

为实施产品质量检验机构的审查认可(验收)工作,原国家技术监督局质量监督司于1990年又发布了《国家产品质量监督检验中心审查认可细则》、《产品质量监督检验所验收细则》、《产品质量监督检验站审查认可细则》,由此开始了对国家、省、地、县各级产品质量监督检验机构的审查认可(验收)工作。

(三)实验室资质认定的起源与发展历程

随着我国入世后过渡期的逐步完成和国家《行政许可法》的实施,对各类实验室的监督既要符合《行政许可法》和相关法律法规的规定,又要向国际通行规则靠拢。我国政府组织专家经过反复调研和论证,制定了《实验室和检查机构资质认定管理办法》,于2006年2月21日,以国家质量监督检验检疫总局第86号局长令形式发布。

2006年4月,以原国家质量技术监督局认评司和原国家出入境检验检疫局认证司为基础组建国家认证认可监督管理委员会。2006年8月29日,国家认监委正式成立,原国家质量技术监督局认评司的大部分职能整体(包括人员)划归认监委,计量认证、审查认可这两项行政审批职能归由国家认监委实验室与检测监管部负责。

三、实验室认可的起源与发展历程

实验室认可制度起源于1947年澳大利亚的检测实验室认可(NATA)和1966年英国校准实验室(BCS)的认可制度,同年,国际经合组织(OECD)建立了化学实验室评审制度(GLP)。1979年关贸总协定的《贸易技术壁垒协定》(TBT协定)中采用了此制度。目前,国际上影响比较大的国际区域性实验室认可组织有两个:一个是亚太实验室认可合作组织(Asia Pacific Laboratory Accreditation Cooperation,APLAC),由亚太地区17个国家的实验室认可机构参加。另一个是欧洲实验室认可合作组织(European Accreditation Cooperation for Laboratories,EAL),由欧盟17个国家的21个认可机构参加。

由于这些区域性和国际性组织的产生,促进了实验室认可工作在各国的发展和国际间的双边和多边相互承认。这些组织的目的是促进实验室认可的国际合作与交流，探讨实验室认可的国际互认，讨论和制定实验室认可的国际性准则和程序，消除国际间的技术壁垒。

1996 年国际实验室认可合作组织（International Laboratory Accreditation Cooperation，ILAC）成立。ILAC 目前有 100 多名成员，分为正式成员、协作成员、区域合作组织和相关组织等。ILAC 的目标是：研究实验室认可的程序和规范；推动实验室认可的发展，促进国际贸易；帮助发展中国家建立实验室认可体系；促进世界范围的实验室互认，避免不必要的重复评审。同时，ILAC 组织起草检测实验室基本技术要求的文件，并将该文件作为检测实验室进行认可的技术准则推荐给国际标准化组织（ISO）和国家电工组织（IEC），建议作为国际标准在各国实行。

1999 年，由 ISO 和 IEC 两个组织在广泛征求各成员意见后正式发布 ISO/IEC 17025：1999（即《检测和校准实验室能力的通用要求》），取消并代替 ISO/IEC 导则 25：1990，过渡期限为两年。2005 年 5 月 15 日，ISO 和 IEC 再次对外发布修订后的 ISO/IEC 17025：2005。ISO/IEC IT025 已成为指导各国实验室认可工作和评估各类实验室工作质量的最基本文件。

我国 1994 年由国家技术监督局作为政府主管部门组建成立了"中国实验室国家认可委员会"（China National Accreditation Committee for Laboratory，CNACL）。CNACL 由政府有关部门、科研单位、学术团体、实验室用户和实验室代表组成，统一负责检测/校准实验室资格认可和日常监督工作。1995 年中国实验室国家认可委员会按照科学公正与国际通行准则相一致的原则，开始运行中国实验室认可体系。2002 年由国务院有关行政主管部门以及与实验室检查机构认可的相关方联合成立了实验室国家认可机构（China National Accreditation Board for Laboratories，CNAL）。我国加入 WTO 以来，实验室认可已朝着消除非关税贸易技术壁垒、实现国与国或地区之间的相互承认、向多边相互承认的趋势发展。为了统一认可组织体系以更好地适合我国国情并与国际接轨，推动我国认可事业发展，更好地适应我国经济和社会发展需要，于 2006 年 3 月成立了中国合格评定国家认可委员会（China National Accreditation Service for Conformity Assessment，CNAS）。

CNAS 是根据《中华人民共和国认证认可条例》的规定，由国家认证认可监督管理委员会（Certification and Accreditation Administration of the People's Republic of China，CNCA）批准设立并授权的国家认可机构，统一负责对认证机构、实验室和检查机构等相关机构的认可工作。

截止到 2014 年 11 月 30 日，CNAS 认可各类认证机构、实验室及检查机构三大门类共计 14 个领域的 6820 家机构。其中，累计认证各类认证机构 136 家；累计认可实验室 6280 家，其中检测实验室 5282 家、校准实验室 740 家、医学实验室 157 家、生物安全实验室 58 家、标准物质生产者 9 家、能力验证提供者 34 家；累计认可检查机构 404 家。

目前，中国合格评定国家认可制度在国际认可活动中有着重要的地位，其认可活动已融入国际认可互认体系，并在国际认可组织中发挥着重要作用。

CNAS 是国际认可论坛（IAF）、国际实验室认可合作组织（ILAC）、亚太实验室认可合作组织（APLAC）和太平洋认可合作组织（PAC）的正式成员。

CNAS 还在实验室和检查机构认可领域签署了 ILAC 和 APLAC 互认协议。我国认可机构已与其他国家和地区的 53 个实验室认可机构和 37 个认证认可机构签署了多边互认协议。我国认可机构认可的各类机构签发的检测报告和证书，在这些国家和地区可直接通关，避免了不必要的重复检测，节约了时间和成本，极大地方便了出口企业。

四、实验室资质认定和实验室认可的区别和联系

(一) 计量认证和审查认可(验收)的关系

计量认证和审查认可(验收)皆属于政府行政行为。经计量认证合格的产品质量检验机构所提供的数据具有法律效力；经审查认可(验收)合格的产品质量检验机构才有资格承担国家行政机构下达的检验任务和监督检验任务。对于依法设置的产品质量监督检验机构(国家质检中心、产品质量监督检验所、环境监测站、疾病预防控制中心等)需经计量认证(CAM 认证)和审查认可(验收)(CAL 认证)考核合格后方可展开检验工作；依法授权的产品质量检验机构(民营检验实验室、国外独资、合资实验室等)需经计量认证(CAM 认证)考核合格后方可对外出具检验报告；生产企业的实验室因为不具备第三方公证地位，所以不能申请计量认证。

(二) 计量认证、审查认可(验收)与实验室资质认定的关系

2006 年以国家质检总局第 86 号令发布的《实验室和检查机构资质认定管理办法》明确了资质认定的形式包括计量认证和审查认可。说明了现在所做的为社会提供公证数据的检验机构或法定质检机构所进行的资质认定工作就是《实验室和检查机构资质认定管理办法》发布之前的计量认证、审查认可(验收)工作。

(三) 实验室资质认定与实验室认可的关系

实验室资质认定和实验室认可的目的皆为提高实验室的管理水平和技术能力，并以 ISO/IEC 17025：2005 作为评审主要依据。但两者之间又存在很大区别，主要表现在以下几个方面：

1. 实验室资质认定是我国的行政许可项目，属于政府的强制性行为。依据我国《计量法》的规定，未经计量认证的质检机构不得向社会出具公证数据，对社会出具检验报告，就必须通过计量认证；而实验室认可是实验室的自愿行为，可以自己决定是否申请实验室能力认可。

2. 实验室资质认定的对象是第三方的各种质检机构(即检验/校准实验室)；而实验室认可的对象可以是第一方、第二方、第三方的检测或是校准实验室、企业乃至个人实验室。

3. 实验室资质认定由国家或省级政府的质量技术监督部门组织实施；有国家和省级两级认证；而实验室认可是一级管理，实施机构是中国合格评定国家认可委员会(CNAS)，即只有国家认可机构的认可。

4. 根据 2007 年 1 月 1 日正式实施的《实验室资质认定评审准则》，计量认证考核的内容有 19 个要素，其中管理要素 11 个，技术要素 8 个。根据 CNAS-CL01：2006《检测和校准实验室认可准则》，实验室认可考核的内容共有 24 个要素，其中管理要素 15 个，技术要素 9 个。尽管计量认证和实验室认可考核要素有一定差异，实际上内容是差不多的，只是《实验室资质认定评审准则》将有些要素进行了合并。

对于取得国家认监委确定的认可机构或认可的实验室，在申请资质认定时，应简化相

应的资质认定程序，避免不必要的重复评审。取得认可的实验室进行资质认定的，只对《实验室资质认定评审准则》有别于认可准则的特定条款（黑体字部分）进行评审。同时申请实验室认可和资质认定的，应按《检验和校准实验室能力认可准则》和《实验室资质认定评审准则》的特定条款进行评审。

实验室究竟是要"实验室资质认定"还是要"实验室认可"，或者两者都要，这不仅取决于实验室自身的总体需要，以及顾客、管理者或其他相关方面的要求，还取决于这种要求是希望保证实验室的特定技术能力，还是只注重其质量管理体系的符合性，实验室认可应该更加符合实验室未来的发展趋势。

五、实验室资质认定和实验室认可的作用和意义

质检机构通过实验室资质认定后出具的检测报告，在贸易出证、产品质量评价和成果鉴定等方面具有法律效力。同时，通过实验室资质认定也为实验室仪器设备的有效综合利用创造条件，还可提高检测机构的管理水平、检测人员的理论知识水平和检测技术能力，促进检测技术操作规范化和标准化，为通过实验室认可创造有利条件。通过实验室资质认定的检测机构在社会上还可产生一定影响，提高了检测机构的知名度和信誉度，取得较好的社会效益和经济效益。

我国正式加入 WTO 后，实验室认可已经成为一种国际趋势。实验室通过认可，表明实验室具备了按有关国际认可准则开展检测和（或）校准服务的技术能力。同时可以提高实验室的质量管理水平、提高社会对认可实验室的认知度和信任度，最终达到法律、政府和市场的共同承认，实现检测数据的国际双边和多变互认，并有利于消除非关税贸易技术壁垒。实验室认可为用户和实验室自身发展以及商品的流通和贸易的开展都带来了极大的方便，是未来实验室的发展方向。

第二节　实验室资质认定与实验室认可的评审

一、实验室资质认定与实验室认可的主要评审依据

我国计量认证的现行评审依据是 2007 年 1 月 1 日正式实施的《实验室资质认定评审准则》，该评审准则遵循采纳国际标准 ISO/IEC 17025 的主要精髓，兼顾我国政府对检测市场和检测实验室监管的强制性管理要求的思路；中国合格评定国家认可委员会对检测和校准实验室能力进行认可的依据是 CNAS-CL01：2006《检测和校准实验室能力认可准则》（内容等同 ISO/IEC 17025：2005）。

其他认可准则有：CNAS-CL02：2008《医学实验室质量和能力认可准则》、CNAS-CL03：2010《能力验证提供者认可准则》、CNAS-CL04：2010《标准物质/标准样品生产者能力认可准则》和 CNAS-CL05：2009《实验室生物安全认可准则》等。

计量认证评审准则依据的主要法律文件是《中华人民共和国计量法》、《中华人民共和国产品质量法》、《中华人民共和国标准化法》、《中华人民共和国认证认可条例》，还有《中华人民共和国计量法实施细则》、《中华人民共和国标准化法实施条例》等。

实验室认可准则依据的主要法规文件，除计量认证评审准则涉及的 3 个法规文件外，还包括《中华人民共和国出口商品检验法》、《中华人民共和国进出境动植物检疫法》、

《中华人民共和国食品卫生法》、《中华人民共和国国境卫生检疫法》和《中华人民共和国产品质量认证管理条例》等。

二、实验室评审内容

根据《实验室资质认定评审准则》，计量认证的评审共 19 个要素，其中管理要求 11 个要素，分别为组织、管理体系、文件控制、检测和（或）校准分包、服务和供应品的采购、合同评审、申诉和投诉、纠正预防措施及改进、记录、内容审核和管理评审。技术要求 8 个要素，分别为人员、设施和环境条件、检测和校准方法、设备和标准物质、量值溯源、抽样和样品处置、结果质量控制和结果报告。

根据 CNAS-CL01：2006《检测和校准实验室能力认可准则》，实验室认可主要评审内容也有管理要求和技术要求两大方面。管理要求有 15 个要素，可以认为是由两大过程构成，即管理职责和体系的分析与改进。技术要求有 9 个要素，也可分为两个过程，一是资源保证，二是检测/校准的实现。管理要求和技术要求的共同目的就是要实现质量体系的持续改进。根据《实验室资质认定评审准则》，计量认证评审要素与实验室认可的评审内容相似，故以下只对 CNAS-CL01：2006《检测和校准实验室能力认可准则》（等同于 ISO/IEC 17025：2005《检验和校准实验室的能力的通用要求》）中的评审要素作简单介绍。

（一）管理要求

CNAS-CL01：2006 在管理方面要求申请认可的实验室必须达到 15 个要素的要求，管理要求的核心就是建立完善的质量管理体系。下面简单介绍这 15 个要素。

1. 组织　认可准则明确要求"实验室或其所在组织应是一个能够承担法律责任的实体"，能确保所从事的检测或校准工作符合认可准则的要求，并能满足客户的需求。实验室的管理体系应覆盖实验室相关的所有工作。

实验室应有管理人员和技术人员，并应具有所需的权力和资源来履行各自的职责，这些职责包括实施、保持和改进管理体系，能识别对管理体系或检测或校准程序的偏离，并能采取措施预防或减少这些偏离；实验室应有措施确保其管理层和员工不受任何来自内外部的不正当的商业、财务和其他方面的压力和影响；实验室应有政策和程序保护客户的机密信息和所有权，包括保护电子存储和传输结果的程序；还应有政策和程序以避免卷入任何会降低其在能力、公正性、判断力或运作诚实性方面可信度的活动；应确定实验室的组织和管理结构及其在母体组织中的地位，以及质量管理、技术运作和支持服务之间的关系；还需规定对检测或校准质量有影响的所有管理、操作和核查人员的职责、权力和相互关系；实验室应由熟悉各项检测或校准方法、程序、目的和结果评价的人员来对检测或校准人员（包括在培员工）进行有效监督；实验室应有技术管理者，全面负责技术运作和提供确保实验室运作质量所需的资源；实验室应有质量主管，并赋予其责任和权利，以保证在任何时候都能确保质量相关管理体系得到实施和遵循；质量主管应有直接的渠道接触决定实验室政策或资源的最高管理者。

2. 管理体系　实验室应建立和实施与其活动范围相适应的管理体系，应将实验室的政策、制度、计划、程序和指导书编制成文件，并能满足实验室检测或校准质量所需的要求。实验室管理体系中与质量有关的政策，包括质量方针声明，应在质量手册中阐明。质量方针声明的内容至少应包括：实验室管理者对良好职业行为和为客户提供检测或校准服务质量的承诺；管理者关于实验室服务标准的声明；质量相关管理体系的目的；要求实验室所有与检测或校准活动有关人员熟悉质量文件，并在工作中执行这些政策和程序；以及实验室管理者对遵循本准则及持续改进管理体系有效性的承诺。

3. 文件控制　实验室应建立程序来控制构成其管理体系的所有文件，如法规、标准、其他规范化文件、检测或校准方法，以及图纸、软件、规范、指导书和手册。这些文件包括硬拷贝或是电子媒体，数字的、模拟的、摄影的或书面形式。凡是发给实验室人员的、作为管理体系组成部分的所有文件，应经授权人员审查并批准，方可投入使用。

在对实验室有效运行起重要作用的所有作业场所，都应有相应文件的授权版本；实验室要定期审查文件，必要时进行修订，以确保其持续适用和满足使用的要求；要及时地从所有使用或发布处撤除无效或作废文件，并有适当的标记。

4. 要求、标书和合同的评审　实验室应建立和保持评审客户要求、标书和合同的程序。这些为签订检测和(或)校准合同而进行评审的政策和程序应确保：①对包括所用方法在内的要求应予充分规定，形成文件，并易于理解；②实验室有能力和资源满足这些要求；③选择适当的、能满足客户要求的检测和(或)校准方法。客户的要求或标书与合同之间的任何差异，应在工作开始之前得到解决。每项合同应得到实验室和客户双方的接受。应保存包括任何重大变化在内的评审记录。在执行合同期间，就客户的要求或工作结果与客户进行讨论的有关记录也应予以保存。评审的内容应包括被实验室分包出去的任何工作。对合同的任何偏离均应通知客户。工作开始后如果需要修改合同，应重复进行同样的合同评审过程，并将所有修改内容通知所有受到影响的人员。

5. 检测和校准的分包　实验室因暂时不具备部分检测或校准能力等原因需将工作分包，应分包给有能力并能按认可准则开展工作的分包方。要求分包方通过计量认证或实验室认可。实验室的分包安排还应得到客户的同意。实验室应保存检测或校准中使用的所有分包方的注册记录，并保存其工作符合本准则的证明记录。

6. 服务和供应品的采购　实验室应有选择和购买对检测或校准质量有影响的服务和供应品的政策和程序。还应有与检测和校准有关的试剂和消耗材料的购买、接收和保存的程序。

实验室所购买的对检测或校准质量有影响的供应品、试剂和消耗材料，须经检查或验证确认符合有关规定或要求后，才能投入使用。应保存所采取的符合性检查活动的记录。

实验室应定期对影响检测或校准质量的供应服务商进行评价，并保存供应商名单和评价记录。

7. 服务客户　实验室应在保障其他客户机密的前提下，在客户要求监视实验室中与工作相关操作方面，积极与客户或其代表合作。实验室应向客户征求反馈意见，应分析客户意见，以改进实验室管理体系、检测或校准活动及对客户的服务质量。

8. 投诉　实验室应有政策和程序处理来自客户的投诉。应保存所有投诉的记录，以及实验室针对投诉相关的调查和纠正措施记录。

9. 不符合检测或校准工作的控制　实验室在检测或校准工作中应有不符合检测或校准工作的控制政策和程序，以确定对不符合工作进行管理的责任和权力，规定当识别出不符合工作时所采取的措施(包括必要时暂停工作、扣发检测报告或校准证书)：对不符合工作的严重性进行评价，立即进行纠正；同时对不符合工作的可接受性做出决定。当评价表明不符合工作可能再度发生，或对实验室的运行与其政策和程序的符合性产生怀疑时，应立即执行纠正措施程序。

10. 改进 实验室应当通过实施质量方针和质量目标，运用审核结果、数据分析、纠正措施和预防措施以及管理评审等措施，来持续改进和提升管理体系的有效性。

11. 纠正措施 实验室应当通过制定政策和程序并规定相应的权力，以便在识别出不符合工作和对管理体系或技术运作中的政策和程序的偏离后，实施纠正措施。

需要采取纠正措施时，实验室应对潜在的各项纠正措施进行识别，并选择和实施能消除问题和防止问题再次发生的措施，应将纠正措施调查所要求的任何变更制定成文件并予以实施。

12. 预防措施 实验室应当制定预防措施程序，以消除潜在的可能导致不合格工作或其他不期望情况发生的原因，以减少不符合情况的发生。

13. 记录的控制 实验室应建立和保持识别、收集、索引、存取、存档、存放、维护和清理质量记录和技术记录的程序。质量记录应包括内部审核报告、管理评审报告、纠正措施和预防措施的记录。所有记录应清晰明了，并进行妥善保存，防止损坏、变质和丢失。应规定记录的保存期。记录可保存于任何媒体（如硬拷贝或电子媒体）。所有记录应加密保护，应备份电子形式存储的记录，并防止未经授权的侵入或修改。

实验室应将原始记录、校准记录、员工记录以及发出的每份检测报告或校准证书的副本按规定时间保存。检测或校准记录应包含充分信息，以便在可能时识别不确定度的影响因素，并确保该检测或校准在尽可能接近原条件的情况下能够重复。

记录中出现错误时，应划改而不可擦涂，并将正确值填写在其旁边。同时，应有改动人的签名或签名缩写。对电子存储记录也应采取同样措施。

14. 内部审核 实验室应定期（一般为1年）对其活动进行内部审核，以验证实验室的运行是否持续符合管理体系和认可准则的要求。内部审核计划应涉及管理体系的全部要素。审核应由经过培训和具备资格的人员来执行，审核人员应独立于被审核的活动。

当审核中发现的问题导致对运行的有效性，或对实验室检测或校准结果的正确性或有效性产生怀疑时，实验室应及时采取纠正措施。如果调查表明实验室的结果可能已受影响，应书面通知客户。

15. 管理评审 实验室的最高管理者应定期（一般为1年）对实验室的管理体系和检测或校准活动进行评审，以确保其持续适用和有效，并进行必要的变更或改进。

（二）技术要求

CNAS-CL01：2006《检测和校准实验室认可准则》在技术方面规定，实验室必须满足除总则以外的9个要素的要求，以下对这9个要素作简单介绍。

1. 人员 实验室管理者应确保所有操作专门设备、从事检测或校准、评价结果、签署检测报告和校准证书的人员的能力。当使用在培员工时，应对其安排适当的监督。对从事特定工作的人员，应按要求根据相应的教育、培训、经验和（或）可证明的技能进行资格确认。

实验室管理者应制定实验室人员的教育、培训和技能目标。应有确定培训需求和提供人员培训的政策和程序。培训计划应与实验室当前和预期的任务相适应。应评价这些培训活动的有效性。

实验室保留所有技术人员（包括签约人员）的相关授权、能力、教育和专业资格、培训、技能和经验的记录，并包含授权和（或）能力确认的日期。

2. 设施和环境条件　用于检测或校准的实验室设施，包括动力、照明和环境条件等，应有利于检测或校准工作的正确开展。

实验室应确保其环境条件不会使结果无效，或对所要求的测量质量产生不良影响。在实验室固定设施以外的场所进行抽样、检测或校准时，应特别注意。

3. 检测和校准方法及其确认　实验室应使用适宜的方法和程序进行检测或校准工作，包括被检测或校准物品的抽样、处理、运输、存储和准备，还应包括测量不确定度的评定和分析检测或校准数据的统计技术。

如果缺少指导书会对检测或校准结果产生影响时，实验室应具有所有相关设备的使用和操作指导书以及处置、准备检测或校准物品的指导书。

实验室应采用满足客户需求并适用于所进行的检测或校准以及抽样的方法。应优先使用国际、区域或国家标准方法。实验室应确保使用的标准方法是最新的有效版本。必要时，可采用附加细则对标准加以补充，以确保应用的一致性。

当客户未指定所用方法时，实验室应从国际、区域或国家标准中发布的，或由知名的技术组织，或有关科学书籍和期刊公布的，或由设备制造商指定的方法中选择合适的方法。实验室制定的或采用的方法，如能满足要求并经过确认，也可使用，所选用的方法应通知客户。在引入检测或校准之前，实验室应证实能够正确地运用这些方法。如果标准方法发生了变化，应重新进行确认。当必须使用标准方法中未包含的方法时，应遵守与客户达成的协议，且应包括对客户要求的清晰说明以及检测或校准的目的。所制定的方法在使用前，应经适当的确认。实验室应对非标准方法、实验室设计（制定）的方法、超出其预定范围使用的标准方法、扩充和修改过的标准方法进行确认，以证实该方法适用于预期的用途。检测实验室应具有并应用评定测量不确定度的程序。

当利用计算机或自动设备对检测或校准数据进行采集、处理、记录、报告、存储或检索时，实验室应将由使用者开发的计算机软件制定成足够详细的文件，并对其适用性进行适当确认；建立并实施数据保护的程序。这些程序应包括数据输入或采集、数据存储、数据转移和数据处理的完整性和保密性；维护计算机和自动设备，以确保其功能正常，并提供保护检测和校准数据完整性所必需的环境和运行条件。

4. 设备　实验室应配备正确进行检测或校准所要求的仪器设备，如抽样、样品制备、数据分析与处理设备。用于检测、校准和抽样的仪器设备及其软件应达到要求的准确度，并符合检测或校准相应的规范要求。对检测和校准结果有重要影响的仪器设备应有校准计划。实验室应具有安全处置、运输、存放、使用和有计划维护测量仪器设备的程序，以确保仪器设备功能正常。实验室的所有仪器设备，应使用标签，编码或其他标识表明其校准状态。

5. 测量溯源性　溯源性是通过一条具有规定不确定度的不间断的比较链，使测量结果或测量标准的值能够与规定的参考标准（通常是与国家测量标准或国际测量标准）联系起来的特性。对检测校准和抽样结果的准确性或有效性有显著影响的所有仪器设备，包括辅助测量设备（例如用于测量环境条件的设备），在投入使用前应进行校准。实验室应制定仪器设备校准计划和程序。该计划和程序应包含一个对测量标准、用做测量标准的标准物质（参考物质）以及用于检测和校准的测量与检测设备进行选择、使用、校准、核查、控制和维护的系统。

检测实验室应确保所用仪器设备能够提供所需的测量不确定度。

实验室应有程序来安全处置、运输、存储和使用参考标准和标准物质(参考物质),以防止污染或损坏,确保其完整性。

6. 抽样　实验室应有抽样计划和程序。抽样计划应根据适当的统计方法制定。抽样过程应注意需要控制的影响因素,以确保检测和校准结果的有效性。

当客户对文件规定的抽样程序有偏离、添加或删节的要求时,这些要求应与相关抽样资料一起详细记录,并纳入包含检测或校准结果的所有文件中,同时告知相关人员。

当抽样作为检测或校准工作的一部分时,实验室应记录与抽样有关的资料和操作。这些记录应包括所用的抽样程序、抽样人的识别、环境条件,必要时应有抽样位置的图示,有时还应包括抽样程序所依据的统计方法。

7. 检测和校准物品(样品)的处置　实验室应具有规范检测或校准物品的运输、接收、处置、保护、存储、保留和(或)清理的程序;同时还需具有为了保护检测或校准物品的完整性,实验室与客户利益所需的全部条款;实验室还应具有检测或校准物品的标识系统。

实验室应有程序和适当的设施,避免检测或校准物品在存储、处置和准备过程中发生质变、丢失或损坏。

8. 检测和校准结果质量的保证　实验室应有质量控制程序以监控检测和校准的有效性,应采用统计技术对结果进行审查,这种监控应有计划并加以评审。监控的主要内容包括:定期使用有证标准物质(参考物质)进行监控和(或)使用次级标准物质(参考物质)进行内部质量控制;参加实验室间的比对或能力验证计划;使用相同或不同方法进行重复检测或校准;对存留物品进行再检测或再校准;分析一个物品不同特性结果的相关性。

实验室应分析质量控制的数据。当发现质量控制数据将要超出预先确定的判据时,应采取有计划的措施纠正出现的问题,并防止报告错误的结果。

9. 结果报告　实验室应以检测报告或校准证书的形式准确、清晰、明确、客观地出具检测或校准结果。应包括客户要求的、说明检测或校准结果所必需的以及所用方法要求的全部信息。

第三节　实验室认可程序

实验室认可申请者必须符合以下申请条件:具有明确的法律地位,具备承担法律责任的能力;符合 CNAS 颁布的认可准则;遵守 CNAS 认可规范文件的有关规定,履行相关义务;符合有关法律法规的规定。实验室认可流程见图 3-1。以下简单介绍实验室认可主要程序。

一、意向申请和正式申请

根据 CNAS- GL01:2006《实验室认可指南》,实验室认可申请方可以用任何方式向 CNAS 表达认可意向,如来访、电话、传真及其他方式。

如果符合申请条件,申请方应按 CNAS 秘书处的要求,提供申请资料,要求提交的资料齐全,填写清楚、正确,并对 CNAS 的相关要求有基本的了解。应特别注意的是,提供的质量管理体系文件应具有可操作性;对申请认可的标准或方法应是现行有效版本;应确

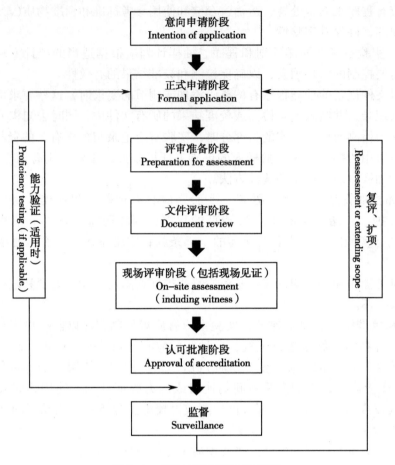

图 3-1　实验室认可流程示意图

认除标准方法以外的其他方法的科学性、准确性、规范性和有效性，还要满足相关能力验证规则的要求。

质量管理体系正式运行 6 个月以上，且进行了完整的内审和管理评审过程，符合CNAS-RL02《能力验证规则》要求，申请方实验室的质量管理体系和技术活动处于稳定运行状态，聘用人员符合有关法律法规的要求，则可受理，并在 3 个月内安排现场评审。

二、现场评审

评审组依据 CNAS 的认可准则、规则和要求及有关技术标准对申请范围内的技术能力和质量管理活动进行现场评审。在对申请方的检测、校准、检查或其他能力进行现场评审时，应参考、利用申请方参与能力验证活动的情况及结果，必要时安排测量审核。CNAS将把申请人在能力验证中的表现，作为是否给予认可的重要依据。对参加了 CNAS 及其承认的能力验证和比对计划且结果满意的机构，在 CNAS 的各类评审中，可适当地考虑简化相关项目的能力确认。但在国家有明确规定、专业上有特定要求、客户有投诉、发生了质量事故或人员、机构发生重大变化等情况下除外。

评审组还要对申请人的授权签字人进行考核。授权签字人是经 CNAS 认可、可以签发带认可标识的报告或证书的人员。其必须具备必要的专业知识和相应的工作经历，熟悉授权签字范围内有关检测、校准方法及检测、校准程序，能对检测、校准结果做出正确的评价；了解检测结果的不确定度；熟悉认可规则和政策、认可条件，特别是获准认可机构义务，以及带认可标志检测、校准报告或证书的使用规定；在对检测、校准结果的正确性负责的岗位上任职，并有相应的管理职权。实验室明确其职权，对其签发的报告/证书具有最终技术审查职责，对于不符合认可要求的结果和报告/证书具有否决权。

现场评审结论分"符合"、"基本符合"（需对不符合的纠正措施进行跟踪）、"不符合"三种，由评审组在现场评审结束时给出。评审组长应在现场评审末次会议上，将现场评审报告复印件提交给被评审方。被评审方在明确整改要求后，应拟订纠正措施计划，并在 3 个月内完成。评审组应对纠正措施的有效性进行验证。

三、认可评定

CNAS 秘书处将评审资料及所有其他相关信息（如能力验证、投诉、争议等）提交给评定委员会，评定委员会对申请人与认可要求的符合性进行评价并做出决定。评定结果可以是"同意认可"；"部分认可"；"不予认可"和"补充证据或信息，再行评定"。经评定通过认可后，由秘书处办理相关手续。CNAS 向获准认可机构颁发认可证书，以及认可决定通知书和认可标识章，列明批准的认可范围和授权签字人。认可证书有效期为 5 年。CNAS 秘书处负责将获得认可的机构及其被认可范围列入获准认可机构名录，予以公布。

四、扩大、缩小认可范围

获准认可实验室在认可有效期内可以向 CNAS 提出扩大认可范围的申请。CNAS 根据情况，在监督评审、复评审时对申请扩大的认可范围进行评审；也可根据获准认可实验室需要，单独安排扩大认可范围的评审。扩大认可范围的认可程序与初次认可相似，必须经过申请、评审、评定和批准。对于原认可范围中的相关能力的简单扩充，不涉及新的技术和方法，可以在进行资料审查后直接批准。

批准扩大认可范围的条件与初次认可相同，获准认可实验室在申请扩大认可的范围内，必须具备符合认可准则所规定的技术能力和质量管理要求。

CNAS 对提出扩大认可范围申请的实验室，申请时参加能力验证活动的要求与初次认可申请时相同。

在下列情况下，可以缩小认可范围：获准认可实验室自愿申请缩小其原认可范围；业务范围变动使获准认可实验室失去原认可范围内的部分能力；监督评审、复评审或能力验证的结果表明，获准认可实验室在某些检测、校准项目的技术能力或质量管理不再满足认可要求，且在 CNAS 规定的时间内不能恢复。根据不同情况，由评定委员会评定或其他授权人员批准缩小其认可范围。

五、监督评审

监督评审是 CNAS 为验证已认可机构是否持续地符合认可条件而在认可有效期内安排的定期或不定期评审。监督评审的目的是为了证实获准认可实验室在认可有效期内持续地符合认可要求，并保证在认可规则和认可准则修订后，及时将有关要求纳入质量体系。所有获准认可实验室均须接受 CNAS 的监督评审。监督评审包括现场监督评审和其他监督活动类型。

获准认可机构应在认可批准后的 12 个月内，接受 CNAS 安排的第一次定期监督评审，以后每隔 12 个月（最长 18 个月）应接受第二、第三次定期监督评审。每次定期监督评审的范围可以是认可领域以及认可要求的全部或部分内容。

　　定期监督评审不需要获准认可实验室申请，有关评审要求和现场评审程序与初次认可相同。监督中发现不符合时，被评审方在明确整改要求后，应拟订纠正措施计划，提交给评审组，整改期限一般为 2 个月；对影响检测、校准和检查结果的严重不符合，应在 1 个月内完成。评审组长应对纠正措施的有效性进行验证。

　　在实施定期监督评审时，应考虑前一次评审的结果、参加能力验证的情况，尤其是能力验证结果不满意时的纠正措施实施情况等。

　　不定期监督评审有可能先进行文件审查，然后再决定是否实施现场评审。不定期监督评审的程序与定期监督评审相同。

六、复评审

　　获准认可机构应在认可有效期（3 年）到期前的 6 个月，向 CNAS 提出复评审申请。复评审是 CNAS 在认可有效期结束前，对获准认可机构实施的全面评审，以确定是否持续符合认可条件，并将认可延续到下一个有效期。复评审的其他要求和程序与初次认可一致，是针对全部认可范围和全部认可要求的评审。复评中发现不符合时，被评审方在明确整改要求后，应拟订纠正措施计划，提交给评审组，整改期限一般为 2 个月，对影响检测、校准和检查结果的严重不符合，应在 1 个月内完成。CNAS 对纠正措施的有效性进行验证，对于纠正措施未通过验证的，CNAS 将视情况做出暂停、缩小认可范围或撤销认可的决定。

（王春艳）

第四节　分析工作的质量保证

　　按照国家标准 GB/T 19000-2008 的定义，质量管理（quality management，QM）是指"在质量方面的指挥和控制活动"，通常包括制定质量方针和质量目标，以及质量策划、质量控制、质量保证和质量改进。

　　质量保证（quality assurance，QA）"致力于提供质量要求会得到满足的信任"，其目的在于取得信任。分析工作的质量保证是为了提供足够的信任，表明分析工作能够满足质量要求，而在质量体系中实施的全部有计划和有系统的活动。

　　质量控制（quality control，QC）"致力于满足质量要求"，其目的在于监控过程，并排除质量环节所有导致不满意的原因。分析质量控制的目的是把分析工作的误差减小到一定限度，以获得准确可靠的分析结果。质量控制和质量保证的某些活动是相互联系的。

一、实验室质量控制

（一）分析方法的可靠性

　　分析方法是否可靠是实验室质量控制的关键。以下是评价分析方法可靠性的技术参数。

1. 准确度　准确度是反映分析方法系统误差和随机误差的综合指标。评价准确度常采用以下方法。

（1）测定标准物质：对标准物质进行多次平行测定，比较测定结果的平均值与标准值之间是否存在显著性差异，以判断分析方法的准确度。

（2）测定加标回收率：向试样中加入一定量的被测组分的纯物质（或标样）进行测定，将测定结果扣除试样的测定值，计算加标回收率（recovery）。一般分析方法要求加标回收率达到85%～110%。

加标量一般为试样中被测组分含量的0.5～2倍，且加标后的总浓度不应超过分析方法的测定上限。

（3）与标准方法进行比较：用待评价的方法与标准方法对同一试样进行多次平行测定，比较两种分析方法测定结果的平均值之间是否存在显著性差异，以判断分析方法的准确度。

2. 精密度　精密度是指重复测定均匀试样所获得测定值之间的一致性程度，反映分析方法随机误差的大小。在测定方法的线性范围内，选择高、中、低三种浓度的试样，在相同条件下进行多次（至少6次）连续测定或重复测定，计算试样测定结果的相对标准偏差。一般要求 $RSD \leq 10\%$。连续测定得到的相对标准偏差为批内（或日内）标准偏差；重复测定得到的标准偏差为批间（或日间）标准偏差。

3. 校准曲线与分析方法的灵敏度　校准曲线（calibration curve）是描述被测物质的浓度或量与检测仪器响应值或指示量之间的定量关系曲线，在仪器分析法中用于定量分析。

（1）校准曲线的制作方法：一般要求配制至少5个不同浓度的标准溶液（也称标准系列），用仪器测量标准溶液的响应值，根据浓度值与响应值绘制校准曲线。按标准溶液的处理方法不同，校准曲线分为工作曲线（working curve）和标准曲线（standard curve）。工作曲线要求标准溶液与试样的处理程序及分析步骤（如试样预处理）完全相同，标准曲线允许标准溶液的处理程序及分析步骤较试样有所省略。

校准曲线多为直线。对标准溶液的响应值（y）与浓度值（x）进行回归分析，可得到线性回归方程 $y = a + bx$。

校准曲线是否准确直接影响仪器分析法的准确度。相关系数 r 是判断校准曲线的线性是否符合要求的重要参数。相关系数的绝对值越接近1，表明两变量之间的线性关系越好。一般要求相关系数的绝对值应大于或等于0.998，否则需从分析方法、仪器、容器及操作等因素查找原因，改进后重新制作校准曲线。

（2）校准曲线的线性范围：线性范围是指被测物质的浓度（或量）与响应值成直线关系的浓度（或量）范围。为保证测定结果的准确度，试样中被测组分的浓度应在该线性范围内，否则需对试样浓度进行调整（稀释或浓缩）。校准曲线的线性范围越宽，对试样测定越方便。校准曲线的线性范围主要受分析方法、分析条件等因素的影响。

（3）灵敏度：灵敏度（sensitivity）是指分析方法对单位浓度（或单位量）的被测物质变化所产生的响应量的变化程度。校准曲线的斜率即反映了分析方法灵敏度的高低，校准曲线的斜率越大，表示分析方法的灵敏度越高。

4. 空白试验与分析方法的检出限

（1）空白试验：空白试验是在不加被测组分的情况下，按照与测定被测组分相同的方法和步骤进行试验。空白试验的测定值为空白值，反映溶剂、试剂、容器以及实验室环境等因素引起的系统误差的大小。

（2）检出限：检出限（detection limit）为某特定分析方法在给定的置信度（通常为95%）内可从试样中检出被测物质的最小浓度或最小量。"检出"是指定性检出，即判定试样中存在浓度高于空白的被测物质。

1997 年国际纯粹与应用化学联合会（IUPAC）规定：检出限以浓度（或质量）表示，是指由特定的分析步骤能够合理地检测出的最小分析信号 x_L 求得的最低浓度 c_L（或质量）。最小分析信号可由下式确定：

$$x_L = \bar{x}_b + ks_b \tag{3-1}$$

式中，$\bar{x}_b$ 为多次空白试验测定的平均值，s_b 为空白试验的标准偏差，k 是与置信度有关的系数。由式（3-1）可推导出计算检出限的计算公式如下：

$$c_L = \frac{x_L - \bar{x}_b}{S} = \frac{ks_b}{S} \tag{3-2}$$

式中，S 为分析方法的灵敏度，即校准曲线的斜率。

为评估 $\bar{x}_b$ 和 s_b，空白试验次数应足够多，最好为 20 次。对光谱分析法，当 $k = 3$ 时，置信度为 90%；直接电位法通过作图法求得检出限；色谱法以产生两倍噪声信号时的被测物浓度或量为检出限，即 $k = 2$。

5. 抗干扰能力（分析方法的选择性）　通过干扰试验，检验实际试样中可能存在的共存物是否对测定有干扰，了解共存物的最大允许浓度。干扰可能导致正或负的系统误差，干扰作用的大小与被测组分浓度及共存物浓度大小有关。应该选择两个（或多个）被测组分浓度值和不同浓度水平的共存物溶液进行干扰试验测定。

（二）实验室质量控制方法

实验室质量控制包括实验室内部质量控制和实验室间质量控制。实验室内部质量控制是实验室人员对分析过程的自我控制。采用质量控制图法、平行双样法等方法监控分析过程是否处于受控状态。实验室间质量控制也叫外部质量控制，由上级实验室或第三方实验室对各实验室及其分析人员进行定期或不定期的分析质量考核。其目的是进行实验室间的比对和分析能力验证。考核的方法是向各实验室发放标样或质控样，按规定的方法（从标准分析方法中选定）进行分析，上报分析结果。主持单位对结果进行统计检验分析后，对全部结果做出合格或不合格的评价。实验室间质量控制必须在切实施行实验室内质量控制的基础上进行，需要有足够数量的实验室参加，使数据的数量能够满足数理统计处理的要求。

1. 质量控制图法　在常规分析中，采用质量控制图来控制分析质量。质量控制图（quality control chart）是建立在实验数据分布接近于正态分布的基础上。按照正态分布规律，对同一试样进行连续测定，测定结果有 99.7% 的概率落在 $\bar{x} \pm 3s$ 区间内，有 95.4% 的概率落在 $\bar{x} \pm 2s$ 区间内。常用的质量控制图有平均值控制图、极差控制图、均值-极差控制图和准确度控制图等类型。

（1）质量控制图的绘制：对质量控制试样（质控样）进行分析，积累分析数据，经过统计处理后，绘制质量控制图。质控样可以选用标准物质，也可选用自制的质控样或质量可靠的标准溶液。质控样必须有足够的稳定性和一致性。

平均值控制图的绘制方法：逐日分析质控样达 20 次以上，计算平均值和标准偏差。以测定序号 n_i 为横坐标、测定结果为纵坐标，将每次测定结果按顺序标示于坐标图中，并以折线连接各数据点，得到链图。在坐标图中划直线 $y = \bar{x}$，该直线为中心线（CL）；划直线 $y = \bar{x} \pm 2s$，分别为上、下警告限（UWL、LWL）；划直线 $y = \bar{x} \pm 3s$，分别为上、下控制限（UCL、LCL），得到平均值控制图（如图 3-2）。采用 Excel、SPSS 等应用软件，也可以很方便地绘制质量控制图。

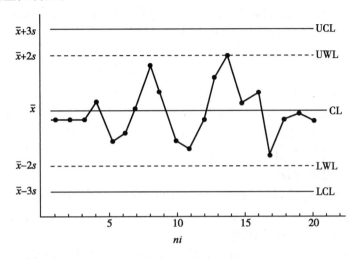

图 3-2　平均值质量控制图

（2）质量控制图的作用：日常分析过程中，将质控样与试样在相同条件下进行分析，并将质控样的测定结果标示于质量控制图中，根据质控样测定结果在质量控制图中出现的区域，判断分析过程是否处于受控状态。如果质控样的测定结果落在上、下警告限之内，表示分析质量正常，该批次试样的测定结果可信；如果质控样的测定结果落在上、下警告限之外，但在上、下控制限之内，该批次试样的测定结果可以接受，但分析质量出现失控倾向，应予注意；如果质控样的测定结果落在上、下控制限之外，表示分析质量失控，该批次试样的测定结果不可信，应查找原因，纠正后重新测定；如果质控样的测定结果虽然在控制限范围内，但有连续 7 个点出现在中心线的同一侧，也为异常情况，应查明原因并加以纠正。

2. 平行双样法　在分析试样时，随机抽取 10%～20% 的试样进行平行双样测定。平行双样测定结果的相对偏差应控制在最大允许参考值（如 5%）以内。平行双样法反映分析结果的精密度。

3. 加标回收分析　在分析试样时，随机抽取 10%～20% 的试样进行加标回收试验。

4. 标准物质（或质控样）对比分析　采用标准物质（或质控样）和试样同步进行测试，将测试结果与标准物质的标准值进行统计学分析，以检查实验室内（或个人）是否存在系统误差。

5. 不同分析方法对比分析　对同一试样采用具有可比性的不同分析方法进行测定，进行统计学检验，若测定结果间无显著性差异，表明分析质量可靠。

二、分析全过程的质量保证

分析测试是比较复杂的过程，误差的来源很多，如试样的采集、保存、预处理方法，实验室环境，测量仪器的性能，测试人员的操作技能，数据处理等。因此，为保证分析结果的准确度，必须对分析全过程采取措施，减小各个环节的分析误差，即质量保证工作必须贯穿于分析过程的始终。

质量保证不仅是一项具体的技术工作，也是一项实验室管理工作。

（一）分析前的质量保证

分析前的质量保证包括试样的采集、运输和保存等环节，基本要求如下：①应具有有关试样采集的文件化程序；②应建立并保证切实贯彻执行有关试样采集管理的规章制度，严格执行试样采集规范和统一的采样方法；③所有采样人员必须经过采样技术、试样保存、处置和贮存等方面的技术训练；④应有明确的采样质量保证责任制度和措施，确保试样的采集、贮存、运输过程中，试样不致变质、损坏、混淆；⑤加强试样采集、运输、交接等记录管理，保证其真实、可靠、准确。

在采样过程中，一般采用现场空白、运输空白、现场平行样、现场加标样等方法，以检验试样在采集过程中是否引入了误差。

（二）分析中的质量保证

分析中的质量保证包括试样的预处理、分析过程、室内审核、登记及填发报告等环节。当试样送达实验室进行分析检测时，为获得满足质量要求的分析数据，必须在分析过程中实施各项质量保证措施和管理规定。

1. 实验室人员的技术能力　实验室人员的素质和技术水平直接影响分析工作的质量，应定期对实验人员进行技术培训和考核，并执行持证上岗制度。

2. 仪器设备管理与定期检查　分析仪器使用前需校准，长期使用的仪器需进行定期检定和期间检查，仪器维修后需检定，以确保仪器的各项性能指标符合要求，避免因仪器不精确带来分析误差。

3. 实验室环境、实验用水、试剂和器皿的管理　加强对实验室环境、实验用水、试剂和器皿的管理，降低空白试验的空白值。

4. 标准物质和标准溶液的管理　按照相关规定，从标准物质的采购与验收、入库和归档、验证和使用以及标准溶液的配制和标定等方面加强管理，使标准物质始终处于受控状态并保持完好，确保检定、校准、检验结果的准确、可靠。

5. 技术资料的管理　分析测试方法、原始数据记录、管理程序、技术程序、质量控制图、质量手册、作业指导书等技术资料应妥善保存。

6. 分析方法的选定　实验室应使用适当的方法和程序进行分析。实验室应优先采用标准分析方法。当采用非标准分析方法或实验室制定的分析方法时，应根据准确度、精密度、校准曲线、空白试验、干扰试验等技术参数评价分析方法的可靠性。

7. 实验室质量控制　通过使用标准物质，参加实验室间比对实验或能力验证计划，使用人员比对、方法比对、仪器比对等进行复现性检测，对存留物品进行再检测，分析一个物品不同特性结果的相关等方法监控检测、校准的有效性，保证检测结果准确、可靠。

（三）分析后的质量保证

分析后的质量保证，主要有如下要求：①如实、准确记录分析数据；②采用统计检验方法进行离群值的取舍；③遵守计算规则，减小计算误差；④分析结果的正确表达与综合评价。

三、标准物质和标准分析方法

在分析质量保证工作中，需要使用标准物质和标准分析方法。

（一）标准物质

标准物质（reference material，RM）是已确定其一种或几种特性，用于校准测量器具、评价测量方法或确定材料特性量值的物质。有证标准物质（certified reference material，CRM）是附有证书的标准物质，其一种或多种特性量值用建立了溯源性的程序确定，使之可溯源到准确复现的、用于表示该特性值的计量单位，而且每个标准值都附有给定置信水平的不确定度。

1. 标准物质的基本特征　标准物质具备均匀性、量值稳定性和量值准确性三个基本特征，这也是对标准物质的基本要求。

（1）均匀性：均匀性是物质的某些特性具有相同组分或相同结构的状态。

（2）量值稳定性：稳定性是指标准物质在指定的环境条件和时间内，其特性量值保持在规定的范围内。

（3）量值准确性：通常标准物质证书中会同时给出标准物质的标准值（亦称保证值）和计量的不确定度，不确定度的来源包括称量、仪器、均匀性、稳定性、不同实验室之间以及不同方法所产生的不确定度。

2. 标准物质的分类和分级

（1）标准物质的分类：国际实验室认可合作组织（ILAC）将标准物质分为五大类：化学成分类、生物和临床特性类、物理特性类、工程特性类和其他特性类。我国按标准物质的应用领域将标准物质分为十三个大类：钢铁成分分析标准物质，有色金属及金属中气体成分分析标准物质，建材成分分析标准物质，材料成分分析与放射性测量标准物质，高分子材料特性测量标准物质，化工产品成分分析标准物质，地质矿产成分分析标准物质，环境化学分析标准物质，临床化学分析与药品成分分析标准物质，食品成分分析标准物质，煤炭、石油成分分析和物理特性测量标准物质，工程技术特性测量标准物质，物理特性与化学特性测量标准物质。

（2）标准物质的分级：通常把标准物质分为一级标准物质和二级标准物质。标准物质的特性量值准确度是划分级别的依据，不同级别的标准物质对其均匀性和稳定性以及用途都有不同的要求。一级标准物质主要用于：标定比它低一级的标准物质、校准高准确度的计量仪器、研究与评定标准方法；二级标准物质主要用于：一般的检测分析、作为工作标准物质、现场方法的研究和评价、较低要求的日常分析测量。

3. 标准物质的作用　标准物质在分析化学中的主要用途有：①校准仪器；②评价分析方法的准确度；③作为工作标准，制作标准曲线；④作为质控标样。

（二）标准分析方法

标准分析方法（standard analytical methods），又称分析方法标准，是技术标准中的一种。它是一项文件，是权威机构对某项分析所作的统一规定的技术准则和各方面共同遵守的技术依据，它必须满足以下条件：①按照规定的程序编制；②按照规定的格式编写；③方法的可行性和适应性得到公认，通过协作实验确定了方法的误差范围；④由权威机构审批和发布。

编制和推行标准分析方法的目的是为了保证分析结果的重复性、再现性和准确性，不但要求同一实验室的分析人员分析同一试样的结果要一致，而且要求不同实验室的分析人员分析同一试样的结果也要一致。

标准分析方法主要用于：①直接用于高准确度的分析；②评价其他分析方法的准确

度；③用于二级标准物质的定值。

（赵云斌）

本 章 小 结

本章内容包括实验室资质认定、实验室认可管理以及分析工作的质量保证。

1. 我国的实验室评价系统：实验室资质认定和实验室认可。

2. 实验室资质认定包括计量认证和审查认可。

3. 我国实验室资质认定的现行评审依据是《实验室资质认定评审准则》，考核的内容有 19 个要素，其中管理要素 11 个，技术要素 8 个。

4. 实验室认可的依据是 CNAS-CL01：2006《检测和校准实验室能力认可准则》，考核的内容共有 24 个要素，其中管理要素 15 个，技术要素 9 个。

5. 实验室认可的程序：申请，现场评审，认可评定，扩大、缩小认可范围，监督评审，复评审。

6. 分析方法的可靠性通过准确度、精密度、校准曲线、灵敏度、空白试验、检出限、抗干扰能力等技术参数进行评价。

7. 实验室质量控制方法常用的有：质量控制图法、平行双样法、加标回收分析、标准物质（或质控样）对比分析、不同分析方法对比分析等。

8. 质量保证工作必须贯穿于分析的全过程，包括分析前、分析中和分析后的质量保证。

9. 分析质量保证工作离不开标准物质和标准方法的使用。

思考题和习题

1. 名词解释：实验室资质、认定、中国计量认证、审查认可、实验室认可、量值溯源性、监督评审、复评审。

2. CNAS 是什么机构的英文缩写？此机构的职责是什么？

3. 实验室认可的作用和意义是什么？

4. 实验室资质认定与实验室认可有何异同？

5. 实验室认可的评审内容有哪些？

6. 如何绘制校准曲线？

7. 如何绘制质量控制图？简述质量控制图在分析质量控制中的作用。

8. 标准物质有哪些基本特性？

9. 用巯基乙酸法测定亚铁离子。在波长 605nm 处，测得标准溶液和试样溶液的吸光度如下：

	标准系列					试样溶液
m_{Fe}/mg	0.20	0.40	0.60	0.80	1.00	
A	0.154	0.252	0.352	0.460	0.560	0.410

（1）求校准曲线的线性回归方程并计算相关系数；

（2）求试样溶液中 Fe 的含量；

（3）空白试验测得吸光度的标准偏差为 0.005，计算方法的检出限。

$$(y = 0.51x + 0.0496, \quad r = 0.9998; \quad 0.71mg; \quad 0.029mg)$$

10. 用某标准分析方法分析质量浓度为 0.250mg/L 的某标准物质溶液，得到下列分析结果（mg/L）：0.251，0.258，0.252，0.263，0.235，0.240，0.260，0.292，0.262，0.234，0.229，0.250，0.283，0.295，0.262，0.270，0.225，0.250，0.256，0.246。试绘制质量控制图。

$$(\bar{x} = 0.256mg/L, \quad s = 0.019mg/L)$$

第四章 滴定分析法概论

滴定分析法是经典的化学分析方法之一，主要用于常量组分的含量测定，有时也用于测定半微量组分的含量。滴定分析法分析结果的准确度较高，在一般情况下，相对误差小于 0.2%，且操作简便、快速，所用仪器设备简单、价格低廉。因此，滴定分析法在生产实际和科学实验中均具有很大的实用价值。

第一节 概　述

一、滴定分析过程

滴定分析法(titrimetry)因其主要操作是滴定而得名，又因该法是以测量溶液的体积为基础，所以又称容量分析法(volumetric analysis)。

进行滴定分析时，将试液置于容器(通常为锥形瓶，也可以用小烧杯)中，在合适的反应条件下，把一种已知准确浓度的试剂溶液从滴定管滴加到被测物质的溶液中，直到两者按照化学反应方程式所表示的计量关系完全反应为止，这时称反应到达化学计量点(stoichiometry point)，简称计量点(metric point)，以 sp 表示。滴定分析中所用的已知准确浓度的试剂溶液称为标准溶液(standard solution)，也称为滴定剂(titrant)。将标准溶液从滴定管逐滴加入到被测物质溶液中的过程称为滴定(titration)。根据滴定反应的化学计量关系、标准溶液的浓度以及计量点时所消耗的标准溶液的体积计算被测组分的含量，这种定量方法就是滴定分析法。

进行滴定分析时，应该到化学计量点时停止滴定。但是，在化学计量点时，往往没有任何外部特征为我们所察觉，因此，如何准确确定化学计量点就成为滴定分析的关键问题。实际操作时，常在被滴定的溶液中加入一种辅助试剂，这种试剂的颜色在计量点附近会发生突然变化，可以借助这种试剂的颜色突变来指示计量点的到达，这种辅助试剂称为指示剂(indicator)。当指示剂颜色发生突变时，滴定过程结束，此时称为滴定终点(titration end-point)，简称终点(end point)，以 ep 表示。滴定终点(实测值)与化学计量点(理论值)往往不一致，由此引起的测定误差称为终点误差(end point error)或滴定误差(titration error)。终点误差是滴定分析误差的主要来源之一。

二、滴定分析方法的分类

根据标准溶液与被测物质之间化学反应类型的不同，滴定分析法可分为四类：

1. 酸碱滴定法　酸碱滴定法(acid-base titrimetry)是以质子转移反应为基础的滴定分析方法。滴定过程中的反应实质可用下式表示：

强酸滴定强碱　$H_3O^+ + OH^- = H_2O + H_2O$

强碱滴定弱酸　$HA + OH^- = A^- + H_2O$

强酸滴定弱碱　$H_3O^+ + A^- = HA + H_2O$

2. 配位滴定法　配位滴定法（coordination titration），亦称络合滴定法（complexometric titration），是以配位反应（络合反应）为基础的滴定分析方法。目前应用广泛的配位剂为氨羧配位剂，其中最常用的是乙二胺四乙酸二钠盐（EDTA，用 H_2Y^{2-} 表示），可测定几十种金属离子的含量。例如

$$Ca^{2+} + H_2Y^{2-} = CaY^{2-} + 2H^+$$

3. 氧化还原滴定法　氧化还原滴定法（oxidation-reduction titration）是以氧化还原反应为基础的滴定分析方法。根据所用滴定剂的不同，又可分为碘量法、高锰酸钾法、重铬酸钾法、溴量法和铈量法等。例如

$$2MnO_4^- + 5C_2O_4^{2-} + 16H^+ = 2Mn^{2+} + 10CO_2\uparrow + 8H_2O$$

$$Cr_2O_7^{2-} + 14H^+ + 6I^- = 2Cr^{3+} + 3I_2 + 7H_2O$$

$$I_2 + 2S_2O_3^{2-} = 2I^- + S_4O_6^{2-}$$

4. 沉淀滴定法　沉淀滴定法（precipitation titration）是以沉淀反应为基础的滴定分析方法。这类方法在滴定过程中有沉淀产生，最常用的是利用生成难溶银盐的反应，即银量法。

$$Ag^+ + X^- = AgX\downarrow \quad （X^- 表示 Cl^-、Br^-、I^-、SCN^-）$$

可用于测定 Ag^+、Cl^-、Br^-、I^- 和 SCN^- 等。

上述各类滴定反应都可以在水溶液中进行，也可以在非水溶液中进行。在非水溶液中进行的滴定，称为非水滴定法，此法广泛应用于有机弱酸、弱碱的滴定和水分的测定。

三、滴定分析法对化学反应的要求

滴定分析法是以化学反应为基础的分析方法，但并不是所有的化学反应都能应用于滴定分析。适合滴定分析的反应必须具备以下条件：

1. 反应必须按照化学方程式定量完成　即被测物质与标准溶液之间的反应要严格按照一定的化学计量关系进行，而且接近完全，通常要求在计量点时，反应的完全程度达到99.9%以上。这是定量计算的基础，也是衡量该反应能否用于定量分析的首要条件。

2. 反应速率要快　滴定反应要求在瞬间完成，如果反应速率太慢将不利于终点的判断，对于这类反应，可通过加热或加入催化剂等方法提高反应速率。如高锰酸钾与草酸的反应速率较慢，以高锰酸钾溶液滴定草酸时，需先将草酸溶液加热以加快反应速率。

3. 必须有适当的终点指示方法　在滴定分析中，通常是利用指示剂的颜色变化或溶液体系中某一参数的变化来指示化学计量点的到达。这就要求指示剂能在计量点附近发生人眼所能辨别的颜色改变，或者当溶液的某一参数在计量点附近发生变化时，能在仪器上明确显示出来。

四、滴定方式

根据化学反应的具体情况，滴定分析法采用的滴定方式可分为直接滴定法、返滴定法、置换滴定法和间接滴定法几种。

1. 直接滴定法　直接滴定法（direct titration）是用标准溶液直接滴定被测物质的方

法。用于直接滴定分析的反应必须满足前述滴定分析法对化学反应的要求。例如用 NaOH 标准溶液直接滴定 HCl、用 $K_2Cr_2O_7$ 标准溶液滴定 Fe^{2+}、用 $KMnO_4$ 标准溶液滴定 $H_2C_2O_4$、用 EDTA 标准溶液滴定 Ca^{2+}、Mg^{2+}、Zn^{2+} 等。直接滴定法是最常用且最基本的滴定方式，简便、快速，引入的误差较少。如果反应不能完全符合上述要求时，则可采用下述的其他滴定方式。

2. 返滴定法　返滴定法（back titration）是指当滴定反应较慢或者被测物质为水不溶性固体，反应不能立即完成时，可先准确地加入一定量且过量的滴定剂，使其与被测物质进行反应，待反应完全后，再用另一标准溶液滴定剩余的滴定剂，根据反应中实际消耗的滴定剂用量，计算被测物质的含量。这种滴定方法又称剩余滴定法（surplus titration）或回滴法（back titration）。例如，Al^{3+} 与 EDTA 的配位反应速率太慢，不能直接滴定，需加入一定量且过量的 EDTA 标准溶液，并加热促使反应完全，待溶液冷却后，用 Zn^{2+} 标准溶液滴定过剩的 EDTA，此反应速率很快，可根据消耗 EDTA 和 Zn^{2+} 标准溶液的量计算 Al^{3+} 的含量。再如，用 HCl 标准溶液不能直接滴定 $CaCO_3$，因为在接近计量点时，$CaCO_3$ 的溶解很慢，甚至不能完全溶解，所以不能用直接滴定法。可先加入定量且过量的 HCl 标准溶液，并在温热条件下使其与 $CaCO_3$ 反应完全，再用 NaOH 标准溶液回滴剩余的 HCl，根据消耗 HCl 和 NaOH 的量计算 $CaCO_3$ 的含量。

有时，采用返滴定法是由于没有合适的指示剂。例如，在酸性溶液中用 $AgNO_3$ 滴定 Cl^-，缺乏合适的指示剂。此时，可先加一定量且过量的 $AgNO_3$ 标准溶液，使 Cl^- 完全生成 AgCl 沉淀，再以铁铵矾为指示剂，用 NH_4SCN 标准溶液返滴过剩的 Ag^+，出现 $Fe(SCN)^{2+}$ 的淡红色即为滴定终点。

3. 置换滴定法　如果滴定剂与被测物质不能按一定的反应式进行，或没有确定的化学计量关系，则不能用直接滴定法测定。可先用适当的试剂与被测物质反应，定量地置换出另一种可被滴定的物质，再用标准溶液滴定这种物质，这种方法称为置换滴定法（replacement titration）。例如，硫代硫酸钠不能直接滴定重铬酸钾或者其他强氧化剂，因为 $Na_2S_2O_3$ 与 $K_2Cr_2O_7$ 等强氧化剂反应时，$S_2O_3^{2-}$ 将被氧化成 $S_4O_6^{2-}$ 和 SO_4^{2-}，反应没有一定的化学计量关系。但 $Na_2S_2O_3$ 与 I_2 之间的反应符合滴定分析法的要求，于是，可在酸性 $K_2Cr_2O_7$ 溶液中加入过量 KI 溶液，$K_2Cr_2O_7$ 和 KI 反应定量生成 I_2，然后即可在弱酸性条件下用 $Na_2S_2O_3$ 标准溶液滴定生成的 I_2。这种滴定方法常用于以 $K_2Cr_2O_7$ 标定 $Na_2S_2O_3$ 标准溶液的浓度。

有些反应的完全程度不高，也可以通过置换滴定法准确测定。例如，Ag^+ 与 EDTA 的配合物不够稳定，不能用 EDTA 标准溶液直接滴定 Ag^+，但可以先加入 $Ni(CN)_4^{2-}$，Ag^+ 与 $Ni(CN)_4^{2-}$ 反应置换出 Ni^{2+}，然后以 EDTA 标准溶液滴定生成的 Ni^{2+}，根据反应消耗 EDTA 的量计算出 Ag^+ 的含量。

4. 间接滴定法　不能与滴定剂直接反应的物质，可将被测物通过一定的化学反应后，再用适当的标准溶液滴定反应产物，从而间接进行测定，这种滴定方法称为间接滴定法（indirect titration）。例如，Ca^{2+} 在溶液中不能直接采用氧化还原滴定法进行测定。但 Ca^{2+} 可与 $C_2O_4^{2-}$ 反应形成 CaC_2O_4 沉淀，并能达到定量完全。于是，可将 Ca^{2+} 转化为 CaC_2O_4 沉淀，经过滤、洗涤后，再溶解于 H_2SO_4 溶液中，用 $KMnO_4$ 标准溶液滴定 $C_2O_4^{2-}$，从而间接测定 Ca^{2+} 的含量。

由于返滴定法、置换滴定法和间接滴定法的应用，大大扩展了滴定分析法的应用范围。

第二节 基准物质与标准溶液

一、基准物质

用以直接配制标准溶液或者标定溶液浓度的物质称为基准物质(primary standard)。作为基准物质必须符合下列条件：①物质的组成与化学式完全符合，若含有结晶水，如草酸 $H_2C_2O_4 \cdot 2H_2O$、硼砂 $Na_2B_4O_7 \cdot 10H_2O$ 等，其结晶水的含量也应与化学式相符合；②试剂的纯度足够高(99.9% 以上)；③在通常条件下，试剂有足够的稳定性，加热干燥时不挥发、不分解，称量时不吸湿，不与空气中的 CO_2 作用，不易被空气中的 O_2 氧化，不易失去结晶水等；④有较大的摩尔质量，这样称取质量较大，可降低称量误差。

基准物质不仅稳定可靠，且主体含量高。应该将基准物质与高纯试剂、专用试剂区分开来。有些高纯试剂和光谱纯试剂虽然纯度很高，但只能说其中杂质的含量很低，其主要成分也可能达不到99.9%，且其组成与化学式也不一定准确相符，此时不能作为基准物质。

在分析化学中，常用的基准物质有纯金属和纯化合物。基准物质必须以适宜的方法进行干燥处理并妥善保存。表4-1列出了一些滴定分析中常用的基准物质的干燥条件和应用范围。

表 4-1 滴定分析常用基准物质

基准物质		干燥或保存方法	干燥后的化学组成	标定对象
名称	分子式			
十水碳酸钠	$Na_2CO_3 \cdot 10H_2O$	270～300℃	Na_2CO_3	酸
无水碳酸钠	Na_2CO_3	270～300℃	Na_2CO_3	酸
碳酸氢钠	$NaHCO_3$	270～300℃	Na_2CO_3	酸
硼砂	$Na_2B_4O_7 \cdot 10H_2O$	放在装有 NaCl 和蔗糖饱和溶液的干燥器中	$Na_2B_4O_7 \cdot 10H_2O$	酸
邻苯二甲酸氢钾	$KHC_8H_4O_4$	110～120℃	$KHC_8H_4O_4$	碱或 $HClO_4$
二水合草酸	$H_2C_2O_4 \cdot 2H_2O$	室温空气干燥	$H_2C_2O_4 \cdot 2H_2O$	碱或 $KMnO_4$
重铬酸钾	$K_2Cr_2O_7$	120℃	$K_2Cr_2O_7$	还原剂
溴酸钾	$KBrO_3$	180℃	$KBrO_3$	还原剂
碘酸钾	KIO_3	180℃	KIO_3	还原剂
三氧化二砷	As_2O_3	硫酸干燥器	As_2O_3	氧化剂
草酸钠	$Na_2C_2O_4$	105℃	$Na_2C_2O_4$	氧化剂
锌	Zn	室温干燥器	Zn	EDTA
氧化锌	ZnO	800℃	ZnO	EDTA
氯化钠	NaCl	500～550℃	NaCl	$AgNO_3$
氯化钾	KCl	500～550℃	KCl	$AgNO_3$
硝酸银	$AgNO_3$	硫酸干燥器	$AgNO_3$	氯化物

二、标准溶液的配制

标准溶液是已知准确浓度的试剂溶液。在滴定分析中，无论采用何种滴定方式，都需要通过标准溶液的浓度和用量来计算被测物质的含量，标准溶液的浓度准确与否是影响分析结果准确度的主要因素之一。因此，正确配制和使用标准溶液对滴定分析的准确度至关重要。配制标准溶液的方法有直接法和间接法两种。

（一）直接法

准确称取一定量的基准物质，溶解于适量水后，定量转移到容量瓶中，再用水稀释至刻度。根据称取试剂的质量和所配溶液的体积，计算该标准溶液的准确浓度。

例如，配制 1L 0.1000mol/L 的 Na_2CO_3 标准溶液：先准确称取 10.60g Na_2CO_3 置于烧杯中，加入适量水，使其完全溶解后定量转移至 1000ml 容量瓶中，用水稀释至刻度。

直接法的最大优点是操作简便，配制好的溶液可以直接用于滴定分析。但是，很多化学试剂由于不纯或不易提纯，或者在空气中不够稳定，不能直接配制标准溶液，只有基准物质才能用直接法配制。

（二）间接法

间接法又称标定法。有很多物质不符合基准物质的要求，如 NaOH 易吸收空气中的水分和 CO_2，盐酸易挥发，$KMnO_4$ 和 $Na_2S_2O_3$ 均不易提纯且见光容易分解，不能直接配制标准溶液。这些试剂的标准溶液只能用间接法配制，即先将其配成近似于所需浓度的溶液，如配制 0.1mol/L 的 NaOH 标准溶液 1L，先在普通天平上称取约 4g 分析纯固体 NaOH 于烧杯中，加水 1000ml 溶解，即得待标定溶液，然后用基准物质或者已知准确浓度的标准溶液确定它的准确浓度，这种操作过程称为标定（standardization）。大多数的标准溶液都是通过标定的方法确定其准确浓度的。

标准溶液的标定方法有两种：

1. 用基准物质标定　准确称取一定量基准物质，溶解后，用待标定溶液进行滴定，根据基准物的质量和待标定溶液所消耗的体积，计算标准溶液的准确浓度。例如，标定某 NaOH 溶液的浓度，先准确称取一定量的邻苯二甲酸氢钾基准试剂于锥形瓶中，加入适量的水溶解，然后用待标定的 NaOH 溶液进行滴定，直至两者定量反应完全，根据消耗 NaOH 的体积和邻苯二甲酸氢钾的质量计算 NaOH 的浓度。

2. 与标准溶液比较　准确吸取一定量待标定溶液，用已知准确浓度的另一标准溶液滴定，或者准确吸取一定量已知浓度的标准溶液，用待标定的溶液滴定。根据两种溶液消耗的体积和标准溶液的浓度，计算待标定溶液的准确浓度。这种用标准溶液来确定待标定溶液准确浓度的操作过程称为"浓度的比较"。这种标定方法也称为比较标定法。

相比用基准物质标定，比较标定法更容易引入误差，因为此法所用标准溶液浓度的准确性将直接影响待标定溶液浓度的准确性。

为了提高标定的准确度，无论采用上述哪一种方法，都应该注意：①标定标准溶液，一般要求平行标定 3～4 次，相对平均偏差不大于 0.2%；②称取的基准物质不能太少，如果每次的称量误差为 ±0.1mg，则称量基准物质的质量应不少于 0.2000g，使称量的相对误差不大于 0.1%；③标定时使用标准溶液的体积也不应太少，滴定管每次读数的误差为 ±0.01ml，滴定液的体积应控制在 20ml 以上，使滴定管的读数误差不大于 0.1%；④配制和标定溶液所使用的量器，如容量瓶、移液管和滴定管，必要时需进行校正。

标定后的标准溶液应妥善保存，有些标准溶液若保存得当，可以长期保持浓度不变或极少改变。溶液保存于密封的试剂瓶中，由于水分的蒸发，常在瓶内壁上有水滴凝聚，使得溶液浓度发生变化，因而，在每次使用前应将溶液摇匀。对于一些不够稳定的溶液，如见光易分解的 $AgNO_3$ 和 $KMnO_4$ 标准溶液应贮存于棕色瓶中，并于暗处放置。NaOH 标准溶液对玻璃有腐蚀作用，并能吸收空气中 CO_2，最好保存在塑料瓶中，并在瓶口装一苏打石灰管，以吸收空气中的 CO_2 和水。对于不稳定的标准溶液需要定期进行标定。

三、标准溶液浓度的表示方法

标准溶液浓度的表示方法，通常有以下两种。

1. 物质的量浓度　物质 B 的物质的量浓度是指单位体积溶液中所含物质 B 的物质的量，简称浓度（concentration），用符号 c_B 表示：

$$c_B = \frac{n_B}{V_B} \tag{4-1}$$

式中，B 代表溶质的化学式；n_B 为溶质 B 的物质的量，mol；V_B 为溶液的体积，SI 制单位为 m^3，在分析化学中，最常用的体积单位为 L 或 ml；c_B 的常用单位为 mol/L。

例如，每升溶液中含 0.1mol NaOH，其浓度表示为 $c_{NaOH} = 0.1mol/L$，或者记为 $c(NaOH) = 0.1mol/L$。

用于物质的量 n_B 的数值取决于基本单元的选择，因此，表示物质的量浓度时，必须注明基本单元，选择的基本单元不同，其摩尔质量不同，浓度亦不相同。如每升溶液中含有碳酸钠 10.6g，如果以 Na_2CO_3 为基本单元，其摩尔质量为 106g/mol，$c_{Na_2CO_3} = 0.1mol/L$；如果以 $\frac{1}{2}Na_2CO_3$ 为基本单元，其摩尔质量为 53g/mol，$c_{\frac{1}{2}Na_2CO_3} = 0.2mol/L$。

物质的量 n_B 可以通过下面关系式求得：

$$n_B = \frac{m_B}{M_B} \tag{4-2}$$

式中，m_B 为物质的质量，g；M_B 为物质的摩尔质量，g/mol。

例 4-1　配制 100.0ml 浓度为 0.1000mol/L 的 $K_2Cr_2O_7$ 标准溶液，应称取基准物质多少克？

解　已知 $M_{K_2Cr_2O_7} = 294.18g/mol$，根据式（4-1）和（4-2），得

$$n_{K_2Cr_2O_7} = c_{K_2Cr_2O_7} V_{K_2Cr_2O_7} = 0.1000 \times 100.0 \times 10^{-3} = 0.01000 (mol)$$

$$m_{K_2Cr_2O_7} = n_{K_2Cr_2O_7} \cdot M_{K_2Cr_2O_7} = 0.01000 \times 294.18 = 2.942 (g)$$

2. 滴定度　在生产单位的例行分析中，为了简化计算，常用滴定度表示标准溶液的浓度。所谓滴定度（titer）是指每毫升标准溶液相当于被测组分的质量（g 或 mg），用 $T_{B/A}$ 表示，其中 B 和 A 分别表示标准溶液中的溶质和被测物质的化学式，即

$$T_{B/A} = \frac{m_A}{V_B}$$

滴定度的单位为 g/ml 或 mg/ml。

例如，$T_{K_2Cr_2O_7/Fe} = 0.005\,000g/ml$，表示 1.00ml $K_2Cr_2O_7$ 标准溶液恰能与 0.005000g Fe^{2+} 完全反应。如果采用该标准溶液滴定某含铁试样，在滴定中消耗 $K_2Cr_2O_7$ 标准溶液 22.05ml，则试样中 Fe 的质量为：

$$m_{Fe} = 0.005000 \times 22.05 = 0.1102(g)$$

如果滴定时消耗了 V_B 的标准溶液，则被测组分的质量为 $m_A = V_B T_{B/A}$。例如，用 $T_{NaOH/HCl} = 0.003646g/ml$ 的 NaOH 标准溶液滴定含盐酸试样，消耗了 22.50ml，则试样中 HCl 的质量为：

$$m_{HCl} = V_{NaOH} \times T_{NaOH/HCl} = 22.50 \times 0.003646 = 0.08204(g)$$

如果固定被分析试样的质量，滴定度也可以直接表示每毫升标准溶液相当于被测组分的质量分数（%）。例如，$T_{K_2Cr_2O_7/Fe} = 0.025\%/ml$，表示固定试样为某一质量时，滴定时每消耗 1ml $K_2Cr_2O_7$ 标准溶液，就可以氧化试样中 0.025% 的 Fe。测定时，如果用去 $K_2Cr_2O_7$ 标准溶液 18.40ml，则此试样中 Fe 的质量分数为：

$$w_{Fe} = 0.025 \times 18.40 = 0.46(\%)$$

在生产实际中，如工厂等单位经常分析大批试样中同一组分的含量，若使用滴定度可省去许多计算，很快得出分析结果，应用起来非常方便。

第三节　滴定分析法的计算

滴定分析法的计算包括标准溶液的配制（直接法）、标准溶液的标定、溶液的增浓和稀释、物质的量浓度和滴定度之间的换算以及测定结果的计算等。

一、滴定分析法计算的依据

在滴定分析中，虽然滴定分析类型不同，滴定结果的计算方法也不尽相同，但都是以滴定剂与被测组分反应达到化学计量点时，两者物质的量的关系与化学反应式所表示的化学计量关系相符合为依据。

设标准溶液（滴定剂）中的溶质 B 与被测物质 A 有下列反应

$$aA + bB = cC + dD$$

式中，C 和 D 为反应产物。当上述反应定量完成到达计量点时，b mol 的 B 物质恰与 a mol 的 A 物质完全反应，生成了 c mol 的 C 物质和 d mol 的 D 物质，即参加反应的被测物质 A 的物质的量 n_A 和消耗的滴定剂 B 的物质的量 n_B 之间有下列关系

$$n_A : n_B = a : b$$

于是被测物质 A 的物质的量 n_A 为

$$n_A = \frac{a}{b} n_B \tag{4-3}$$

式中，$\frac{a}{b}$ 称为换算因数，它是反应式中两反应物的化学计量数之比。式（4-3）是滴定分析定量计算的基础，其他公式皆由它派生出来。

例如，在酸性溶液中，用 $H_2C_2O_4$ 作为基准物质标定 $KMnO_4$ 溶液的浓度时，滴定反应为：

$$2MnO_4^- + 5C_2O_4^{2-} + 16H^+ = 2Mn^{2+} + 10CO_2 + 8H_2O$$

$H_2C_2O_4$ 与 $KMnO_4$ 的化学计量数之比为：$n_{KMnO_4} = \frac{2}{5} n_{H_2C_2O_4}$

如果被测物 A 与滴定剂 B 不是直接起反应（如间接滴定法和置换滴定法），这时，可

以通过一系列相关反应式，找出两者之间的化学计量数比，然后进行计算。

例如，在酸性溶液中，以 $K_2Cr_2O_7$ 为基准物质，标定 $Na_2S_2O_3$ 溶液的浓度时，涉及以下两个反应：

$$Cr_2O_7^{2-} + 6I^- + 14H^+ = 2Cr^{3+} + 3I_2 + 7H_2O$$

$$I_2 + 2S_2O_3^{2-} = 2I^- + S_4O_6^{2-}$$

前一个反应中，I^- 被 $K_2Cr_2O_7$ 氧化为 I_2，后一反应中，I_2 又被 $Na_2S_2O_3$ 还原为 I^-。实际上相当于 $K_2Cr_2O_7$ 氧化了 $Na_2S_2O_3$，它们之间的化学计量关系为：

$$Cr_2O_7^{2-} \Leftrightarrow 3I_2 \Leftrightarrow 6S_2O_3^{2-}$$

$$n_{Cr_2O_7^{2-}} = \frac{1}{6} n_{S_2O_3^{2-}}$$

二、滴定分析法的有关计算

1. 直接法配制标准溶液的计算 基准物质 B 的摩尔质量为 M_B（g/mol），质量为 m_B，则 B 的物质量可用式（4-2）计算；若将其配制成体积为 V（L）的溶液，其物质的量浓度按式（4-1）计算。

例 4-2 准确称取 120℃ 干燥至恒重的 $K_2Cr_2O_7$ 1.2560g 于小烧杯中，加水溶解，定量转移到 250.0ml 容量瓶中，加水至刻度，摇匀。求此溶液的浓度。

解 已知 $M_{K_2Cr_2O_7} = 294.2$，根据式（4-1）和式（4-2）可得

$$n_{K_2Cr_2O_7} = \frac{m_{K_2Cr_2O_7}}{M_{K_2Cr_2O_7}} = \frac{1.2560}{294.2} = 0.04269 (\text{mol})$$

$$c_{K_2Cr_2O_7} = \frac{n_{K_2Cr_2O_7}}{V_{K_2Cr_2O_7}} = \frac{0.04269}{250.0 \times 10^{-3}} = 0.01708 (\text{mol/L})$$

2. 标定法配制标准溶液的有关计算 包括计算待标定溶液中溶质 B 的浓度，估算基准物质的称量范围以及估算滴定剂的体积。

（1）以基准物质标定溶液：设称取基准物质 A 的质量为 m_Ag，摩尔质量为 M_A，根据式（4-1）、式（4-2）和式（4-3）可得

$$\frac{m_A}{M_A} = \frac{a}{b} c_B V_B \tag{4-4}$$

$$c_B = \frac{b m_A}{a M_A V_B} \tag{4-5}$$

式（4-5）中，c_B 的单位为 mol/L，V_B 的单位采用 L，M_A 的单位为 g/mol，m_A 的单位为 g。由于在滴定分析中，滴定剂的体积 V_B 常以 ml 为单位，因此用式（4-5）进行计算时要注意体积的单位由 ml 换算为 L。如果体积以 ml 为单位，则式（4-5）应写为

$$c_B = \frac{b m_A \times 1000}{a M_A V_B} \tag{4-6}$$

式（4-5）和式（4-6）可用于计算待标定溶液中溶质 B 的浓度、基准物质称量范围和滴定剂消耗体积的估算。

例 4-3 用基准硼砂（$Na_2B_4O_7 \cdot 10H_2O$）标定 HCl 溶液的浓度，称取 0.4620g 硼砂，加 25ml 水溶解，用 HCl 溶液滴定至终点，消耗 24.22ml。求 HCl 溶液的浓度。

解 已知 $M_{Na_2B_4O_7 \cdot 10H_2O} = 381.42$g/mol，滴定反应为

$$Na_2B_4O_7 + 2HCl + 5H_2O = 4H_3BO_3 + 2NaCl$$

所以

$$n_{Na_2B_4O_7 \cdot 10H_2O} = \frac{1}{2}n_{HCl}$$

由式(4-4)得

$$\frac{m_{Na_2B_4O_7 \cdot 10H_2O}}{M_{Na_2B_4O_7 \cdot 10H_2O}} = \frac{1}{2}c_{HCl}V_{HCl}$$

$$c_{HCl} = \frac{2}{V_{HCl}} \frac{m_{Na_2B_4O_7 \cdot 10H_2O}}{M_{Na_2B_4O_7 \cdot 10H_2O}} = \frac{0.4620 \times 2}{24.22 \times 10^{-3} \times 381.42} = 0.1000(mol/L)$$

例4-4 用量筒量取 10ml 浓盐酸于 1000ml 烧杯中，加水至总体积为 1000ml，搅拌均匀，配成 HCl 标准溶液。称取无水 Na_2CO_3 基准物质 1.2087g 于小烧杯中，用少量水溶解，定量转移至 250ml 容量瓶中，定容，配制成 Na_2CO_3 基准试剂溶液。准确移取此 Na_2CO_3 溶液 25.00ml 于锥形瓶中，加甲基橙指示剂 1 滴，用待标定 HCl 标准溶液滴定，至橙色为终点，消耗 HCl 溶液的体积为 20.17ml，计算 HCl 标准溶液的浓度。

解 滴定反应方程式为：

$$Na_2CO_3 + 2HCl = 2NaCl + CO_2 + H_2O$$

$$n_{HCl} = 2n_{Na_2CO_3}$$

根据式(4-1)和式(4-2)得

$$c_{HCl}V_{HCl} = 2\frac{m_{Na_2CO_3}}{M_{Na_2CO_3}}$$

则 HCl 标准溶液的浓度为：

$$c_{HCl} = \frac{2m_{Na_2CO_3}}{M_{Na_2CO_3}V_{HCl}} = \frac{2 \times \dfrac{1.2087 \times 25.00}{250.0}}{105.99 \times \dfrac{20.17}{1000}} = 0.1131(mol/L)$$

这里有两个问题，一是称取基准物质的量为 1.2087g，但实际上和 HCl 发生反应的只是其十分之一（从 250ml 溶液中移取了 25.00ml 用于 HCl 溶液的标定），二是式(4-1)中 V 的单位是 L，但实际工作中 V 的单位是 ml，计算时必须换算。

思考： 为什么用硼砂基准物质标定 HCl 溶液可以直接称样、溶解、标定，而用碳酸钠基准物质标定 HCl 溶液则要先配成一定体积的溶液，然后移取部分溶液用于标定。

例4-5 以无水碳酸钠作为基准物质标定盐酸溶液，欲使在滴定终点时，消耗 0.20mol/L HCl 溶液的体积为 20~25ml，问应称取 Na_2CO_3 多少克？

解 滴定反应方程式为：

$$2HCl + Na_2CO_3 = 2NaCl + CO_2 + H_2O$$

$$n_{HCl} = 2n_{Na_2CO_3}$$

根据式(4-1)和式(4-2)得

$$c_{HCl}V_{HCl} = 2\frac{m_{Na_2CO_3}}{M_{Na_2CO_3}}$$

$$m_{Na_2CO_3} = \frac{c_{HCl}V_{HCl}M_{Na_2CO_3}}{2 \times 1000}$$

$V_{HCl} = 20ml$ 时，

$$m_{Na_2CO_3} = \frac{1}{2}c_{HCl}V_{HCl}\frac{M_{Na_2CO_3}}{1000} = \frac{0.20 \times 20 \times 105.99}{2 \times 1000} = 0.21(g)$$

$V_{HCl} = 25ml$ 时，

$$m_{Na_2CO_3} = \frac{1}{2}c_{HCl}V_{HCl}\frac{M_{Na_2CO_3}}{1000} = \frac{0.20 \times 25 \times 105.99}{2 \times 1000} = 0.26(g)$$

故无水碳酸钠称量范围为 0.21 ~ 0.26g。

思考：估算基准物质的称量范围有什么意义？

例 4-6 以 $K_2Cr_2O_7$ 为基准物质，采用酸性溶液中，以析出 I_2 的方法标定 0.020mol/L 的 $Na_2S_2O_3$ 溶液的浓度，须称多少克 $K_2Cr_2O_7$？如何做才能使称量误差不大于 0.1%？

解 标定 $Na_2S_2O_3$ 溶液的浓度时，涉及以下两个反应：

$$Cr_2O_7^{2-} + 6I^- + 14H^+ = 2Cr^{3+} + 3I_2 + 7H_2O$$
$$I_2 + 2S_2O_3^{2-} = 2I^- + S_4O_6^{2-}$$

从反应方程式可以得出 $K_2Cr_2O_7$ 与 $Na_2S_2O_3$ 之间的化学计量关系为：

$$n_{Cr_2O_7^{2-}} = \frac{1}{6}n_{S_2O_3^{2-}}$$

$$\frac{m_{Cr_2O_7^{2-}}}{M_{Cr_2O_7^{2-}}} = \frac{1}{6}c_{S_2O_3^{2-}} \cdot V_{S_2O_3^{2-}}$$

所以，当滴定反应消耗 $Na_2S_2O_3$ 的溶液体积为 25.00ml 时，需称取 $K_2Cr_2O_7$ 的质量为：

$$m_{K_2Cr_2O_7} = \frac{1}{6}c_{Na_2S_2O_3}V_{Na_2S_2O_3}M_{K_2Cr_2O_7} = \frac{0.020 \times 0.025 \times 294.18}{6} = 0.025(g)$$

此时，称量误差为：$E_r = \frac{\pm 0.0002}{0.025} \approx \pm 1\%$

为了使称量误差小于 $\pm 0.1\%$，可以采用称大样的方式，即准确称取 0.25g 左右 $K_2Cr_2O_7$ 于小烧杯中，溶解后定量转移到 250ml 容量瓶中，定容，用 25ml 移液管移取 3 份溶液于锥形瓶中，分别用 $Na_2S_2O_3$ 滴定。则称量误差为：

$$E_r = \frac{\pm 0.0002}{0.25} = \pm 0.08\% < \pm 0.1\%$$

如果基准物质的摩尔质量较大，或者被标定溶液的浓度较大，其称样量大于 0.2g 时，则可以分别称取三份基准物质作平行滴定，俗称"称小样"。若称量误差达到要求，称小样的测定结果更加可靠。

（2）以比较法标定溶液：若以浓度为 c_A 的标准溶液 A 标定另一标准溶液 B，设待标定溶液的体积为 $V_B(ml)$，滴定终点时消耗标准溶液 A 的体积为 $V_A(ml)$，则根据式(4-1) 和式(4-3)得

$$c_A V_A = \frac{a}{b}c_B V_B \tag{4-7}$$

例 4-7 准确吸取粗配的 HCl 溶液 25.00ml，用浓度为 0.1004mol/L 的 NaOH 标准溶液进行标定，终点时，消耗 NaOH 溶液 23.50ml，求 HCl 溶液的准确浓度。

解 滴定反应为：

$$HCl + NaOH = NaCl + H_2O$$

根据式(4-7)，得

$$c_{HCl} = \frac{c_{NaOH}V_{NaOH}}{V_{HCl}} = \frac{0.1004 \times 23.50}{25.00} = 0.09438(mol/L)$$

3. 溶液的增浓或稀释　稀释或增浓前后，溶质 B 的物质的量不变，即 $n_B = n_B$，但稀释或增浓前后，浓度和体积都发生了变化，所以表示为

$$n_1 = n_2$$

稀释或增浓前用 1 表示，稀释或增浓后用 2 表示。根据式(4-1)有

$$c_1V_1 = c_2V_2 \tag{4-8}$$

例 4-8　已知浓盐酸的密度为 1.19g/ml，其中 HCl 的质量分数约为 37%。计算：(1) 浓盐酸的物质的量浓度；(2) 欲配制 0.10mol/L 的盐酸溶液 1000ml，须量取上述浓盐酸多少毫升？

解　(1) 已知 $M_{HCl} = 36.46g/mol$，则 1L 浓盐酸中含有 HCl 物质的量为：

$$n_{HCl} = \frac{m_{HCl}}{M_{HCl}} = \frac{1.19 \times 1.0 \times 10^3 \times 0.37}{36.46} = 12(mol)$$

$$c_{HCl} = \frac{n_{HCl}}{V} = \frac{12}{1.0} = 12(mol/L)$$

(2) 稀释前 $c_1 = 12mol/L$，稀释后 $c_2 = 0.10mol/L$，$V_2 = 1000ml$。依据式(4-8)，得须取浓盐酸的体积为

$$V_1 = \frac{c_2V_2}{c_1} = \frac{0.10 \times 1.0 \times 10^3}{12} = 8.3(ml)$$

例 4-9　现有浓度为 0.0976mol/L 的 HCl 溶液 4800ml，欲使其浓度增加到 0.1000mol/L，问需要加入浓度为 0.5000mol/L 的 HCl 溶液多少毫升？

解　设需要加入 0.5000mol/L 的 HCl 溶液 Vml，根据溶液增浓前后溶质的物质的量相等，即 $c_1V_1 = c_2V_2$，有

$$0.5000V + 0.0976 \times 4800 = 0.1000(4800 + V)$$

得：$V = 28.80(ml)$

4. 物质的量浓度与滴定度之间的换算　根据滴定度的定义，可以认为滴定度就是和 1ml 标准溶液定量反应的被测物质的质量，因此根据式(4-3)有

$$n_A = \frac{a}{b}c_B \times 1 \times 10^{-3}$$

公式左边为和 1ml 标准溶液定量反应的被测组分 A 的物质的量 n_A，右边为每毫升标准溶液中溶质 B 的物质的量 n_B。根据式(4-2)有

$$\frac{m_A}{M_A} = \frac{a}{b}c_B \times 10^{-3}$$

根据滴定度的定义，可得物质的量浓度与滴定度之间的换算公式。

$$T_{B/A} = \frac{a}{b} \cdot \frac{c_BM_A}{1000} \tag{4-9}$$

或

$$c_B = \frac{b}{a} \cdot \frac{1000T_{B/A}}{M_A} \tag{4-10}$$

例 4-10　样品中的 Na_2CO_3 可以用 HCl 标准溶液滴定测得含量，如果滴定剂 HCl 的浓度为 0.1000mol/L，求 T_{HCl/Na_2CO_3}。

解1 滴定反应为：$Na_2CO_3 + 2HCl = 2NaCl + CO_2 + H_2O$，$Na_2CO_3$ 与 HCl 之间的化学计量关系为：

$$n_{NaCO_3} = \frac{1}{2} n_{HCl}$$

$$\frac{m_{NaCO_3}}{M_{NaCO_3}} = \frac{1}{2} c_{HCl} V_{HCl}$$

根据滴定度的定义，则与 1ml HCl 标准溶液起反应的 Na_2CO_3 的质量为：

$$m_{Na_2CO_3} = \frac{1}{2} c_{HCl} V_{HCl} \frac{M_{Na_2CO_3}}{1000} = \frac{0.1000 \times 1.00 \times 105.99}{2 \times 1000} = 0.005300(g)$$

$$T_{HCl/Na_2CO_3} = \frac{m_{Na_2CO_3}}{V_{HCl}}$$

即：$T_{HCl/Na_2CO_3} = 0.005300 g/ml$

解2 根据式(4-3)有：$n_{NaCO_3} = \frac{1}{2} n_{HCl}$

由式(4-9)得

$$T_{HCl/Na_2CO_3} = \frac{1}{2} \frac{c_{HCl} M_{Na_2CO_3}}{1000} = \frac{0.1000 \times 105.99}{2 \times 1000} = 0.005300(g/ml)$$

5. 有关测定结果的计算

若以被测物质的质量来表示测定结果，可直接运用式(4-1)、(4-2)和式(4-3)进行计算，即

$$n_A = \frac{a}{b} n_B$$

$$\frac{m_A}{M_A} = \frac{a}{b} c_B V_B$$

$$m_A = \frac{a}{b} c_B V_B M_A$$

若被测物质是溶液，体积为 V_s，则被测组分 A 在试液中的质量浓度 $\rho_A(g/L)$ 为

$$\rho_A = \frac{m_A}{V_s} = \frac{a}{b} c_B V_B \frac{M_A}{V_s}$$

若试样的质量为 $m_s(g)$，则被测组分 A 在试样中的质量分数(mass fraction)为

$$w_A = \frac{m_A}{m_s} = \frac{a}{b} c_B V_B \frac{M_A}{m_s} \tag{4-11}$$

式(4-11)中的 w_A 也可用百分数表示，即乘以 100%。质量分数也可以用两个不相等的质量单位之比来表示，如 mg/g 等。

例4-11 检验某病人血液中钙的含量。取 2.00ml 血液，稀释后，用 $(NH_4)_2C_2O_4$ 溶液处理，使 Ca^{2+} 生成 CaC_2O_4 沉淀，沉淀经过滤、洗涤后溶于 H_2SO_4 中，然后用 0.01000mol/L 的 $KMnO_4$ 溶液滴定，用去 1.20ml，计算血液中钙的含量(mg/ml)。

解 间接法滴定时，要从几个反应中找出被测物质与滴定剂之间物质的量的关系。用 $KMnO_4$ 法间接测定 Ca^{2+} 时，反应方程式如下：

$$Ca^{2+} + C_2O_4^{2-} = CaC_2O_4$$

$$CaC_2O_4 + 2H^+ = Ca^{2+} + H_2C_2O_4$$

$$5H_2C_2O_4 + 2KMnO_4 + 3H_2SO_4 = 10CO_2 + 2MnSO_4 + K_2SO_4 + 8H_2O$$

$$5Ca^{2+} \Leftrightarrow 5H_2C_2O_4 \Leftrightarrow 2KMnO_4$$

$$n_{Ca^{2+}} = n_{H_2C_2O_4} = \frac{5}{2}n_{KMnO_4}$$

$$\frac{m_{Ca^{2+}}}{M_{Ca^{2+}}} = \frac{5}{2}c_{KMnO_4}V_{KMnO_4}$$

已知 $c_B = 0.01000\text{mol/L}$，$V_B = 1.20\text{ml}$，$M_A = 40.00\text{g/mol}$，试液的体积 V_s 为 2.00ml，则钙的含量为

$$\frac{m_{Ca^{2+}}}{V_s} = \frac{\frac{5}{2}c_{KMnO_4}V_{KMnO_4}M_{Ca^{2+}}}{V_s} = \frac{\frac{5}{2} \times 0.01000 \times 1.20 \times 40.00}{2.00} = 0.600(\text{g/L}) = 0.600(\text{mg/ml})$$

例 4-12　滴定 0.1600g 草酸试样，消耗浓度为 0.1025mol/L 的 NaOH 标准溶液 22.90ml，试计算草酸试样中 $H_2C_2O_4$ 的质量百分含量。

解　反应方程式为：$2NaOH + H_2C_2O_4 = Na_2C_2O_4 + 2H_2O$

$$n_{H_2C_2O_4} = \frac{1}{2}n_{NaOH}$$

$$\frac{m_{H_2C_2O_4}}{M_{H_2C_2O_4}} = \frac{c_{NaOH}V_{NaOH}}{2}$$

已知 $M_{H_2C_2O_4} = 90.04\text{g/mol}$，得

$$w_{H_2C_2O_4} = \frac{m_{H_2C_2O_4}}{m_s} \times 100\% = \frac{c_{NaOH}V_{NaOH}}{2m_s}M_{H_2C_2O_4} \times 100\%$$

$$= \frac{0.1025 \times 22.90 \times 90.04}{2 \times 0.1600 \times 1000} \times 100\% = 66.05\%$$

例 4-13　将 0.5500g 不纯的 $CaCO_3$ 溶于 25.00ml 浓度为 0.5020mol/L 的 HCl 溶液中，煮沸除去 CO_2，过量的 HCl 溶液用 NaOH 标准溶液返滴定，耗去 4.20ml，若用此 NaOH 溶液直接滴定 20.00ml HCl 溶液，消耗 20.67ml，计算试样中 $CaCO_3$ 的质量分数。

解　反应方程式为：$2HCl + CaCO_3 = CaCl_2 + CO_2 + H_2O$

$$n_{CaCO_3} = \frac{1}{2}n_{HCl}$$

$$\frac{m_{CaCO_3}}{M_{CaCO_3}} = \frac{1}{2}c_{HCl}V_{HCl}$$

滴定反应方程式为：$HCl + NaOH = NaCl + H_2O$

$$n_{NaOH} = n_{HCl}$$

因为 HCl 与 NaOH 以等物质的量参加反应，得出过量 HCl 溶液的体积为：

$$\frac{20.00}{20.67} \times 4.20 = 4.06(\text{ml})$$

已知 $M_{CaCO_3} = 100.09\text{g/mol}$，得

$$w_{CaCO_3} = \frac{m_{CaCO_3}}{m_s} \times 100\% = \frac{c_{HCl}V_{HCl}M_{CaCO_3}}{2 \times m_s} \times 100\%$$

$$= \frac{0.5020 \times \frac{(25.00 - 4.06)}{1000} \times 100.09}{2 \times 0.5500} \times 100\% = 95.65\%$$

本 章 小 结

本章阐述了滴定分析法的基本内容和共性问题。

1. 滴定分析过程和有关术语(标准溶液、滴定剂、滴定、指示剂、化学计量点、滴定终点和滴定误差)。

2. 滴定分析法的分类。根据滴定反应类型的不同,可将滴定分析法分为酸碱滴定法、配位滴定法、氧化还原滴定法和沉淀滴定法。

3. 滴定分析法的特点,对滴定反应的要求。滴定分析法主要用于常量组分的定量分析,分析结果的准确度较高。滴定反应必须按照确定的化学反应方程式定量进行,这是衡量该反应能否用于滴定分析的首要条件。

4. 四种滴定方式。以直接滴定法和返滴定法的应用为主,置换滴定法和间接滴定法主要应用于氧化还原滴定法中。

5. 标准溶液和基准物质。标准溶液浓度的表示方法有物质的量浓度和滴定度两种;配制标准溶液的方法有直接法和标定法两种;能用于直接配制标准溶液或标定溶液准确浓度的物质称为基准物质,滴定分析对基准物质的要求,以及常用的基准物质。

6. 滴定分析中的计算。包括标准溶液的配制(直接法)与标定、基准物质的称量范围、溶液的增浓与稀释、被测组分质量分数、物质的量浓度与滴定度的换算等。

思考题和习题

1. 解释以下术语:滴定分析法、滴定、标准溶液、化学计量点、滴定终点、滴定误差、指示剂、基准物质。

2. 用于滴定分析的化学反应必须符合哪些条件?

3. 举例说明滴定分析法有哪些滴定方式?

4. 基准物质必须具备哪些条件?

5. 标准溶液浓度的表示方法有哪两种? 物质的量浓度单位是什么?

6. 滴定度的表示方法 $T_{B/A}$ 的含义是什么? 滴定度与物质的量浓度如何换算?

7. 下列物质中哪些可用直接法配制标准溶液? 哪些只能用间接法配制? 为什么?

$NaOH$、HCl、H_2SO_4、$K_2Cr_2O_7$、$KMnO_4$、$AgNO_3$、$NaCl$、$Na_2S_2O_3$

8. 测定溶液中 Ca^{2+} 含量时,先将 Ca^{2+} 沉淀为草酸钙,经过滤、洗涤后,将沉淀溶解在酸中,用 $KMnO_4$ 溶液进行滴定,根据消耗 $KMnO_4$ 标准溶液的量计算溶液中 Ca^{2+} 的含量。此处采用的是什么滴定方式?

9. 标定碱标准溶液时,邻苯二甲酸氢钾($KHC_8H_4O_4$,$M = 204.23 g/mol$)和二水合草酸($H_2C_2O_4 \cdot 2H_2O$,$M = 126.07 g/mol$)都可以作为基准物质,你认为选择哪一种更好? 为什么?

10. 基准试剂(1) $Na_2C_2O_4 \cdot 2H_2O$ 因保存不当而部分风化;(2) Na_2CO_3 因吸潮带有少量水分。用(1)标定 $NaOH$ 溶液或用(2)标定 HCl 溶液浓度时,结果是偏低还是偏高?

11. 若将硼砂 $Na_2B_4O_7 \cdot 10H_2O$ 基准物长期保存在硅胶干燥器中,当用其标定 HCl 溶液浓度，则结果是偏高还是偏低？

12. 配制浓度为2.0mol/L下列物质溶液各$5.0×10^2$ml，应各取其浓溶液多少毫升？

(1) 氨水（密度0.89g/cm^3，含氨29%）；

(2) 冰乙酸（密度1.05g/cm^3，含HAc100%）；

(3) 浓H_2SO_4（密度1.84g/cm^3，含$H_2SO_4$96%）。

(66ml，57ml，55ml)

13. 应在500.0ml 0.08000mol/L NaOH溶液中加入多少毫升0.5000mol/L的NaOH溶液，才能使最后得到的溶液浓度为0.2000mol/L？

(200ml)

14. 欲使滴定时消耗0.10mol/L HCl溶液20~25ml，问应取基准试剂Na_2CO_3多少克？此时称量误差能否小于0.1%？

(0.11~0.13g，不能)

15. 已知1ml某HCl标准溶液中含氯化氢0.004374g/ml，试计算：

(1) 该HCl溶液对NaOH的滴定度；

(2) 该HCl溶液对CaO的滴定度。

(0.004800g/ml，0.003365g/ml)

16. 要求在滴定时消耗0.2mol/L的NaOH溶液25~30ml。问应称取基准试剂邻苯二甲酸钾（$KHC_8H_4O_4$）多少克？如果改用草酸（$H_2C_2O_4·2H_2O$）做基准物质，又应该称取多少克？

(1.0~1.2g；0.3~0.4g)

17. 0.2500g不纯的$CaCO_3$试样中不含干扰测定的组分。加入25.00ml 0.2600mol/L HCl溶解，煮沸除去CO_2，用0.2450mol/L NaOH溶液返滴过量的酸，消耗6.50ml。试计算试样中$CaCO_3$的质量分数。

(98.2%)

18. 今有$MgSO_4·7H_2O$的纯试剂一瓶，设不含有其他杂质，但是有部分结晶水变为$MgSO_4·6H_2O$，测定其中Mg含量后，全部按照$MgSO_4·7H_2O$计算，得含量为100.96%。试计算试剂中$MgSO_4·6H_2O$的含量。

(12.18%)

19. 将50.00ml浓度为0.1000mol/L的$Ca(NO_3)_2$溶液加入到1.000g含NaF的样品溶液中，之后经过滤、洗涤。滤液及洗涤液中剩余的Ca^{2+}用0.0500mol/L EDTA滴定，消耗24.20ml，Ca与EDTA形成1:1配合物。计算试样中NaF的含量。

(31.83%)

(白 研)

第五章 酸碱平衡和酸碱滴定法

酸碱滴定法（acid-base titrimetry）是基于酸碱反应的定量分析方法，也叫中和滴定法。该方法简便、快速，一般的酸、碱以及能与酸、碱直接或间接发生质子转移反应的物质都可以采用酸碱滴定法进行测定。酸碱滴定法是应用最广泛的基本分析方法之一。

酸碱平衡（acid-base equilibrium）是溶液平衡的重要内容，是研究和处理溶液中各类平衡的基础，是酸碱滴定的理论依据。由于溶液的酸度决定物质存在的型体，进而影响各类反应的完全程度及反应速率，各种平衡和相应的各种分析方法都不同程度地受到酸度的影响和控制，因此，酸碱平衡在整个分析化学中有着十分重要的作用。

本章以酸碱质子理论为基础，着重介绍水溶液中的酸碱平衡，酸度对弱酸（碱）存在型体分布的影响，各类酸碱溶液 H^+ 浓度的计算方法；酸碱滴定过程中溶液 H^+ 浓度的变化规律；指示剂的选择原则；酸碱滴定的典型应用等内容。

第一节　溶液中的酸碱平衡

一、酸碱质子理论

1. 酸碱的基本概念　根据酸碱质子理论（acid-base proton theory），凡能给出质子（H^+）的物质是酸，凡能接受质子的物质是碱。酸、碱之间关系可用下式表示：

$$HA \rightleftharpoons H^+ + A^-$$

$$\text{酸} \qquad \text{质子} \quad \text{碱}$$

HA 能给出质子，是酸，A^- 可以接受质子，为碱。酸（HA）给出质子后成为碱（A^-），同理，碱（A^-）接受质子后成为酸（HA）。可见，酸与碱具有相互依存关系。HA-A^- 称为共轭酸碱对（conjugate acid-base pair），共轭酸碱对之间，彼此只相差一个质子。酸给出质子形成其对应的共轭碱，碱接受质子形成其对应的共轭酸，这样的反应称为酸碱半反应（acid-base half-reaction），例如：

$$\text{酸} \qquad \text{碱} \qquad \text{质子}$$

$$HAc \rightleftharpoons Ac^- + H^+$$

$$H_2PO_4^- \rightleftharpoons HPO_4^{2-} + H^+$$

$$HPO_4^{2-} \rightleftharpoons PO_4^{3-} + H^+$$

$$NH_4^+ \rightleftharpoons NH_3 + H^+$$

$$H_6Y^{2+} \rightleftharpoons H_5Y^+ + H^+$$

$$(CH_2)_6N_4H^+ \rightleftharpoons (CH_2)_6N_4 + H^+$$

从上述酸碱半反应可知，酸碱质子理论对酸碱的定义有如下特点：①酸或碱可以是中性分子，也可以是阳离子或阴离子；②酸碱是相对的，同一物质在某种情况下是酸，而在另一种情况下可能是碱。

2. 酸碱反应的实质　酸碱质子理论认为，酸碱半反应都不能单独发生，酸给出质子必须有另一种能接受质子的碱存在才能实现。酸碱反应实际上是两个共轭酸碱对共同作用的结果。酸碱反应的实质是质子的转移。例如乙酸（HAc）在水溶液中的电离反应

半反应 1：$\qquad$ HAc（酸$_1$）$\Longleftrightarrow$ Ac$^-$（碱$_1$）+ H$^+$

半反应 2：$\qquad$ H$^+$ + H$_2$O（碱$_2$）$\Longleftrightarrow$ H$_3$O$^+$（酸$_2$）

总反应 $\qquad$ HAc（酸$_1$）+ H$_2$O（碱$_2$）$\Longleftrightarrow$ H$_3$O$^+$（酸$_2$）+ Ac$^-$（碱$_1$）

此处溶剂 H$_2$O 起着碱的作用，有它存在，HAc 的解离才得以实现。为书写方便，通常将 H$_3$O$^+$ 写成 H$^+$，上述反应则简化为：

$$HAc \Longleftrightarrow Ac^- + H^+$$

它代表的是一个完整的酸碱反应，不要把它看成是酸碱半反应，即不可忘记作为溶剂的水所起的作用。

对于碱在水溶液中的解离，则溶剂 H$_2$O 作为酸参加反应。以 NH$_3$ 为例

半反应 1：$\qquad$ NH$_3$（碱$_1$）+ H$^+$ $\Longleftrightarrow$ NH$_4^+$（酸$_1$）

半反应 2：$\qquad$ H$_2$O（酸$_2$）$\Longleftrightarrow$ OH$^-$（碱$_2$）+ H$^+$

总反应 $\qquad$ NH$_3$（碱$_1$）+ H$_2$O（酸$_2$）$\Longleftrightarrow$ NH$_4^+$（酸$_1$）+ OH$^-$（碱$_2$）

从上述酸碱解离反应可知，溶剂 H$_2$O 既能作为酸给出质子，又能作为碱接受质子，所以水是两性物质。在 H$_2$O 分子之间发生的质子转移反应称为水的质子自递反应（autoprotolysis reaction）。

$$H_2O（酸_1）+ H_2O（碱_2）\Longleftrightarrow H_3O^+（酸_2）+ OH^-（碱_1）$$

盐的水解反应也是通过质子转移来实现的。例如 NH$_4$Cl 的水解，也就是弱酸 NH$_4^+$ 的解离反应

$$NH_4^+ + H_2O \Longleftrightarrow NH_3 + H_3O^+$$

NaAc 的水解，也就是弱碱 Ac$^-$ 的解离反应

$$Ac^- + H_2O \Longleftrightarrow HAc + OH^-$$

中和反应也属于质子传递反应，它们一般是酸碱解离反应的逆反应，是酸碱滴定法的化学基础，如

$$H^+ + OH^- \Longleftrightarrow H_2O$$

$$HAc + OH^- \Longleftrightarrow Ac^- + H_2O$$

$$NH_3 + HAc \Longleftrightarrow NH_4^+ + Ac^-$$

3. 酸碱的强度　酸碱的强度是相对的。酸碱的强度不仅与酸、碱本身给出或接受质子的能力有关，而且还与溶剂接受和给出质子的能力有关。也就是说，酸碱的强度与酸碱的性质和溶剂的性质有关。酸的强度决定于它将质子给予溶剂分子的能力和溶剂分子接受质子的能力；碱的强度决定于它从溶剂分子中夺取质子的能力和溶剂分子给出质子的能力。如 NH$_3$ 在水溶液中是弱碱，而在甲酸溶液中其碱性增强，这是因为甲酸比水更容易将质子给予氨，使氨的碱性增强了。

二、活度与活度系数

离子的活度（activity）是指其在化学反应中表现出来的有效浓度。由于溶液中离子间

存在静电作用，使得离子在化学反应中表现出的有效浓度与其真实浓度间有差异。在有关化学平衡的计算中，严格地说应当用活度而不是浓度。

离子的活度（a_i）与浓度（c_i）之间的关系是

$$a_i = \gamma_i c_i \tag{5-1}$$

比例系数 γ_i 称为 i 离子的活度系数（activity coefficient），它反映实际溶液与理想溶液之间偏差的大小。对于强电解质溶液，当溶液的浓度极稀时，离子间距离变得相当大，可忽略它们之间的相互作用，视为理想溶液，这时 $\gamma_i \approx 1$，$a_i \approx c_i$；随着溶液浓度的增大，$\gamma_i < 1$，则 $a_i < c_i$。中性分子不带电荷，其活度系数等于1，如 HAc 分子、NH_3 分子等；溶剂的活度规定为1。对于稀溶液（$< 0.1 mol/L$），离子的活度系数可以采用 Debye-Hückel 公式来计算，即

$$-\lg\gamma_i = \frac{0.512 z_i^2 \sqrt{I}}{1 + B \mathring{a} \sqrt{I}} \tag{5-2}$$

式中：z_i 为 i 离子的电荷；B 是常数，25℃时为 0.003 28；$\mathring{a}$ 为离子体积参数，约等于水化离子的有效半径，以 $pm(10^{-12}m)$ 为单位；I 为溶液的离子强度（ionic strength），与溶液中各种离子的浓度及所带的电荷有关，稀溶液中的离子强度可由下式计算

$$I = \frac{1}{2}\sum_{i=1}^{n} c_i z_i^2 \tag{5-3}$$

例 5-1　某溶液中 $BaCl_2$ 和 HCl 的浓度分别为 0.020mol/L 和 0.010mol/L，计算该溶液中 H^+ 的活度（已知 H^+ 的 $\mathring{a}$ 值为 900）。

解　已知 $c_{Ba^{2+}} = 0.020 mol/L$，$c_{Cl^-} = 0.010 + 0.020 \times 2 = 0.050（mol/L）$，$c_{H^+} = 0.010 mol/L$，根据式（5-3）得：

$$I = \frac{1}{2}\sum_{i=1}^{n} c_i z_i^2 = \frac{1}{2}(c_{Ba^{2+}} z_{Ba^{2+}}^2 + c_{Cl^-} z_{Cl^-}^2 + c_{H^+} z_{H^+}^2)$$

$$= \frac{1}{2}(0.020 \times 2^2 + 0.050 \times 1^2 + 0.010 \times 1^2) = 0.07 mol/L$$

根据式（5-2）得：

$$-\lg\gamma_{H^+} = \frac{0.512 \times 1^2 \times \sqrt{0.07}}{1 + 0.00328 \times 900 \times \sqrt{0.07}} = 0.076$$

$$\gamma_{H^+} = 0.84$$

根据式（5-1）得：

$$a_{H^+} = \gamma_{H^+} c_{H^+} = 0.84 \times 0.010 = 0.0084 mol/L$$

由于上述溶液不算很稀，因此活度系数不等于1，活度比浓度小。

三、酸碱反应的平衡常数

酸碱反应进行的程度取决于参加质子传递反应双方给出和接受质子的能力大小，即取决于酸碱的强弱。在水溶液中，酸碱的强度决定于酸将质子给予水分子或碱从水分子中夺取质子的能力。通常用酸碱在水中的解离常数（又称酸、碱度常数）的大小来衡量。酸（碱）的解离常数越大，其酸（碱）性越强。

弱酸 HA 和弱碱 A^- 在水溶液中的解离反应为

$$HA + H_2O \Longrightarrow H_3O^+ + A^-$$

$$A^- + H_2O \rightleftharpoons HA + OH^-$$

反应平衡常数称为酸、碱的解离常数，分别用 K_a 和 K_b 来表示：

$$K_a = \frac{a_{H^+} a_{A^-}}{a_{HA}} \tag{5-4}$$

$$K_b = \frac{a_{HA} a_{OH^-}}{a_{A^-}} \tag{5-5}$$

在稀溶液中，通常将溶剂（此处为 H_2O）的活度视为 1。

在水的自递反应中，其平衡常数称为水的质子自递常数（autoprotolysis constant），又称水的活度积，用 K_w 表示：

$$K_w = a_{H^+} a_{OH^-} = 1.0 \times 10^{-14} (25℃) \tag{5-6}$$

K_a、K_b 和 K_w 均为活度常数，又叫热力学常数（thermodynamic constant），其大小与温度有关。

若各组分都用平衡浓度表示，就得到浓度常数（concentration constant）。酸解离反应的浓度常数 K_a^c 为

$$K_a^c = \frac{[H^+][A^-]}{[HA]}$$

根据式(5-1)可得酸解离反应的浓度常数和活度常数的关系为

$$K_a^c = \frac{[H^+][A^-]}{[HA]} = \frac{a_{H^+} a_{A^-}}{a_{HA}} \times \frac{\gamma_{HA}}{\gamma_{H^+} \gamma_{A^-}} = \frac{K_a}{\gamma_{H^+} \gamma_{A^-}} \tag{5-7}$$

式中，γ_{HA}、γ_{A^-} 和 γ_{H^+} 分别为各有关组分的活度系数。因 HA 为中性分子，故将其活度系数 γ_{HA} 视为 1。由此可见，浓度常数不仅与温度有关，还与溶液的离子强度有关。

实际工作中，H^+ 的活度可用 pH 计测得，所以常用 a_{H^+} 表示，其他组分则用浓度表示，如此，就得到混合常数（mixed constant）K_a^M，即

$$K_a^M = \frac{a_{H^+}[A^-]}{[HA]} = \frac{K_a}{\gamma_{A^-}}$$

显然，K_a^M 也与温度和离子强度有关。该常数在实际应用中比较方便。

分析化学中涉及的化学反应一般在较稀溶液中进行。这种情况下，可忽略离子强度的影响，常以浓度常数代替活度常数进行计算。但在计算标准缓冲溶液 pH 时，则应该考虑离子强度对化学平衡的影响。

通常用弱酸弱碱在水中的解离常数 K_a 和 K_b 的大小表示其强弱。K_a（或 K_b）值越大，则其酸性（或碱性）越强。例如：

$$HAc + H_2O \rightleftharpoons H_3O^+ + Ac^- \qquad K_a = 1.8 \times 10^{-5}$$
$$NH_4^+ + H_2O \rightleftharpoons H_3O^+ + NH_3 \qquad K_a = 5.6 \times 10^{-10}$$
$$HS^- + H_2O \rightleftharpoons H_3O^+ + S^{2-} \qquad K_a = 7.1 \times 10^{-15}$$

三种酸的强弱顺序为 $HAc > NH_4^+ > HS^-$。对于它们的共轭碱，有：

$$Ac^- + H_2O \rightleftharpoons HAc + OH^- \qquad K_b = 5.6 \times 10^{-10}$$
$$NH_3 + H_2O \rightleftharpoons NH_4^+ + OH^- \qquad K_b = 1.8 \times 10^{-5}$$
$$S^{2-} + H_2O \rightleftharpoons HS^- + OH^- \qquad K_b = 1.4$$

三种碱的强弱顺序为 $S^{2-} > NH_3 > Ac^-$。

由此可见，共轭酸碱对中，酸的酸性越强，其共轭碱的碱性越弱，酸的酸性越弱，其

共轭碱的碱性越强；同理，碱的碱性越强，其共轭酸的酸性越弱，碱性越弱，其共轭酸的酸性越强。由式(5-4)、式(5-5)和式(5-6)可得共轭酸碱对的 K_a 和 K_b 间的关系如下：

$$K_a K_b = \frac{a_{H^+} a_{A^-}}{a_{HA}} \times \frac{a_{HA} a_{OH^-}}{a_{A^-}} = a_{H^+} a_{OH^-} = K_w \tag{5-8}$$

或写成

$$pK_a + pK_b = pK_w = 14.00 \tag{5-9}$$

因此，由酸的解离常数 K_a 可求出其共轭碱的 K_b，反之亦然。

多元酸(碱)的解离是逐级进行的，各级解离常数之间存在如下关系：$K_{a_1} > K_{a_2} > K_{a_3} > \cdots$ 或 $K_{b_1} > K_{b_2} > K_{b_3} > \cdots$。溶液中存在多个平衡关系，有多个共轭酸碱对，每一对共轭酸碱对的 K_a 和 K_b 间的关系如下：

二元弱酸(H_2A)：$K_{a_1} K_{b_2} = K_{a_2} K_{b_1} = K_w$

三元弱酸(H_3A)：$K_{a_1} K_{b_3} = K_{a_2} K_{b_2} = K_{a_3} K_{b_1} = K_w$

例如，H_3PO_4 是三元酸，其逐级酸解离常数分别为 K_{a_1}、K_{a_2}、K_{a_3}，PO_4^{3-} 为三元碱，其逐级碱解离常数分别为 K_{b_1}、K_{b_2}、K_{b_3}，溶液中存在三个共轭酸碱对，即 $H_3PO_4 - H_2PO_4^-$、$H_2PO_4^- - HPO_4^{2-}$、$HPO_4^{2-} - PO_4^{3-}$，最强的酸解离常数 K_{a_1} 对应着最弱的共轭碱的 K_{b_3}；而最弱的酸解离常数 K_{a_3} 对应着最强的共轭碱的 K_{b_1}。

例5-2 已知 H_2S 的 $K_{a_1} = 1.3 \times 10^{-7}$，计算 HS^- 的 K_b。

解 HS^- 为两性物质，K_b 是它作为碱的解离常数，即

$$HS^- + H_2O \rightleftharpoons H_2S + OH^-$$

其共轭酸是 H_2S。根据式(5-8)得

$$K_b = K_w / K_{a_1} = 1.0 \times 10^{-14} / 1.3 \times 10^{-7} = 7.7 \times 10^{-8}$$

第二节　酸碱平衡体系中各种型体的分布

一、分析浓度和平衡浓度

分析浓度(analytical concentration)即溶液中溶质的总浓度，用符号 c 表示，单位为 mol/L。平衡浓度(equilibrium molarity)，或称型体浓度(species molarity)，是指在平衡状态时，溶液中溶质或溶质各型体的浓度，以符号 [　] 表示，单位为 mol/L。例如浓度均为 0.10mol/L NaCl 和 HAc 溶液，c_{NaCl} 和 c_{HAc} 均为 0.10mol/L。平衡状态时，由于 NaCl 完全解离，故 [Cl^-] 和 [Na^+] 均为 0.10mol/L，而 HAc 是弱酸，因部分解离，在溶液中有 HAc 和 Ac^- 两种型体存在，平衡浓度分别为 [HAc] 和 [Ac^-]。

酸的浓度和酸度是两个不同的概念，酸的浓度是指酸的分析浓度，包括未解离的和已解离的酸的浓度，而酸度(acid degree, acidity)是指溶液中 H^+ 的平衡浓度；同样，碱的浓度是指碱的分析浓度，碱度(alkalinity)则为 OH^- 的平衡浓度(严格讲应该是 H^+ 或 OH^- 活度)。稀溶液的酸度和碱度常用 pH 和 pOH 来表示，对较浓的强酸或强碱溶液则直接用酸碱的分析浓度来表示。

二、物料平衡、电荷平衡和质子平衡

酸碱平衡常数表达式是进行酸碱平衡计算的基本关系式，只要知道水溶液的 pH，就很容易算得各型体的平衡浓度；如果知道酸碱各型体的平衡浓度，也很容易算得溶液的 pH，它们互为因果关系。但单凭这一关系式处理酸碱平衡问题，常会遇到一些困难。若能结合溶液中存在的其他平衡关系，问题处理起来就容易得多。下面介绍几种常需用的平衡关系。

（一）物料平衡

在平衡状态下某一组分的总浓度（即分析浓度）等于该组分各种型体的平衡浓度之和。这种关系称为物料平衡（material balance），其数学表达式叫做物料平衡方程（mass balance equation），简写为 MBE。

例如浓度为 c 的 HAc 溶液的 MBE 为

$$c = [HAc] + [Ac^-]$$

浓度为 c 的 Na_2CO_3 溶液的 MBE 为

$$[Na^+] = 2c$$
$$[H_2CO_3] + [HCO_3^-] + [CO_3^{2-}] = c$$

（二）电荷平衡

由于溶液呈电中性，因此，当处于平衡状态时，电解质溶液中各种阳离子所带正电荷的量等于各种阴离子所带负电荷的量。这一规律称电荷平衡（charge balance），其数学表达式叫做电荷平衡方程（charge balance equation），简写为 CBE。

例如浓度为 c 的 HAc 溶液，在溶液中有下列反应

$$HAc \rightleftharpoons Ac^- + H^+$$
$$H_2O \rightleftharpoons OH^- + H^+$$

因此，溶液中阳离子所荷的正电量为 $[H^+]V$，阴离子所荷的负电量为 $([Ac^-] + [OH^-])V$。由于溶液呈电中性，所以

$$[H^+]V = ([Ac^-] + [OH^-])V$$

因为是在同一溶液中，体积相同，所以，可直接用平衡浓度表示离子荷电量之间的关系。

$$[H^+] = [Ac^-] + [OH^-]$$

对于多价阳（阴）离子，平衡浓度前必须乘一相应的系数（即该离子所带的电荷数），才能保持正负电荷的平衡关系。例如，浓度为 c 的 $Na_2C_2O_4$ 水溶液，其 CBE 为

$$[H^+] + [Na^+] = [HC_2O_4^-] + 2[C_2O_4^{2-}] + [OH^-]$$

注意： 中性分子不包括在 CBE 中。

（三）质子平衡

根据酸碱质子理论，酸碱反应的实质是质子的转移。酸碱反应达到平衡时，酸失去的质子数与碱得到的质子数相等，或酸失去质子的物质的量与碱得到质子的物质的量相等，这种关系称为质子平衡（proton balance），其数学表达式称为质子条件式，又称质子平衡方程（proton balance equation），简写为 PBE。质子条件式可由物料平衡方程和电荷平衡方程导出。

例 5-3 写出浓度为 c 的 $NaHCO_3$ 溶液的质子条件式。

解 在 $NaHCO_3$ 溶液中存在如下解离平衡

$$NaHCO_3 = Na^+ + HCO_3^-$$
$$HCO_3^- + H_2O \rightleftharpoons H_2CO_3 + OH^-$$
$$HCO_3^- \rightleftharpoons H^+ + CO_3^{2-}$$
$$H_2O \rightleftharpoons H^+ + OH^-$$

该溶液的 MBE 和 CBE 分别为:

$$c = [H_2CO_3] + [HCO_3^-] + [CO_3^{2-}]$$
$$c + [H^+] = [OH^-] + [HCO_3^-] + 2[CO_3^{2-}]$$

联立二式,整理后得:

PBE 为 $\qquad [H^+] + [H_2CO_3] = [OH^-] + [CO_3^{2-}]$

例 5-4 写出含有 $c_1 \text{mol/L}$ 的 HAc 和 $c_2 \text{mol/L}$ 的 NaAc 溶液的质子条件式。

解 MBE $\qquad [HAc] + [Ac^-] = c_1 + c_2 \qquad\qquad (1)$

$$[Na^+] = c_2 \qquad\qquad (2)$$

CBE $\qquad [H^+] + [Na^+] = [Ac^-] + [OH^-] \qquad\qquad (3)$

式(1)代入(3)得 PBE $\quad [H^+] + [HAc] = c_1 + [OH^-]$

式(2)代入(3)得 PBE $\quad [H^+] + c_2 = [Ac^-] + [OH^-]$

这两个 PBE 的形式不同,但实际上是一样的,因为 $[HAc] + [Ac^-] = c_1 + c_2$。

PBE 也可由酸碱反应中得失质子的关系直接写出。PBE 反映溶液中质子转移的量的关系,根据溶液中得质子产物与失质子产物的质子得失量相等的原则,可直接列出质子条件。其步骤为:

(1) 从酸碱平衡体系中选取与质子转移有关的酸碱组分作为参考,来考虑质子的得失,这个参考称为质子参考水准或零水准。在实际工作中,通常选择溶液中大量存在并参与质子转移的物质,通常就是起始酸碱组分,对于水溶液,H_2O 为必选的参考水准。

(2) 以零水准为参考,将溶液中其他的酸碱组分与之比较,分析哪些是得质子产物,哪些是失质子产物。据此绘出"得失质子示意图"。

(3) 根据得失质子的量相等的原则写出 PBE,即将所有得质子产物的浓度相加写在等式的一边,将所有失质子产物的浓度相加写在等式的另一边。

注意:①质子条件式中应不包括质子参考水准本身,也不含有与质子转移无关的组分;②对于同一物质,只能选择其中一种型体作为参考水准;③对于多元酸、碱,各型体前的系数为该型体与参考水准比较时得失的质子数。

例 5-5 写出 $Na_2NH_4PO_4$ 水溶液的质子条件式。

解 溶液中大量存在并参与质子转移的物质是 H_2O、NH_4^+ 和 PO_4^{3-}。溶液中得失质子的反应可图示如下:

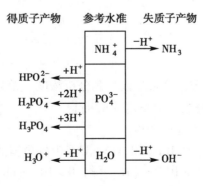

当体系达到平衡时，得失质子数相等，将得质子产物写在等式的左边，失质子产物写在等式的右边，则质子条件式为：

$$[H^+] + [HPO_4^{2-}] + 2[H_2PO_4^-] + 3[H_3PO_4] = [OH^-] + [NH_3]$$

式中 $H_2PO_4^-$、H_3PO_4 是由零水准 PO_4^{3-} 分别得到 2 个和 3 个质子的产物，所以 $[H_2PO_4^-]$ 前面乘 2，$[H_3PO_4]$ 前面乘 3。

对于共轭体系，可以将其视作由弱酸与强碱或强酸与弱碱反应而来，因此其质子参考水准可选相应的弱酸与强碱或强酸与弱碱。如浓度为 c 的 NaAc – HAc 溶液，其质子参考水准可选 NaOH（强碱），HAc 和 H_2O，或者 HCl（强酸），Ac^- 和 H_2O，质子条件式为：

$$[Na^+] + [H^+] = [Ac^-] + [OH^-] \qquad （其中 [Na^+] = c_{NaAc}）$$

$$或 [HAc] + [H^+] = [Cl^-] + [OH^-] \qquad （其中 [Cl^-] = c_{HAc}）$$

在计算各类酸碱溶液中 H^+ 浓度时，上述三种平衡式是处理溶液中酸碱平衡的依据。特别是质子条件式，反映了酸碱平衡体系中得失质子的量的关系，因而最为常用。

三、不同酸度溶液中弱酸(碱)各型体的分布分数

在弱酸(碱)的平衡体系中，溶质常以多种型体存在，各型体的平衡浓度随溶液中 H^+ 浓度的变化而变化。分布分数(distribution fraction)是指溶质某种型体的平衡浓度在其分析浓度(总浓度)中所占的分数，用 δ_i 表示，下标 i 说明它所代表的型体。分布分数的大小能定量说明溶液中各种型体的分布情况。知道了分布分数，便可计算各型体的平衡浓度。

(一) 一元弱酸溶液中各种型体的分布分数

设一元弱酸 HA 的浓度为 c，在水溶液中达到平衡后，两种存在型体的平衡浓度分别为 [HA] 和 [A$^-$]，由 HA 的解离平衡可得：

$$c = [HA] + [A^-]$$

$$K_a = \frac{[H^+][A^-]}{[HA]} \qquad [A^-] = \frac{K_a[HA]}{[H^+]}$$

$$c = [HA]\left(1 + \frac{K_a}{[H^+]}\right)$$

则 HA 的分布分数 δ_{HA} 为：

$$\delta_{HA} = \frac{[HA]}{c} = \frac{1}{1 + \dfrac{K_a}{[H^+]}} = \frac{[H^+]}{[H^+] + K_a} \tag{5-10}$$

同样，A^- 的分布分数 δ_{A^-} 为

$$\delta_{A^-} = \frac{[A^-]}{c} = \frac{K_a}{[H^+] + K_a} \tag{5-11}$$

且有

$$\delta_{HA} + \delta_{A^-} = 1$$

从式(5-10)和(5-11)可知，分布分数与其分析浓度 c 无关，由弱酸的 K_a 和溶液的 pH 就可以计算两种型体的分布分数。对指定弱酸而言，分布分数是 $[H^+]$ 的函数，控制溶液 pH，就可以控制溶液中各型体的浓度。

例5-6　计算 pH 4.0 时，0.10mol/L HAc 溶液中各型体的分布分数和平衡浓度。

解　已知 HAc 的 $K_a = 1.8 \times 10^{-5}$，$[H^+] = 1.0 \times 10^{-4}$mol/L

$$\delta_{HAc} = \frac{[H^+]}{[H^+] + K_a} = \frac{1.0 \times 10^{-4}}{1.0 \times 10^{-4} + 1.8 \times 10^{-5}} = 0.85$$

$$\delta_{Ac^-} = 1 - 0.85 = 0.15$$

$$[HAc] = \delta_{HAc} c_{HAc} = 0.85 \times 0.10 = 0.085 (mol/L)$$

$$[Ac^-] = \delta_{Ac^-} c_{HAc} = 0.15 \times 0.10 = 0.015 (mol/L)$$

若将不同 pH 的 δ_{HA} 和 δ_{Ac^-} 计算出来，并以 δ_i 对 pH 作图，可得到 HAc 各型体的 δ_i-pH 曲线，也称分布曲线，见图 5-1。

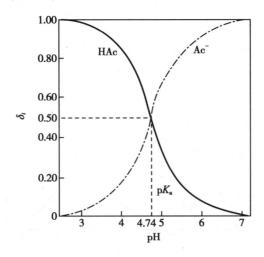

图 5-1　HAc 各型体的 δ_i-pH 曲线

由图可知，随着溶液的 pH 增大，δ_{HA} 逐渐减小，而 δ_{Ac^-} 则逐渐增大，两条曲线相交于 pH = pK_a(4.74) 这一点，此时 $\delta_{HAc} = \delta_{Ac^-} = 0.5$，$[HAc] = [Ac^-]$。当 pH < pK_a 时，溶液中 HAc 为主要存在型体；当 pH > pK_a 时，溶液中 Ac^- 为主要存在型体。当 pH < $pK_a - 2$ 时，δ_{HAc} 趋近于 1，δ_{Ac^-} 接近于零；而当 pH > $pK_a + 2$ 时，则 δ_{Ac^-} 趋近于 1。因此，可以通过控制溶液的酸度得到所需的型体。

以上结论可以推广到任何一元弱酸(弱碱)。任何一元弱酸(弱碱)的型体分布图形状都相同，只是图中曲线的交点随其 $pK_a(pK_b)$ 值大小不同而左右移动。

(二) 多元弱酸溶液中各种型体的分布分数

以二元弱酸草酸为例。它在水溶液中以 $H_2C_2O_4$、$HC_2O_4^-$ 和 $C_2O_4^{2-}$ 三种型体存在。若分析浓度为 c，则有：

$$c = [H_2C_2O_4] + [HC_2O_4^-] + [C_2O_4^{2-}]$$

$$K_{a_1} = \frac{[H^+][HC_2O_4^-]}{[H_2C_2O_4]} \quad K_{a_2} = \frac{[H^+][C_2O_4^{2-}]}{[HC_2O_4^-]} = \frac{[H^+]^2[C_2O_4^{2-}]}{K_{a_1}[H_2C_2O_4]}$$

$$c = [H_2C_2O_4]\left(1 + \frac{K_{a_1}}{[H^+]} + \frac{K_{a_1}K_{a_2}}{[H^+]^2}\right)$$

$$\delta_{H_2C_2O_4} = \frac{[H_2C_2O_4]}{c} = \frac{1}{1 + \dfrac{K_{a_1}}{[H^+]} + \dfrac{K_{a_1}K_{a_2}}{[H^+]^2}} = \frac{[H^+]^2}{[H^+]^2 + K_{a_1}[H^+] + K_{a_1}K_{a_2}} \tag{5-12}$$

$$\delta_{\mathrm{HC_2O_4^-}} = \frac{[\mathrm{HC_2O_4^-}]}{c} = \frac{K_{a_1}[\mathrm{H^+}]}{[\mathrm{H^+}]^2 + K_{a_1}[\mathrm{H^+}] + K_{a_1}K_{a_2}} \tag{5-13}$$

$$\delta_{\mathrm{C_2O_4^{2-}}} = \frac{[\mathrm{C_2O_4^{2-}}]}{c} = \frac{K_{a_1}K_{a_2}}{[\mathrm{H^+}]^2 + K_{a_1}[\mathrm{H^+}] + K_{a_1}K_{a_2}} \tag{5-14}$$

$$\delta_{\mathrm{H_2C_2O_4}} + \delta_{\mathrm{HC_2O_4^-}} + \delta_{\mathrm{C_2O_4^{2-}}} = 1$$

图 5-2 为草酸的 δ_i-pH 曲线。由图可知，当 $\mathrm{p}K_{a_1} < \mathrm{pH} < \mathrm{p}K_{a_2}$ 时，三种型体共存，以 $\mathrm{HC_2O_4^-}$ 为主，$\mathrm{H_2C_2O_4}$ 和 $\mathrm{C_2O_4^{2-}}$ 的浓度很低，但不可忽略。这是因为草酸的 $\mathrm{p}K_{a_1}$ 和 $\mathrm{p}K_{a_2}$ 相差不大的缘故。

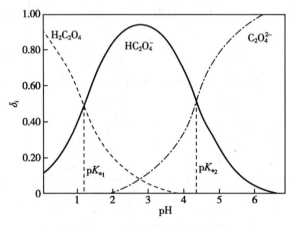

图 5-2 $\mathrm{H_2C_2O_4}$ 的 δ_i-pH 曲线

对于二元弱酸，当 $\mathrm{pH} < \mathrm{p}K_{a_1}$ 时，溶液中 $\mathrm{H_2A}$ 为主要存在型体；$\mathrm{pH} > \mathrm{p}K_{a_2}$ 时，溶液中 $\mathrm{A^{2-}}$ 为主要存在型体；当 $\mathrm{p}K_{a_1} < \mathrm{pH} < \mathrm{p}K_{a_2}$ 时，$\mathrm{HA^-}$ 为主要存在型体。而且 $\mathrm{p}K_{a_1}$ 与 $\mathrm{p}K_{a_2}$ 的值越接近，以 $\mathrm{HA^-}$ 型体为主的 pH 范围就越窄，且分布分数 $\delta_{\mathrm{HA^-}}$ 的最大值亦明显小于 1。

磷酸是三元酸，其 $\mathrm{p}K_{a_1}$、$\mathrm{p}K_{a_2}$、$\mathrm{p}K_{a_3}$ 分别为 2.12、7.20 和 12.36，在溶液中有四种型体：$\mathrm{H_3PO_4}$、$\mathrm{H_2PO_4^-}$、$\mathrm{HPO_4^{2-}}$ 和 $\mathrm{PO_4^{3-}}$，图 5-3 是 $\mathrm{H_3PO_4}$ 的 δ_i-pH 曲线。由图可知，在 pH 2.12~7.20 范围内，溶液中以 $\mathrm{H_2PO_4^-}$ 为主，在 $\mathrm{pH} = \frac{1}{2}(\mathrm{p}K_{a_1} + \mathrm{p}K_{a_2}) = 4.66$ 时，$\mathrm{H_2PO_4^-}$ 浓度达到最大，其他型体的浓度极小，因此用 NaOH 滴定时，就可以将 $\mathrm{H_3PO_4}$ 中和

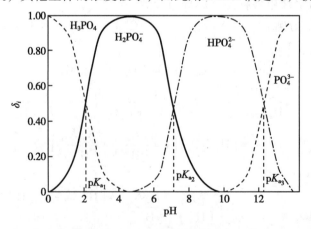

图 5-3 $\mathrm{H_3PO_4}$ 的 δ_i-pH 曲线

到 $H_2PO_4^-$。同样在 pH 7.20 ~ 12.36 范围内，溶液中以 HPO_4^{2-} 为主，在 pH = 9.78 时，HPO_4^{2-} 浓度达到最大，其他型体的浓度极小，所以 H_3PO_4 也可以被中和到 HPO_4^{2-} 这一步。$H_2PO_4^-$ 和 HPO_4^{2-} 之所以存在的 pH 范围较宽，是由于 H_3PO_4 的 pK_a 之间相差很大的缘故，这是磷酸分步滴定的基础。以后可以证明多元酸分步滴定时，要求 $\Delta pK_a \geqslant 5$。

至于碱的分布分数，可按类似方法处理。在计算时既可以用碱的解离常数，也可以用其相应的共轭酸的解离常数。如 NH_3 溶液，若按碱来处理，其分布分数为

$$\delta_{NH_3} = \frac{[NH_3]}{c} = \frac{[OH^-]}{[OH^-] + K_b} \qquad \delta_{NH_4^+} = \frac{[NH_4^+]}{c} = \frac{K_b}{[OH^-] + K_b}$$

若按其共轭酸来处理，其分布分数为

$$\delta_{NH_4^+} = \frac{[NH_4^+]}{c} = \frac{[H^+]}{[H^+] + K_a} \qquad \delta_{NH_3} = \frac{[NH_3]}{c} = \frac{K_a}{[H^+] + K_a}$$

第三节　酸碱溶液中 H^+ 浓度的计算

酸度是水溶液中最基本和最重要的因素，因为许多化学反应都是在一定的酸度下进行的，而在酸碱滴定的过程中，更加需要了解溶液的 pH 变化情况。因此，酸碱溶液中 $[H^+]$ 的计算具有重要的理论意义和实际意义。

一、一元强酸(碱)溶液

强酸在溶液中全部解离，以浓度为 $c\,mol/L$ HCl 为例，其质子条件式是

$$[H^+] = [OH^-] + c$$

它表示溶液中总的 $[H^+]$ 来自 HCl 和 H_2O 的解离。将 $[OH^-] = \dfrac{K_w}{[H^+]}$ 代入上式，整理得到计算一元强酸溶液中 H^+ 浓度的精确公式：

$$[H^+] = \frac{c + \sqrt{c^2 + 4K_w}}{2} \tag{5-15}$$

若强酸的浓度不是太低，$c \geqslant 10^{-6}\,mol/L$，可忽略水的解离，采用近似式计算，即

$$[H^+] \approx c$$

同理，对一元强碱溶液，例如 NaOH 溶液，当 $10^{-8} < c < 10^{-6}\,mol/L$ 时，计算 $[OH^-]$ 的精确公式为：

$$[OH^-] = \frac{c + \sqrt{c^2 + 4K_w}}{2} \tag{5-16}$$

当 $c \geqslant 10^{-6}\,mol/L$ 时，采用近似式：

$$[OH^-] \approx c$$

强酸强碱在溶液中全部解离，当浓度较大时，可以忽略 H_2O 的解离，但当它们的浓度很小时($10^{-8} < c < 10^{-6}\,mol/L$)，除考虑酸碱本身的解离外，必须考虑 H_2O 的解离对 H^+ 或 OH^- 的贡献。如果强酸强碱的浓度更小($< 10^{-8}\,mol/L$)，则它们解离出的 H^+ 或 OH^- 可以忽略。

例 5-7　计算 $2.0 \times 10^{-7}\,mol/L$ NaOH 溶液的 pH。

解 由于 NaOH 溶液很稀，因此不能忽略水解离出的 OH^-。故采用精确公式，即式(5-16)进行计算

$$[OH^-] = \frac{c + \sqrt{c^2 + 4K_w}}{2} = \frac{2.0 \times 10^{-7} + \sqrt{(2.0 \times 10^{-7})^2 + 4 \times 1.0 \times 10^{-14}}}{2} = 2.4 \times 10^{-7}$$

$$pOH = 6.62$$

$$pH = 14.00 - 6.62 = 7.38$$

二、一元弱酸(碱)溶液

设一元弱酸 HA 的解离常数为 K_a，溶液的浓度为 c，其质子条件式为

$$[H^+] = [A^-] + [OH^-]$$

利用平衡常数式将各项变成 $[H^+]$ 的函数，即

$$[H^+] = \frac{K_a[HA]}{[H^+]} + \frac{K_w}{[H^+]}$$

则

$$[H^+] = \sqrt{K_a[HA] + K_w} \tag{5-17}$$

这就是一元弱酸溶液中 H^+ 浓度的精确表达式。

由 HA 的分布分数得

$$[HA] = c \times \delta_{HA} = c\frac{[H^+]}{[H^+] + K_a}$$

代入式(5-17)得

$$[H^+]^3 + K_a[H^+]^2 - (K_a \cdot c + K_w)[H^+] - K_aK_w = 0$$

这是计算一元弱酸溶液中 H^+ 浓度的精确公式，若直接用代数法求解，十分麻烦，也没有必要。实际工作中是根据计算 H^+ 浓度时允许的误差，视弱酸的 c 和 K_a 值的大小对式(5-17)作合理的近似处理。

式(5-17)中，$K_a[HA] \geqslant 20K_w$ 时，K_w 可以忽略，由此产生的相对误差不大于 5%。考虑到弱酸的解离度不是很大，为简便起见，以 $K_a[HA] \approx cK_a \geqslant 20K_w$ 作为判据，即当 $cK_a \geqslant 20K_w$ 时，K_w 可以忽略，此时溶液中的 H^+ 绝大部分来自酸的解离，而由水解离出来的 H^+ 可以忽略不计，则式(5-17)成为

$$[H^+] = \sqrt{K_a[HA]} \tag{5-18}$$

根据物料平衡和解离平衡原理

$$[HA] = c - [A^-] = c - [H^+] + [OH^-] \approx c - [H^+]$$

将其代入式(5-18)得

$$[H^+] = \sqrt{K_a(c - [H^+])}$$

$$[H^+]^2 + K_a[H^+] - cK_a = 0$$

$$[H^+] = \frac{-K_a + \sqrt{K_a^2 + 4cK_a}}{2} \tag{5-19}$$

这是计算一元弱酸溶液中 H^+ 浓度的近似式。

若 $cK_a \geqslant 20K_w$，且 $c/K_a \geqslant 500$ 时，弱酸和水的解离对总浓度的影响均可忽略，此时 $[HA] = c - [H^+] \approx c$，可得

$$[H^+] = \sqrt{cK_a} \tag{5-20}$$

式(5-20)是计算一元弱酸溶液中 H^+ 浓度的最简式。

对于极弱酸,即 $cK_a < 20K_w$,此时水解离出的 H^+ 是溶液中 H^+ 的主要来源,不能忽略,但由于酸极弱,其解离对其浓度的影响很小,因此可忽略酸的解离。只要其浓度不是太小,即 $c/K_a \geqslant 500$,则弱酸的平衡浓度就近似等于它的原始浓度 c,由(5-17)式得

$$[H^+] = \sqrt{cK_a + K_w} \tag{5-21}$$

例5-8 计算 $0.05mol/L$ NH_4NO_3 溶液的 pH(已知 NH_3 的 $K_b = 1.8 \times 10^{-5}$)。

解 NH_4^+ 是 NH_3 的共轭酸,其 $K_a = \dfrac{K_w}{K_b} = \dfrac{1.0 \times 10^{-14}}{1.8 \times 10^{-5}} = 5.6 \times 10^{-10}$

因为 $cK_a > 20K_w$,$c/K_a > 500$,根据式(5-20)得

$$[H^+] = \sqrt{cK_a} = \sqrt{0.05 \times 5.6 \times 10^{-10}} = 5.29 \times 10^{-6}(mol/L)$$
$$pH = 5.28$$

例5-9 计算 $0.010mol/L$ H_2O_2 溶液的 pH。

解 查表得 H_2O_2 的 K_a 为 1.8×10^{-12}。因为 $cK_a < 20K_w$,$c/K_a > 500$,根据式(5-21)得

$$[H^+] = \sqrt{cK_a + K_w} = \sqrt{0.010 \times 1.8 \times 10^{-12} + 1.0 \times 10^{-14}} = 1.67 \times 10^{-7}(mol/L)$$
$$pH = 6.78$$

若用式(5-20)计算,则

$$[H^+] = \sqrt{cK_a} = \sqrt{0.010 \times 1.8 \times 10^{-12}} = 1.34 \times 10^{-7}(mol/L)$$

与采用式(5-21)计算的结果比较,相对误差高达 19%。所以,此时应采用式(5-21)进行计算。

对于一元弱碱 A^- 溶液,其质子条件式为 $[H^+] + [HA] = [OH^-]$。一元弱碱中 OH^- 浓度的计算方法可采用类似方法处理。前面有关计算一元弱酸溶液中 H^+ 浓度的计算式,只要将 K_a 换成 K_b,H^+ 换成 OH^-,用碱的浓度代替酸的浓度,均可用于计算一元弱碱溶液中 OH^- 的浓度,$[OH^-]$ 的计算公式如下:

当 $cK_b \geqslant 20K_w$,且 $c/K_b \geqslant 500$ 时,采用最简式计算:

$$[OH^-] = \sqrt{cK_b} \tag{5-22}$$

当 $cK_b \geqslant 20K_w$,且 $c/K_b < 500$ 时,可忽略水的解离,采用近似式计算:

$$[OH^-] = \frac{-K_b + \sqrt{K_b^2 + 4cK_b}}{2} \tag{5-23}$$

当 $cK_b < 20K_w$,$c/K_b \geqslant 500$ 时,则采用忽略碱的解离的近似式计算:

$$[OH^-] = \sqrt{cK_b + K_w} \tag{5-24}$$

例5-10 移取 $0.20mol/L$ HAc 溶液 $20.00ml$,加入等体积相同浓度的 NaOH 溶液,搅拌均匀后,溶液的 pH 改变了多少?已知 HAc 的 $K_a = 1.8 \times 10^{-5}$。

解 HAc 与 NaOH 按照化学计量关系完全反应,产物为 NaAc 溶液。此时,$c_{Ac^-} = 0.20/2 = 0.10mol/L$,$Ac^-$ 是 HAc 的共轭碱,其 $K_b = K_w/K_a = 5.6 \times 10^{-10}$,因为 $cK_b > 20K_w$,$c/K_b > 500$,可用最简式计算:

$$[OH^-] = \sqrt{cK_b} = \sqrt{0.1 \times 5.6 \times 10^{-10}} = 7.5 \times 10^{-6}(mol/L)$$
$$pOH = 5.13$$
$$pH = 14.00 - 5.13 = 8.87$$

对于 0.2mol/L HAc 溶液，因为 $cK_a > 20K_w$，$c/K_a > 500$，也可按最简式计算：

$$[H^+] = \sqrt{cK_a} = \sqrt{0.2 \times 1.8 \times 10^{-5}} = 1.9 \times 10^{-3} \, (mol/L)$$
$$pH = 2.72$$

加入等体积相同浓度的 NaOH 溶液后，溶液的 pH 增大了 $8.87 - 2.72 = 6.15$ 个单位。

三、多元弱酸(碱)溶液

多元弱酸(碱)在水溶液中是分步解离的。以二元弱酸 H_2A 为例，设其浓度为 c，解离常数分别为 K_{a_1} 和 K_{a_2}。其质子条件式为

$$[H^+] = [HA^-] + 2[A^{2-}] + [OH^-]$$

代入平衡常数式，得

$$[H^+] = \frac{K_{a_1}[H_2A]}{[H^+]} + \frac{2K_{a_1}K_{a_2}[H_2A]}{[H^+]^2} + \frac{K_w}{[H^+]}$$

整理得到精确计算式

$$[H^+] = \sqrt{K_{a_1}[H_2A]\left(1 + \frac{2K_{a_2}}{[H^+]}\right) + K_w}$$

若 $2K_{a_2}/[H^+] \approx 2K_{a_2}/\sqrt{cK_{a_1}} < 0.05$，则第二步解离可忽略，此时二元弱酸可按一元弱酸处理，当 $cK_{a_1} \geqslant 20K_w$ 时，可忽略 K_w，将 $[H_2A] \approx c - [H^+]$ 代入整理得近似计算式：

$$[H^+] = \frac{-K_{a_1} + \sqrt{K_{a_1}^2 + 4cK_{a_1}}}{2} \tag{5-25}$$

与一元弱酸相似，如果二元弱酸除满足上述条件外，其 $c/K_{a_1} \geqslant 500$，还可以忽略第一级解离对总浓度的影响，此时，二元弱酸的平衡浓度可视为等于其原始浓度，即 $c - [H^+] \approx c$，得到计算二元弱酸溶液中 $[H^+]$ 的最简式：

$$[H^+] = \sqrt{cK_{a_1}} \tag{5-26}$$

例 5-11　计算 0.10mol/L $H_2C_2O_4$ 溶液的 pH(已知 $H_2C_2O_4$ 的 K_{a_1} 和 K_{a_2} 分别为 5.9×10^{-2} 和 6.4×10^{-5})。

解　因为 $2K_{a_2}/\sqrt{cK_{a_1}} = 1.67 \times 10^{-3} < 0.05$，$cK_{a_1} > 20K_w$，但 $c/K_{a_1} = \dfrac{0.10}{5.9 \times 10^{-2}} < 500$，可按一元弱酸近似式计算

$$[H^+] = \frac{-K_{a_1} + \sqrt{K_{a_1}^2 + 4cK_{a_1}}}{2}$$

$$= \frac{-5.9 \times 10^{-2} + \sqrt{(5.9 \times 10^{-2})^2 + 4 \times 0.10 \times 5.9 \times 10^{-2}}}{2} = 5.3 \times 10^{-2} \, (mol/L)$$

$$pH = 1.28$$

一般多元弱酸，只要浓度不太小，各步解离常数差别不太小，均可按一元弱酸处理。对于多元弱碱，可作类似处理，得

最简式：$[OH^-] = \sqrt{cK_{b_1}}$

近似式：$[OH^-] = \dfrac{-K_{b_1} + \sqrt{K_{b_1}^2 + 4cK_{b_1}}}{2}$

例 5-12 计算 0.10mol/L Na$_2$C$_2$O$_4$ 溶液的 pH。

解 已知 C$_2$O$_4^{2-}$ 的 $K_{b_1} = \dfrac{1.0 \times 10^{-14}}{6.4 \times 10^{-5}} = 1.6 \times 10^{-10}$；$K_{b_2} = \dfrac{1.0 \times 10^{-14}}{5.9 \times 10^{-2}} = 1.7 \times 10^{-13}$，因

$2K_{b_2} / \sqrt{cK_{b_1}} < 0.05$，$cK_{b_1} > 20K_w$，$c/K_{b_1} > 500$，故用最简式计算：

$$[OH^-] = \sqrt{cK_{b_1}} = \sqrt{0.10 \times 1.6 \times 10^{-10}} = 4.0 \times 10^{-6} (mol/L)$$
$$pOH = 5.40$$
$$pH = 14.00 - 5.40 = 8.60$$

四、混合溶液

（一）强酸与弱酸的混合溶液

浓度为 c_{HCl} 的强酸（HCl）与浓度为 c_{HA} 的弱酸（HA）混合，HA 的解离常数为 K_{HA}，其质子条件式为

$$[H^+] = c_{HCl} + [A^-] + [OH^-]$$

即溶液中总的 $[H^+]$ 由 HCl、HA 和 H$_2$O 提供。由于溶液呈酸性，故忽略水的解离，将上式简化为：$[H^+] = c_{HCl} + [A^-]$，将 $[A^-]$ 变成 $[H^+]$ 的函数

$$[A^-] = \frac{c_{HA}K_{HA}}{[H^+] + K_{HA}}$$

代入后整理得到近似计算式

$$[H^+] = \frac{c_{HA}K_{HA}}{[H^+] + K_{HA}} + c_{HCl}$$

或
$$[H^+] = \frac{(c_{HCl} - K_{HA}) + \sqrt{(c_{HCl} - K_{HA})^2 + 4(c_{HCl} + c_{HA})K_{HA}}}{2} \tag{5-27}$$

若 $c_{HCl} \geqslant 20[A^-]$，则得最简式

$$[H^+] \approx c_{HCl}$$

计算的方法是先按最简式计算 $[H^+]$，然后由 $[H^+]$ 计算 $[A^-]$，用判断式比较看是否合理，若不合理再用近似式计算。

例 5-13 计算 0.05mol/L HAc 和 0.010mol/L HCl 混合溶液的 pH。

解 先按最简式计算：

$$[H^+] \approx 1.0 \times 10^{-2} mol/L$$

$$[Ac^-] = \frac{c_{HAc}K_{HAc}}{[H^+] + K_{HAc}} = \frac{0.05 \times 1.8 \times 10^{-5}}{1.0 \times 10^{-2} + 1.8 \times 10^{-5}} = 9 \times 10^{-5} (mol/L)$$

由于 $c_{HCl} > 20[Ac^-]$，故采用最简式是合理的。

故
$$[H^+] = 1.0 \times 10^{-2} mol/L$$
$$pH = 2.00$$

硫酸的第一级解离十分完全，而第二级解离常数 $K_{a_2} = 1.0 \times 10^{-2}$，因此硫酸溶液可视为一元强酸与一元弱酸的混合溶液。由于两者的浓度都等于 c，且 H$_2$SO$_4$ 的 K_{a_2} 不算很小，故 H$_2$SO$_4$ 溶液的 $[H^+]$ 可由下式进行计算：

$$[H^+] = \frac{(c - K_{a_2}) + \sqrt{(c - K_{a_2})^2 + 8cK_{a_2}}}{2}$$

如果 H_2SO_4 的浓度 c 为 $0.1\,mol/L$，代入上式得

$$[H^+] = 0.11\,mol/L$$
$$pH = 0.96$$

对于强碱与弱碱$(NaOH + A^-)$混合液，可作类似处理。

质子条件式：$[OH^-] = [H^+] + [HA] + c_{NaOH}$

近似计算式：$[OH^-] = \dfrac{c_{A^-} K_{A^-}}{[OH^-] + K_{A^-}} + c_{NaOH}$

最简式：$[OH^-] = c_{NaOH}$

（二）弱酸混合溶液

设有一元弱酸 HA 和 HB 的混合溶液，其浓度分别为 c_{HA} 和 c_{HB}，解离常数为 K_{HA} 和 K_{HB}。其质子条件式为

$$[H^+] = [A^-] + [B^-] + [OH^-]$$

溶液呈弱酸性，可忽略 $[OH^-]$，代入平衡常数式，得

$$[H^+] = \frac{K_{HA}[HA]}{[H^+]} + \frac{K_{HB}[HB]}{[H^+]}$$

整理得到近似式

$$[H^+] = \sqrt{K_{HA}[HA] + K_{HB}[HB]}$$

由于两者解离出来的 H^+ 彼此抑制，若两酸都较弱，可忽略其解离，$[HA] \approx c_{HA}$，$[HB] \approx c_{HB}$，得最简式

$$[H^+] = \sqrt{c_{HA}K_{HA} + c_{HB}K_{HB}} \tag{5-28}$$

若 $c_{HA}K_{HA} \gg c_{HB}K_{HB}$，则

$$[H^+] = \sqrt{c_{HA}K_{HA}} \tag{5-29}$$

对于弱碱混合溶液，其 OH^- 浓度的计算方法与此类似。

例 5-14　计算 $0.30\,mol/L$ 甲酸和 $0.20\,mol/L$ 乙酸混合溶液的 pH。

解　已知甲酸的 $K_a = 1.8 \times 10^{-4}$，乙酸的 $K_a = 1.8 \times 10^{-5}$，故

$$[H^+] = \sqrt{c_{HA}K_{HA} + c_{HB}K_{HB}}$$
$$= \sqrt{0.30 \times 1.8 \times 10^{-4} + 0.20 \times 1.8 \times 10^{-5}} = 7.6 \times 10^{-3}\ (mol/L)$$
$$pH = 2.12$$

（三）弱酸与弱碱混合溶液

设弱酸-弱碱的混合溶液中，弱酸 HA 的浓度为 c_{HA}，弱碱 B 的浓度为 c_B。其质子条件式为

$$[H^+] + [HB^+] = [A^-] + [OH^-]$$

若两者的原始浓度都较大，且酸碱性都较弱，相互间的酸碱反应可忽略，则质子条件式简化为

$$[HB^+] \approx [A^-]$$

代入平衡常数式可得

$$\frac{[H^+][B]}{K_{HB}} = \frac{K_{HA}[HA]}{[H^+]}$$

忽略其解离，$[HA] \approx c_{HA}$，$[B] \approx c_B$，整理得到最简计算式

$$[H^+] = \sqrt{\frac{c_{HA}}{c_B} K_{HA} K_{HB}} \tag{5-30}$$

例 5-15　计算含 0.20mol/L NH_4Cl 和 0.10mol/L NaAc 混合溶液的 pH。

解　NH_4^+ 是 NH_3 的共轭酸，其 $K_a' = \dfrac{K_w}{K_b} = \dfrac{1.0 \times 10^{-14}}{1.8 \times 10^{-5}} = 5.6 \times 10^{-10}$，已知 HAc 的 $K_a = 1.8 \times 10^{-5}$，两者的原始浓度都较大，且酸碱性都较弱，相互间的酸碱反应可忽略，故用最简式计算

$$[H^+] = \sqrt{\frac{c_{NH_4^+}}{c_{Ac^-}} K_a' K_a} = \sqrt{\frac{0.20}{0.10} \times 5.6 \times 10^{-10} \times 1.8 \times 10^{-5}} = 1.4 \times 10^{-7}(mol/L)$$

$$pH = 6.85$$

应当注意，只有在混合溶液中酸碱性都较弱，相互间不发生显著的酸碱反应的情况下才能用式(5-30)进行计算。对于发生化学反应的混合溶液，应根据反应产物或反应后溶液的组成来进行计算。

五、两性物质溶液

两性物质(amphoteric substance)是既能给出质子又能接受质子的物质。多元酸的酸式盐、弱酸弱碱盐、氨基酸和蛋白质等都是两性物质。

（一）多元酸的酸式盐溶液

设二元弱酸的酸式盐为 NaHA，其浓度为 c。两性物质溶液的解离

酸式解离：$HA^- + H_2O \rightleftharpoons H_3O^+ + A^{2-}$　　　K_{a_2}

碱式解离：$HA^- + H_2O \rightleftharpoons H_2A + OH^-$　　　K_{b_2}

两性物质溶液的 PBE 为

$$[H^+] + [H_2A] = [A^{2-}] + [OH^-]$$

代入平衡关系

$$[H^+] + \frac{[H^+][HA^-]}{K_{a_1}} = \frac{K_{a_2}[HA^-]}{[H^+]} + \frac{K_w}{[H^+]}$$

整理后得到精确表达式

$$[H^+] = \sqrt{\frac{K_{a_1}(K_{a_2}[HA^-] + K_w)}{K_{a_1} + [HA^-]}} \tag{5-31}$$

一般情况下，两性物质的 K_{a_2} 与 K_{b_2} 均较小，此时可忽略 HA^- 的酸式解离和碱式解离，即 $[HA^-] \approx c$，代入上式得 H^+ 浓度的近似计算式

$$[H^+] = \sqrt{\frac{K_{a_1}(cK_{a_2} + K_w)}{K_{a_1} + c}} \tag{5-32}$$

当 $cK_{a_2} \geq 20K_w$ 时，K_w 可忽略，则可简化为

$$[H^+] = \sqrt{\frac{cK_{a_1}K_{a_2}}{K_{a_1} + c}} \tag{5-33}$$

若 $c \geq 20K_{a_1}$，且 $cK_{a_2} \geq 20K_w$，即两性物质的浓度不是很小，且水的解离可以忽略，得最简式

$$[H^+] = \sqrt{K_{a_1}K_{a_2}} \tag{5-34}$$

例 5-16　计算 1.0×10^{-3} mol/L 邻苯二甲酸氢钾溶液的 pH。

解 已知邻苯二甲酸氢钾的 $K_{a_1} = 1.1 \times 10^{-3}$，$K_{a_2} = 3.9 \times 10^{-6}$

由于 $cK_{a_2} > 20K_w$，K_w 可忽略，但 K_{a_1} 与 c 比较，不可忽略，故用近似式计算

$$[H^+] = \sqrt{\frac{cK_{a_1}K_{a_2}}{K_{a_1} + c}} = \sqrt{\frac{1.0 \times 10^{-3} \times 1.1 \times 10^{-3} \times 3.9 \times 10^{-6}}{1.1 \times 10^{-3} + 1.0 \times 10^{-3}}} = 4.5 \times 10^{-5}(\text{mol/L})$$

$$pH = 4.35$$

（二）弱酸弱碱盐溶液

弱酸弱碱盐溶液中 H^+ 浓度的计算方法与酸式盐相似。如浓度为 c 的 NH_4Ac 溶液，能放出 H^+ 的组分为弱酸 HAc，解离常数为 K_a，可得到 H^+ 的组分为弱碱 NH_3，其共轭酸 NH_4^+ 的解离常数为 K_a'。可推导出

$$[H^+] = \sqrt{\frac{K_a(cK_a' + K_w)}{K_a + c}} \tag{5-35}$$

当 $cK_a' \geqslant 20K_w$ 时，可忽略 K_w，式(5-35)可简化为：

$$[H^+] = \sqrt{\frac{cK_aK_a'}{K_a + c}} \tag{5-36}$$

式(5-35)和式(5-36)是计算弱酸弱碱盐溶液中 H^+ 浓度的近似式。

若 $c \geqslant 20K_a$，且 $cK_a' \geqslant 20K_w$，则

$$[H^+] = \sqrt{K_aK_a'} \tag{5-37}$$

式(5-37)是计算弱酸弱碱盐溶液中 H^+ 浓度的最简式。

例5-17 计算 0.10mol/L NH_4CN 溶液的 pH。

解 已知 HCN 的 $K_a = 6.2 \times 10^{-10}$，$NH_4^+$ 是 NH_3 的共轭酸，其 $K_a' = \dfrac{K_w}{K_b} = \dfrac{1.0 \times 10^{-14}}{1.8 \times 10^{-5}} = 5.6 \times 10^{-10}$，可见 $cK_a' > 20K_w$，$c > 20K_a$，故用最简式进行计算

$$[H^+] = \sqrt{K_aK_a'} = \sqrt{6.2 \times 10^{-10} \times 5.6 \times 10^{-10}} = 5.89 \times 10^{-10}(\text{mol/L})$$

$$pH = 9.23$$

以上讨论的是酸碱组成为1:1的弱酸弱碱盐溶液。对于酸碱组成比不为1:1的弱酸弱碱盐溶液，其溶液 H^+ 浓度的计算比较复杂，应根据情况，进行近似处理。

氨基酸在水溶液中以偶极离子形式存在，它既能起酸的作用，又能起碱的作用，是两性物质。以甘氨酸(即氨基乙酸)为例，它在水溶液中的解离平衡可用下式表示

$$NH_3^+CH_2COOH \underset{+H^+, K_{b_2}}{\overset{-H^+, K_{a_1}}{\rightleftharpoons}} NH_3^+CH_2COO^- \underset{+H^+, K_{b_1}}{\overset{-H^+, K_{a_2}}{\rightleftharpoons}} NH_2CH_2COO^-$$

氨基乙酸阳离子　　　　　氨基乙酸偶极离子　　　　　氨基乙酸阴离子

通常说的氨基乙酸是指偶极离子型体，氨基乙酸的酸性($K_{a_2} = 2.5 \times 10^{-10}$)和碱性($K_{b_2} = 2.2 \times 10^{-12}$)均很弱。当溶液中 $[NH_3^+CH_2COOH] = [NH_2CH_2COO^-]$ 时，此即氨基酸的等电点，它是氨基酸的重要性质。

例5-18 计算 0.1mol/L 氨基乙酸溶液的 pH。

解 在水溶液中，氨基乙酸(偶极离子)的解离平衡为：

$$NH_3^+CH_2COOH \rightleftharpoons NH_3^+CH_2COO^- + H^+ \qquad K_{a_1} = 4.5 \times 10^{-3}$$

$$NH_3^+CH_2COO^- \rightleftharpoons NH_2CH_2COO^- + H^+ \qquad K_{a_2} = 2.5 \times 10^{-10}$$

因 c 较大，由于 $cK_{a_2} > 20K_w$，$c > 20K_{a_1}$，可用最简式计算

$$[H^+] = \sqrt{K_{a_1}K_{a_2}} = \sqrt{4.5 \times 10^{-3} \times 2.5 \times 10^{-10}} = 1.1 \times 10^{-6} \text{mol/L}$$

$$pH = 5.96$$

综上所述，计算酸碱溶液 H^+ 浓度一般按以下步骤进行：①写出相应的 PBE，判断哪些是主要组分，哪些是次要组分，合理取舍，对 PBE 进行简化处理；②代入化学平衡关系式整理得到 $[H^+]$ 的精确表达式；③根据具体情况进行合理的近似处理，即可得到 $[H^+]$ 的近似式及最简式。一般考虑是：忽略水的解离对 $[H^+]$ 的贡献，舍去计算式中的 K_w 项；忽略酸碱自身的解离对平衡浓度的影响，用分析浓度代替平衡浓度。在多元弱酸碱中，通常以一级解离最重要，即将多元弱酸碱简化为一元弱酸碱进行计算。

第四节　酸碱缓冲溶液

酸碱缓冲溶液(acid-base buffer solution)是一种能对溶液的酸度起稳定(缓冲)作用的溶液。向缓冲溶液中加入少量强酸或强碱，或因溶液中发生化学反应产生了少量的酸或碱，或将溶液稍加稀释时，溶液的 pH 基本上保持不变。酸碱缓冲溶液可分为两大类：①弱酸及其共轭碱或弱碱及其共轭酸，例如 $HAc - Ac^-$，$NH_4^+ - NH_3$，$H_2PO_4^- - HPO_4^{2-}$ 等；②浓度较大的强酸或强碱溶液，由于其酸度或碱度较高，外加少量酸、碱或适量稀释后不会对溶液的酸度产生太大的影响。在实际工作中，前者更常用，后者只适用于做高酸度(pH < 3)和高碱度(pH > 11)时的缓冲溶液。

一、缓冲溶液 pH 的计算

假设缓冲溶液是由弱酸 HA 及其共轭碱 NaA 组成，它们的浓度分别为 c_{HA} 和 c_{A^-}。

由物料平衡式

$$[HA] + [A^-] = c_{HA} + c_{A^-}$$

$$[Na^+] = c_{A^-}$$

由电荷平衡式

$$[Na^+] + [H^+] = [A^-] + [OH^-]$$

$$[A^-] = c_{A^-} + [H^+] - [OH^-]$$

将此式代入物料平衡式，得

$$[HA] = c_{HA} - [H^+] + [OH^-]$$

由弱酸解离常数得计算缓冲溶液 H^+ 浓度的精确计算式：

$$[H^+] = K_a\frac{[HA]}{[A^-]} = K_a\frac{c_{HA} - [H^+] + [OH^-]}{c_{A^-} + [H^+] - [OH^-]} \tag{5-38}$$

溶液呈酸性(pH ≤ 6)时，可忽略 $[OH^-]$，得近似计算式

$$[H^+] = K_a\frac{c_{HA} - [H^+]}{c_{A^-} + [H^+]} \tag{5-39}$$

溶液呈碱性(pH ≥ 8)时，可忽略 $[H^+]$，得近似计算式

$$[H^+] = K_a\frac{c_{HA} + [OH^-]}{c_{A^-} - [OH^-]} \tag{5-40}$$

若酸、碱分析浓度较大，即 $c_{HA} \gg [OH^-] - [H^+]$，$c_{A^-} \gg [H^+] - [OH^-]$ 时，得到计算缓冲溶液中 H^+ 浓度的最简式

$$[H^+] = K_a \frac{c_{HA}}{c_{A^-}} \tag{5-41}$$

或

$$pH = pK_a + \lg \frac{c_{A^-}}{c_{HA}} \tag{5-42}$$

作为一般控制酸度的缓冲溶液，因缓冲剂本身的浓度较大，对计算结果也不要求十分准确，通常采用最简式进行计算。

例 5-19　在 200ml 0.1mol/L NH_3 和 0.2mol/L NH_4Cl 的缓冲溶液中加入 50ml 0.1mol/L HCl 溶液，计算其 pH。较未加入 HCl 溶液之前，溶液的 pH 改变了多少？

解　先计算 0.1mol/L NH_3 和 0.2mol/L NH_4Cl 溶液的 pH。

已知 NH_3 的 $K_b = 1.8 \times 10^{-5}$，NH_4^+ 的 $K_a = K_w/K_b = 5.6 \times 10^{-10}$

c_{NH_3} 和 $c_{NH_4^+}$ 都较大，故用最简式计算

$$pH = pK_a + \lg \frac{c_{NH_3}}{c_{NH_4^+}} = 9.26 + \lg \frac{0.10}{0.20} = 8.96$$

加入 50ml 0.1mol/L HCl 溶液后

$$c_{NH_3} = \frac{200 \times 0.10 - 50 \times 0.1}{200 + 50} = 0.06 \ (mol/L)$$

$$c_{NH_4^+} = \frac{200 \times 0.20 + 50 \times 0.1}{200 + 50} = 0.18 \ (mol/L)$$

由于 $c_{NH_4^+}$ 和 c_{NH_3} 仍都较大，同理，仍可按最简式计算：

$$pH = 9.26 + \lg \frac{0.06}{0.18} = 8.78$$

溶液的 pH 减少了 8.96 - 8.78 = 0.18 个 pH 单位。

例 5-20　将 0.30mol/L 的吡啶与 0.20mol/L 的 HCl 等体积混合配制成缓冲溶液，求其 pH。

解　$C_5H_5N + HCl \rightleftharpoons C_5H_5NH^+ + Cl^-$

等体积混合后，生成 $C_5H_5NH^+$ 的浓度为 0.20/2 = 0.10(mol/L)

未作用的 C_5H_5N 的浓度为 (0.30 - 0.20)/2 = 0.050(mol/L)

C_5H_5N 的 $K_b = 1.7 \times 10^{-9}$，$C_5H_5NH^+$ 的 $K_a = K_w/K_b = 5.9 \times 10^{-6}$

由于 $c_{C_5H_5N}$ 和 $c_{C_5H_5NH^+}$ 都较大，故用最简式计算

$$pH = pK_a + \lg \frac{c_{C_5H_5N}}{c_{C_5H_5NH^+}} = 5.23 + \lg \frac{0.050}{0.10} = 4.93$$

标准缓冲溶液是用来校准 pH 计用的，它们的 pH 是经过非常精确的实验确定的。如果要以理论计算加以核对，则必须同时考虑离子强度的影响。

例 5-21　考虑离子强度的影响，计算 0.025mol/L KH_2PO_4 - 0.025mol/L Na_2HPO_4 缓冲溶液的 pH，并与标准值(pH = 6.86)相比较。

解　$c_{K^+} = 0.025mol/L$，$c_{H_2PO_4^-} = 0.025mol/L$

　　　$c_{Na^+} = 0.050mol/L$，$c_{HPO_4^{2-}} = 0.025mol/L$

不考虑离子强度的影响，则

$$\left[H^+\right] = K_{a2} \frac{c_{H_2PO_4^-}}{c_{HPO_4^{2-}}} = 6.3 \times 10^{-8} \times \frac{0.025}{0.025} = 6.3 \times 10^{-8} \quad (mol/L)$$

$$pH = 7.20$$

计算结果与标准值相差颇大，产生偏差的原因，是因为实测得到的是 H^+ 的活度，而用上式计算的是 H^+ 的浓度，因此计算时应考虑离子强度的影响。

$$I = \frac{1}{2}\sum_{i=1}^{n} c_i z_i^2 = \frac{1}{2}\left(c_{K^+} \times 1^2 + c_{Na^+} \times 1^2 + c_{H_2PO_4^-} \times 1^2 + c_{HPO_4^{2-}} \times 2^2\right)$$

$$= \frac{1}{2}(0.025 \times 1^2 + 0.050 \times 1^2 + 0.025 \times 1^2 + 0.025 \times 2^2) = 0.10 \quad (mol/L)$$

由有关手册查得 $\gamma_{H_2PO_4^-} = 0.77$，$\gamma_{HPO_4^{2-}} = 0.355$，故

$$a_{H^+} = K_{a2} \frac{a_{H_2PO_4^-}}{a_{HPO_4^{2-}}} = K_{a2} \frac{\gamma_{H_2PO_4^-}\left[H_2PO_4^-\right]}{\gamma_{HPO_4^{2-}}\left[HPO_4^{2-}\right]}$$

$$= 6.3 \times 10^{-8} \times \frac{0.77 \times 0.025}{0.355 \times 0.025} = 1.4 \times 10^{-7} \quad (mol/L)$$

$$pH = 6.86$$

计算结果与标准值一致。

二、缓冲容量与缓冲范围

缓冲溶液的缓冲能力是有一定限度的。若加入酸、碱过多或过分稀释，都会失去其缓冲作用。缓冲溶液的缓冲能力大小常用缓冲容量（buffer capacity）来衡量，以 β 表示，即

$$\beta = \frac{db}{dpH} = -\frac{da}{dpH}$$

其意义是：使 1L 缓冲溶液的 pH 增加 dpH 单位所需强碱的物质的量 db(mol)，或是使 1L 缓冲溶液的 pH 降低 dpH 单位所需强酸的物质的量 da(mol)。酸增加使 pH 降低，故在 da/dpH 前加负号，使 β 具有正值。显然，β 值愈大，表明溶液的缓冲能力愈强。下面讨论影响缓冲容量 β 的因素。

以 HA-A^- 缓冲体系为例，说明缓冲组分的比例和总浓度对缓冲容量的影响。设缓冲溶液的总浓度为 c，其中 A^- 的浓度为 b，HA-A^- 体系可看作在浓度为 c 的 HA 溶液中加入浓度为 b 的强碱。溶液质子条件式为：

$$\left[H^+\right] + b = \left[OH^-\right] + \left[A^-\right]$$

代入平衡关系得

$$b = -\left[H^+\right] + \frac{K_w}{\left[H^+\right]} + \frac{cK_a}{K_a + \left[H^+\right]}$$

则

$$\frac{db}{d\left[H^+\right]} = -1 - \frac{K_w}{\left[H^+\right]^2} - \frac{cK_a}{\left(K_a + \left[H^+\right]\right)^2}$$

而

$$dpH = d(-\lg\left[H^+\right]) = -\frac{d\left[H^+\right]}{2.3\left[H^+\right]}$$

所以

$$\beta = \frac{db}{dpH} = \frac{db}{d\left[H^+\right]} \times \frac{d\left[H^+\right]}{dpH}$$

$$= 2.303\left(\left[H^+\right] + \left[OH^-\right] + \frac{cK_a\left[H^+\right]}{\left(\left[H^+\right] + K_a\right)^2}\right) \tag{5-43}$$

当弱酸不太强又不太弱时，即 $\left[H^+\right]$ 和 $\left[OH^-\right]$ 较小，均可忽略，得到近似式

$$\beta = 2.303 \frac{cK_a[H^+]}{([H^+]+K_a)^2} = 2.303c\delta_{HA}\delta_{A^-} \tag{5-44}$$

对式(5-44)求极值可知，当 $[H^+] = K_a$（即 $pH = pK_a$）时，β 有极大值，其值为

$$\beta_{max} = 2.3c\frac{K_a^2}{(2K_a)^2} = 0.575c$$

由此可知，缓冲溶液的浓度愈大，其缓冲容量也愈大，对于共轭酸碱对缓冲体系，当 $[H^+] = K_a$，即弱酸与其共轭碱的浓度控制在 1:1 时，其缓冲容量最大。

根据式(5-44)计算可知，当 $[HA]/[A^-]$ 为 10 或 1/10（即 $pH = pK_a \pm 1$）时，缓冲容量为其最大值的 1/3，即：

$$\beta = 2.3\frac{[HA]}{c}\frac{[A^-]}{c}c = 2.3 \times \frac{1}{11} \times \frac{10}{11}c = 0.19c$$

若比例进一步加大，缓冲容量会更小，溶液的缓冲能力逐渐消失。可见，缓冲溶液的有效缓冲范围约在 pH 为 $pK_a \pm 1$ 的范围。对强酸、强碱溶液，其缓冲容量分别为式(5-43)中的第一和第二项，即 $\beta_{H^+} = 2.303[H^+]$，$\beta_{OH^-} = 2.303[OH^-]$。图 5-4 中实线是 0.1mol/L HAc—NaAc 缓冲溶液在不同 pH 时的缓冲容量，虚线表示强酸（pH < 3）和强碱（pH > 11）溶液的缓冲容量。峰值是该缓冲溶液的最大缓冲容量。

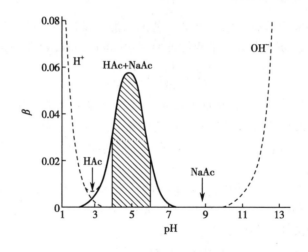

图 5-4　0.1mol/L HAc-NaAc 溶液在不同 pH 时的缓冲容量

三、缓冲溶液的选择

用于控制溶液酸度的缓冲溶液的种类非常多，通常根据实际情况，选择不同的缓冲溶液。缓冲溶液的选择原则：①所需控制的 pH 应在缓冲溶液的缓冲范围之内。组成缓冲溶液的弱酸的 pK_a 应等于或接近于所需的 pH；②缓冲溶液应有较大的缓冲能力，足够的缓冲容量。缓冲溶液的总浓度应当大些（一般在 0.01 ~ 1mol/L 之间），并控制缓冲组分的浓度比接近于 1:1；③缓冲体系对分析过程应没有干扰。如在配位滴定中使用的缓冲溶液不应对被测离子有显著的副反应。表 5-1 列出一些常用的缓冲溶液。

表 5-1　常用缓冲溶液

缓冲溶液	酸	共轭碱	pK_a
氨基乙酸-HCl	$NH_3^+CH_2COOH$	$NH_3^+CH_2COO^-$	2.35
一氯乙酸-NaOH	$CH_2ClCOOH$	CH_2ClCOO^-	2.86
甲酸-NaOH	$HCOOH$	$HCOO^-$	3.76
HAc-NaAc	HAc	Ac^-	4.74
六亚甲基四胺-HCl	$(CH_2)_6N_4H^+$	$(CH_2)_6N_4$	5.15
NaH_2PO_4-Na_2HPO_4	$H_2PO_4^-$	HPO_4^{2-}	7.20
三乙醇胺-HCl	$NH^+(CH_2CH_2OH)_3$	$N(CH_2CH_2OH)_3$	7.76
三羟甲基甲胺-HCl	$NH_3^+C(CH_2OH)_3$	$NH_2C(CH_2OH)_3$	8.21
$Na_2B_4O_7$	H_3BO_3	$H_2BO_3^-$	9.24
NH_3-NH_4Cl	NH_4^+	NH_3	9.26
氨基乙酸-NaOH	$NH_3^+CH_2COO^-$	$NH_2CH_2COO^-$	9.60
$NaHCO_3$-Na_2CO_3	HCO_3^-	CO_3^{2-}	10.25

表 5-2 列出几种常用的标准缓冲溶液。它们的 pH 是经过实验准确测得的。目前已被国际上规定作为测定溶液 pH 时的标准参照溶液。校准 pH 计时，所选标准缓冲溶液的 pH 应当与被测 pH 相近，这样测量的准确度才高。同时，还要注意温度对缓冲溶液 pH 的影响。

表 5-2　常用的标准缓冲溶液

标准缓冲溶液	pH(25℃)
饱和酒石酸氢钾(0.034mol/L)	3.56
0.050mol/L 邻苯二甲酸氢钾	4.01
0.025mol/L KH_2PO_4 − 0.025mol/L Na_2HPO_4	6.86
0.010mol/L 硼砂	9.18

在实际工作中，有时需要 pH 缓冲范围广的缓冲溶液，具有这种性质的溶液称为全域缓冲溶液。这种缓冲溶液可由几种 pK_a 不同的弱酸混合后加入不同量的强酸、强碱制备得到。例如 Britton-Robinson Buffer Solution（伯瑞坦-罗比森缓冲溶液）就是一种全域缓冲溶液，在三酸混合液（磷酸、乙酸、硼酸，浓度均为 0.04mol/L）中，加入不同体积的 0.2mol/L NaOH，即可得到所需 pH 的缓冲溶液。

例 5-22　在 20.0ml 0.1mol/L H_3PO_4 溶液中加入多少毫升 0.1mol/L NaOH 溶液可得到 pH =7.40 的缓冲溶液？已知 H_3PO_4 的 pK_{a_2} =7.20。

解　H_3PO_4 与加入的 NaOH 发生以下反应：

$$H_3PO_4 + NaOH = NaH_2PO_4 + H_2O$$

$$NaH_2PO_4 + NaOH = Na_2HPO_4 + H_2O$$

为了得到 $H_2PO_4^-$ – HPO_4^{2-} 缓冲溶液，加入 NaOH 的量除将 H_3PO_4 全部中和为 $H_2PO_4^-$ 外，还应过量，再与 $H_2PO_4^-$ 进一步反应生成 HPO_4^{2-}，设应加入 NaOH 20.0ml + V，则

$$c_{HPO_4^{2-}} = c_{NaOH(过量)} = \frac{0.10 \times V}{40.0 + V}$$

$$c_{H_2PO_4^-} = c_{H_3PO_4} - c_{NaOH(过量)} = \frac{0.10 \times 20.0 - 0.10 \times V}{40.0 + V}$$

$$pH = pK_{a_2} + lg\frac{c_{HPO_4^{2-}}}{c_{H_2PO_4^-}}$$

$$lg\frac{c_{HPO_4^{2-}}}{c_{H_2PO_4^-}} = pH - pK_{a_2} = 7.40 - 7.20 = 0.2$$

$$lg\frac{0.10 \times V}{0.10 \times 20.0 - 0.10 \times V} = 0.2$$

$$V = 12.3(ml)$$

需加入 NaOH 溶液的体积为

$$20.0 + 12.3 = 32.3(ml)$$

第五节　酸碱指示剂

一、指示剂的变色原理

在酸碱滴定过程中，通常不发生外观上的变化，需要借助指示剂颜色的改变来判断滴定的终点。酸碱指示剂(acid-base indicator)一般是弱的有机酸或者有机碱，它们的共轭酸碱对具有不同的结构和颜色。当溶液的 pH 改变时，指示剂得到或失去质子，变为其共轭酸或碱，由于酸、碱式结构的不同，引起颜色发生变化。下面以酚酞和甲基橙为例说明。

酚酞是一种单色指示剂，本身为有机弱酸($pK_a = 9.1$)，其解离平衡如下：

无色（羟式）　　　　　　红色（醌式）

在酸性条件下，酚酞以无色的分子形式存在，当溶液 pH 增加时，上述平衡向右移动，酚酞主要以醌式(碱式)结构存在，溶液为红色；反之溶液则由红色变成无色。但在浓碱溶液中，酚酞会转变为无色的羧酸盐，溶液重新变为无色。

甲基橙是一种双色指示剂，本身为有机弱碱，其酸式和碱式结构都有颜色。它在水溶液中的解离反应如下：

黄色（偶氮式）　　　　　　　　　红色（醌式）

由上式平衡关系可以看出，当溶液中的 H^+ 浓度增大时，甲基橙主要以醌式(酸式)结构存在，溶液显红色；当溶液中的 H^+ 浓度降低时，甲基橙主要以偶氮式（碱式）结构存在，溶液显黄色。甲基红的变色状况与甲基橙相似。

二、酸碱指示剂变色的 pH 范围

酸碱指示剂的变色与溶液的 pH 有关。以弱酸型指示剂 HIn 为例，其解离平衡为：

$$HIn \rightleftharpoons H^+ + In^-$$

$$\text{酸式} \qquad\qquad \text{碱式}$$

$$K_{HIn} = \frac{[H^+][In^-]}{[HIn]}$$

$$[H^+] = K_{HIn}\frac{[HIn]}{[In^-]} \tag{5-45}$$

对上式两边各取负对数，即

$$pH = pK_{HIn} + \lg\frac{[In^-]}{[HIn]} \tag{5-46}$$

式中，K_{HIn} 为指示剂的解离常数，$[HIn]$ 和 $[In^-]$ 分别为指示剂酸式和碱式结构的浓度，指示剂所呈的颜色由 $\frac{[In^-]}{[HIn]}$ 决定。一定温度下 K_{HIn} 为常数，则 $\frac{[In^-]}{[HIn]}$ 的变化取决于溶液中 H^+ 的浓度。当 $[H^+]$ 发生改变时，$\frac{[In^-]}{[HIn]}$ 也发生改变，溶液的颜色也逐渐改变。由于人眼对颜色的辨别能力有限，当比值变化较小时难以观察到溶液颜色的变化。一般来说当 $\frac{[In^-]}{[HIn]} \leq \frac{1}{10}$ 时，只能看到指示剂的酸式色；当 $\frac{[In^-]}{[HIn]} \geq 10$ 时，只能看到指示剂的碱式色；而当 $\frac{1}{10} < \frac{[In^-]}{[HIn]} < 10$ 时，看到的是酸式色和碱式色的混合色。当 $[HIn] = [In^-]$ 时，指示剂的酸式和碱式结构的浓度相等，溶液的 $pH = pK_{HIn}$，此 pH 称为指示剂的理论变色点。当溶液的 pH 由 $pK_{HIn} + 1$ 到 $pK_{HIn} - 1$ 时，指示剂的颜色由碱式色变为酸式色；反之，溶液 pH 由 $pK_{HIn} - 1$ 到 $pK_{HIn} + 1$ 时，指示剂的颜色由酸式色变为碱式色，因此 $pH = pK_{HIn} \pm 1$ 就是指示剂的变色范围（colour change interval）。

不同的指示剂，其 pK_{HIn} 不同，它们的变色范围也不相同。根据 $pH = pK_{HIn} \pm 1$，指示剂的变色范围理论上应是 2 个 pH 单位，但实际测得的各种指示剂的变色范围并不都是 2 个 pH 单位（表 5-3）。这是因为指示剂的实际变色范围是依靠肉眼观察得出来的，而肉眼对各种颜色的敏感程度不同，加上指示剂的两种颜色的强度不同所致，一般指示剂的变色范围略小于 2 个 pH 单位。例如甲基橙的 $pK_{HIn} = 3.4$，理论变色范围是 $2.4 \sim 4.4$，而实测范围为 $3.1 \sim 4.4$。这是由于人眼对红色比对黄色更敏感，从红色中辨别黄色比较困难，而在黄色中辨别出红色则相对容易。

指示剂的变色范围越窄越好，当溶液的 pH 稍有改变，指示剂的颜色就由一种颜色变为另外一种颜色，即指示剂变色敏锐，有利于提高滴定的准确度，常用酸碱指示剂见表 5-3。

三、影响酸碱指示剂变色范围的因素

影响指示剂变色范围的因素主要有两个方面：一是影响指示剂常数 K_{HIn} 的因素，如温度、溶剂的极性等；二是影响指示剂颜色变化的因素，如指示剂的用量、滴定程序等。

表 5-3　常用的酸碱指示剂

指示剂	变色范围 pH	颜色变化		pK_{HIn}	浓度
		酸式色	碱式色		
百里酚蓝	1.2 ~ 2.8	红	黄	1.7	0.1%的20%乙醇溶液
甲基黄	2.9 ~ 4.0	红	黄	3.3	0.1%的90%乙醇溶液
甲基橙	3.1 ~ 4.4	红	黄	3.4	0.05%的水溶液
溴酚蓝	3.0 ~ 4.6	黄	紫	4.1	0.1%的20%乙醇溶液或其钠盐水溶液
溴甲酚绿	4.0 ~ 5.6	黄	蓝	5.0	0.1%的20%乙醇溶液或其钠盐水溶液
甲基红	4.4 ~ 6.2	红	黄	5.0	0.1%的60%乙醇溶液或其钠盐水溶液
溴百里酚蓝	6.2 ~ 7.6	黄	蓝	7.3	0.1%的20%乙醇溶液或其钠盐水溶液
中性红	6.8 ~ 8.0	红	黄橙	7.4	0.1%的60%乙醇溶液
酚酞	8.0 ~ 9.6	无	红	9.1	0.1%的90%乙醇溶液
百里酚酞	9.4 ~ 10.6	无	蓝	10.0	0.1%的90%乙醇溶液

1. 温度　指示剂的变色范围与 K_{HIn} 有关，K_{HIn} 在一定温度下为一常数，当温度改变时，K_{HIn} 也改变，指示剂的变色点和变色范围也随之变动。例如 18℃时甲基橙的变色范围为 3.1 ~ 4.4，而在 100℃时为 2.5 ~ 3.7。

2. 溶剂　不同的溶剂具有不同的介电常数和酸碱性，因此指示剂在不同溶剂中的 pK_{HIn} 不相同，变色范围亦不相同。如甲基橙在水溶液中 pK_{HIn} = 3.4，而在甲醇溶液中 pK_{HIn} 则为 3.8。

3. 中性电解质　由于中性电解质吸收不同波长的光，会影响指示剂颜色的深度，从而也影响指示剂变色的敏锐性；另外，中性电解质增加了溶液的离子强度，使指示剂的表观解离常数发生变化，从而影响变色范围。

4. 指示剂的用量　一般来说，在不影响指示剂变色灵敏度的条件下，用量少一点为佳。指示剂用量过多(或浓度过高)会使终点颜色变化不明显，导致终点颜色不易判断；同时指示剂本身是有机弱酸或者弱碱，会多消耗标准碱溶液或标准酸溶液而带来终点误差。

5. 滴定的顺序　在实际滴定操作中，滴定顺序也会影响人眼对滴定终点颜色观察的敏锐性。当溶液由浅色变为深色时，更易于辨别，如强碱滴定强酸时，用酚酞指示剂比用甲基橙为好，同理强酸滴定强碱应选用甲基橙作指示剂。

四、混合指示剂

有些酸碱滴定的 pH 突跃范围很窄，使用一般的指示剂难以判断终点，可以采用混合指示剂。混合指示剂(mixed indicator)是利用颜色的互补原理，把滴定终点限制在很窄的变色范围，使终点的颜色变化更加敏锐。混合指示剂主要有两种配制方法：

1. 在某种指示剂中加入一种不随溶液 pH 变化的惰性染料。如甲基橙和靛蓝组成混合指示剂，靛蓝是惰性染料，滴定过程中颜色不变化，只作甲基橙的蓝色背景。

溶液的酸度	甲基橙	靛蓝	甲基橙 + 靛蓝
pH > 4.4	黄色	蓝色	绿色
pH ≈ 4.0	橙色	蓝色	浅灰色
pH < 3.1	红色	蓝色	紫色

可见，甲基橙和靛蓝混合指示剂由绿色变紫色或由紫色变绿色，中间近无色，颜色变化比较敏锐。

2. 由两种或两种以上指示剂混合配成。如溴甲酚绿和甲基红两种指示剂按一定比例混合配成混合指示剂，其颜色随溶液 pH 的变化情况如下：

溶液的酸度	溴甲酚绿	甲基红	溴甲酚绿 + 甲基红
pH > 6.2	蓝色	黄色	绿色
pH ≈ 5.1	绿色	橙色	灰色
pH < 4.0	黄色	红色	酒红色

从以上的两个例子可以看出，混合指示剂较单一指示剂具有变色敏锐的特点。常见的混合指示剂见表 5-4。

表 5-4　几种常用混合指示剂

混合指示剂的组成	变色点 pH	颜色		备注
		酸色	碱色	
1 份 0.1% 甲基橙水溶液 1 份 0.25% 靛蓝水溶液	4.0	紫	黄绿	pH 4.0 灰色
3 份 0.1% 溴甲酚氯乙醇溶液 1 份 0.2% 甲基红乙醇溶液	5.1	酒红	绿	pH 5.1 灰色
1 份 0.1% 中性红乙醇溶液 1 份 0.1% 次甲基蓝乙醇溶液	7.0	蓝紫	绿	pH 7.0 蓝紫
1 份 0.1% 甲酚红钠盐水溶液 3 份 0.1% 百里酚蓝钠盐水溶液	8.3	黄	紫	pH 8.2 玫瑰色 pH 8.4 紫色
1 份 0.1% 百里酚蓝 50% 乙醇溶液 3 份 0.1% 酚酞 50% 乙醇溶液	9.0	黄	紫	黄→绿→紫

第六节　酸碱滴定原理

酸碱滴定过程中，随着酸逐滴加入到碱液中，或将碱逐滴加入到酸液中时，溶液的 pH 不断变化。为了选择合适的指示剂，必须要了解酸碱滴定过程中 pH 的变化规律，计量点附近 pH 的变化尤其重要。滴定过程中的变化规律，通常用滴定曲线来描述。若以溶液的 pH 为纵坐标，加入的酸或碱的量为横坐标作图，所得到的曲线为酸碱滴定曲线（acid-base titration curve）。不同类型的酸碱滴定过程 pH 的变化规律各不相同，下面分别予以讨论。

一、强酸（强碱）的滴定

强酸、强碱在水溶液中全部解离，酸以 H⁺ 形式存在，碱以 OH⁻ 形式存在。这类滴定的反应为：

$$H^+ + OH^- = H_2O$$

以 0.1000mol/L NaOH 溶液滴定 20.00ml 0.1000mol/L HCl 溶液为例，讨论滴定过程中溶液 pH 的变化。

1. 滴定开始前，溶液的酸度等于 HCl 的原始浓度

$$[H^+] = c_{HCl} = 0.1000(mol/L)$$
$$pH = 1.00$$

2. 滴定开始至化学计量点前，溶液的酸度取决于剩余 HCl 的浓度。由于 $c_{HCl} = c_{NaOH}$，所以

$$[H^+] = \frac{V_{HCl} - V_{NaOH}}{V_{HCl} + V_{NaOH}} c_{HCl}$$

当滴入 18.00ml NaOH 溶液时，未被中和的 HCl 溶液为 2.00ml，此时溶液中的 $[H^+]$ 应为：

$$[H^+] = 0.1000 \times \frac{20.00 - 18.00}{20.00 + 18.00} = 5.26 \times 10^{-5}(mol/L)$$
$$pH = 2.28$$

当滴入 19.80ml NaOH 溶液时，未被中和的 HCl 溶液为 0.20ml，此时

$$[H^+] = 0.1000 \times \frac{20.00 - 19.80}{20.00 + 19.80} = 5.03 \times 10^{-4}(mol/L)$$
$$pH = 3.30$$

当滴入 19.98ml NaOH 时，未被中和的 HCl 为 0.02ml，则

$$[H^+] = 0.1000 \times \frac{20.00 - 19.98}{20.00 + 19.98} = 5.0 \times 10^{-5}(mol/L)$$
$$pH = 4.30$$

3. 化学计量点时，滴入 20.00ml NaOH，酸碱恰好完全反应，溶液呈中性，H^+ 来自水的解离。

$$[H^+] = [OH^-] = \sqrt{K_w} = \sqrt{10^{-14}} = 1.00 \times 10^{-7}(mol/L)$$
$$pH = 7.00$$

4. 化学计量点后，滴入的 NaOH 溶液过量，溶液的 pH 取决于过量的 NaOH 浓度。

$$[OH^-] = \frac{V_{NaOH} - V_{HCl}}{V_{NaOH} + V_{HCl}} c_{NaOH}$$

当滴入 20.02ml NaOH 时，代入上式

$$[OH^-] = 0.1000 \times \frac{20.02 - 20.00}{20.02 + 20.00} = 5.0 \times 10^{-5}(mol/L)$$

$$pOH = 4.30 \text{ 或 } pH = 9.70$$

用类似方法可以计算滴定过程中其余各点的 pH，并将结果列于表 5-5 中。

表 5-5　0.1000mol/L NaOH 溶液滴定 20.00ml 0.1000mol/L HCl 溶液的 pH 变化

加入 NaOH 溶液 体积/ml	HCl 被滴定 百分数/%	剩余 HCl 溶液 体积/ml	过量 NaOH 溶液 体积/ml	pH
0.00	0.00	20.00		1.00
18.00	90.00	2.00		2.28

续表

加入 NaOH 溶液 体积/ml	HCl 被滴定 百分数/%	剩余 HCl 溶液 体积/ml	过量 NaOH 溶液 体积/ml	pH	
19.80	99.00	0.20		3.30	
19.96	99.80	0.04		4.00	
19.98	99.90	0.02		4.30	突 跃 范 围
20.00	100.00	0.00		7.00	
20.02	100.10		0.02	9.70	
20.04	100.20		0.04	10.00	
20.20	101.00		0.20	10.70	
22.00	110.00		2.00	11.70	
40.00	200.00		20.00	12.50	

以溶液的 pH 为纵坐标,加入 NaOH 溶液的体积 V_{NaOH} 为横坐标作图,可绘制强碱滴定强酸的滴定曲线,如图 5-5。

由表 5-5 和图 5-5 可以看出,整个滴定过程中溶液的 pH 变化是不均匀的。从滴定开始到加入的 NaOH 溶液为 19.80ml,溶液的 pH 仅增加了 2.30 个 pH 单位,pH 变化缓慢;继续加入 NaOH 溶液 0.18ml,pH 就增加一个单位,变化明显加快。当 NaOH 溶液从 19.98ml 到 20.02ml,即在化学计量点前后仅差 0.04ml(约 1 滴),pH 却从 4.30 骤然升到 9.70,改变了 5.40 个 pH 单位,此时溶液由酸性变为碱性,滴定曲线出现一段近似垂直线,这种在化学计量点附近溶液 pH 的突变称为滴定突跃(titration jump),突跃所在的 pH 范围称为滴定突跃范围。化学计量点后再继续滴加 NaOH 标准溶液,pH 的变化又愈来愈小,曲线趋于平缓,与刚开始滴定时相似。化学计量点前后相对误差 ±0.1% 范围内溶液 pH 的变化范围,称为酸碱滴定的 pH 突跃范围。用 0.1000mol/L NaOH 溶液滴定 0.1000mol/L HCl 溶液的 pH 突跃范围为 4.30～9.70,化学计量点时的 pH 是 7.00。

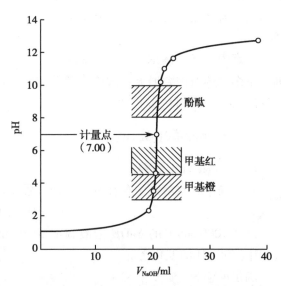

图 5-5　0.1000mol/L NaOH 溶液滴定 20.00ml
0.1000mol/L HCl 溶液的滴定曲线

滴定突跃范围有重要的实际意义,它是选择指示剂的重要依据。凡是变色范围全部或部分落在滴定突跃范围内的指示剂都可用以指示滴定终点。若在滴定突跃范围内停止滴定,误差为 ±0.1%。如图 5-5 中,甲基橙、甲基红、酚酞等都可用来指示终点,但从指示剂变色由浅到深易观察的角度来看,选酚酞作指示剂更好一些。

用 0.1000mol/L HCl 标准溶液滴定 0.1000mol/L NaOH 溶液,其滴定曲线形状或方向与图 5-5 刚好相反,并且对称。滴定的 pH 突跃范围为 9.70～4.30,可选择甲基橙、甲基红、酚酞作指示剂,以甲基红为佳。如果用甲基橙为指示剂,溶液颜色由黄色变为橙色时即为终点,此时pH为4.0,若滴定至红色,pH为3.1,将有 + 0.2% 的滴定误差。

强酸、强碱的浓度决定滴定突跃范围的大小。溶液浓度越大,突跃范围越大,可供选择的指示剂也就越多;溶液浓度越小,突跃范围越小,可供选择的指示剂越少。图5-6是 0.01000mol/L、0.1000mol/L、1.000mol/L 三种浓度的强碱标准溶液分别滴定相应浓度的强酸时的滴定曲线,其突跃范围分别为:5.30 ~ 8.70, 4.30 ~ 9.70, 3.30 ~ 10.70。用 0.01000mol/L 的 NaOH 滴定相应浓度的 HCl 时,甲基红、酚酞仍然可以作为指示剂,若选用甲基橙,滴定误差可达 1% 以上。

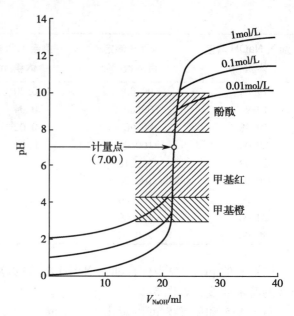

图 5-6 不同浓度 NaOH 溶液滴定相应浓度 HCl 溶液的滴定曲线

滴定中标准溶液浓度过大,被测试剂用量多,绝对误差增大;浓度过稀,突跃不明显,选择指示剂较困难,一般常用的酸碱标准溶液浓度控制在 0.1 ~ 0.5mol/L。

二、一元弱酸(碱)的滴定

(一) 强碱滴定弱酸

一元弱酸在水溶液中存在解离平衡。强碱滴定一元弱酸的基本反应为:

$$OH^- + HA = H_2O + A^-$$

以 0.1000mol/L 的 NaOH 溶液滴定 20.00ml 0.1000mol/L 的 HAc 溶液为例,讨论滴定过程中溶液 pH 的变化情况。

滴定反应为:

$$OH^- + HAc = H_2O + Ac^-$$

1. 滴定开始前,溶液组成为 0.1000mol/L HAc 溶液,溶液中 H^+ 的浓度决定于 HAc 的解离,HAc 的解离常数 $K_a = 1.8 \times 10^{-5}$

$$[H^+] = \sqrt{cK_a} = \sqrt{0.1000 \times 1.8 \times 10^{-5}} = 1.34 \times 10^{-3}(mol/L)$$
$$pH = 2.87$$

2. 滴定开始到化学计量点前,溶液中有未参加反应的 HAc 和反应产物 NaAc,组成 HAc-Ac^- 缓冲体系,溶液的 pH 可按缓冲溶液计算公式计算:

$$pH = pK_a + \lg\frac{[Ac^-]}{[HAc]}$$

$$pH = pK_a + \lg\frac{c_{NaOH}V_{NaOH}}{c_{HAc}V_{HAc} - c_{NaOH}V_{NaOH}}$$

因为 $c_{HAc} = c_{NaOH}$,所以

$$pH = pK_a + \lg \frac{V_{NaOH}}{V_{HAc} - V_{NaOH}}$$

当滴入 NaOH 溶液 19.98ml（相对误差 −0.1%）时，

$$pH = 4.74 + \lg \frac{19.98}{20.00 - 19.98} = 7.74$$

3. 化学计量点时，即加入 NaOH 体积为 20.00ml，HAc 被完全中和生成 NaAc，且 NaAc 浓度为 0.05000mol/L。此时溶液的碱度主要由 Ac⁻ 的解离所决定，NaAc 为一元弱碱，溶液的 pH 可根据弱碱的有关公式计算：

$$[OH^-] = \sqrt{cK_b} = \sqrt{\frac{cK_w}{K_a}}$$

$$= \sqrt{\frac{0.05000 \times 10^{-14}}{1.8 \times 10^{-5}}} = 5.3 \times 10^{-6} (mol/L)$$

$$pOH = 5.28 \text{ 或 } pH = 8.72$$

4. 化学计量点后，溶液组成为 Ac⁻ 和过量的 NaOH，由于 NaOH 抑制了 Ac⁻ 的水解，溶液的 pH 由过量的 NaOH 决定，计算方法与强碱滴定强酸的情况相同。当滴入 NaOH 的体积为 20.02ml（相对误差 +0.1%）时，溶液的酸度为：

$$[OH^-] = \frac{0.1000 \times 0.02}{20.00 + 20.02} = 5.0 \times 10^{-5} (mol/L)$$

$$pOH = 4.30 \text{ 或 } pH = 9.70$$

按上述方法逐一计算滴定过程中各点的 pH，结果列于表 5-6 中，并绘制滴定曲线，见图 5-7。

表 5-6　0.1000mol/L NaOH 溶液滴定 20.00ml 0.1000mol/L HAc 溶液的 pH 变化

加入 NaOH 溶液 体积（ml）	HAc 被滴定 百分数（%）	剩余 HAc 溶液 体积（ml）	过量 NaOH 溶液 体积（ml）	pH
0.00	0.00	20.00		2.87
18.00	90.00	2.00		5.70
19.80	99.00	0.20		6.73
19.98	99.90	0.02		7.74
20.00	100.00	0.00		8.72
20.02	100.10		0.02	9.70
20.20	101.00		0.20	10.70
22.00	110.00		2.00	11.70
40.00	200.00		20.00	12.50

（突跃范围：7.74、8.72、9.70）

从图 5-7 可以看出强碱滴定弱酸有以下特点：

（1）曲线起点 pH 高。由于 HAc 是弱酸，在水溶液中不能全部电解，H⁺ 的浓度比同浓度的强酸如 HCl 低很多，所以曲线起点不在 pH = 1.00 处，而在 pH = 2.87 处，高出 1.87 个 pH 单位。

（2）滴定过程中 pH 变化速率与强酸不同。滴定开始时 pH 升高较快，而后变化较慢，曲线变得平坦，接近计量点时，又逐渐加快。这是由于滴定开始后，反应生成的 Ac⁻ 抑制了 HAc 的解离，［H⁺］降低较快；随着滴定的进行，Ac⁻ 浓度逐渐增大，溶液中形成了

HAc-Ac⁻ 缓冲体系，故 pH 变化缓慢，滴定曲线较为平缓；接近化学计量点时，溶液中 HAc 浓度已很小，溶液缓冲作用减弱，继续滴入 NaOH 溶液，溶液的 pH 变化速率加快；计量点后，曲线与 NaOH 滴定 HCl 的曲线基本重合。

（3）突跃范围小。由于上述两个原因，NaOH 滴定 HAc 的 pH 突跃范围比同浓度 NaOH 滴定 HCl 的 pH 突跃范围小了 3 个多 pH 单位。0.1000mol/L NaOH 滴定 0.1000mol/L HAc 的 pH 突跃范围为 7.74～9.70，在碱性区域，化学计量点 pH=8.72。此时，在酸性区域变色的指示剂，如甲基橙、甲基红等都不能使用，这时可选在碱性范围内变色的指示剂，如酚酞、百里酚酞等。

被滴定的弱酸的强弱是影响突跃范围大小的重要因素。用相同浓度的强碱如 0.1000mol/L NaOH 滴定 0.1000mol/L 不同强度的一元弱酸，滴定曲线如图 5-8 所示。由图可知，K_a 越大，即酸越强，滴定突跃范围越大；K_a 越小，酸越弱，滴定突跃范围越小。当 $K_a < 10^{-9.0}$ 时已无明显的突跃，利用一般的酸碱指示剂已无法判断终点。如 H_3BO_3 的 K_a 值为 10^{-9}，计量点附近无明显 pH 突跃出现，不能用强碱直接滴定。

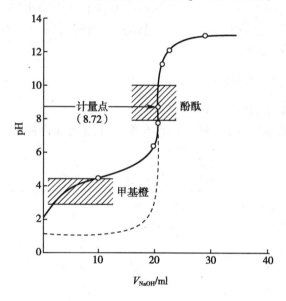

图 5-7　0.1000mol/L NaOH 溶液滴定 20.00ml　　图 5-8　0.1000mol/L NaOH 溶液滴定不同
0.1000mol/L HAc 溶液的滴定曲线　　　　　　　强度一元弱酸溶液的滴定曲线

当酸的 K_a 值一定时，pH 突跃范围的大小还与酸的浓度有关。酸的浓度越大，突跃范围越大。实验证明，借助于指示剂颜色的变化来确定滴定的终点，pH 突跃范围必须在 0.4 个 pH 单位以上。若使 $|E_t| \leqslant 0.1\%$，只有弱酸的 $cK_a \geqslant 10^{-8}$ 时，才能满足这个条件，通常把 $cK_a \geqslant 10^{-8}$ 作为能否直接准确滴定弱酸的判据。

（二）强酸滴定弱碱

以 B 代表一元弱碱，强酸滴定弱碱的基本反应为：

$$H^+ + B = HB^+$$

现以 0.1000mol/L HCl 溶液滴定 20.00ml 0.1000mol/L NH_3 溶液为例说明滴定过程中 pH 的变化。其滴定反应为：

$$H^+ + NH_3 \cdot H_2O = NH_4^+ + H_2O$$

表5-7列出了滴定时pH的变化情况，并根据该表绘制滴定曲线，如图5-9所示。

表5-7　0.1000mol/L HCl滴定20.00ml 0.1000mol/L NH$_3$·H$_2$O时溶液的pH变化

加入HCl溶液 体积（ml）	NH$_3$·H$_2$O被滴定 百分数（%）	剩余NH$_3$·H$_2$O溶液 体积（ml）	过量HCl溶液 体积（ml）	pH
0.00	0.00	20.00		11.13
18.00	90.00	2.00		8.30
19.80	99.00	0.20		7.25
19.98	99.90	0.02		6.25
20.00	100.00	0.00		5.28
20.02	100.10		0.02	4.30
20.20	101.00		0.20	3.30
22.00	110.00		2.00	2.30
40.00	200.00		20.00	1.48

（6.25、5.28、4.30标注为"突跃范围"）

由表5-7及图5-9可知，滴定过程中pH的计算与NaOH溶液滴定HAc溶液十分相似，只是滴定过程中溶液的pH变化由大到小，滴定曲线形状恰好与NaOH滴定HAc情况相反。由于滴定产物NH$_4^+$是一种弱酸，所以化学计量点时溶液的pH为5.28，滴定突跃出现在酸性范围内，为6.25~4.30，因此只能选择在酸性范围内变色的指示剂，如甲基橙、甲基红等。

与弱酸的滴定类似，弱碱的强度K_b和浓度c都会影响突跃范围的大小。只有$cK_b \geq 10^{-8}$时，才能用强酸直接滴定弱碱。

根据以上结论可知，用强碱滴定弱酸时，在碱性范围内有突跃；用强酸滴定弱碱时，在酸性范围内有突跃；若是弱酸碱之间相互滴定，则无突跃。没有突跃形成，自然就没有pH突跃范围，也就无法选择合适的指示剂。因此，在实际过程中一般不用弱酸或弱碱作滴定剂。

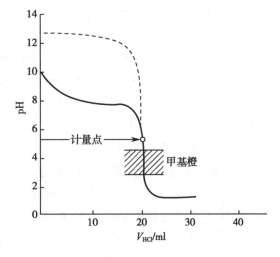

图5-9　0.1000mol/L HCl溶液滴定20.00ml 0.1000mol/L NH$_3$溶液的滴定曲线

三、多元酸（碱）的滴定

（一）多元酸的滴定

由于多元酸在水中有多级解离，用强碱滴定时，既可能一次被滴定，也可能被分步滴定。对于强碱滴定多元酸要讨论两个问题：多元酸中所有的H$^+$能否被直接滴定？若能被直接滴定，能否进行分步滴定？

以二元酸H$_2$A为例，讨论如下：

1. 根据弱酸能直接被滴定的条件去判断多元酸各步解离出来的H$^+$能否被滴定。

若$c_a K_{a_1} \geq 10^{-8}$，$c_a K_{a_2} \geq 10^{-8}$时，则此二元酸两步解离出来的H$^+$均可被直接准确滴定。

若 $c_aK_{a_1} \geq 10^{-8}$，$c_aK_{a_2} < 10^{-8}$，第一步解离出来的 H^+ 可直接被滴定，第二步解离出来的 H^+ 不能被直接准确滴定。

2. 根据相邻两级解离常数的比值去判断能否分步滴定。K_{a_1}/K_{a_2} 为多少时，二元酸才能分步滴定？这与分步滴定要求的准确度和检测终点的准确度有关。由于第一计量点时的滴定产物 HA^- 是两性物质，具有缓冲作用，过量的碱不易使溶液的 pH 大幅度升高，滴定突跃较一元弱酸的要小得多。因此，对于多元弱酸或弱碱的分步滴定的准确度不能要求过高。如果检测终点的不确定性仍定为 ± 0.2pH，并要求 $|E_t| \leq 0.3\%$，则 $K_{a_1}/K_{a_2} \geq 10^5$ 才能满足分步滴定的要求。一般来说，K_{a_1}/K_{a_2} 大于 10^5 的并不多，因此，对于多元酸（碱）分步滴定准确度不能要求过高，如果检测终点的不确定性为 ± 0.2pH，$|E_t| \leq 1\%$，则 $K_{a_1}/K_{a_2} \geq 10^4$，就能达到分步滴定的要求。

用强碱滴定多元酸（H_nA）时，第一化学计量点附近的 pH 突跃大小与 K_{a_1}/K_{a_2} 有关，其他化学计量点也是这样。若 K_{a_1}/K_{a_2} 太小，H_nA 尚未被中和完时，$H_{n-1}A^-$ 就开始参加反应，使化学计量点附近 H^+ 浓度没有明显的突变，因而无法确定滴定终点。此外，c_aK_a 值的大小也会影响 pH 突跃大小。

例如，用 0.1000mol/L NaOH 溶液滴定 20.00ml 0.1000mol/L H_3PO_4 溶液。H_3PO_4 在水溶液中分三步解离

$$H_3PO_4 \rightleftharpoons H^+ + H_2PO_4^- \quad K_{a_1} = 7.6 \times 10^{-3}$$

$$H_2PO_4^- \rightleftharpoons H^+ + HPO_4^{2-} \quad K_{a_2} = 6.3 \times 10^{-8}$$

$$HPO_4^{2-} \rightleftharpoons H^+ + PO_4^{3-} \quad K_{a_3} = 4.4 \times 10^{-13}$$

由于 $c_aK_{a_1} \geq 10^{-8}$，且 $K_{a_1}/K_{a_2} \geq 10^4$，因此第一级解离的 H^+ 能被准确滴定至第一个计量点，第二级解离产生的 H^+ 不产生干扰；$c_aK_{a_2} \geq 10^{-8}$，$K_{a_2}/K_{a_3} \geq 10^4$，因此第二级解离的 H^+ 也能被准确滴定，第三级解离产生的 H^+ 不产生干扰，由于 $c_aK_{a_2} \approx 10^{-8}$，第二个计量点时，突跃已不太明显；$c_aK_{a_3} < 10^{-8}$，所以第三级解离的 H^+ 不能被准确滴定。用 NaOH 滴定 H_3PO_4 只有两个突跃，如图 5-10 所示。

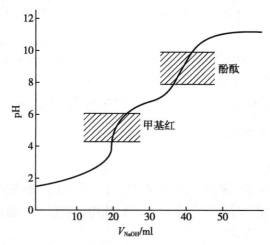

图 5-10　0.1000mol/L NaOH 溶液滴定 0.1000mol/L H_3PO_4 溶液的滴定曲线

实际工作中，要根据化学计量点的 pH 来选择指示剂，尽量选择变色范围与化学计量点 pH 相近的指示剂。当滴定至第一、第二计量点时，产物分别为 $H_2PO_4^-$，HPO_4^{2-}，均为

两性物质，可用最简式计算溶液的 pH。

第一计量点：

$$[H^+] = \sqrt{K_{a_1}K_{a_2}}$$

$$pH = \frac{1}{2}(pK_{a_1} + pK_{a_2}) = \frac{1}{2}\sqrt{(2.12 + 7.20)} = 4.66$$

可以选用甲基红做指示剂。

第二计量点：

$$[H^+] = \sqrt{K_{a_2}K_{a_3}}$$

$$pH = \frac{1}{2}(pK_{a_2} + pK_{a_3}) = \frac{1}{2}\sqrt{(7.20 + 12.36)} = 9.78$$

可选用酚酞或者百里酚酞做指示剂。

大多数多元弱酸，各相邻的解离常数之间相差不大，不能分步滴定。如用 0.1000mol/L NaOH 溶液滴定 0.1000mol/L 草酸。草酸的 $K_{a_1} = 5.9 \times 10^{-2}$，$K_{a_2} = 6.4 \times 10^{-5}$，其 $\dfrac{K_{a_1}}{K_{a_2}} < 10^4$，$c_a K_{a_1} \geq 10^{-8}$，$c_a K_{a_2} \geq 10^{-8}$，所以草酸不能进行分步滴定，出现一个较大的突跃，可选用酚酞为指示剂。

（二）多元碱的滴定

多元碱的滴定与多元酸的滴定相似，有关多元酸分步滴定的条件也适用于多元碱，首先根据 $c_b K_b \geq 10^{-8}$ 的原则，判断能否被强酸准确滴定，再根据两级解离常数 $K_{b_1}/K_{b_2} \geq 10^4$，判断能否分步滴定。

用 0.1000mol/L 的 HCl 标准溶液滴定 0.1000mol/L 的 Na_2CO_3 溶液，已知 H_2CO_3 的解离常数为 $K_{a_1} = 4.2 \times 10^{-7}$，$K_{a_2} = 5.6 \times 10^{-11}$。

Na_2CO_3 为二元碱，滴定反应分两步进行：

$$CO_3^{2-} + H^+ \Longrightarrow HCO_3^-$$

$$HCO_3^- + H^+ \Longrightarrow H_2CO_3 \rightarrow CO_2\uparrow + H_2O$$

CO_3^{2-} 和 HCO_3^- 的解离常数分别为：

$$K_{b_1} = \frac{K_w}{K_{a_2}} = \frac{10^{-14}}{5.6 \times 10^{-11}} = 1.8 \times 10^{-4}$$

$$K_{b_2} = \frac{K_w}{K_{a_1}} = \frac{10^{-14}}{4.2 \times 10^{-7}} = 2.4 \times 10^{-8}$$

图 5-11 为 HCl 滴定 Na_2CO_3 的滴定曲线，图中共出现两个突跃。由于 $c_b K_{b_1} \geq 10^{-8}$，$K_{b_1}/K_{b_2} \approx 10^4$，第一突跃不够明显；$c_b K_{b_2}$ 略小于 10^{-8}，第二突跃也很小。故对高浓度的 Na_2CO_3 溶液，近似认为两级解离的 OH^- 可分步被滴定，形成两个 pH 突跃。

第一化学计量点时，产物为 HCO_3^-，此时

$$[H^+] = \sqrt{K_{a_1}K_{a_2}}$$

$$pH = \frac{1}{2}(pK_{a_1} + pK_{a_2}) = \frac{1}{2}\sqrt{(6.38 + 10.25)} = 8.32$$

可选用酚酞做指示剂。

由于 K_{b_1}/K_{b_2} 不够大，突跃不太明显，为准确判断终点，常采用甲酚红和百里酚蓝混合指示剂指示终点，变色点 pH = 8.3，终点时由玫瑰色变为紫色。

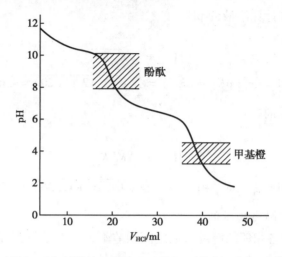

图 5-11 0.1000mol/L HCl 溶液滴定 0.1000mol/L Na_2CO_3 溶液的滴定曲线

第二化学计量点时，产物为饱和的 CO_2 水溶液，常温常压下 CO_2 饱和浓度约为 0.04mol/L，其 pH 按下式计算：

$$[H^+] = \sqrt{cK_{a_1}} = \sqrt{0.04 \times 4.2 \times 10^{-7}} = 1.3 \times 10^{-4} (mol/L)$$
$$pH = 3.89$$

根据化学计量点时溶液的 pH，可选甲基橙作指示剂。由于 K_{b_2} 不够大，第二化学计量点时 pH 突跃较小。另外，CO_2 易形成过饱和溶液，酸度增大，使终点过早出现，所以在滴定接近终点时，应剧烈地摇动或加热，以除去过量的 CO_2 后再滴定。

四、终点误差

在酸碱滴定中，通常利用指示剂来确定滴定终点。终点误差是由于滴定终点与化学计量点不完全一致所引起的相对误差，这是一种系统（方法）误差，不包括滴定过程中所引入的随机误差，用 E_t 表示。

计算终点误差时，根据有关酸碱平衡，计算出滴定终点时有多少酸或碱没有被滴定，或溶液中多滴入多少酸或碱，从而计算出终点误差。

（一）强碱滴定强酸的终点误差

以 NaOH 滴定 HCl 为例，假如滴定终点与计量点相符，则没有误差。当滴定终点与计量点不相符时，如指示剂在计量点前变色，说明溶液中有剩余的 HCl 未完全被滴定，则终点误差用剩余 HCl 的物质的量除以应被滴定的 HCl 的物质的量的百分数表示。

为了准确计算溶液中剩余 HCl 的物质的量，必须考虑溶液中的酸碱平衡。滴定终点时溶液中的 H^+ 由两部分组成，一部分是未被滴定的 HCl，另一部分来自水的解离，其浓度等于溶液中 $[OH^-]$。设未被滴定的 HCl 浓度为 c，则

$$c = [H^+] - [OH^-]$$

由于溶液的 pH <7，$[OH^-]$ 与 $[H^+]$ 相比，可忽略不计，因此

$$c = [H^+] - [OH^-] = [H^+]$$

$$E_t = \frac{[H^+]V_{ep}}{-c_b V_b} \times 100\% \tag{5-47}$$

式中，V_{ep} 为滴定终点时溶液的体积，$c_b V_b$ 为化学计量点时应加入碱的物质的量，该值与 $c_a V_a$ 相等。

若指示剂在计量点后变色，说明溶液中 NaOH 过量，终点时溶液中的 OH^- 由两部分组成，一部分是过量的 NaOH，另一部分来自水的解离，其浓度等于溶液中 $[H^+]$。过量的 NaOH 的浓度为 c，则

$$c = [OH^-] - [H^+]$$

由于溶液的 $pH > 7$，$[H^+]$ 跟 $[OH^-]$ 相比，可忽略不计，因此

$$c = [OH^-] - [H^+] = [OH^-]$$

$$E_t = \frac{[OH^-]V_{ep}}{c_b V_b} \times 100\% \tag{5-48}$$

例 5-23　0.1000mol/L NaOH 滴定 25.00ml 0.1000mol/L HCl，若①用甲基橙指示剂滴至 pH = 4.00 为终点；②用酚酞指示剂滴至 pH = 9.00 为终点。计算两种情况下的终点误差。

解　① 已知 $c_b = 0.1000$mol/L，$V_b = 25.00$ml，$V_{ep} = 50$ml，终点时溶液 pH = 4.00，化学计量点时 pH = 7.00，溶液中有未被滴定的 HCl，所以采用公式（5-47）

$$E_t = \frac{[H^+]V_{ep}}{-c_b V_b} \times 100\% = \frac{1.0 \times 10^{-4} \times 50}{0.1000 \times 25.00} \times 100\% = -0.20\%$$

②已知 $c_b = 0.1000$mol/L，$V_b = 25.00$ml，$V_{ep} = 50$ml，终点时溶液 pH = 9.00，化学计量点时 pH = 7.00，溶液中 NaOH 过量，所以采用公式（5-48）

$$E_t = \frac{[OH^-]V_{ep}}{c_b V_b} \times 100\% = \frac{1.0 \times 10^{-5} \times 50}{0.1000 \times 25.00} \times 100\% = 0.020\%$$

由此可见，对于上述滴定，用酚酞做指示剂要比用甲基橙更好。

（二）滴定弱酸的终点误差

以 NaOH 滴定 HA 为例，终点时，根据电荷平衡原则，溶液中：

$$[Na^+] + [H^+] = [A^-] + [OH^-]$$

而且

$$[Na^+] = c_{NaOH}, \quad [A^-] = c_{HA} - [HA]$$

所以

$$[H^+] = c_{HA} - [HA] + [OH^-] - c_{NaOH}$$

代入（5-48），整理得，滴过量的 NaOH 浓度：

$$[OH^-] = c_{NaOH} - c_{HA} = [OH^-] - [HA] - [H^+]$$

所以，滴定的终点误差为

$$E_t = \frac{([OH^-] - [HA] - [H^+])V_{ep}}{c_0 V_0} \times 100\% \tag{5-49}$$

$$= \frac{[OH^-] - [HA] - [H^+]}{c_{sp}} \times 100\%$$

式中，$c_{sp} = c_0 V_0 / V_{ep}$，$V_{ep}$ 为计量点时溶液的体积，c_0，V_0 为被测物质的原始浓度和体积。实际上强碱滴定弱酸，在化学计量点时已呈碱性，溶液中的 $[H^+]$ 将更小，故可以忽略，上式也可以简化为

$$E_t = \left(\frac{[OH^-]}{c_{sp}} - \delta_{HA} \right) \times 100\% \tag{5-50}$$

一元弱碱的滴定终点误差也可用上述方法处理：

$$E_t = \left(\frac{[H^+]}{c_{sp}} - \delta_{BoH} \right) \times 100\% \qquad (5\text{-}51)$$

例 5-24 0.1000mol/L NaOH 滴定等浓度的 HAc，终点时 pH 比计量点时的 pH 高 0.5 或低 0.5，分别计算滴定的终点误差。

解 化学计量点时的 pH = 8.73，终点 pH 比计量点高 0.5，即终点时 pH = 9.23，终点在化学计量点后，碱过量，此时 $[H^+] = 5.9 \times 10^{-10}$ mol/L，$[OH^-] = 1.7 \times 10^{-5}$ mol/L，而且 $c_{sp} = 0.1000/2 = 0.05000$ mol/L，HAc 的解离常数 $K_a = 1.8 \times 10^{-5}$，根据式（5-50）计算：

$$E_t = \left(\frac{[OH^-]}{c_{sp}} - \delta_{HA} \right) \times 100\%$$

$$= \left(\frac{1.7 \times 10^{-5}}{0.05000} - \frac{5.9 \times 10^{-10}}{5.9 \times 10^{-10} + 1.8 \times 10^{-5}} \right) \times 100\%$$

$$= +0.03\%$$

若终点时 pH 较计量点低 0.5，即终点时 pH 为 8.23，$[H^+] = 5.9 \times 10^{-9}$ mol/L，$[OH^-] = 1.7 \times 10^{-6}$ mol/L，$c_{sp} = 0.05000$ mol/L，采用式（5-50）计算：

$$E_t = \left(\frac{1.7 \times 10^{-6}}{0.05000} - \frac{5.9 \times 10^{-10}}{5.9 \times 10^{-10} + 1.8 \times 10^{-5}} \right) \times 100\% = -0.03\%$$

第七节　酸碱滴定法的应用

酸碱滴定法在生产实际中应用广泛，许多化工产品，如无机酸碱、有机酸碱、多元酸碱等，一般用酸碱滴定法测定其主要成分的含量。此外，还能间接测定一些能与酸碱起反应的物质，如某些原材料中碳、氮、硫、磷、硅等元素的测定。其他如医药工业中的原料、中间产品及成品的分析等，有时也用酸碱滴定法。

一、酸碱标准溶液

酸碱滴定中常用的标准溶液都是由强酸或强碱配制。最常用的标准酸碱溶液是 HCl、H_2SO_4 和 NaOH 溶液。溶液浓度常配成 0.1mol/L，浓度太大消耗试剂多且易造成浪费，并且误差较大。浓度太小则突跃范围变小，不适合滴定分析。

（一）酸标准溶液

酸标准溶液通常用盐酸或硫酸配制，应用较广泛的是盐酸。这是因为盐酸不显氧化性，不会破坏指示剂；大多数氯化物易溶于水，各种阳离子的存在一般不干扰滴定。由于盐酸易挥发，不稳定，如果试样需要和过量的酸标准溶液共煮则要用硫酸，或者需要的酸标准溶液的浓度过大时，也应选择硫酸。盐酸标准溶液的配制采用间接法，即先将浓盐酸稀释配成近似浓度的溶液，然后用基准试剂标定。常用的基准物质有无水碳酸钠和硼砂等。

1. 无水碳酸钠（Na_2CO_3），易纯制，价格便宜，用它标定能得到准确的结果。但它强烈吸湿，所以使用前在 180℃ ~200℃ 下干燥 2 ~3 小时，置于干燥器内冷却备用。也可用 $NaHCO_3$ 在 270℃ ~300℃ 下焙烧 1 小时，使之转化为 Na_2CO_3，然后放在干燥器中保存。用 Na_2CO_3 标定盐酸的反应如下：

$$Na_2CO_3 + 2HCl = CO_2 \uparrow + H_2O + 2NaCl$$

化学计量点时的 pH = 3.9，可选用甲基橙或甲基红作指示剂。

2. 硼砂（$Na_2B_4O_7 \cdot 10H_2O$），硼砂在水中重结晶两次（结晶析出温度在50℃以下），就可获得符合基准试剂条件的硼砂，析出的晶体于室温下曝露在 60% ~ 70% 相对湿度的空气中干燥24小时。干燥的硼砂结晶须保存在底部装有食盐和蔗糖饱和水溶液的干燥器中，以防失水。用硼砂标定 HCl 的反应如下：

$$Na_2B_4O_7 \cdot 10H_2O + 2HCl = 4H_3BO_3 + 2NaCl + 5H_2O$$

计量点时，反应产物为 H_3BO_3（$K_a = 5.8 \times 10^{-10}$）和 NaCl，溶液的 pH 为 5.1，可用甲基红作指示剂。

（二）碱标准溶液

碱标准溶液一般用 NaOH 和 KOH 来配制，以 NaOH 标准溶液应用最多。NaOH 和 KOH 都具有很强的吸湿性，也易吸收空气中的 CO_2，生成少量 Na_2CO_3，且含少量的硅酸盐、硫酸盐和氯化物等，因而不能直接配制标准溶液，只能先配制成近似浓度，再用基准物质标定。

配制好的碱标准溶液同样容易吸收空气中的 CO_2，使其浓度发生变化。因此，配好的 NaOH 等碱标准溶液应注意保存。配制不含 CO_3^{2-} 的 NaOH 溶液的方法是：先配成 NaOH 的饱和溶液（约50%），此时 Na_2CO_3 的溶解度很小，待 Na_2CO_3 完全沉淀后，取上层清液，用煮沸而除去 CO_2 的蒸馏水稀释成所需浓度，然后用基准物质进行标定。标定碱溶液时，常用的基准物质有邻苯二甲酸氢钾、草酸等。

1. 邻苯二甲酸氢钾（$KHC_8H_4O_4$），易得到纯品，在空气中不吸水，容易保存。用前通常于 100℃ ~ 125℃ 干燥2小时后备用。干燥温度不宜过高，否则会引起脱水生成邻苯二甲酸酐。$KHC_8H_4O_4$ 与 NaOH 反应时，物质的量之比为 1：1，并且它的摩尔质量较大，是标定碱标准溶液较好的基准物质。标定反应如下：

$$KHC_8H_4O_4 + NaOH = KNaC_8H_4O_4 + H_2O$$

反应的产物是邻苯二甲酸钾钠和水。若 NaOH 的浓度为 0.1mol/L，计量点时溶液呈微碱性（pH 约 9.1），可用酚酞作指示剂。

2. 草酸（$H_2C_2O_4 \cdot 2H_2O$），相当稳定，相对湿度在 5% ~ 95% 时不会风化失水。草酸是二元弱酸（$K_{a_1} = 5.9 \times 10^{-2}$，$K_{a_2} = 6.4 \times 10^{-5}$），标定 NaOH 溶液时，草酸分子中的两个 H^+ 一次被 NaOH 滴定，标定反应为：

$$2NaOH + H_2C_2O_4 = Na_2C_2O_4 + 2H_2O$$

计量点时，溶液略偏碱性，pH 约为 8.4，可选用酚酞作指示剂。

二、酸碱滴定方式

（一）直接滴定

适用于强酸强碱之间的滴定，及 $c_aK_a \geq 10^{-8}$ 或者 $c_bK_b \geq 10^{-8}$ 的弱酸弱碱的滴定。

（二）返滴定

适用于具有一定的酸碱性且难溶于水的被测组分，可通过加入过量的标准碱或酸溶液充分反应后，再用另外一种酸或碱标准溶液滴定。如 ZnO、MgO 等含量的测定，就是先加入过量的酸标准溶液，试样溶解后，再用标准碱溶液滴定剩余的酸。

（三）间接滴定

适用于酸性或者碱性很弱而不能直接滴定的试样（$c_aK_a < 10^{-8}$ 或 $c_bK_b < 10^{-8}$），如果能通过与酸碱反应产生可以滴定的酸碱，或者增强其酸碱性后再测定。

如 H_3BO_3 的酸性极弱，K_a 值为 5.8×10^{-10}，不能直接滴定。H_3BO_3 可以与甘油或者甘露醇等多元醇生成稳定的配合物，使硼酸在水溶液中解离大大增强，其 K_a 值为 5.5×10^{-5}，可直接被强碱滴定。

$$\begin{array}{c} H_2C-OH \\ | \\ HC-OH \\ | \\ H_2C-OH \end{array} + H_3BO_3 \Longleftrightarrow \left[\begin{array}{c} H_2C-O \quad\quad O-CH_2 \\ \diagdown\quad / \\ B \\ / \quad\diagdown \\ HC-O \quad\quad O-CH \\ | \quad\quad\quad\quad | \\ H_2C-OH \quad HO-CH_2 \end{array}\right]^- H^+ + 3H_2O$$

又如铵盐的测定：NH_4^+ 是弱酸，$K_a = 5.6 \times 10^{-10}$，无机盐如 $(NH_4)_2SO_4$，NH_4Cl 等不能直接用碱滴定，通常可采用下述方法测定：

1. 蒸馏法　在铵盐溶液中加入过量的 NaOH，加热煮沸将 NH_3 蒸出后用 H_2SO_4 或者 HCl 溶液吸收，过量的酸用 NaOH 回滴；也可以用过量的 H_3BO_3 溶液吸收，然后用酸标准溶液滴定。该法比较准确，但却繁琐费时。

2. 甲醛法　在试样中加入过量的甲醛，与 NH_4^+ 作用生成一定量的酸和六亚甲基四胺。生成的酸可用标准碱滴定，化学计量点时溶液中存在六亚甲基四胺，这种极弱的有机碱使溶液呈碱性，可选酚酞作指示剂。若试样中含有游离的酸，如甲酸，则需先加入 NaOH 进行中和，采用甲基红作指示剂。不能用酚酞，否则有部分 NH_4^+ 被中和。

$$4NH_4^+ + 6HCHO = (CH_2)_6N_4H^+ + 3H^+ + 6H_2O$$

$$w_N = \frac{(cV)_{NaOH}M_N}{1000m}$$

该法操作简单，是生产上常用的方法。同样，氨基酸的滴定分析中也可加入甲醛发生加成反应使氨基酸酸性增强。

（四）置换滴定

当某些被测成分不能选择合适的指示剂进行直接测定时，可利用某一特殊反应进行置换滴定。如柠檬酸钠的含量测定，由于柠檬酸的酸性较强，K_{a_1}、K_{a_2}、K_{a_3} 均大于 10^{-7}，柠檬酸钠的碱性较弱，不能直接用酸滴定。若将柠檬酸钠通过阳离子交换树脂时，阳离子交换树脂中的 H^+ 便与 Na^+ 发生交换，变为柠檬酸，此时可用强碱溶液直接滴定。

$$Na_3C_6H_5O_7 + 3R\text{-}H \rightarrow H_3C_6H_5O_7 + 3R\text{-}Na$$

三、应用示例

1. 混合碱的测定　混合碱是指 Na_2CO_3 与 NaOH 或者 Na_2CO_3 与 $NaHCO_3$ 的混合物。测定混合碱中各组分的含量，可用 HCl 标准溶液滴定，并根据滴定过程中 pH 的变化情况，选用两种指示剂分别指示第一、第二计量点，称为"双指示剂法"。

（1）NaOH 含量的测定：NaOH 在生产和贮存过程中，常因吸收空气中的 CO_2 而生成 Na_2CO_3，形成 NaOH 和 Na_2CO_3 的混合物。对 NaOH 和 Na_2CO_3 含量的测定可采用双指示剂法。

准确称取一定质量的样品，完全溶解后，以酚酞为指示剂，用 HCl 标准溶液滴至终点，记录消耗的 HCl 溶液的体积 V_1。此时 NaOH 全部被滴定，Na_2CO_3 被滴到 $NaHCO_3$；加入甲基橙指示剂，用 HCl 继续滴至溶液由黄色变为橙色，此时 $NaHCO_3$ 被滴至 H_2CO_3，记录消耗的 HCl 溶液的体积为 V_2。滴定过程中的反应为：

酚酞变色时：
$$OH^- + H^+ = H_2O$$
$$CO_3^{2-} + H^+ = HCO_3^-$$

甲基橙变色时：
$$HCO_3^- + H^+ = CO_2\uparrow + H_2O$$

Na_2CO_3 被滴到 $NaHCO_3$ 和 $NaHCO_3$ 被滴定到 H_2CO_3 所消耗的 HCl 体积相等，V_2 是滴定 $NaHCO_3$ 所消耗的 HCl 溶液体积，所以 NaOH 和 Na_2CO_3 的质量分数分别为：

$$w_{NaOH} = \frac{[c(V_1 - V_2)]_{HCl}M_{NaOH}}{1000m}$$

$$w_{Na_2CO_3} = \frac{(cV_2)_{HCl}M_{Na_2CO_3}}{1000m}$$

（2）纯碱中 Na_2CO_3 和 $NaHCO_3$ 含量的测定：测定方法与 NaOH 含量的测定相似，也可用双指示剂法。滴定过程中的反应为：

酚酞变色时：
$$CO_3^{2-} + H^+ = HCO_3^-$$

甲基橙变色时：
$$HCO_3^- + H^+ = CO_2\uparrow + H_2O$$

V_1 是滴定 Na_2CO_3 所消耗的 HCl 溶液体积，$NaHCO_3$ 在第一步的滴定过程中不发生反应，所以 Na_2CO_3 和 $NaHCO_3$ 的质量分数分别为：

$$w_{Na_2CO_3} = \frac{(cV_1)_{HCl}M_{Na_2CO_3}}{1000m}$$

$$w_{NaHCO_3} = \frac{[c(V_2 - V_1)]_{HCl}M_{NaHCO_3}}{1000m}$$

双指示剂法不仅适用于混合碱的定量分析，还可用于未知碱样的定性分析。某碱样可能含有 NaOH、Na_2CO_3、$NaHCO_3$ 或它们的混合物。若滴定至酚酞终点时消耗 HCl 体积 V_1，继续滴至甲基橙终点时又消耗 HCl 体积 V_2，则未知碱样的组成与 V_1，V_2 的关系见表5-8。

表5-8　V_1，V_2 的大小与未知碱试样的组成

消耗盐酸的体积	$V_1 > V_2$ 且 $V_2 \neq 0$	$V_1 < V_2$ 且 $V_1 \neq 0$	$V_1 = V_2$	$V_1 \neq 0$，$V_2 = 0$	$V_1 = 0$，$V_2 \neq 0$
碱的组成	$NaOH + Na_2CO_3$	$Na_2CO_3 + NaHCO_3$	Na_2CO_3	NaOH	$NaHCO_3$

注意：混合碱中，NaOH 与 $NaHCO_3$ 不能共存

2. 食品中苯甲酸钠的含量测定　苯甲酸及其钠盐是常用的食品防腐剂之一，我国规定其在食品中的最高允许量为 0.1%。苯甲酸钠易溶于水，难溶于乙醚，而苯甲酸易溶于乙醚，难溶于水。将苯甲酸钠用盐酸酸化，变为苯甲酸。然后用乙醚萃取后，蒸去乙醚，用中性乙醇溶解残留的苯甲酸，酚酞做指示剂，用 NaOH 标准溶液滴定。

苯甲酸钠的质量分数按下式计算（m 为样品质量）：

$$w_{C_7H_5O_2Na} = \frac{c_{NaOH}V_{NaOH}M_{C_7H_5O_2Na}}{1000m}$$

3. 含氮有机物中氮的含量测定　有机物如氨基酸、生物碱、蛋白质等都是含氮的有

机物，测定 N 的含量可采用凯氏（Kjeldahl）定氮法。测氮时，以 $CuSO_4$ 或者 SeO_2 为催化剂，并加入 K_2SO_4，提高沸点，以促进分解过程，样品与浓 H_2SO_4 在微量凯氏烧瓶中回流共煮进行消化，使有机物中的 C 和 H 被氧化成 CO_2 和 H_2O 并逸出，N 则转化为铵盐 $(NH_4)_2SO_4$，加浓 NaOH，水蒸气蒸馏，使 $(NH_4)_2SO_4$ 转化为 NH_3，用 H_3BO_3 溶液吸收，再用 HCl 标准溶液滴定。终点产物是 NH_4^+ 和 H_3BO_3，pH≈5，选甲基红为指示剂。主要反应式如下：

$$NH_3 + H_3BO_3 = NH_4H_2BO_3$$

$$NH_4H_2BO_3 + HCl = NH_4Cl + H_3BO_3$$

N 含量的计算公式：

$$w_N = \frac{[c(V-V_0)]_{HCl}M_N}{1000m}$$

式中，V 为试样消耗 HCl 标准溶液的体积，ml；V_0 为空白试验加入的 HCl 标准溶液的体积，ml。

凯氏定氮法适于蛋白质、胺类、酰胺类及尿素等有机物中氮的测定，对于含硝基、亚硝基或偶氮等的有机化合物，消化前必须用还原剂处理，使氮定量转化为铵离子。常用的还原剂有亚铁盐、硫代硫酸盐和葡萄糖等。

不同蛋白质中氮的含量基本相同，因此根据氮的含量可计算蛋白质的含量。将氮的质量换算成蛋白质的换算因子为 6.25：

$$w_{蛋白质} = w_N \times 6.25$$

4. 食醋中总酸量的测定 食醋是以乙酸为主要成分的混合酸溶液，还含有少量乳酸等其他有机弱酸。用 NaOH 标准溶液进行滴定时，只要符合 $cK_a \geqslant 10^{-8}$ 条件均可被直接滴定，并且共存于食醋中的酸的 K_a 之间的比值小于 10^4，因此可以被同时准确滴定，即测定的是食醋的总酸量，分析结果用主成分乙酸表示。由于是强碱滴定弱酸，滴定突跃在碱性范围，化学计量点时的 pH≈8.7，可选用酚酞作指示剂。

由于 CO_2 溶于水后形成的 H_2CO_3 要消耗 NaOH 标准溶液，故对滴定有影响。为了获得准确的分析结果，所取乙酸试液须用不含 CO_2 的蒸馏水稀释，并用不含 Na_2CO_3 的 NaOH 标准溶液进行滴定。乙酸的含量常用质量浓度表示，即每升溶液中所含 HAc 的克数。

第八节 非水溶液中的酸碱滴定[*]

酸碱滴定一般在水溶液中进行，但水溶液中的酸碱滴定有一定的局限性：如某些在水中解离常数很小的弱酸、弱碱，滴定时由于没有明显突跃而不能准确滴定；许多有机酸（碱）在水中的溶解度小，使滴定无法进行；一些两级解离常数接近的多元酸（碱）或解离常数接近的混合酸（碱）在水溶液中难以分步或者分别滴定。采用非水溶剂为介质，可以克服上述困难，从而扩大酸碱滴定的应用范围。

非水酸碱滴定法（non-aqueous acid-base titration）是在非水溶剂中进行的酸碱滴定法。非水溶剂是指有机溶剂和不含水的无机溶剂。以非水溶剂为介质，不仅能增大有机化合物的溶解度，而且能使在水中进行不完全的反应进行完全，从而扩大了滴定分析的应用范围。

一、非水溶剂的分类

(一) 质子性溶剂

能接受或给出质子的溶剂称为质子性溶剂，它的特点是在溶剂分子间有质子的转移，能发生质子自递反应。根据溶剂给出质子和接受质子能力的不同，可将溶剂分为酸性溶剂、碱性溶剂和两性溶剂三类。

1. 酸性溶剂 给出质子能力比水强，接受质子能力比水弱的溶剂。它们的水溶液显酸性，如甲酸、乙酸、丙酸等。酸性溶剂适于作滴定弱碱性物质的介质。

2. 碱性溶剂 接受质子能力较强，给出质子能力较弱的溶剂。它们的水溶液显碱性，如乙二胺、乙醇胺、液氨等。碱性溶剂适于作滴定弱酸性物质的介质。

3. 两性溶剂 既易接受质子又易给出质子的溶剂，又称为中性溶剂，它们的酸碱性与水相似。大多数的醇类属于两性溶剂，如甲醇、乙醇、异丙醇、乙二醇等。两性溶剂适于作为滴定较强酸碱的介质。

(二) 非质子性溶剂

分子中无转移性质子的溶剂叫非质子溶剂。特点是溶剂分子间不能发生质子自递反应，但可能具有接受质子的能力。这类溶剂可分为两类：

1. 非质子亲质子性溶剂 溶剂分子中无质子，与水比较几乎无酸性，也无两性特征，但有较弱的接受质子倾向和程度不同的成氢键能力，如酰胺类、酮类、腈类、二甲亚砜、吡啶等。这类溶剂适于作为弱酸或某些混合物的滴定介质。

2. 惰性溶剂 不参与溶质分子的质子转移反应，也无形成氢键的能力，只起溶解、分散和稀释溶质的作用。当溶质酸和碱在溶剂中起反应时，质子转移直接发生在被滴物和滴定剂之间。如苯、四氯化碳、丙酮等。惰性溶剂常与质子溶剂混合使用，以改善试样的溶解性。

3. 混合溶剂 为使样品易于溶解，增大滴定突跃，终点时指示剂变色敏锐，可将质子性溶剂与惰性溶剂混合使用，如冰乙酸和醋酐、冰乙酸和苯，用于弱酸性物质的滴定；苯和甲醇用于羧酸类的滴定；二醇类和烃类组成的混合溶剂用于溶解有机酸盐、生物碱和高分子化合物等。

需指出，溶剂的分类是一个比较复杂的问题，目前有多种不同的分类方法，但都有其局限性。实际上，各类溶剂之间并无严格的界限。

二、非水溶剂的性质

(一) 质子自递反应

质子性溶剂(SH)分子之间有质子的转移，即质子自递反应(autoprotolysis reaction)，并因此产生溶剂化质子和溶剂阴离子。质子自递反应可表示为：

$$2SH \rightleftharpoons SH_2^+ + S^-$$

该反应中溶剂作为酸碱的半反应分别为：

$$SH \rightleftharpoons H^+ + S^- \qquad K_a^{SH} = \frac{[H^+][S^-]}{[SH]} \qquad (5\text{-}52)$$

$$SH + H^+ \rightleftharpoons SH_2^+ \qquad K_b^{SH} = \frac{[SH_2^+]}{[SH][H^+]} \qquad (5\text{-}53)$$

式中，K_a^{SH} 称为溶剂的固有酸度常数，反映溶剂给出质子的能力；K_b^{SH} 为溶剂的固有碱度常数，代表溶剂接受质子的能力。两者之间的关系为：

$$K_a^{SH} K_b^{SH} = \frac{[SH_2^+][S^-]}{[SH]^2} \tag{5-54}$$

由于溶剂自身解离很小，$[SH]$ 可看做是定值，则定义

$$K_s = [SH_2^+][S^-] = K_a^{SH} K_b^{SH} [SH]^2 \tag{5-55}$$

式中，K_s 称为溶剂的质子自递常数或离子积。例如：

$$2HAc \rightleftharpoons H_2Ac^+ + Ac^-$$

$$K_s = [H_2Ac^+][Ac^-] = 3.5 \times 10^{-15} \quad pK_s = 14.45$$

$$2C_2H_5OH \rightleftharpoons C_2H_5OH_2^+ + C_2H_5O^-$$

$$K_s = [C_2H_5OH_2^+][C_2H_5O^-] = 7.9 \times 10^{-20} \quad pK_s = 19.1$$

在一定温度下，不同溶剂分子质子自递常数不同，溶剂的 K_s 值的大小对滴定突跃范围有影响。以 H_2O 和 C_2H_5OH 为例加以比较：水的 $pK_s = 14.0$，1mol/L 强酸在水溶液中的 pH 为 0，1mol/L 强碱溶液的 pH 为 14，整个 pH 变化范围为 14 个 pH 单位。乙醇的 $pK_s = 19.1$，1mol/L 强酸在乙醇溶液中的 $pC_2H_5OH_2$ 为 0，1mol/L 强碱溶液的 $pC_2H_5OH_2 = pK_s - pC_2H_5O = 19.1 - 0 = 19.1$，整个 $pC_2H_5OH_2$（相当于水溶液的 pH）的变化范围为 19.1 个单位，比在水溶液中大很多。由此可知，溶剂的 pK_s 越小，则滴定时溶液"pH"的变化范围越大。在这种情况下，不同强度的酸或碱的混合物有可能被分别滴定。

（二）溶剂的酸碱性

根据酸碱质子理论，一种物质在某种溶剂中所表现出来的酸碱性的强弱与其解离常数有关，而其解离是通过接受或者给予溶剂质子来实现，因此，溶剂的酸碱性对溶质的酸碱性有很大影响。以弱酸 HA 为例讨论：

$$HA \rightleftharpoons H^+ + A^- \qquad K_a^{HA} = \frac{[H^+][A^-]}{[HA]}$$

若将 HA 溶于中性溶剂 SH 中，则发生下列质子转移反应

$$HA + SH \rightleftharpoons SH_2^+ + A^-$$

反应的平衡常数

$$K_{HA} = \frac{[SH_2^+][A^-]}{[HA][SH]} = \frac{[SH_2^+][A^-][H^+]}{[HA][SH][H^+]} = K_a^{HA} K_b^{SH} \tag{5-56}$$

式中，K_a^{HA} 是弱酸的解离平衡常数，K_b^{SH} 是溶剂的固有碱度常数。上式表明，酸 HA 在溶剂 SH 中的酸度取决于 HA 的酸度和溶剂 SH 的碱度，即决定于酸给出质子的能力和溶剂接受质子的能力。

同样，碱 B 溶于中性溶剂 SH 中，

$$B + SH \rightleftharpoons BH^+ + S^-$$

$$K_B = \frac{[BH^+][S^-]}{[B][SH]} = K_b^B K_a^{SH} \tag{5-57}$$

式中，K_b^B 是弱碱的解离平衡常数，K_a^{SH} 是溶剂的固有酸度常数。上式表明，碱 B 在溶剂 SH 中的碱度取决于 B 的碱度和溶剂 SH 的酸度，即决定于碱接受质子的能力和溶剂给出质子的能力。

由上述两式可知，酸碱的强度与酸碱本身以及溶剂的性质有关，且溶剂的酸碱性对酸

碱滴定有重要的意义。若碱较弱（即 K_b^B 较小），在水溶液中 $cK_b < 10^{-8}$，因此在水溶液中不能用 $HClO_4$ 滴定，若用冰乙酸为溶剂，可使其碱性增强，用 $HClO_4$ 可准确滴定，反应式为：

$$B + HAc \rightleftharpoons BH^+ + Ac^-$$

$$HClO_4 + HAc \rightleftharpoons H_2Ac^+ + ClO_4^-$$

乙酸合质子与乙酸阴离子发生如下反应：

$$H_2Ac^+ + Ac^- \rightleftharpoons 2HAc$$

这里溶剂（HAc）只是起传递质子的作用，其本身在滴定前后并未起变化。整个滴定反应的方程式为：

$$B + HClO_4 \rightleftharpoons BH^+ + ClO_4^-$$

（三）溶剂的拉平效应和区分效应

在水溶液中，$HClO_4$、H_2SO_4、HCl 和 HNO_3 都是强酸，它们的强度没有什么差别。如

$$HClO_4 + H_2O \rightleftharpoons H_3O^+ + ClO_4^-$$

$$H_2SO_4 + H_2O \rightleftharpoons H_3O^+ + HSO_4^{2-}$$

$$HCl + H_2O \rightleftharpoons H_3O^+ + Cl^-$$

$$HNO_3 + H_2O \rightleftharpoons H_3O^+ + NO_3^-$$

因为这些酸在水溶液中给出质子的能力都很强，只要这些酸的浓度不是太大，它们将定量与水作用，并全部转化为 H_3O^+（通常简写为 H^+）。H_3O^+ 是水溶液中酸的最强形式，以上各种不同强度的酸全部被拉平到 H_3O^+ 的水平。这种将各种不同强度的酸拉平到溶剂合质子水平的效应称为拉平效应（leveling effect），又叫均化效应。具有拉平效应的溶剂称为拉平性溶剂（leveling solvent）。

如果将上述四种酸溶解在冰乙酸介质中，由于 HAc 的碱性比水弱，这四种酸就不能将质子全部转移给 HAc 分子，并在程度上产生差别：如

$$HClO_4 + HAc \rightleftharpoons H_2Ac^+ + ClO_4^- \qquad pK_a = 5.8$$

$$H_2SO_4 + HAc \rightleftharpoons H_2Ac^+ + HSO_4^{2-} \qquad pK_a = 8.2$$

$$HCl + HAc \rightleftharpoons H_2Ac^+ + Cl^- \qquad pK_a = 8.8$$

$$HNO_3 + HAc \rightleftharpoons H_2Ac^+ + NO_3^- \qquad pK_a = 9.4$$

这种能区分酸、碱强弱的效应称为区分效应（differentiating effect），又叫分辨效应。具有区分效应的溶剂称为区分性溶剂（differentiating solvent）。在这里，冰乙酸是 $HClO_4$、H_2SO_4、HCl 和 HNO_3 的区分性溶剂。

溶剂的拉平效应和区分效应与溶质和溶剂的相对酸碱强度有关。例如水，它虽然不是上述四种酸的区分性溶剂，但它却是这四种酸与乙酸的区分性溶剂。若将 HCl 和 HAc 溶于比水的碱性更强的液氨时，由于液氨接受质子的能力比水强，HCl 和 HAc 也可被拉平到氨合质子 NH_4^+ 的强度水平，所以液氨是 HCl 和 HAc 的拉平性溶剂。

一般来说，酸性溶剂是酸的区分性溶剂，是碱的拉平性溶剂；碱性溶剂是碱的区分性溶剂，是酸的拉平性溶剂。在非水滴定中，可以利用溶剂的拉平效应滴定混合酸或碱的总量，利用区分效应测定混合酸或碱中各组分的含量。

惰性溶剂不参与质子的转移，因此没有拉平效应。在惰性溶剂中各溶质的酸碱性差别不受影响，是很好的区分性溶剂。

三、非水滴定条件的选择

（一）溶剂的选择

在非水滴定中，溶剂的选择非常重要。在选择溶剂时首先要考虑溶剂的酸碱性，因为它对滴定反应进行的完全程度，终点是否明显起决定作用。例如：滴定某一元弱酸 HA，通常用溶剂阴离子 S^- 进行滴定，反应如下：

$$HA + S^- \rightleftharpoons HS + A^-$$

反应的平衡常数 K 反映滴定反应的完全程度

$$K = \frac{[SH][A^-]}{[HA][S^-]} = \frac{[H^+][A^-]}{[HA]} \cdot \frac{[HS]}{[H^+][S^-]} = \frac{K_a^{HA}}{K_a^{SH}} \tag{5-58}$$

由上式可看出，HA 的固有酸度 K_a^{HA} 越大，溶剂的固有酸度 K_a^{HS} 越小，K 越大，滴定反应越完全。因此，对于酸的滴定，溶剂的酸性越弱越有利于滴定反应的进行，通常采用碱性溶剂或非质子亲质子性溶剂。同样，对于弱碱的滴定，溶剂的碱性越弱，滴定反应越完全，通常选用酸性溶剂或者惰性溶剂。混合酸或碱的分步滴定，可选择酸或碱性皆弱的溶剂，通常选择惰性溶剂及 pK_s 大的溶剂。

所选择的溶剂应有利于滴定反应进行得完全，终点明显，且无副反应发生。此外，选择溶剂时还要考虑下列要求：

1. 溶剂应该能溶解试样及滴定反应的产物，必要时可采用混合溶剂。

2. 溶剂应有一定的纯度，黏度小、挥发性低、易于精制，还要价廉、安全、容易回收。

（二）滴定剂的选择

在非水介质中滴定碱时，常用冰乙酸为溶剂，滴定剂则采用溶于冰乙酸的 $HClO_4$，而 $HClO_4$ 的浓度用邻苯二甲酸氢钾基准物质标定，以甲基紫或结晶紫为指示剂；滴定酸时选用强碱性滴定剂，如醇钠和醇钾等，碱金属氢氧化物和季铵碱，如氢氧化四丁基铵也可作滴定剂。

（三）滴定终点的检测

非水滴定检测终点的办法主要有电位法和指示剂法。电位法是以玻璃电极或锑电极作为指示电极，饱和甘汞电极做参比电极，通过绘制滴定曲线来确定滴定终点。如果采用指示剂确定终点，也需先用电位法来确定，即在电位滴定的同时，选择颜色变化与电位滴定终点一致的指示剂。

四、非水滴定应用示例

非水溶液中的酸碱滴定法主要用于解决水溶液中不能滴定的弱酸、弱碱以及水不溶性样品的测定，广泛应用于生物、医药和有机分析等领域。

1. α-氨基酸含量的测定　α-氨基酸的 α 位碳原子上连有氨基和羧基，为两性物质，在水溶液中的 K_a 和 K_b 都很小，溶液的酸碱性均不明显，在水溶液中无法被强酸或者强碱滴定。将试样溶解在冰乙酸中，使其碱性解离显著增强，用溶于冰乙酸的 $HClO_4$ 作为滴定剂进行滴定。滴定时以结晶紫为指示剂，滴至由紫色变为蓝绿色为终点。另外，也可以把氨基酸溶于苯-甲醇混合液中，百里酚蓝做指示剂，用甲醇钠做滴定剂滴定 α-氨基酸中的羧基，滴至溶液由黄色变为蓝色。

2. 水杨酸钠含量的测定　水杨酸钠是有机酸的钠盐，在水溶液中碱性较弱，难以直接滴定。在乙酸酐、冰乙酸混合液中，可增强水杨酸钠的碱度，以结晶紫为指示剂，用 $HClO_4$ 滴至由紫色变为蓝绿色为终点。

3. 苯酚含量的测定　酚类的酸性比较弱，如苯酚（$pK_a = 9.95$），在水溶液中不能被直接滴定。在乙二胺溶剂中，其质子转移比较完全，酸性解离增强，可以用酚酞做指示剂，氨基乙醇钠作滴定剂进行滴定。

需要注意的是，非水滴定必须在无水体系中进行，故需对试剂进行处理，以除去试剂中的水分。

本 章 小 结

本章讨论了酸碱平衡及酸碱滴定法的原理。

1. 酸碱质子理论；酸、碱及其强度的判断；两性物质的判断；共轭酸碱对的判断；离子的活度、浓度及两者之间的关系；酸碱的活度常数、浓度常数和混合常数；离子强度、活度系数及活度的计算；共轭酸碱对 K_a 与 K_b 转换关系的计算。

2. 物料平衡、电荷平衡和质子平衡及其平衡方程式的写法。

3. 分析浓度与平衡浓度的区别；酸度与酸的浓度的区别；分布分数、酸度对弱酸（碱）型体分布的影响；主要型体的判断；弱酸（碱）各型体分布分数和平衡浓度的计算。

4. 各种酸碱溶液包括强酸强碱、一元弱酸（碱）、多元弱酸（碱）、混合、两性物质等溶液中 $[H^+]$ 的计算方法：先写出质子条件式，再根据溶液的具体情况，分清主次，合理取舍，使精确式简化为近似式或最简式。

5. 缓冲溶液 pH 的计算；缓冲容量与缓冲范围；影响缓冲容量的因素；缓冲溶液的选择；标准缓冲溶液。

6. 指示剂的变色原理、变色范围、影响因素以及在实验中如何加入合适量的指示剂。

7. 酸碱滴定过程中 H^+ 浓度变化规律（包括一元强酸碱、一元弱酸碱及多元酸碱），化学计量点、滴定 pH 突跃范围计算，指示剂的选择原则，弱酸弱碱能否被准确滴定的条件，多元酸碱能否被分步滴定的判据。

8. 一元强酸碱、一元弱酸碱滴定误差的计算。

9. 酸碱滴定法在工业、生活及医学等方面的检测实例。

10. 非水溶液中的酸碱滴定及应用实例。

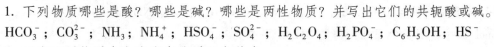

1. 下列物质哪些是酸？哪些是碱？哪些是两性物质？并写出它们的共轭酸或碱。
HCO_3^-；CO_3^{2-}；NH_3；NH_4^+；HSO_4^-；SO_4^{2-}；$H_2C_2O_4$；$H_2PO_4^-$；C_6H_5OH；HS^-

2. 写出下列物质在水溶液中的质子条件式。

（1）$c\,mol/L$ 的 Na_2S 溶液；　　　（2）$c\,mol/L$ 的 $H_2C_2O_4$ 溶液；

（3）$c\,mol/L$ 的 $NaHCO_3$ 溶液；　　（4）$c\,mol/L$ 的 $(NH_4)_2HPO_4$ 溶液；

（5）$c_1\,mol/L$ 的 $NH_3 + c_2\,mol/L$ 的 $NaOH$；

（6）c_1 mol/L 的 HAc + c_2 mol/L 的 H_3BO_3；

（7）c_1 mol/L 的 H_3PO_4 + c_2 mol/L 的 HCOOH；

3. 欲配制 pH = 3 左右的缓冲溶液，应选下列何种酸及其共轭碱（括号中为 pK_a）？二氯乙酸（1.30）；一氯乙酸（2.86）；甲酸（3.74）；乙酸（4.74）；苯酚（9.95）

4. 何谓指示剂的理论变色点和变色范围？在酸碱滴定中选择指示剂的原则是什么？

5. 何谓酸碱滴定的 pH 突跃范围？影响强酸（碱）和一元弱酸（碱）pH 突跃范围的因素有哪些？

6. 何谓多元酸（碱）的分步滴定？条件如何？

7. 用双指示剂法（酚酞、甲基橙）测定混合碱样时，设酚酞变色时消耗 HCl 的体积为 V_1，甲基橙变色时，消耗 HCl 的体积为 V_2，考虑下列情况混合物的组成：（1）$V_1 > 0$，$V_2 = 0$；（2）$V_1 = 0$，$V_2 > 0$；（3）$V_1 = V_2 \neq 0$；（4）$V_1 > V_2 > 0$；（5）$V_2 > V_1 > 0$。

8. 用酸碱滴定法测定甘氨酸的含量，既可以在酸性非水介质中进行，也可以在碱性非水介质中进行，为什么？

9. 已知 H_3PO_4 的 $pK_{a_1} = 2.12$，$pK_{a_2} = 7.20$，$pK_{a_3} = 12.36$，计算酸的 K_a 及其相应共轭碱的 K_b。

$$(7.6 \times 10^{-3},\ 1.32 \times 10^{-12};\ 6.3 \times 10^{-8},\ 1.59 \times 10^{-7};\ 4.4 \times 10^{-13},\ 2.27 \times 10^{-2})$$

10. 计算 pH = 4.0 时，0.10 mol/L 草酸溶液中 $C_2O_4^{2-}$ 和 $HC_2O_4^-$ 的浓度。

$$(3.4 \times 10^{-3},\ 5.4 \times 10^{-3})$$

11. 计算下列各溶液的 pH。

（1）0.10 mol/L 一氯乙酸；　　　　　（2）0.10 mol/L $NaHCO_3$；

（3）0.10 mol/L NaH_2PO_4；　　　　　（4）0.050 mol/L 甘氨酸；

（5）0.10 mol/L Na_2S；　　　　　　　（6）0.10 mol/L H_3BO_3；

（7）0.05 mol/L $CH_3CH_2NH_2^+$ 和 0.05 mol/L NH_4Cl 的混合溶液。

$$(1.94;\ 8.30;\ 4.68;\ 5.97;\ 12.97;\ 5.13;\ 5.27)$$

12. 当下列溶液各加水稀释 10 倍时，其 pH 有何变化？计算变化前后的 pH。

（1）0.1 mol/L HCl；

（2）0.1 mol/L NaOH；

（3）0.1 mol/L HAc；

（4）0.1 mol/L $NH_3 \cdot H_2O$ + 0.1 mol/L NH_4Cl；

（5）0.1 mol/L HAc + 0.1 mol/L NaAc

$$(1.0\ 和\ 2.0;\ 13\ 和\ 12;\ 2.88\ 和\ 3.38;\ 9.25\ 和\ 9.25;\ 4.74\ 和\ 4.74)$$

13. 某混合溶液含有 0.10 mol/L HCl、2×10^{-4} mol/L $NaHSO_4$ 和 2×10^{-6} mol/L HAc。（1）计算此混合溶液的 pH；（2）加入等体积 0.10 mol/L NaOH 溶液后，溶液的 pH。

$$(1.00;\ 4.00)$$

14. 若配制 pH = 10.00，$c_{NH_3} + c_{NH_4^+} = 0.10$ mol/L 的 NH_3-NH_4Cl 缓冲溶液 1.0L，问需要 15 mol/L 的氨水多少毫升？需要 NH_4Cl 多少克？

$$(57ml,\ 8.0g)$$

15. 某缓冲溶液 100ml 中，弱酸 HB 的浓度 0.25 mol/L，向此溶液中加入 0.200g NaOH（忽略体积变化），pH = 5.60，该缓冲溶液原来的 pH 为多少？（$pK_a = 5.30$）

$$(5.45)$$

16. 下列酸(碱)能否用相同浓度的碱(酸)直接滴定? 如能滴定, 有几个突跃?

(1) 0.10mol/L HCOOH

(2) 0.10mol/L NaAc

(3) 0.10mol/L 乳酸

(4) 0.10mol/L 乙二胺

(5) 0.10mol/L H_3PO_3

(6) 0.10mol/L 柠檬酸

(7) 0.10mol/L H_3AsO_4

(8) 0.10mol/L 吡啶

17. 下列说法是否正确

(1) 在酸碱滴定中, 所选择的指示剂的变色范围必须至少有一部分落在滴定突跃范围内。

(2) 由于多元酸的解离是分步进行的, 因此用 NaOH 溶液滴定时, 可以得到多个滴定突跃。

(3) 用同一 NaOH 标准溶液分别滴定体积相同、pH 相同的 HCl 溶液和 HAc 溶液, 达到化学计量点时, 滴定 HAc 溶液所消耗的 NaOH 溶液的体积较大。

(4) 某酸 HA 的酸性愈强, 则其共轭碱的碱性愈弱。

$(\sqrt{}, \times, \times, \sqrt{})$

18. 取纯 Na_2CO_3 0.8480g, 加入纯固体 NaOH 0.2400g, 定容至 200ml, 从中移取 50.00ml, 用 0.1000mol/L 的 HCl 标准溶液滴定至酚酞变色, 问需要 HCl 多少 ml? 若继续以甲基橙为指示剂滴至变色, 还需要加入 HCl 多少 ml?

(35.00ml, 20.00ml)

19. 称取混合碱试样 0.9476g, 加酚酞指示剂, 用 0.2785mol/L HCl 溶液滴定至终点, 消耗 34.12ml。再加甲基橙指示剂, 滴定至终点又消耗 23.66ml。计算 (1) 混合碱试样的组成; (2) 各组分的质量分数。

(Na_2CO_3 和 NaOH; 73.71%, 12.29%)

20. 为测定奶粉中的蛋白质含量, 称取 5.000g 样品, 用浓盐酸消化, 加浓碱蒸出 NH_3, 用过量的 H_3BO_3 吸收后, 以 HCl 标液滴定, 用去 10.50ml, 另取 0.2000g 纯的 NH_4Cl, 经过同样处理, 消耗 HCl 标液 20.10ml, 计算此奶粉中蛋白质的百分含量。

(3.418%)

21. 用 0.1000mol/L HCl 滴定 0.1000mol/L NH_3, 终点时 pH 较计量点时的 pH 高 0.5 或低 0.5, 分别计算滴定的终点误差。

(−0.03%, +0.03%)

22. 用甲醛法测定工业 $(NH_4)_2SO_4$ 中 NH_3 的质量分数。将试样溶解后用 250.0ml 容量瓶定容, 移取 25.00ml 用 0.2000mol/L NaOH 标准溶液滴定。则试样称取量应在什么范围 (消耗 NaOH 的体积 V_{NaOH} 为 20~30ml 之间)。

(2.640~3.960g)

(周 彤 孙 静)

第六章　配位滴定法

配位滴定法(coordination titration)是以配位反应为基础的滴定分析方法。配位反应具有极大的普遍性，在分析化学中应用广泛，除用于滴定分析外，许多显色、沉淀、萃取、掩蔽反应等都是配位反应。金属离子在溶液中大多是以配位离子的形式存在，但能用于滴定分析的配位反应必须具备以下条件。①生成的配位化合物的稳定常数要大；②在一定反应条件下，只生成一种配位化合物；③配位反应必须迅速；④有适当的方法确定滴定终点。

分析化学中常见的配位化合物分为简单配合物、螯合物、多酸配合物和多核配合物等。本章主要介绍前两类。

1. 简单配合物　简单配合物(simple complex)是由中心离子和单齿配体通过配位键形成的，配合物中没有环状结构。大多数无机配位剂是只有一个配位原子的单齿配体，它们与金属离子逐级形成ML_n型的简单配合物，其各级稳定常数较小，且相邻各级配合物的稳定性也没有明显差别，除个别反应(如Hg^{2+}和Cl^-、Ag^+和CN^-等反应)外，大多数不能用于滴定分析。

2. 螯合物　螯合物(chelate compound)是由中心离子和多齿配体形成的具有环状结构的配合物。含有两个或两个以上配位原子的配体称为多齿配体，能与中心离子形成螯合物的多齿配体称为螯合剂(chelate agent)。这种由于环状结构的生成而使配合物的稳定性大为增加的作用称为螯合效应(chelate effect)。

自20世纪40年代起，许多有机配位剂特别是氨羧配位剂应用于配位滴定，使配位滴定法迅速发展成为应用广泛的滴定分析方法之一。氨羧配位剂是一类以氨基二乙酸$[—N(CH_2COOH)_2]$为基体的配位剂，其分子中含有氨基氮($\equiv N{:}$)和羧基氧($—CO\!\!\begin{smallmatrix} O \\ O^- \end{smallmatrix}$)两种配位能力很强的配位原子，几乎能与所有的金属离子配位，形成具有环状结构的螯合物。目前使用最广泛的是乙二胺四乙酸(ethylene diamine tetraacetic acid)，简称EDTA。

第一节　EDTA及其螯合物

一、EDTA

EDTA为四元酸，常用H_4Y表示。分子中含有2个氨基和4个羧基，氨基具有碱性，分子中2个羧基上的H可以转移到氨基N上，形成双偶极离子，其结构式如下：

$$\begin{array}{ccc} {}^-OOCH_2C & & H^+\diagup CH_2COOH \\ \diagup N—CH_2—CH_2—N\diagdown & \\ HOOCH_2C & & CH_2COO^- \end{array}$$

在酸度较高的溶液中，H_4Y 的两个羧酸根可再接受 H^+ 形成 H_6Y^{2+}，这样 EDTA 相当于一个六元酸，它在水溶液中离解平衡如下：

$$H_6Y^{2+} \rightleftharpoons H_5Y^+ + H^+ \qquad K_{a_1} = \frac{[H^+][H_5Y^+]}{[H_6Y^{2+}]} \qquad pK_{a_1} = 0.90$$

$$H_5Y^+ \rightleftharpoons H_4Y + H^+ \qquad K_{a_2} = \frac{[H^+][H_4Y]}{[H_5Y^+]} \qquad pK_{a_2} = 1.60$$

$$H_4Y \rightleftharpoons H_3Y^- + H^+ \qquad K_{a_3} = \frac{[H^+][H_3Y^-]}{[H_4Y]} \qquad pK_{a_3} = 2.00$$

$$H_3Y^- \rightleftharpoons H_2Y^{2-} + H^+ \qquad K_{a_4} = \frac{[H^+][H_2Y^{2-}]}{[H_3Y^-]} \qquad pK_{a_4} = 2.67$$

$$H_2Y^{2-} \rightleftharpoons HY^{3-} + H^+ \qquad K_{a_5} = \frac{[H^+][HY^{3-}]}{[H_2Y^{2-}]} \qquad pK_{a_5} = 6.16$$

$$HY^{3-} \rightleftharpoons Y^{4-} + H^+ \qquad K_{a_6} = \frac{[H^+][Y^{4-}]}{[HY^{3-}]} \qquad pK_{a_6} = 10.26$$

在水溶液中，EDTA 以 H_6Y^{2+}、H_5Y^+、H_4Y、H_3Y^-、H_2Y^{2-}、HY^{3-} 和 Y^{4-} 这七种形式存在（为书写简便，略去电荷，EDTA 的各种存在型体用 H_6Y、H_5Y、H_4Y、H_3Y、H_2Y、HY 和 Y 表示），但真正与金属离子配位的是 Y 离子。改变溶液的 pH，上述平衡将发生移动，EDTA 的各种存在形式的浓度也随之改变。

由图6-1可见，当溶液的 pH < 0.90 时，主要以 H_6Y 形式存在；pH 为 0.90～1.60 时，主要以 H_5Y 形式存在；pH 为 1.60～2.00 时，主要以 H_4Y 形式存在；pH 为 2.00～2.67 时，主要以 H_3Y 形式存在；pH 为 2.67～6.16 时，主要以 H_2Y 形式存在；pH 为 6.16～10.26 时，主要以 HY 形式存在；pH > 10.26 时，主要以 Y 形式存在。由此可见，溶液的酸度越低，Y 的浓度越高。因此，EDTA 在 pH 较高的碱性溶液中配位能力较强。

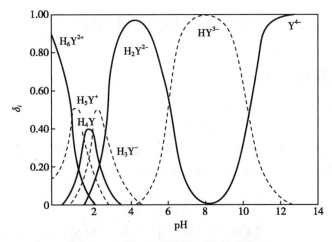

图6-1　EDTA 各种存在型体的分布图

二、EDTA 的螯合物

EDTA 与金属离子形成的螯合物具有以下特点：

1. 普遍性　EDTA 有 6 个配位原子（其中有 2 个氨基氮原子和 4 个羧基氧原子），都能与金属离子形成配位键，所以，EDTA 几乎能与所有金属离子生成螯合物。

2. 组成一定　EDTA 有 6 个配位原子，而大多数金属离子的配位数不超过 6。因此，EDTA 能与绝大多数金属离子生成 1∶1 的螯合物，配位反应为：

$$M + Y \rightleftharpoons MY$$

3. 稳定性　EDTA 与金属离子形成的螯合物立体结构中具有多个五元环，螯合物的稳定性高，因此，配位反应进行的比较完全。如 Co(II)-EDTA 螯合物的立体结构如图 6-2 所示。

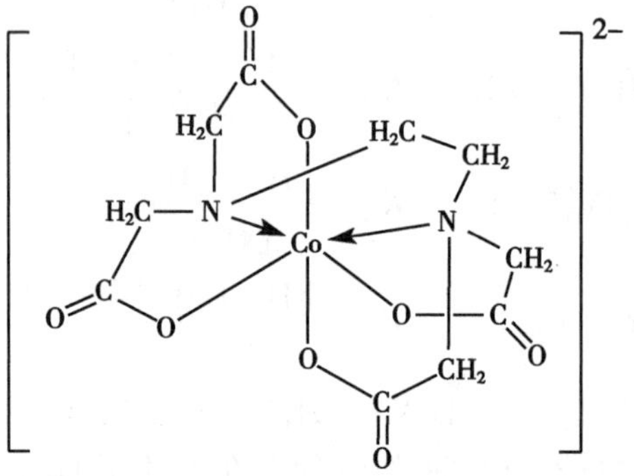

图 6-2　CoY^{2-} 立体结构示意图

4. 可溶性　EDTA 与金属离子的螯合反应速度快，形成的螯合物绝大多数带负电荷，易溶于水，故能在水溶液中进行。

5. 有利于滴定终点的判断　EDTA 与无色金属离子形成无色螯合物，与有色金属离子形成颜色更深的螯合物。例如：CuY^{2-}（深蓝色）、NiY^{2-}（蓝绿色）、CoY^{2-}（紫红色）、CrY^-（深紫色）和 FeY^-（黄色）等。

第二节　配位平衡

一、配合物的稳定常数

金属离子与 EDTA 的配位反应通式为：

$$M + Y \rightleftharpoons MY$$

反应达到平衡时，反应的平衡常数，即金属离子-EDTA 螯合物的形成常数（formation constant）或稳定常数（stability constant）的表达式为：

$$K_{MY} = \frac{[MY]}{[M][Y]} \tag{6-1}$$

K_{MY} 称为绝对稳定常数，简称稳定常数。由式（6-1）可见，K_{MY} 或 $\lg K_{MY}$ 值越大，螯合物越稳定。由于配位滴定时溶液的浓度较稀（约为 0.01mol/L），活度系数近似为 1，因此通常采用浓度常数而不是活度常数。

螯合物的稳定性主要决定于螯合剂的性质和金属离子的离子半径、电荷和电子层结构。常见金属离子与 EDTA 螯合物的稳定常数的对数值（$\lg K_{MY}$）见表 6-1。由表可见，碱金属离子的螯合物不稳定，$\lg K_{MY} < 3$；碱土金属离子螯合物的 $\lg K_{MY}$ 为 8～11；Al^{3+}、Ce^{3+} 和

一些二价过渡金属离子的螯合物的 $\lg K_{MY}$ 为 $14 \sim 19$；三价、四价过渡金属离子和 Hg^{2+}、Sn^{2+} 等离子的螯合物的 $\lg K_{MY} > 20$。在适当条件下，$\lg K_{MY} \geqslant 8$ 就可以准确滴定（详见本章第六节）。因此，即使碱土金属也可用 EDTA 法滴定。

表6-1 常见金属离子-EDTA 螯合物的稳定常数的对数值，$\lg K_{MY}$

金属离子	$\lg K_{MY}$	金属离子	$\lg K_{MY}$	金属离子	$\lg K_{MY}$
Na^+	1.66	Fe^{2+}	14.32	Cu^{2+}	18.80
Li^+	2.79	Co^{2+}	16.31	Hg^{2+}	21.80
Ag^+	7.32	Ce^{3+}	15.98	Sn^{2+}	22.21
Ba^{2+}	7.86	Al^{3+}	16.30	Cr^{3+}	23.40
Mg^{2+}	8.69	Cd^{2+}	16.46	Fe^{3+}	25.10
Sr^{2+}	8.73	Zn^{2+}	16.50	Bi^{3+}	27.94
Ca^{2+}	10.69	Pb^{2+}	18.04	Co^{3+}	36.00
Mn^{2+}	13.87	Ni^{2+}	18.62	Sn^{4+}	34.50

二、溶液中各级配合物的分布

金属离子除了与 EDTA 形成 1:1 型的螯合物外，还能与其他配位剂 L 发生逐级配位，形成 ML_n 型的配合物。

在处理酸（碱）平衡时，要考虑酸度对酸（碱）各存在型体的影响，同样，在配位平衡中也要考虑配位剂的浓度对金属离子的各级配合物存在形式的影响。设溶液中金属离子 M 的总浓度为 c_M，配位剂 L 的总浓度为 c_L。

金属离子 M 与配位剂 L 进行配位反应时，逐级配位平衡及逐级稳定常数（successive stability constant）如下：

$$M + L \Longrightarrow ML \qquad 第一级稳定常数 \ K_1 = \frac{[ML]}{[M][L]}$$

$$ML + L \Longrightarrow ML_2 \qquad 第二级稳定常数 \ K_2 = \frac{[ML_2]}{[ML][L]}$$

$$\cdots \qquad\qquad \cdots$$

$$M_{(n-1)} + L \Longrightarrow ML_n \qquad 第 n 级稳定常数 \ K_2 = \frac{[ML_n]}{[ML_{n-1}][L]}$$

配位平衡计算时，经常用累积稳定常数（cumulative constant，β）。将逐级稳定常数依次相乘，则得到各级累积稳定常数 β_n。

$$第一级累积稳定常数 \ \beta_1 = K_1 = \frac{[ML]}{[M][L]}$$

$$第二级累积稳定常数 \ \beta_2 = K_1 \cdot K_2 = \frac{[ML_2]}{[M][L]^2}$$

$$\cdots$$

$$第 n 级累积稳定常数 \ \beta_n = K_1 \cdot K_2 \cdots K_n = \frac{[ML_n]}{[M][L]^n}$$

累积稳定常数将各级配合物的浓度 $[ML]$、$[ML_2]$、$\cdots$、$[ML_n]$ 与游离金属离子浓度 $[M]$ 和配位剂浓度 $[L]$ 联系起来。

因此

$$[ML] = \beta_1[M][L]$$
$$[ML_2] = \beta_2[M][L]^2$$
$$\cdots$$
$$[ML_n] = \beta_n[M][L]^n$$

反应达平衡时，总浓度与各型体平衡浓度的关系为：

$$
\begin{aligned}
c_M &= [M] + [ML] + [ML_2] + \cdots + [ML_n] \\
&= [M] + \beta_1[M][L] + \beta_2[M][L]^2 + \cdots + \beta_n[M][L]^n \\
&= [M](1 + \beta_1[L] + \beta_2[L]^2 + \cdots + \beta_n[L]^n)
\end{aligned}
\tag{6-2}
$$

则金属离子各型体的分布分数如下：

$$\delta_0 = \delta_M = \frac{[M]}{c_M} = \frac{1}{1 + \beta_1[L] + \beta_2[L]^2 + \cdots + \beta_n[L]^n}$$

$$\delta_1 = \delta_{ML} = \frac{[ML]}{c_M} = \frac{\beta_1[L]}{1 + \beta_1[L] + \beta_2[L]^2 + \cdots + \beta_n[L]^n} = \delta_0\beta_1[L]$$

$$\cdots$$

$$\delta_n = \delta_{ML_n} = \frac{[ML_n]}{c_M} = \frac{\beta_n[L]^n}{1 + \beta_1[L] + \beta_2[L]^2 + \cdots + \beta_n[L]^n} = \delta_0\beta_n[L]^n \tag{6-3}$$

由上述公式可知，各型体的分布分数 δ_i 的大小与配合物本身的性质（即稳定常数）及 $[L]$ 的大小有关。对于某配合物，β_i 值是确定的，因此，δ_i 的大小仅与 $[L]$ 有关。如果 c_M 和 $[L]$ 已知，则金属离子各型体 ML_i 的平衡浓度可由下式求得：

$$[ML_i] = \delta_i c_M \tag{6-4}$$

例 6-1　在 0.02mol/L Cu^{2+} 溶液中，加入过量的 $NH_3 \cdot H_2O$，使游离氨的浓度 $[NH_3] = 0.10mol/L$，计算铜-氨配合物各型体的浓度。

解　已知铜-氨配合物各级累积稳定常数的对数值 $\lg\beta_1 \sim \lg\beta_4$ 分别为 4.15、7.64、10.53 和 12.67，$c_{Cu} = 0.02mol/L$，根据式(6-3)

$$\delta_0 = \delta_{Cu^{2+}} = \frac{1}{1 + \beta_1[NH_3] + \beta_2[NH_3]^2 + \beta_3[NH_3]^3 + \beta_4[NH_3]^4}$$

$$= \frac{1}{1 + 10^{4.15} \times 0.1 + 10^{7.64} \times 0.1^2 + 10^{10.53} \times 0.1^3 + 10^{12.67} \times 0.1^4} = 10^{-8.70}$$

$$\delta_1 = \delta_{Cu(NH_3)^{2+}} = \delta_0\beta_1[NH_3] = 10^{-8.70} \times 10^{4.15} \times 0.10 = 10^{-5.55}$$

$$\delta_2 = \delta_{Cu(NH_3)_2^{2+}} = \delta_0\beta_2[NH_3]^2 = 10^{-8.70} \times 10^{7.64} \times 0.10^2 = 10^{-3.16}$$

同理可得，$\delta_3 = 10^{-0.17}$，$\delta_4 = 10^{-0.03}$

再根据式(6-4)计算出各型体的浓度

$$[Cu^{2+}] = \delta_0 c_{Cu} = 10^{-8.70} \times 10^{-1.70} = 10^{-10.40}mol/L$$

$$[Cu(NH_3)^{2+}] = \delta_1 c_{Cu} = 10^{-5.55} \times 10^{-1.70} = 10^{-7.25}mol/L$$

同理可得：$[Cu(NH_3)_2^{2+}] = 10^{-4.86}mol/L$，$[Cu(NH_3)_3^{2+}] = 10^{-1.87}mol/L$

$$[Cu(NH_3)_4^{2+}] = 10^{-1.73}mol/L。$$

结果表明，在上述溶液中铜-氨配合物的主要型体是 $Cu(NH_3)_3^{2+}$ 和 $Cu(NH_3)_4^{2+}$。事实上，当游离配位剂的浓度一定时，由 δ_0 计算式中分母各项数值的相对大小，就可以判断出平衡时配合物的主要存在型体。在配位滴定中讨论金属离子配位效应时将要考虑配合物的各型体分布情况。

第三节　影响 EDTA 螯合物稳定性的因素

除金属离子的性质外，螯合物的稳定性还与溶液的温度、酸度、共存离子以及其他配位剂的存在等有关。在化学反应中，通常把主要考查的一种反应看作主反应，其他与之有关的反应看作副反应。在配位滴定中，除了被测金属离子 M 与螯合剂 Y 之间的主反应外，还存在其他副反应，总的平衡关系如下式所示：

$$
\begin{array}{ccc}
\text{M} & + & \text{Y} & \rightleftharpoons & \text{MY} \\
\end{array}
$$

配位效应　水解效应　酸效应　共存离子效应　混合配位效应

很明显，这些副反应的发生都会对主反应产生影响。反应物 M、Y 发生的副反应不利于主反应的进行，而产物 MY 发生的副反应有利于主反应的进行。但由于 MY 的稳定性高，其酸式配合物（MHY）和碱式配合物（MOHY）均不稳定，故 MY 的副反应（混合配位效应）一般可忽略不计。为了定量的表示副反应发生的程度，引入副反应系数（side reaction coefficient）α。下面分别讨论 Y 和 M 的副反应。

一、酸效应

M 与 Y 进行配位反应时，溶液中的 H^+ 会与 Y 结合，形成一元、二元乃至六元酸。这种由于 H^+ 的存在，在 H^+ 与 Y 之间发生副反应，使 Y 参加主反应能力降低的现象称为酸效应（acid effect）。酸效应的大小用酸效应系数 $\alpha_{Y(H)}$ 衡量。

$$\alpha_{Y(H)} = \frac{[Y']}{[Y]} \tag{6-5}$$

式中，$[Y]$ 表示溶液中 EDTA 的 Y 型体的平衡浓度，$[Y']$ 表示未与金属离子 M 螯合的 EDTA 的各种型体的总浓度，即

$$[Y'] = [Y] + [HY] + [H_2Y] + [H_3Y] + [H_4Y] + [H_5Y] + [H_6Y]$$

$$\alpha_{Y(H)} = \frac{[Y']}{[Y]} = \frac{[Y] + [HY] + [H_2Y] + [H_3Y] + [H_4Y] + [H_5Y] + [H_6Y]}{[Y]} \tag{6-6}$$

当没有酸效应发生时，$[Y'] = [Y]$，则 $\alpha_{Y(H)} = 1$；有酸效应发生时，$[Y'] > [Y]$，则 $\alpha_{Y(H)} > 1$。$\alpha_{Y(H)}$ 值越大，酸效应发生的程度越大。

EDTA 的酸效应系数 $\alpha_{Y(H)}$，实际上是在此条件下 Y 型体的分布分数 δ_Y 的倒数，而

$$\delta_Y = \frac{[Y]}{[Y']} = \frac{K_1K_2K_3K_4K_5K_6}{[H^+]^6 + K_1[H^+]^5 + K_1K_2[H^+]^4 + \cdots + K_1K_2K_3K_4K_5K_6} \tag{6-7}$$

式中，K_1、K_2、K_3、K_4、K_5 和 K_6 为 EDTA 的逐级离解常数。

因此

$$\alpha_{Y(H)} = \frac{1}{\delta_Y} = \frac{[H^+]^6 + K_1[H^+]^5 + K_1K_2[H^+]^4 + \cdots + K_1K_2K_3K_4K_5K_6}{K_1K_2K_3K_4K_5K_6}$$

$$= 1 + \frac{[H^+]}{K_6} + \frac{[H^+]^2}{K_5K_6} + \frac{[H^+]^3}{K_4K_5K_6} + \frac{[H^+]^4}{K_3K_4K_5K_6} + \frac{[H^+]^5}{K_2K_3K_4K_5K_6} + \frac{[H^+]^6}{K_1K_2K_3K_4K_5K_6} \quad (6-8)$$

由式(6-8)可知，$\alpha_{Y(H)}$ 是 $[H^+]$ 的函数，溶液的酸度越高，$\alpha_{Y(H)}$ 值越大，表示 EDTA 酸效应发生的程度越大。EDTA 在不同 pH 时的酸效应系数的对数值($\lg\alpha_{Y(H)}$)见表6-2。

表6-2　EDTA 在不同 pH 时的酸效应系数的对数值，$\lg\alpha_{Y(H)}$

pH	$\lg\alpha_{Y(H)}$	pH	$\lg\alpha_{Y(H)}$	pH	$\lg\alpha_{Y(H)}$	pH	$\lg\alpha_{Y(H)}$
0.0	23.64	3.0	10.60	6.0	4.65	9.0	1.29
0.2	22.47	3.2	10.14	6.2	4.34	9.2	1.10
0.4	21.32	3.4	9.70	6.4	4.06	9.4	0.92
0.6	20.18	3.6	9.27	6.6	3.79	9.6	0.75
0.8	19.08	3.8	8.85	6.8	3.55	9.8	0.59
1.0	18.01	4.0	8.44	7.0	3.32	10.0	0.45
1.2	16.98	4.2	8.04	7.2	3.10	10.2	0.33
1.4	16.02	4.4	7.64	7.4	2.88	10.4	0.20
1.6	15.11	4.6	7.24	7.6	2.68	10.6	0.16
1.8	14.27	4.8	6.84	7.8	2.47	10.8	0.11
2.0	13.51	5.0	6.45	8.0	2.27	11.0	0.07
2.2	12.82	5.2	6.07	8.2	2.07	11.5	0.02
2.4	12.19	5.4	5.69	8.4	1.87	12.0	0.01
2.6	11.62	5.6	5.33	8.6	1.67	13.0	0.008
2.8	11.09	5.8	4.98	8.8	1.48	13.9	0.0001

例6-2　计算 pH =4 时，EDTA 的酸效应系数。

解　pH =4 时，$[H^+] = 10^{-4}\text{mol/L}$。

$$\alpha_{Y(H)} = 1 + \frac{[H^+]}{K_6} + \frac{[H^+]^2}{K_5K_6} + \frac{[H^+]^3}{K_4K_5K_6} + \frac{[H^+]^4}{K_3K_4K_5K_6} + \frac{[H^+]^5}{K_2K_3K_4K_5K_6} + \frac{[H^+]^6}{K_1K_2K_3K_4K_5K_6}$$

$$= 1 + \frac{10^{-4}}{10^{-10.26}} + \frac{10^{-8}}{10^{-16.42}} + \frac{10^{-12}}{10^{-19.09}} + \frac{10^{-16}}{10^{-21.09}} + \frac{10^{-20}}{10^{-22.69}} + \frac{10^{-24}}{10^{-23.59}} = 10^{8.44}$$

$$\lg\alpha_{Y(H)} = 8.44$$

二、共存离子效应

当溶液中存在其他金属离子 N 时，M 与 Y 进行配位反应的同时，N 与 Y 也能形成 1:1 的螯合物。这种由于 N 离子的存在，在 N 与 Y 之间发生副反应，使 Y 参加主反应能力降低的现象称为共存离子效应(coexisting ions effect)。共存离子效应的大小用共存离子效应系数 $\alpha_{Y(N)}$ 衡量。若只考虑共存离子的影响，则

$$\alpha_{Y(N)} = \frac{[Y']}{[Y]} = \frac{[Y] + [NY]}{[Y]} = 1 + \frac{[NY][N]}{[Y][N]} = 1 + K_{NY}[N] \quad (6-9)$$

由式(6-9)可知，共存离子效应系数 $\alpha_{Y(N)}$ 的大小，取决于共存离子 N 的浓度和共存离子 N 与 EDTA 的稳定常数 K_{NY} 的大小。

若 EDTA 与 H^+ 及共存离子 N 同时发生副反应，则 EDTA 总的副反应系数用 α_Y 表示。

$$\alpha_Y = \frac{[Y']}{[Y]} = \frac{[Y] + [HY] + [H_2Y] + [H_3Y] + [H_4Y] + [H_5Y] + [H_6Y] + [NY]}{[Y]}$$

$$= \frac{[Y] + [HY] + [H_2Y] + [H_3Y] + [H_4Y] + [H_5Y] + [H_6Y]}{[Y]} + \frac{[Y] + [NY]}{[Y]} - \frac{[Y]}{[Y]}$$

$$\alpha_Y = \alpha_{Y(H)} + \alpha_{Y(N)} - 1 \tag{6-10}$$

当 $\alpha_{M(L)}$ 与 $\alpha_{Y(N)}$ 相差悬殊时，可以只考虑影响较大的一项而忽略另一项。例如，当 $\alpha_{Y(H)} = 10^5$，$\alpha_{Y(N)} = 10^3$ 时，此时主要考虑酸效应，即 $\alpha_Y \approx \alpha_{Y(H)}$；反之亦然。

三、配位效应

M 与 Y 进行配位反应时，若溶液中存在其他配位剂 L，L 也能与 M 形成配合物。这种由于其他配位剂 L 的存在，在 L 与 M 之间发生副反应，使 M 参加主反应能力降低的现象称为配位效应（complex effect）。配位效应的大小用配位效应系数 $\alpha_{M(L)}$ 衡量。

$\alpha_{M(L)}$ 表示未参加主反应的金属离子的总浓度 $[M']$ 与游离金属离子浓度 $[M]$ 的比值。

$$\alpha_{M(L)} = \frac{[M']}{[M]} = \frac{[M] + [ML] + [ML_2] + \cdots + [ML_n]}{[M]}$$

$$= \frac{[M] + \beta_1[M][L] + \beta_2[M][L]^2 + \cdots + \beta_n[M][L]^n}{[M]} \tag{6-11}$$

$$\alpha_{M(L)} = 1 + \beta_1[L] + \beta_2[L]^2 + \cdots + \beta_n[L]^n$$

其中 L 可以是其他配位剂（缓冲剂、掩蔽剂、辅助配位剂）或 OH^-。由式（6-11）可知，其他配位剂 L 的浓度越高，$\alpha_{M(L)}$ 值越大，表示金属离子 M 与其他配位剂发生副反应的程度越大。若 M 无副反应，则 $\alpha_{M(L)} = 1$。

例6-3 在 0.01mo/L 的 Al^{3+} 溶液中，加入 NaF 固体，Al^{3+} 与 F^- 形成配合物，若游离 F^- 的浓度为 0.01mo/L 时，求溶液中 Al^{3+} 的浓度，并指出溶液中配合物的主要存在形式。

解 已知铝-氟配合物各级累积稳定常数的对数值 $\lg\beta_1 \sim \lg\beta_6$ 分别为 6.15、11.15、15.00、17.75、19.36 和 19.84，根据式（6-11）得

$$\alpha_{Al(F)} = 1 + \beta_1[F] + \beta_2[F]^2 + \beta_3[F]^3 + \beta_4[F]^4 + \beta_5[F]^5 + \beta_6[F]^6$$

$$= 1 + 10^{6.15} \times 0.01 + 10^{11.15} \times 0.01^2 + 10^{15.00} \times 0.01^3 + 10^{17.75}$$

$$\times 0.01^4 + 10^{19.36} \times 0.01^5 + 10^{19.84} \times 0.01^6$$

$$= 1 + 10^{4.15} + 10^{7.15} + 10^{9.00} + 10^{9.75} + 10^{9.36} + 10^{7.84}$$

$$= 8.91 \times 10^9 = 10^{9.95}$$

$$[Al] = \frac{[Al']}{\alpha_{Al(F)}} = \frac{0.01}{10^{9.95}} = 10^{-11.95}$$

比较 $\alpha_{Al(F)}$ 的公式右边各项数值，可知配合物的主要存在形式为 AlF_3、AlF_4 和 AlF_5。

若金属离子 M 同时与 L、A 两种配位剂发生副反应，则

$$\alpha_M = \frac{[M']}{[M]} = \frac{[M] + [ML] + [ML_2] + \cdots + [ML_n] + [MA] + [MA_2] + \cdots + [MA_n]}{[M]}$$

$$= \frac{[M] + [ML] + [ML_2] + \cdots + [ML_n]}{[M]} + \frac{[M] + [MA] + [MA_2] + \cdots + [MA_n]}{[M]} - \frac{[M]}{[M]}$$

$$\alpha_M = \alpha_{M(L)} + \alpha_{M(A)} - 1 \tag{6-12}$$

同理，若金属离子 M 同时与 P 种配位剂 L_1、L_2、$\cdots L_P$ 发生副反应，则

$$\alpha_M = \alpha_{M(L_1)} + \alpha_{M(L_2)} + \cdots + \alpha_{M(L_p)} - (P-1) \tag{6-13}$$

α_M 和 α_Y 一样，也可以根据实际情况进行简化处理。

四、水解效应

在配位滴定中，酸度越低，越有利于 EDTA 以 Y 形式存在，但如果酸度太低，则金属离子会水解形成羟基配合物甚至析出 $M(OH)_n$ 沉淀。这种由于酸度太低，在 OH 与 M 之间发生水解反应，使 M 参加主反应能力降低的现象称为水解效应（hydrolysis effect）。水解效应的大小用水解效应系数 $\alpha_{M(OH)}$ 衡量。$\alpha_{M(OH)}$ 的计算方式同配位效应系数 $\alpha_{M(L)}$。一些常见金属离子的水解效应系数的对数值见表 6-3。

表 6-3　一些常见金属离子的水解效应系数的对数值，$\lg \alpha_{M(OH)}$

金属离子	离子强度	pH													
		1	2	3	4	5	6	7	8	9	10	11	12	13	14
Al^{3+}	2					0.4	1.3	5.3	9.3	13.3	17.3	21.3	25.3	29.3	33.3
Bi^{3+}	3	0.1	0.5	1.4	2.4	3.4	4.4	5.4							
Fe^{3+}	3			0.4	1.8	3.7	5.7	7.7	9.7	11.7	13.7	15.7	17.7	19.7	21.7
La^{3+}	3										0.3	1.0	1.9	2.9	3.9
Th^{4+}	1				0.2	0.8	1.7	2.7	3.7	4.7	5.7	6.7	7.7	8.7	9.7
Ca^{2+}	0.1													0.3	1.0
Cd^{2+}	3									0.1	0.5	2.0	4.5	8.1	12.0
Co^{2+}	0.1								0.1	0.4	1.1	2.2	4.2	7.2	10.2
Cu^{2+}	0.1								0.2	0.8	1.2	2.7	3.7	4.7	5.7
Fe^{2+}	1									0.1	0.6	1.5	2.5	3.5	4.5
Hg^{2+}	0.1			0.5	1.9	3.9	5.9	7.9	9.9	11.9	13.9	15.9	17.9	19.9	21.9
Mg^{2+}	0.1											0.1	0.5	1.3	2.3
Mn^{2+}	0.1											0.1	0.5	1.4	2.4	3.4
Ni^{2+}	0.1									0.1	0.7	1.6			
Pb^{2+}	0.1							0.1	0.5	1.4	2.7	4.7	7.4	10.4	13.4
Zn^{2+}	0.1									0.2	2.4	5.4	8.5	11.8	15.5

例 6-4　计算 pH = 10，$[NH_3] = 0.10 mol/L$ 时，锌离子的副反应系数 α_{Zn}。

解　已知锌-氨配合物各级累积稳定常数的对数值 $\lg \beta_1 \sim \lg \beta_4$ 分别为 2.37、4.81、7.31 和 9.46；查表 6-3 得 pH = 10 时，$\alpha_{Zn(OH)} = 10^{2.4}$。

$$\alpha_{Zn(NH_3)} = 1 + \beta_1[NH_3] + \beta_2[NH_3]^2 + \beta_3[NH_3]^3 + \beta_4[NH_3]^4$$

$$= 1 + 10^{2.37} \times 0.10 + 10^{4.81} \times 0.10^2 + 10^{7.31} \times 0.10^3 + 10^{9.46} \times 0.10^4$$

$$\approx 10^{4.31} + 10^{5.46}$$

$$= 10^{5.49}$$

$$\alpha_{Zn} = \alpha_{Zn(NH_3)} + \alpha_{Zn(OH)} - 1 = 10^{5.49} + 10^{2.4} - 1 \approx 10^{5.49}$$

五、条件稳定常数

在没有副反应发生时，配位剂 EDTA 与金属离子 M 的反应进行程度可用稳定常数 K_{MY} 表示。K_{MY} 值越大，配合物越稳定。但在实际配位滴定中，由于受酸度、共存离子以及其他配位剂等的影响，K_{MY} 值已不能真实反映主反应进行的程度。因为这时未参与主反应的配位剂 EDTA 除了有 Y，还有 HY、H_2Y、…、H_6Y 及 NY 等，应该用这些型体的总浓度〔Y′〕表示未与金属离子 M 发生配位反应的 EDTA 的浓度。同样，未参与主反应的金属离子 M 的浓度应该用〔M′〕表示。这样，在有副反应发生的情况下，式(6-1)变为：

$$K'_{MY} = \frac{[MY]}{[M'][Y']} \tag{6-14}$$

K'_{MY} 称为条件稳定常数(conditional stability coefficient)。它表示有副反应发生时主反应进行的程度。

由以上讨论可知，$[M'] = \alpha_M[M]$，$[Y'] = \alpha_Y[Y]$，将其代入式(6-14)中可得：

$$K'_{MY} = \frac{[MY]}{\alpha_M[M] \cdot \alpha_Y[Y]} = \frac{K_{MY}}{\alpha_M \cdot \alpha_Y}$$

上式取对数得：

$$\lg K'_{MY} = \lg K_{MY} - \lg \alpha_M - \lg \alpha_Y \tag{6-15}$$

一般情况下，α_Y 和 α_M 均大于1，所以 K'_{MY} 总是小于 K_{MY}，说明金属离子和配位剂发生副反应时，配合物 MY 的稳定性降低了，用 K'_{MY} 比用 K_{MY} 更能准确判断金属离子和 EDTA 的配位情况。所以，K'_{MY} 在选择配位滴定条件时具有重要意义。

例6-5 求 pH = 2 和 pH = 4 时的 $\lg K'_{ZnY}$ 值。

解 查表6-1得 $\lg K_{ZnY} = 16.50$，

查表6-2得 pH = 2 时，$\lg \alpha_{Y(H)} = 13.51$；pH = 4 时，$\lg \alpha_{Y(H)} = 8.44$

查表6-3得 pH = 2 时，$\lg \alpha_{Zn(OH)} = 0$；pH = 4 时，$\lg \alpha_{Zn(OH)} = 0$

故 pH = 2 时，$\lg K'_{ZnY} = \lg K_{ZnY} - \lg \alpha_{Y(H)} = 16.50 - 13.51 = 2.99$

pH = 4 时，$\lg K'_{ZnY} = \lg K_{ZnY} - \lg \alpha_{Y(H)} = 16.50 - 8.44 = 8.06$

尽管 $\lg K_{ZnY} = 16.50$，ZnY 配合物非常稳定。但计算结果表明，当 pH = 2 时，由于 ED-TA 的酸效应系数很大，实际上 $\lg K'_{ZnY}$ 只有 2.99，表明 ZnY 配合物非常不稳定，不能用于滴定分析。而 pH = 4 时，$\lg K'_{ZnY}$ 为 8.06，可用于滴定分析。由此可见，酸度对配合物的稳定性影响很大。

例6-6 用 EDTA 滴定 Zn^{2+}，加入 NH_3-NH_4Cl 缓冲剂，以维持溶液的 pH = 10，若游离的〔NH_3〕= 0.10mol/L，求此条件下的 $\lg K'_{ZnY}$。

解 查表6-1得 $\lg K_{ZnY} = 16.50$，查表6-2得 pH = 10 时，$\lg \alpha_{Y(H)} = 0.45$

由例6-4计算结果可知，pH = 10，〔NH_3〕= 0.10mol/L 时，$\alpha_{Zn} = 10^{5.49}$

故 $\lg K'_{ZnY} = \lg K_{ZnY} - \lg \alpha_{Zn} - \lg \alpha_{Y(H)}$

$= 16.50 - 5.49 - 0.45 = 10.56$

第四节 配位滴定法原理

在酸碱滴定中，随着滴定剂的加入，溶液中 H^+ 的浓度不断变化，在化学计量点附近，溶液的 pH 发生突变。与酸碱滴定的情况相似，在配位滴定中，随着滴定剂 EDTA 的加入，金属离子的浓度不断减小，在化学计量点附近，金属离子的 pM′（$-\lg[M']$）值发生突变，产生滴定突跃，选择合适的指示剂可以指示滴定终点。

一、配位滴定曲线

以 0.01000mol/L 的 EDTA 标准溶液滴定体积为 20.00ml，0.01000mol/L 的 Ca^{2+} 溶液为例，讨论在不同 pH 与不同辅助配位剂溶液中进行滴定时，pCa′的变化情况。

1. 以 NaOH 调节溶液 pH = 12.0 时，溶液中 pCa′的变化情况。

查表 6-1 得 $\lg K_{CaY} = 10.69$，

查表 6-2 得 pH = 12.0 时，$\lg \alpha_{Y(H)} = 0.01$，

查表 6-3 得 pH = 12.0 时，$\lg \alpha_{Ca(OH)} = 0$，Ca^{2+} 不发生副反应，pCa′ = pCa。

故　　　　　　$\lg K'_{CaY} = \lg K_{CaY} - \lg \alpha_{Ca} - \lg \alpha_{Y(H)} = 10.69 - 0 - 0.01 = 10.68$

$$K'_{CaY} = 4.8 \times 10^{10}$$

（1）滴定前：　　　　　　　　　　$[Ca^{2+}] = 0.01000mol/L$

$$pCa = -\lg 0.01000 = 2.0$$

（2）滴定开始至化学计量点前：

以溶液中未被滴定的 $[Ca^{2+}]$ 求 pCa，加入 EDTA 标准溶液的体积为 V_Y 时，则

$$[Ca^{2+}] = c_{Ca} \cdot \frac{V_{Ca} - V_Y}{V_{Ca} + V_Y}$$

若 $V_Y = 18.00ml(90\%)$时，则

$$[Ca^{2+}] = 0.01000 \times \frac{20.00 - 18.00}{20.00 + 18.00} = 5.3 \times 10^{-4}\ (mol/L)$$

$$pCa = 3.3$$

同理，$V_Y = 19.98ml(99.9\%)$时，

$$pCa = 5.3$$

（3）化学计量点时：

Ca^{2+} 与 EDTA 几乎完全配位成 CaY，则

$$[CaY] = 0.01000 \times \frac{20.00}{20.00 + 20.00} = 5.0 \times 10^{-3}\ (mol/L)$$

游离的 Ca^{2+} 和没有配位的 EDTA 的浓度相等，根据配位平衡，则

$$\frac{[CaY]}{[Ca^{2+}][Y']} = K'_{CaY} = \frac{5.0 \times 10^{-3}}{[Ca^{2+}]^2} = 4.8 \times 10^{10}$$

$$[Ca^{2+}] = 3.2 \times 10^{-7}mol/L$$

$$pCa = 6.5$$

（4）化学计量点后：

以溶液中过量的 EDTA，根据配位平衡计算 $[Ca^{2+}]$，求 pCa。过量 EDTA 的浓度为：

$$[Y^{4-}] = c_Y \cdot \frac{V_Y - V_{Ca}}{V_{Ca} + V_Y}$$

若已加入 EDTA 溶液 20.02ml(100.1%)，此时过量的 EDTA 浓度为：

$$[Y^{4-}] = 0.01000 \times \frac{20.02 - 20.00}{20.00 + 20.02} = 5.0 \times 10^{-6}\ (mol/L)$$

$$\frac{[\text{CaY}]}{[\text{Ca}^{2+}][\text{Y}']} = K'_{\text{CaY}} = \frac{5.0 \times 10^{-3}}{[\text{Ca}^{2+}] \times 5.0 \times 10^{-6}} = 4.8 \times 10^{10}$$

$$[\text{Ca}^{2+}] = 2.1 \times 10^{-8} \text{mol/L}$$

$$\text{pCa} = 7.7$$

如此再计算几点，并将计算结果列于表6-4中。

表6-4　在不同 pH 时，用 0.01000mol/L EDTA 滴定 20.00ml 0.01000mol/L Ca^{2+} 时，溶液中 pCa 的变化

加入 EDTA		未配位的 Ca^{2+}（%）	过量的 EDTA（%）	pH = 10		pH = 12	
（ml）	（%）			$[Ca^{2+}]$	pCa	$[Ca^{2+}]$	pCa
0.00	0.0	100.0		0.01000	2.0	0.01000	2.0
18.00	90.0	10.0		5.3×10^{-4}	3.3	5.3×10^{-4}	3.3
19.80	99.0	1.0		5.0×10^{-5}	4.3	5.0×10^{-5}	4.3
19.98	99.9	0.1		5.0×10^{-6}	5.3	5.0×10^{-6}	5.3
20.00	100.0	0.0		3.2×10^{-7}	6.5	5.4×10^{-7}	6.3
20.02	100.1		0.1	2.1×10^{-8}	7.7	5.9×10^{-8}	7.2
20.20	101.0		1.0	2.1×10^{-9}	8.7	5.9×10^{-9}	8.2
22.00	110.0		10.0	2.1×10^{-10}	9.7	5.9×10^{-10}	9.2
40.00	200.0		100.0	2.1×10^{-11}	10.7	5.9×10^{-11}	10.2

2. 以 NH_3-NH_4Cl 缓冲溶液调节溶液 pH = 10.0 时，溶液中 pCa' 的变化情况。

查表6-2得 pH = 10.0 时，$\lg\alpha_{Y(H)} = 0.45$，

查表6-3得 pH = 10.0 时，$\lg\alpha_{Ca(OH)} = 0$，并且 NH_3 与 Ca^{2+} 不发生配位反应，$\lg\alpha_{Ca(NH_3)} = 0$。因此，$\lg\alpha_{Ca} = 0$，Ca^{2+} 不发生副反应，pCa' = pCa。

故　　　　　$\lg K'_{\text{CaY}} = \lg K_{\text{CaY}} - \lg\alpha_{\text{Ca}} - \lg\alpha_{\text{Y(H)}} = 10.69 - 0 - 0.45 = 10.24$

$$K'_{\text{CaY}} = 1.7 \times 10^{10}$$

根据 $K'_{\text{CaY}} = 1.7 \times 10^{10}$ 的值，按照 pH = 12.0 时的计算方法，可求得 pH = 10.0 时溶液中的 pCa 值，见表6-4。按照上述方法可以计算在不同 pH 溶液中进行滴定时 pCa 的变化情况。以 pCa 为纵坐标，以加入 EDTA 标准溶液的体积 V_Y 为横坐标作图，即得到用 EDTA 标准溶液滴定 Ca^{2+} 的滴定曲线，如图6-3所示。

由图6-3可以看出，滴定曲线突跃范围的大小，随溶液 pH 大小不同而变化，这是由于配合物的 K'_{CaY} 的大小随溶液 pH 的变化而改变的缘故。pH 越大，滴定突跃范围越大，pH 越小，滴定突跃范围越小。当 pH = 6.0 时，图中滴定曲线没有明显的滴定突跃。

设金属离子的浓度为 0.01mol/L，用 0.01mol/L EDTA 滴定，若 K'_{MY} 分别是 2、

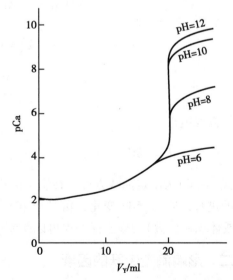

图6-3　在不同 pH 值时用 0.01000mol/L EDTA 标准溶液滴定 0.01000mol/L Ca^{2+} 的滴定曲线

4、6、8、10、12 和 14，可以按照上述方法计算并绘制滴定曲线，如图 6-4 所示。当 $\lg K'_{MY} = 10$，金属离子浓度 c_M 分别为 $10^{-1} \sim 10^{-4}$ mol/L 的滴定曲线如图 6-5 所示。

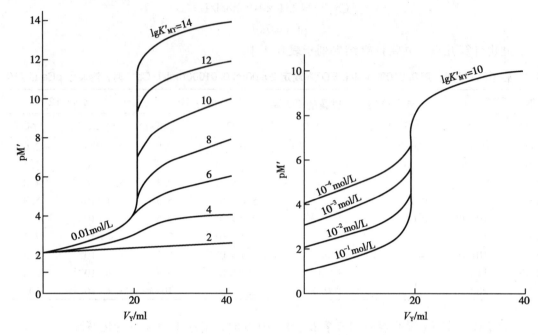

图 6-4　不同 $\lg K'_{MY}$ 的滴定曲线　　　图 6-5　EDTA 滴定不同浓度金属离子的滴定曲线

　　配位滴定曲线也可以通过配位平衡理论导出的滴定曲线方程绘制。设金属离子 M 的初始浓度为 c_M，体积为 V_M，用浓度为 c_Y 的 EDTA 标准溶液滴定，在滴定过程中加入EDTA 标准溶液的体积 V_Y。在滴定条件下，溶液中金属离子 M 和滴定剂 EDTA 的总浓度及条件稳定常数有如下关系：

$$\begin{cases} [M'] + [MY] = \dfrac{V_M}{V_Y + V_M} \cdot c_M \\[3mm] [Y'] + [MY] = \dfrac{V_Y}{V_Y + V_M} \cdot c_Y \\[3mm] K'_{MY} = \dfrac{[MY]}{[M'][Y']} \end{cases}$$

解方程组得：

$$K'_{MY}[M']^2 + \left(K'_{MY} \cdot \frac{c_Y V_Y - c_M V_M}{V_Y + V_M} + 1 \right) \cdot [M'] - \frac{V_M}{V_Y + V_M} \cdot c_M = 0 \qquad (6\text{-}16)$$

　　式(6-16)为滴定曲线方程，在滴定的任一阶段，K'_{MY}、c_M、V_M、c_Y 都是已知的。随着滴定的进行，V_Y 在不断变化，可求出 pM′ 值。以 pM′ 为纵坐标，加入滴定剂 EDTA 的量（V_Y 或体积百分数）为横坐标，也可以绘制出配位滴定曲线。

二、影响滴定突跃的因素

　　滴定突跃大小是决定配位滴定准确度的重要依据。配合物的条件稳定常数 K'_{MY} 和被滴定金属离子的浓度 c_M 是影响滴定突跃的主要因素，下面分别讨论。

（一）配合物的条件稳定常数 K'_{MY}

由图 6-4 可见，K'_{MY} 是影响滴定突跃大小的重要因素。在金属离子浓度一定的条件下，K'_{MY} 越大，滴定突跃越大。而 K'_{MY} 的大小取决于 K_{MY}、α_Y 和 α_M。

1. K_{MY} 越大，K'_{MY} 也越大，滴定突跃越大。

2. 滴定体系的酸度越大，pH 越小，$\alpha_{Y(H)}$ 越大，滴定突跃越小。

3. 若滴定体系中有其他配位剂 L 与金属离子 M 发生副反应时，L 的浓度越大，$\alpha_{M(L)}$ 越大，滴定突跃越小。

（二）被滴定金属离子的浓度 c_M

由图 6-5 可见，当 K'_{MY} 一定时，不同浓度的金属离子溶液，滴定曲线的起点不同。金属离子的浓度 c_M 越大，滴定曲线的起点越低，滴定突跃越大。

（三）化学计量点 pM′的计算

在配位滴定中，必须强调化学计量点 pM′的计算，因为它是选择指示剂和计算滴定终点误差的重要依据，计算方法推导如下：

达到配位平衡时，$K'_{MY} = \dfrac{[MY]}{[M'][Y']}$

化学计量点时，$[M'] = [Y']$（注意：不是 $[M] = [Y]$）。

若金属离子的起始浓度为 c_M，配位滴定中形成的配合物比较稳定，则 $[MY] = c_{M,sp} - [M'] \approx c_{M,sp}$。将其代入式 $K'_{MY} = \dfrac{[MY]}{[M'][Y']}$ 得：$K'_{MY} = \dfrac{c_{M,sp}}{[M'][Y']}$，整理得

$$[M'] = \sqrt{\frac{c_{M,sp}}{K'_{MY}}}$$

两边取对数得
$$pM' = \frac{1}{2}(pc_{M,sp} + \lg K'_{MY}) \tag{6-17}$$

式中，下标 sp 表示化学计量点，$c_{M,sp}$ 表示化学计量点时金属离子的总浓度。若滴定剂与被滴定金属离子浓度相等，则 $c_{M,sp}$ 为金属离子起始浓度的一半。

例 6-7 若溶液的 pH = 10.00，游离氨的浓度为 0.20mol/L，用 0.02000mol/L 的 EDTA 标准溶液滴定同浓度的 Cu^{2+}，计算化学计量点时的 pCu′。如果被滴定的是同浓度的 Mg^{2+}，化学计量点时的 pMg′又是多少？

解 化学计量点时 $c_{Cu,sp} = \dfrac{1}{2}c_{Cu} = \dfrac{1}{2} \times 0.02000 = 0.01000$mol/L

$$[NH_3] = \frac{1}{2}C_{NH_3} = \frac{1}{2} \times 0.20 = 0.10\text{mol/L}$$

已知铜-氨配合物各级累积稳定常数的对数值 $\lg\beta_1 \sim \lg\beta_4$ 分别为 4.15、7.64、10.53 和 12.67；查表 6-3 得 pH = 10 时，$\alpha_{Cu(OH)} = 10^{1.2}$。

$$\alpha_{Cu(NH_3)} = 1 + \beta_1[NH_3] + \beta_2[NH_3]^2 + \beta_3[NH_3]^3 + \beta_4[NH_3]^4$$
$$= 1 + 10^{4.15} \times 0.10 + 10^{7.64} \times 0.10^2 + 10^{10.53} \times 0.10^3 + 10^{12.67} \times 0.10^4$$
$$\approx 10^{7.53} + 10^{8.67}$$
$$= 10^{8.70}$$

$$\alpha_{Cu} = \alpha_{Cu(NH_3)} + \alpha_{Cu(OH)} - 1 = 10^{8.70} + 10^{1.2} - 1 \approx 10^{8.70}$$

查表 6-1 得 $\lg K_{CuY} = 18.80$，查表 6-2 得 pH = 10 时，$\lg\alpha_{Y(H)} = 0.45$

$$\lg K'_{CuY} = \lg K_{CuY} - \lg \alpha_{Cu} - \lg \alpha_{Y(H)} = 18.80 - 8.70 - 0.45 = 9.65$$

$$pCu' = \frac{1}{2}(pc_{Cu,sp} + \lg K'_{CuY}) = \frac{1}{2}(2.00 + 9.65) = 5.82$$

滴定 Mg^{2+} 时，由于 Mg^{2+} 不与 NH_3 形成配合物，而且 $pH = 10$ 时，Mg^{2+} 不水解，故 $\lg \alpha_{Mg} = 0$。查表 6-1 得 $\lg K_{MgY} = 8.69$，因此

$$\lg K'_{MgY} = \lg K_{MgY} - \lg \alpha_{Y(H)} = 8.69 - 0.45 = 8.24$$

$$pMg' = \frac{1}{2}(pc_{Mg,sp} + \lg K'_{MgY}) = \frac{1}{2}(2.00 + 8.24) = 5.12$$

计算结果表明，尽管 $\lg K_{CuY}$ 和 $\lg K_{MgY}$ 相差很大，但在氨性溶液中，使 $\lg K'_{CuY}$ 和 $\lg K'_{MgY}$ 相差很小，计量点时的 pM′ 值很接近。因此，在氨性溶液中滴定 Cu^{2+} 时，Mg^{2+} 会干扰滴定。

（钮树芳）

第五节 配位滴定指示剂

配位滴定法指示终点的方法很多，既可以用指示剂，也可以用仪器方法，如电位法等，但最常用的还是用指示剂来指示终点。由于它指示金属离子的滴定终点，故称金属离子指示剂(metal ion indicator)，简称金属指示剂。

根据金属指示剂本身的颜色，将其分为两类：无色金属指示剂和有色金属指示剂。无色金属指示剂是指指示剂本身呈浅色或无色，与金属离子结合后生成有色配合物。如磺基水杨酸或硫氰酸铵，本身无色，与 Fe^{3+} 结合后呈红色。有色金属指示剂是指指示剂本身有颜色，与金属离子结合后能生成与其本身颜色不同的配合物。如常用的指示剂铬黑 T(eriochrome black T，EBT)。

一、金属指示剂的作用原理

（一）金属指示剂作用原理

金属指示剂本身既有酸碱性，又有配位性。它可作为配位剂与被测金属离子发生配位反应，在一定 pH 范围内生成与金属指示剂本身颜色不同的配合物。

$$M + In(\text{颜色甲}) \rightleftharpoons MIn(\text{颜色乙})$$

$$MIn(\text{颜色乙}) + Y \rightleftharpoons MY + In(\text{颜色甲})$$

滴定开始时，溶液呈现出指示剂配合物 MIn 的颜色(颜色乙)，随着滴定剂 Y 的加入，金属离子 M 逐步被配位。当达到化学计量点时，已与指示剂配位的金属离子被滴定剂夺取，释放出指示剂，溶液因此呈现指示剂 In 的颜色(颜色甲)，溶液颜色由颜色乙变为颜色甲，指示滴定终点到达。

现以铬黑 T 为例说明金属指示剂的变色原理。铬黑 T 在溶液中存在以下平衡：

$$H_2In^- \underset{}{\overset{pK_{a2} = 6.3}{\rightleftharpoons}} HIn^{2-} \underset{}{\overset{pK_{a3} = 11.6}{\rightleftharpoons}} In^{3-}$$

（紫红色） （蓝色） （橙色）

pH 为 6.3 ~ 11.6 时，铬黑 T 呈蓝色，用 HIn^{2-} 表示。在 EDTA 滴定 Zn^{2+} 时，以 NH_3-NH_4Cl 缓冲溶液控制溶液的 $pH = 9$ 左右，再滴加铬黑 T 作指示剂。

滴定前：$Zn^{2+} + 4NH_3 \rightleftharpoons Zn(NH_3)_4^{2+}$（无色）

$Zn^{2+} + HIn^{2-} \rightleftharpoons ZnIn^-$（酒红色）$+ H^+$

滴定开始后，EDTA 首先与溶液中游离的 Zn^{2+} 发生配位反应，再夺取 $Zn(NH_3)_4^{2+}$ 中的 Zn^{2+}；在化学计量点前，少量的 $ZnIn^-$ 配合物将保持不变，溶液仍呈酒红色；当到达化学计量点时，EDTA 夺取 $ZnIn^-$ 中的 Zn^{2+}，使 HIn^{2-} 释放出来，溶液颜色瞬间由酒红色变成蓝色，指示滴定终点到达。

化学计量点时：$ZnIn^-(酒红色) + H_2Y^{2-} \Longrightarrow ZnY^{2-} + H^+ + HIn^{2-}(蓝色)$

（二）金属指示剂颜色转变点 pM_t 的计算

若只考虑指示剂的酸效应，忽略其他副反应，金属离子与指示剂生成配合物，在溶液中存在下列平衡关系：

$$M + In \Longrightarrow MIn$$

$$\Updownarrow$$

$$HIn$$
$$H_2In$$
$$H_3In$$
$$\vdots$$

其条件稳定常数

$$K'_{MIn} = \frac{[MIn]}{[M][In']} = \frac{K_{MIn}}{\alpha_{In(H)}}$$

式中，$\alpha_{In(H)}$ 表示 In 对酸的副反应系数。

两边取对数，得

$$pM + \lg\frac{[MIn]}{[In']} = \lg K_{MIn} - \lg\alpha_{In(H)}$$

在 $[MIn] = [In']$ 时，$\lg\frac{[MIn]}{[In']} = 0$，此时溶液呈现两者的混合色，是指示剂颜色的转变点，以 pM_t 表示指示剂颜色转变点的 pM 值，即

$$pM_t = \lg K_{MIn} - \lg\alpha_{In(H)} = \lg K'_{MIn}$$

因此，只要知道金属离子指示剂配合物的稳定常数 K_{MIn}，再求出一定 pH 下指示剂的酸效应系数，即可计算出颜色转变点的 pM_t 值。另外，如果金属离子 M 有副反应，计算 pM_t 时还应该减去 $\lg\alpha_M$。

例 6-8　EBT 作为弱酸的 pK_{a_2} 和 pK_{a_3} 值分别为 6.3 和 11.6，Mg^{2+} 与铬黑 T 配合物的 $\lg K_{MIn} = 7.0$，试计算该 pH = 10 时的 pMg_t 值。

解　EBT 的 $pK_{a_2} = 6.3$，$pK_{a_3} = 11.6$，故在 pH = 10 时，

$$\alpha_{In(H)} = 1 + \frac{[H^+]}{K_{a_3}} + \frac{[H^+]^2}{K_{a_2}K_{a_3}}$$

$$= 1 + 10^{11.6} \times 10^{-10} + 10^{11.6} \times 10^{6.3} \times (10^{-10})^2$$

$$= 40$$

$$\lg\alpha_{In(H)} = 1.6$$

已知 $\lg K_{MIn} = 7.0$，则

$$pMg_t = \lg K_{MIn} - \lg\alpha_{In(H)} = 7.0 - 1.6 = 5.4$$

二、金属指示剂的选择

许多金属指示剂不但具有配位剂的性质，而且本身也是多元弱酸或多元弱碱，能随溶液 pH 的变化而显示不同的颜色。因此，使用金属指示剂必须选择合适的 pH 范围。此外，金属指示剂还必须具备下列条件：

1. 指示剂(In)与其配合物(MIn)的颜色应显著不同。

2. 显色反应必须灵敏、迅速，且具有良好的变色可逆性。

3. 配合物(MIn)具有适当的稳定性。若稳定性差、离解程度大，则在未达到化学计量点时，就会过早地显示出指示剂本身的颜色，使滴定终点提前，而且变色不敏锐。若 MIn 配合物的稳定性太高，当用 EDTA 滴定到化学计量点时，难以将指示剂 In 从 MIn 配合物中释放出来，或使终点拖后，或使显色反应失去可逆性，得不到滴定终点。为提高滴定的准确度，通常要求 MIn 的稳定性小于 MY 的稳定性，两者条件稳定常数应相差在 100 倍以上，即 $\lg K'_{MY} - \lg K'_{MIn} > 2$。

4. 指示剂应具有一定的选择性。也就是说，在一定的条件下，它只能跟某一种金属离子发生显色反应。在满足上述要求的前提下，指示剂的颜色反应最好又具备一定的广泛性，即改变了滴定条件，它仍可用作其他离子滴定的指示剂。如此就能在连续滴定两种或两种以上金属离子时，避免因加入多种指示剂而引起的颜色干扰。

5. 金属指示剂应具有易溶于水，不易变质，便于使用和保存等性质。

三、金属指示剂使用中存在的问题

与酸碱滴定曲线类似，在化学计量点时，要求金属指示剂能发生敏锐的颜色变化，指示剂颜色转变点的 pM_t 应与化学计量点的 pM_{sp} 尽量一致，以减小滴定误差。但在实际工作中，在化学计量点时，有时 MIn 配合物的颜色不发生改变或变化非常缓慢，这些现象应设法避免。

1. 指示剂的封闭现象　某些金属离子与指示剂生成十分稳定的有色配合物，化学计量点到达后，滴入过量的 EDTA 也不能夺取 MIn 中的金属离子，释放出 In，因而不能发生溶液颜色的改变，观察不到终点，这种现象称为指示剂的封闭现象(blocking of indicator)。引起指示剂封闭现象的原因有很多，消除的方法也各不相同。

当封闭现象是由干扰离子引起时，可采用加掩蔽剂的方法来消除干扰。例如，用 EDTA 滴定水中 Ca^{2+}、Mg^{2+} 时，以铬黑 T 作指示剂，此时 Fe^{3+}、Al^{3+} 与铬黑 T 形成的配合物的稳定性比其与 EDTA 形成的配合物的稳定性好，对指示剂有封闭作用，所以需要在溶液中加入三乙醇胺作掩蔽剂，使 Fe^{3+}、Al^{3+} 与其生成更稳定的配合物，消除干扰。

当封闭现象是由被测离子引起时，可采用返滴定法来消除干扰。例如，以二甲酚橙(xylene orange，XO)作指示剂，用 EDTA 直接滴定 Al^{3+}，因 Al^{3+} 与 XO 形成配合物的反应比其与 EDTA 的反应快，终点时溶液的颜色很难发生变化，导致封闭现象。所以在测定 Al^{3+} 时，常先加入一定量的 EDTA 标准溶液和 pH = 5 的缓冲溶液，加热至沸，使得 Al^{3+} 与 EDTA 完全配位后，再加入 XO，用标准 Zn^{2+} 溶液或 Pb^{2+} 溶液滴定过量的 EDTA，即可避免封闭现象的发生。

注意，若干扰离子的含量较大，则必须在滴定分析前进行预分离，将之除去。

2. 指示剂的僵化现象　有些指示剂或其配合物在水中的溶解度很小，使滴定剂 EDTA

与金属指示剂配合物 MIn 间的置换反应速度缓慢，导致终点滞后，变色不敏锐，此种现象称为指示剂的僵化现象(ossification of indicator)。解决的办法是加入能与水互溶的有机溶剂，或将溶液加热，增大其溶解度，加快反应速度。例如，用 1-(2-吡啶-偶氮)-2-萘酚(1-(2-pyridylazo)-2-naphthol，PAN)作指示剂时，在水中 PAN 和其金属配合物(MPAN)的溶解度都比较小，容易引起僵化现象。故可对溶液进行适当加热，使 PAN 和 MPAN 的溶解度增大，加快反应速度，或加入乙醇或丙酮等有机溶剂，也能达到消除指示剂僵化现象的目的。

3. 指示剂的氧化变质现象　大多数金属指示剂为包含双键的有机化合物，双键不稳定，日光、氧化剂、空气等可将其破坏，加热会加速其破坏的进程；有些指示剂在水溶液中不稳定，日久易变质，这些现象称为指示剂的氧化变质现象。如铬黑 T 的水溶液，常温下易变质，若将其溶于无水乙醇中，低温保存，可使用 100 天。为避免指示剂的氧化变质现象，有些指示剂可用中性盐(如 NaCl 固体等)稀释，配成固体混合物使用。如把铬黑 T 与 NaCl 以 1:200 的比例研匀，于棕色瓶中保存，常温下可使用 1 年以上。另外，在配制指示剂溶液时，还可加入一些还原剂(如盐酸羟胺、抗坏血酸等)来避免氧化。

四、常用的金属指示剂

配位滴定中常用的金属指示剂的适用范围、封闭离子和掩蔽剂选择情况如表 6-5 所示。

表 6-5　常用的金属指示剂

名称	pH 范围	颜色变化		可直接测定的离子	说明
		In	MIn		
铬黑 T (EBT)	7~10	蓝	酒红	Ca^{2+}、Mg^{2+}、Zn^{2+}、Mn^{2+}、Pb^{2+}、Hg^{2+}、稀土等	Fe^{3+}、Al^{3+}、Cu^{2+}、Co^{2+}、Ni^{2+} 对 EBT 有封闭作用，可用三乙醇胺掩蔽
钙指示剂 (NN)	10~13	纯蓝	酒红	Ca^{2+}	受封闭情况同上，可用三乙醇胺和 KCN 联合掩蔽消除干扰
二甲酚橙 (XO)	<6	亮黄	红紫	Ca^{2+}、Zn^{2+}、Pb^{2+}、Bi^{3+}、Th^{4+}、Hg^{2+}、ZrO^{2+} 和稀土元素等	受封闭情况同上，其中 Co^{2+}、Ni^{2+}、Cu^{2+} 干扰用邻二氮菲消除，Fe^{3+} 可用抗坏血酸消除，Al^{3+} 的干扰可用 NH_4F 消除
1-(2-吡啶偶氮)-2-萘酚 (PAN)	2~12	黄	红	Cu^{2+}、Hg^{2+}、Pb^{2+}、Cd^{2+}、Bi^{3+}	显色配合物的水溶性差，变色不敏锐，需要在加热或加入有机溶剂的条件下进行滴定

第六节　终点误差及直接准确滴定的条件

一、终点误差

与酸碱滴定相似，将配位滴定中由滴定终点(ep)与化学计量点(sp)不一致引起的误差称为终点误差。与酸碱滴定中的计算方法相同，通过分析滴定终点时的平衡情况，可得配位滴定终点误差的计算公式：

$$E_t = \frac{[Y']_{ep} - [M']_{ep}}{c_M^{ep}} \times 100\% \tag{6-18}$$

式中，$[M']_{ep}$ 表示未与 EDTA 配位的金属离子总浓度，$[Y']_{ep}$ 表示未与 M 配位的 EDTA 总浓度；c_M^{ep} 表示终点时金属离子 M 的总浓度。如果是等浓度滴定，即为 M 初始浓度的二分之一。

设化学计量点（sp）与滴定终点（ep）的 pM' 值之差为 $\Delta pM'$，即

$$\Delta pM' = pM'_{ep} - pM'_{sp}$$

$$[M']_{ep} = [M']_{sp} \times 10^{-\Delta pM'} \tag{6-19}$$

同理得

$$[Y']_{ep} = [Y']_{sp} \times 10^{-\Delta pY'} \tag{6-20}$$

由于化学计量点时 K'_{MY} 与终点时的 K'_{MY} 十分接近，且 $[MY]_{ep} \approx [MY]_{sp}$，所以

$$\frac{[MY]_{sp}}{[M']_{sp}[Y']_{sp}} = \frac{[MY]_{ep}}{[M']_{ep}[Y']_{ep}}$$

$$\frac{[M']_{ep}}{[M']_{sp}} = \frac{[Y']_{sp}}{[Y']_{ep}} \tag{6-21}$$

将式（6-21）取负对数，则

$$pM'_{ep} - pM'_{sp} = pY'_{sp} - pY'_{ep}$$

$$\Delta pM' = -\Delta pY' \tag{6-22}$$

在化学计量点时

$$[M']_{sp} = [Y']_{sp} = \sqrt{\frac{c_M^{sp}}{K'_{MY}}} \tag{6-23}$$

在化学计量点附近时，$c_M^{sp} = c_M^{ep}$，把式（6-19）~（6-23）代入式（6-18）中，则

$$E_t = \frac{10^{\Delta pM'} - 10^{-\Delta pM'}}{\sqrt{K'_{MY} c_M^{sp}}} \times 100\% \tag{6-24}$$

式（6-24）被称为林邦误差公式（Ringbom error formula）。由此公式可知，终点误差既与 K'_{MY} 和 c_M^{sp} 有关，也与 $\Delta pM'$ 有关。K'_{MY} 和 c_M^{sp} 越大，终点误差越小；$\Delta pM'$ 越大，终点误差越大，终点离化学计量点越远。

例 6-9　用铬黑 T 作指示剂，在 pH = 10.00 的氨性溶液中，以 2.0×10^{-2} mol/L EDTA 滴定等浓度的 Ca^{2+} 溶液，试计算终点误差。如果滴定同浓度的 Mg^{2+} 溶液，终点误差又是多少？

解　已知 $\lg K_{Ca\text{-}EBT} = 5.4$

pH = 10.00 时，$\lg \alpha_{Y(H)} = 0.45$，$\lg \alpha_{EBT(H)} = 1.6$。则

$$\lg K'_{CaY} = \lg K_{CaY} - \lg \alpha_{Y(H)} = 10.69 - 0.45 = 10.24$$

$$[Ca^{2+}]_{sp} = \sqrt{\frac{c_{Ca^{2+}}^{sp}}{K'_{CaY}}} = \sqrt{\frac{\dfrac{0.020}{2}}{10^{10.24}}} = 10^{-6.12} \text{mol/L}$$

$$pCa_{sp} = 6.1$$

$$\lg K'_{Ca\text{-}EBT} = \lg K_{Ca\text{-}EBT} - \lg \alpha_{EBT(H)} = 5.4 - 1.6 = 3.8$$

$$pCa_{ep} = pCa_t = lgK'_{Ca-EBT} = 3.8$$
$$\Delta pCa = pCa_{ep} - pCa_{sp} = 3.8 - 6.1 = -2.3$$
$$E_t = \frac{10^{-2.3} - 10^{2.3}}{\sqrt{10^{-2} \times 10^{10.24}}} \times 100\% = -1.5\%$$

若滴定 Mg^{2+}，则

$$lgK'_{MgY} = lgK_{MgY} - lg\alpha_{Y(H)} = 8.7 - 0.45 = 8.25$$
$$[Mg^{2+}]_{sp} = \sqrt{\frac{c_{Mg}^{sp}}{K'_{MgY}}} = \sqrt{\frac{10^{-2}}{10^{8.25}}} = 10^{-5.1} mol/L$$
$$pMg_{sp} = 5.1$$

由例 6-8 知，pH = 10.00 时，$pMg_{ep} = 5.4$，故

$$\Delta pMg = pMg_{ep} - pMg_{sp} = 5.4 - 5.1 = 0.3$$
$$E_t = \frac{10^{0.3} - 10^{-0.3}}{\sqrt{10^{-2} \times 10^{8.25}}} \times 100\% = 0.11\%$$

计算结果表明，以铬黑 T 为指示剂，用 EDTA 滴定 Ca^{2+} 或 Mg^{2+} 溶液时，虽然 MgY 的稳定性不如 CaY，但是滴定 Ca^{2+} 的终点误差比较大。这是因为 EBT 与 Ca^{2+} 显色不太灵敏所致。

在配位滴定中，常以金属指示剂指示滴定终点，指示剂的变色点与化学计量点很难完全一致。即使一致，但由于人眼判断颜色时有一定的局限性，仍然可能造成 $\Delta pM'$ 存在 $\pm 0.2 \sim \pm 0.5$ 的误差。若 $\Delta pM' = \pm 0.2$，用 EDTA 滴定等浓度且初始浓度为 c_M 的金属离子 M，按式 (6-24) 计算 $lgc_M K'_{MY}$ 为 8、6、4 时的终点误差，分别为 0.01%、0.1% 和 1%。当 $lgc_M K'_{MY} \geq 6$ 或 $c_M K'_{MY} \geq 10^6$ 时，终点误差 $E_t \leq 0.1\%$。在滴定分析中这种误差是可以允许的。所以，通常在 c_M 为 $10^{-2} mol/L$ 时，把 $lgK'_{MY} \geq 8$ 作为进行准确滴定的条件，以满足滴定分析准确度的基本要求。若滴定误差的要求不同，$lgc_M K'_{MY}$ 可以再大些或再小些。

二、直接准确滴定的条件

在配位滴定中，直接滴定法是最基本的方法。此法是将被测物制备成溶液后，调节酸度，加入指示剂 (有时还需要加入适当的掩蔽剂和辅助配位剂)，然后用 EDTA 标准溶液进行滴定，最后根据消耗 EDTA 标准溶液的体积，求得试样中被测物的含量。使用直接滴定法，必须满足下列条件：

1. 满足单一金属离子准确滴定的要求，即符合 $lgc_M K'_{MY} \geq 6$ 的条件，且配位反应的速率要快。

2. 有变色敏锐的指示剂，且没有封闭现象。若 M 对许多指示剂产生"封闭"作用，则不宜采用直接滴定法。有些金属离子 (如 S_r^{2+}、B_a^{2+} 等) 缺乏灵敏的指示剂，也不能采用直接滴定法。

3. 在滴定条件下，若被测离子发生水解和沉淀反应，必要时可加辅助配位剂来防止这些反应。如在 pH = 10 时滴定 Pb^{2+}，可预先在酸性试液中加入酒石酸盐，与 Pb^{2+} 发生配位反应，然后调节溶液的 pH 至 10 左右进行滴定，以避免 Pb^{2+} 的水解反应。酒石酸盐为辅助配位剂。

例 6-10 以 0.020mol/L EDTA 滴定同浓度的 Zn^{2+} 溶液，用 NH_3-NH_4Cl 缓冲溶液调节

溶液的 pH 为 10，假设溶液中 NH_3 的浓度为 0.10mol/L，试问 Zn^{2+} 能否被准确滴定？如果溶液的 pH 为 2，情况又怎样？

解　（1）当 $c_{NH_3} = 0.10mol/L$ 时

$$\alpha_{Zn(NH_3)} = 1 + \beta_1 [NH_3] + \beta_2 [NH_3]^2 + \beta_3 [NH_3]^3 + \beta_4 [NH_3]^4$$

$$= 1 + 2.3 \times 10^2 \times 0.10 + 6.5 \times 10^4 \times (0.10)^2 + 2.0 \times 10^7 \times (0.10)^3$$
$$+ 2.9 \times 10^9 \times (0.10)^4$$

$$= 1 + 23 + 6.5 \times 10^2 + 2.0 \times 10^4 + 2.9 \times 10^5$$

$$= 3.1 \times 10^5$$

$$lg\alpha_{Zn(NH_3)} = 5.49$$

已知：$lgK_{ZnY} = 16.50$，pH = 10 时 $lg\alpha_{Y(H)} = 0.45$

$$lgK'_{ZnY} = 16.5 - 5.49 - 0.45 = 10.56$$

$$lgc_{Zn^{2+}} K'_{ZnY} = lg1.0 \times 10^{-2} \times 10^{10.56} = 8.56 > 6$$

因此，在此条件下 Zn^{2+} 能被准确滴定。

（2）pH = 2 时，$lg\alpha_{Y(H)} = 13.79$

$$lgK'_{ZnY} = 16.5 - 13.79 = 2.71$$

$$lgc_{Zn^{2+}} K'_{ZnY} = lg1.0 \times 10^{-2} \times 10^{2.71} = 0.71 < 6$$

故在此条件下 Zn^{2+} 不能被 EDTA 准确滴定。

第七节　配位滴定中酸度的控制

一、缓冲溶液和辅助配位剂的作用

（一）缓冲溶液

配位滴定过程中因存在下列反应 $M + H_2Y \Longrightarrow MY + 2H^+$ 反应，滴定时 H^+ 不断地被释放出来，使得溶液的酸度不断升高（pH 不断降低）。其结果不仅使得 K'_{MY} 降低，滴定突跃减小，而且使得指示剂变色的最适宜酸度范围也遭到破坏。因此，滴定中常加入缓冲溶液，以控制溶液的酸度。如在酸性条件下使用 HAc-NaAc 或 $(CH_2)_6N_4$-HCl 缓冲溶液，在碱性条件下使用 NH_3-NH_4Cl 缓冲溶液。若由于缓冲溶液的加入引起了金属离子的副反应，则在计算 K'_{MY} 时必须将其考虑进去。

（二）辅助配位剂

为了防止金属离子的水解，在配位滴定中常加入适当的辅助配位剂，以便在更低的酸度下滴定金属离子。例如，在 pH = 9 ~ 10 时用 EDTA 直接滴定 Pb^{2+}，此时可用柠檬酸、酒石酸或三乙醇胺作辅助配位剂，防止 $Pb(OH)_2$ 沉淀的生成。有时，缓冲溶液除了具备控制溶液酸度的作用外，其本身还能充当辅助配位剂。如用 EDTA 滴定 Cu^{2+} 或 Zn^{2+}，氨性缓冲溶液中的 NH_3 即为两者的辅助配位剂。

二、单一金属离子配位滴定的适宜酸度范围和最佳酸度

在配位滴定中，为获得准确的滴定结果，必须控制溶液的适宜酸度范围。该范围由最高酸度（最低 pH）和最低酸度（最高 pH），以及金属指示剂适宜的酸度范围共同决定。

（一）最高酸度

根据林邦误差公式，当 $c_{M(sp)}$、$\Delta pM'$ 和 E_t 一定时，K'_{MY} 必须大于某一数值，否则就不能满足规定的允许误差。若假设配位滴定中除 EDTA 的酸效应和 M 的水解效应外，其他副反应不存在，那么：

$$\lg K'_{MY} = \lg K_{MY} - \lg\alpha_{(H)} - \lg\alpha_{(OH)}$$

在高酸度下，由于 $\lg\alpha_{(OH)}$ 很小，可忽略，所以

$$\lg\alpha_{(H)} = \lg K_{MY} - \lg K'_{MY} \tag{6-25}$$

根据公式（6-25）得出的 $\lg\alpha_{(H)}$ 值所求出的酸度，即为"最高酸度"（最低 pH）。当溶液酸度超过此值时，$\lg K'_{MY}$ 值变小，E_t 增大。

了解配位滴定中各种金属离子滴定时允许的最高酸度，对解决实际问题具有重要的意义。根据林邦误差公式，当 c_M、E_t 和 ΔpM 不同时，滴定允许的最高酸度也将不同。把滴定时部分金属离子允许的最低 pH 直接标在 EDTA 的酸效应曲线上，可供实际工作参考（图 6-6）。对极稳定的配合物 BiY（$\lg K_{BiY} = 27.9$），可在高酸度下（pH≈1）进行滴定；对稳定性较差的配合物 MgY（$\lg K_{MgY} = 8.7$），则需在弱碱性（pH≈10）溶液中进行滴定。

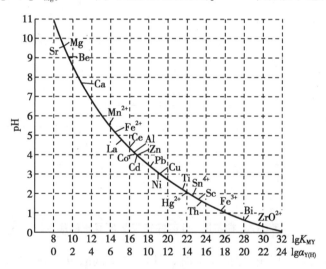

图 6-6 EDTA 的酸效应曲线

（二）最低酸度

在配位滴定中，溶液 pH 的增大会使 K'_{MY} 变大。但是，如果 pH 过高，将会导致某些金属离子发生水解反应，甚至产生沉淀，将影响配位反应的速度和改变滴定反应的计量关系，使滴定难以准确进行。因此，常把金属离子将要产生沉淀时的 pH 作为配位滴定的最低酸度（最高 pH），此值可由金属离子氢氧化物沉淀的溶度积直接求得。

例 6-11 用 2.0×10^{-2} mol/L EDTA 溶液滴定等浓度的 Bi^{3+} 溶液，$\Delta pM' = \pm 0.2$，求 E_t 为 0.1% 时的最高酸度和最低酸度（已知 $K_{sp,Bi(OH)_3} = 5.4 \times 10^{-31}$）。

解 由前面讨论可知，当 $\Delta pM = \pm 0.2$、$E_t = 0.1\%$ 时，要求滴定中 $\lg c_M K'_{MY} > 6$

由于是等浓度滴定，在化学计量点时，$c_{Bi^{3+}}^{sp} = 1.0 \times 10^{-2}$ mol/L，故

$$\lg K'_{BiY} \geqslant 8$$

$$\lg\alpha_{Y(H)} = \lg K_{BiY} - \lg K'_{BiY} = 27.94 - 8 = 19.94$$

查表6-2知，溶液相应的最低 pH 为 0.7，即最高酸度。

最低酸度由 K_{sp} 关系式表示得：

$$[OH^-] = \sqrt[3]{\frac{K_{sp,Bi(OH)_3}^{sp}}{c_{Bi^{3+}}^{sp}}} = \sqrt[3]{\frac{5.4 \times 10^{-31}}{1 \times 10^{-2}}} = 7.3 \times 10^{-10}$$

$$pOH = 9.13 \qquad pH = 4.87$$

因此，在此条件下滴定 Bi^{3+} 的 pH 范围为 0.7～4.87。

注意： 根据溶度积求得的最低酸度，对少数溶解度较大的氢氧化物，会与实际情况有较大的出入。这是因为在计算过程中，忽略了沉淀的溶解、氢氧基配合物的生成、辅助配位剂的加入、离子强度等因素的影响，获得的计算结果只能是粗略的，只能起到为实验设定一个初始参数的作用，滴定的最终条件将通过实验确定。

（三）金属指示剂适宜的酸度范围

从最低酸度至最高酸度称为适宜的酸度范围。此范围表明了进行准确滴定时 H^+ 浓度的允许范围。但是，要实现准确滴定，还必须考虑酸度对指示剂本身颜色的影响。

例如铬黑 T，在不同的 pH 区间，它呈现的颜色不同（图6-7）。由于铬黑 T 与所有被滴定的金属离子 M 形成的配合物都呈酒红色，所以只有当溶液的 pH 在 7.3～10.6 这一范围内才能以铬黑 T 为指示剂。类似的问题在其他金属指示剂中也存在，如二甲酚橙和钙指示剂。

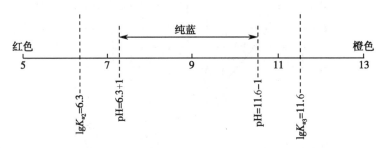

图6-7 在不同 pH 区间铬黑 T 所呈现的颜色

所以，用 Y 滴定 M，以 In 为指示剂时，M 的"最高酸度"和"最低酸度"区间与指示剂的适宜的酸度范围彼此要重叠才可以，并且重叠的部分最好要大于两个 pH 单位。

（四）最佳酸度

根据目测法终点误差的计算公式（林邦误差公式）可知，终点误差不仅与 $\lg c_M K_{MY}'$ 有关，还与 ΔpM 有关。在选择指示剂时，酸度对 ΔpM_{ep} 和 ΔpM_{sp} 有影响，进而影响 ΔpM。所以，在"最高酸度"与"最低酸度"之间，还存在一个最佳酸度。若要使终点误差尽量小，则必须使 $\Delta pM_{ep}'$ 与 $\Delta pM_{sp}'$ 尽量接近；若要使终点误差为零，则必须使 pM_{ep}' 与 pM_{sp}' 相等。可见，最佳酸度就是能使化学计量点与滴定终点相一致时的 pH，即 pM_{ep}' 等于 pM_{sp}' 时溶液的酸度。有时候只要求 $\Delta pM'$ 小到能满足终点误差的要求，不要求 $\Delta pM'$ 一定等于 0，此时允许的酸度范围称为配位滴定的最佳酸度范围。

第八节 提高配位滴定选择性的方法

前面讨论的是滴定单一金属离子的情况，但在实际工作中，溶液中常常是多种金属离子共存，滴定时它们可能相互干扰。因此，设法提高滴定的选择性就成为配位滴定中需要解决的重要问题。在配位滴定中，设法降低 EDTA 与干扰离子所生成配合物的稳定性，或降低干扰离子的浓度，可使滴定的选择性提高。其中，控制溶液的酸度和掩蔽干扰离子为常采用的方法。

一、控制溶液的酸度

滴定单一金属离子时，只要满足 $\lg c_M K'_{MY} \geqslant 6$ 的条件即可进行准确滴定，$E_t \leqslant 0.1\%$。当体系中存在两种以上金属离子时，情况就变得复杂了。但是，如果能利用不同的金属离子与 EDTA 形成的配合物的稳定性不同，通过控制溶液的酸度，仅允许一种金属离子生成稳定的配合物，其他离子很难配位，即可消除干扰。

设溶液中有两种金属离子 M 和 N，其初始浓度分别为 c_M 和 c_N，要求滴定 M 的 E_t 为 $0.1\% \sim 1\%$，同时假定终点时 N 与 EDTA 形成的配合物 NY 的浓度比 M 的浓度还要小 10 倍，以忽略 N 的干扰。那么，化学计量点时各组分的浓度为：

$$[MY] = c_M/2 \qquad [M] = \frac{1}{200} \cdot c_M \qquad [N] \approx c_N/2$$

$$[NY] = \frac{1}{10} \cdot [M] = \frac{1}{2000} \cdot c_M$$

根据配位平衡

$$K'_{MY} = \frac{[MY]}{[M][Y]} = \frac{\dfrac{c_M}{2}}{\dfrac{c_M}{200} \cdot [Y]}$$

$$K'_{NY} = \frac{[NY]}{[N][Y]} = \frac{\dfrac{c_M}{2000}}{\dfrac{c_N}{2} \cdot [Y]}$$

以上两式相比较，得：

$$\frac{c_M K'_{MY}}{c_N K'_{NY}} \geqslant 10^5 \tag{6-26}$$

或
$$\lg c_M K'_{MY} - \lg c_N K'_{NY} \geqslant 5 \tag{6-27}$$

这就是利用控制溶液酸度进行分别滴定的判别式。

当 $c_M = c_N$ 时，式(6-27)可简化为：

$$\Delta \lg K' \geqslant 5 \tag{6-28}$$

将 $\lg c_M K'_{MY} = 6$ 代入式(6-27)可得：

$$\lg c_N K'_{NY} \leqslant 1 \tag{6-29}$$

此为干扰离子 N 与 EDTA 几乎不配位的限度。在配位滴定中，经常利用酸效应或配位效应，使 $\lg c_M K'_{MY} \geqslant 6$ 和 $\lg c_N K'_{NY} \leqslant 1$，这样就避免了 N 的干扰，能对 M 进行准确滴定。

例6-12　设溶液中含有浓度均为 0.020mol/L 的 Bi^{3+} 和 Pb^{2+}，问能否利用控制酸度的办法对两者进行分别滴定？

解　由表6-1知，$\lg K_{BiY} = 27.94$，$\lg K_{PbY} = 18.04$，则

$$\Delta \lg K = 27.94 - 18.04 = 9.9 > 5$$

所以，可以利用控制酸度的办法对 Bi^{3+} 进行选择性滴定。

由图 6-5 可知，滴定 Bi^{3+} 和 Pb^{2+} 时允许的最小 pH 分别约为 0.7 和 3.3。若使 Pb^{2+} 与 EDTA 完全不生成 PbY 配合物，则可利用 $\lg c_{Pb^{2+}} K'_{PbY} \leqslant 1$ 求得此时溶液的酸度。

由于溶液中 Pb^{2+} 没有其他化学反应，所以在化学计量点附近

$$c_{Pb^{2+}}^{sp} = 0.01 \, mol/L$$

故
$$\lg K'_{PbY} \leqslant 3$$

$$\lg K_{PbY} - \lg \alpha_{Y(H)} < 3 \qquad \lg \alpha_{Y(H)} = 18.04 - 3 = 15.04$$

查表 6-2，得 pH 约为 1.6。

因此，滴定 Bi^{3+} 的适宜 pH 范围为 0.7~1.6。考虑到 Bi^{3+} 的水解，常在 pH = 1 时滴定 Bi^{3+}，滴定 Bi^{3+} 完后，再将溶液的 pH 调到 3.3 以上，滴定 Pb^{2+}，由此实现分步滴定的目的。

二、掩蔽干扰离子

如前所述，当其他金属离子 N 存在于溶液中时，因 N 与 Y 发生副反应，使 K'_{MY} 降低，甚至使 $\lg K'_{MY}$ 比 $\lg K'_{NY}$ 还要小，这样 N 的干扰就不能采用控制酸度的方法消除。另外，有时 N 离子对指示剂还可能有封闭作用。如果加入一种能与 N 反应的试剂，使溶液中 N 的浓度降低，这样 N 对 M 的干扰就会减小，甚至消除，这种方法叫掩蔽。根据掩蔽反应的类型，掩蔽法可分为配位掩蔽法、沉淀掩蔽法和氧化还原掩蔽法等。

（一）配位掩蔽法

利用掩蔽剂与干扰离子 N 生成稳定的配合物，降低溶液中游离 N 的浓度，进而使 $\alpha_{Y(N)}$ 减小、K'_{MY} 增大，使 M 能够单独被滴定，这种方法称为配位掩蔽法。如用 EDTA 滴定水中的 Ca^{2+}、Mg^{2+} 时，Fe^{3+}、Al^{3+} 等离子的存在会干扰滴定。这时可加入三乙醇胺作掩蔽剂，与 Fe^{3+}、Al^{3+} 等离子生成稳定的配合物，从而达到消除干扰的目的。

配位掩蔽法是应用最广泛的掩蔽方法，使用时需注意以下事项：

1. 干扰离子与掩蔽剂形成的配合物比其与 EDTA 形成的配合物要稳定得多，并且生成的配合物应没有颜色或呈浅色，对滴定终点的判断没有影响。

2. 掩蔽剂与被测离子不发生配位反应，即使反应，其配合物的稳定性也要远小于被测离子与 EDTA 配合物的稳定性，这样 EDTA 才能置换掩蔽剂，将已被掩蔽剂配位的被测离子重新释放出来，降低滴定误差。

3. 多数配位掩蔽剂为弱酸或弱碱，溶液酸度对其掩蔽能力的影响很大。所以，使用时必须注意溶液的酸度，注意掩蔽剂本身的酸效应，且要与滴定时所要求的 pH 范围相符合。如在 Al^{3+} 与 Zn^{2+} 两种离子共存时，采用 NH_4F 掩蔽 Al^{3+}，使之生成稳定性较高的 AlF_6^{3-} 配离子，调节溶液的 pH 至 5~6，即可用 EDTA 滴定 Zn^{2+}。但是，测定水的硬度时，在 pH = 10 进行滴定，由于被测溶液中的 Ca^{2+} 与 F^- 结合，生成 CaF_2 沉淀，所以不能用氟化物来掩蔽 Al^{3+} 离子，而应该采用三乙醇胺作掩蔽剂。常用的金属离子掩蔽剂见表 6-6。

例 6-13　溶液中含有 27mg Al^{3+}，65.4mg Zn^{2+}，加入 1g NH_4F，调节溶液的 pH 为 5，试判断此时能否掩蔽 Al^{3+} 而滴定 Zn^{2+}（假设滴定终点时溶液的总体积为 100ml）？

表6-6 常用的金属离子掩蔽剂

名称	pH 范围	被掩蔽的离子	备注
KCN	>8	Zn^{2+}、Cu^{2+}、Ag^+、Hg^{2+}、Co^{2+}、Ni^{2+}、Cd^{2+}及钛Ti^+及铂族元素	
NH_4F	4～6	Al^{3+}、Sn^{4+}、Zr^{4+}、$Ti(IV)$、$W(IV)$等	用 NH_4F 比 NaF 好，原因是加入后溶液 pH 变化不大
	10	Al^{3+}、Mg^{2+}、Ca^{2+}、Sr^{2+}、Ba^{2+}及稀土元素	
三乙醇胺（TEA）	10	Al^{3+}、Fe^{3+}、Sn^{4+}、$Ti(IV)$	与 KCN 并用，可提高掩蔽效果
	11～12	Al^{3+}、Fe^{3+}及少量的 Mn^{2+}	
邻二氮菲	5～6	Zn^{2+}、Cu^{2+}、Hg^{2+}、Co^{2+}、Ni^{2+}、Cd^{2+}	
酒石酸	5.5	Al^{3+}、Ca^{2+}、Fe^{3+}、Sn^{4+}	在抗坏血酸存在下使用
	6～7.5	Al^{3+}、Mg^{2+}、Fe^{3+}、Cu^{2+}、Mo^{4+}、Sb^{3+}	
	10	Al^{3+}、Sn^{4+}	
二巯丙醇（BAL）	10	Ca^{2+}、Zn^{2+}、Pb^{2+}、Ag^+、Hg^{2+}、Bi^{3+}、Sn^{4+}、As^{3+}及少量的 Cu^{2+}、Ni^{2+}、Co^{2+}、Fe^{3+}	

解 终点时

$$c_{Al^{3+}} = \frac{0.027}{27} \times \frac{1000}{100} = 0.010 \ (mol/L)$$

$$c_{Zn^{2+}} = \frac{0.0654}{65.4} \times \frac{1000}{100} = 0.010 \ (mol/L)$$

$$c_{F^-} = \frac{1}{37} \times \frac{1000}{100} = 0.27 \ (mol/L)$$

假设 Al^{3+} 与 F^- 主要生成 AlF_6^{3-}，那么 0.010mol/L Al^{3+} 要消耗 0.060mol/L F^-

剩余 $[F^-] = 0.27 - 0.060 = 0.21(mol/L)$

查表得 AlF_6^{3-} 的累积稳定常数，则

$$\alpha_{Al(F)} = 1 + \beta_1[F^-] + \beta_2[F^-]^2 + \cdots + \beta_6[F^-]^6$$

$$= 1 + 1.4 \times 10^6 \times 0.21 + 1.4 \times 10^{11} \times 0.21^2 + 1.0 \times 10^{15} \times 0.21^3 + 5.6 \times 10^{17} \times 0.21^4$$

$$+ 2.3 \times 10^{19} \times 0.21^5 + 6.9 \times 10^{19} \times 0.21^6$$

$$= 1.6 \times 10^{16}$$

则 $\lg\alpha_{Al(F)} = \lg 1.6 \times 10^{16} = 16.21$

查表6-2，pH 为5时，$\lg\alpha_{Y(H)} = 6.45$

由于 Zn^{2+} 与 F^- 不生成配合物，所以 $\alpha_{Zn(F)} = 0$

$$\lg K'_{ZnY} = 16.5 - 6.45 - 0 = 10.05$$

$$\lg c_{Zn^{2+}} K'_{ZnY} = -2 + 10.05 = 8.05 > 6$$

则 $\lg K'_{AlY} = 16.3 - 6.45 - 16.21 = -6.45$

且 $\lg c_{Al^{3+}} K'_{AlY} = -2 - 6.45 = -8.45 < 1$

所以在此条件下，Al^{3+} 完全被掩蔽，可用 EDTA 准确滴定 Zn^{2+}。

（二）沉淀掩蔽法

加入掩蔽剂使干扰离子沉淀下来，以降低干扰离子的浓度，在沉淀存在的情况下直接进行滴定，这种消除干扰的方法称为沉淀掩蔽法。例如，Ca^{2+} 与 Mg^{2+} 经常共存，其 EDTA 配合物的稳定常数相差较小（$lgK_{CaY} = 10.7$，$lgK_{MgY} = 8.7$），故 Mg^{2+} 对 Ca^{2+} 的测定有干扰。在溶液中两者无价态变化，不能应用氧化还原掩蔽法消除干扰。此外，钙和镁的其他化学性质非常相似，很难找到合适的配位掩蔽剂。但是，钙和镁氢氧化物的溶解度相差较大（分别为 $10^{-4.9}$ 和 $10^{-10.4}$），若在 pH > 12 时滴定 Ca^{2+}，Mg^{2+} 会生成 $Mg(OH)_2$ 沉淀，将不干扰 Ca^{2+} 的测定。这里，OH^- 作沉淀掩蔽剂。沉淀掩蔽法示例见表 6-7。

表 6-7　沉淀掩蔽法示例

掩蔽剂	pH	被掩蔽离子	被滴定离子	指示剂
KI	5 ~ 6	Cu^{2+}	Zn^{2+}	PAN
Na_2SO_4	10	Sr^{2+}、Ba^{2+}	Mg^{2+}、Ca^{2+}	EBT
NaOH	12	Mg^{2+}	Ca^{2+}	钙指示剂
H_2SO_4	1	Pb^{2+}	Bi^{3+}	XO
Na_2S 或铜试剂	10	Cu^{2+}、Cd^{2+}、Bi^{3+}	Mg^{2+}、Ca^{2+}	EBT
NH_4F	10	Mg^{2+}、Ca^{2+}、Ba^{2+}、Sr^{2+}	Cu^{2+}、Cd^{2+}、Bi^{3+}	EBT

但是，一些沉淀反应往往进行得不够彻底，尤其是在过饱和现象存在时，使沉淀效率较低，被测离子或金属指示剂常被沉淀吸附，影响测定的准确度。另外，一些颜色较深或体积庞大的沉淀也妨碍终点的观察。因此，沉淀掩蔽法在实际工作中应用不多。

（三）氧化还原掩蔽法

加入某些氧化还原剂，使之与干扰离子发生氧化还原反应，以达到消除干扰的目的，这种方法称为氧化还原掩蔽法。例如，用 EDTA 滴定 Bi^{3+} 时，溶液中 Fe^{3+} 的存在，会干扰滴定。此时，可加入抗坏血酸或盐酸羟胺等将 Fe^{3+} 还原成 Fe^{2+}，因 FeY^{2-} 的稳定常数比 FeY^- 的稳定常数小得多（$lgK_{FeY^-} = 25.1$，$lgK_{FeY^{2-}} = 14.3$），增大了 ΔlgK 值，因此可以消除干扰。常用的还原剂有 $Na_2S_2O_3$、盐酸羟胺、抗坏血酸、硫脲、肼、KCN 等，其中有些还原剂也是配位剂。相反，某些干扰离子的低价态与 EDTA 形成配合物的稳定常数比其高价态与 EDTA 形成配合物的稳定常数大，则可预先将低价态的干扰离子（如 Cr^{3+}、VO^{2+}）氧化成高价态酸根（$Cr_2O_7^{2-}$、VO_3^-），达到消除干扰的目的。氧化还原掩蔽法适用于易发生氧化还原反应的金属离子，同时还要求生成的还原型物质或氧化型物质对测定不产生干扰，故该法仅适合少数金属离子。

（四）解蔽法

上述方法都是先将干扰离子 N 掩蔽起来，然后对 M 离子进行滴定。如果还需要同时测定 N，那么在滴定 M 以后，可加入某种试剂破坏 N 与掩蔽剂形成的配合物，使 N 释放出来再进行滴定，这种方法称为解蔽，该试剂称为解蔽剂。例如，应用配位滴定法测定铜合金中的 Zn 和 Pb，在氨性试液中加入 KCN 掩蔽 Zn^{2+}、Cu^{2+}（注意 KCN 只能在碱性条件下使用，属剧毒物），此时 Pb^{2+} 没有被掩蔽，以铬黑 T 作指示剂，在 pH = 10 时可用 EDTA 标准溶液滴定 Pb^{2+}。滴定完 Pb^{2+} 后，在溶液中加入甲醛，破坏 $Zn(CN)_4^{2-}$，使 Zn^{2+} 释放出来，再用 EDTA 继续滴定。由于 $Cu(CN)_4^{2-}$ 的稳定性较好，很难用甲醛解蔽，但需要注意甲醛的用量（通常为 1:8），否则，部分 $Cu(CN)_4^{2-}$ 可能遭到破坏，进而对 Zn^{2+} 的测定结果有影响。

$$4HCHO + Zn(CN)_4^{2-} + 4H_2O = Zn^{2+} + 4HOCH_2CN + 4OH^-$$

这里应用了两种试剂——掩蔽剂与解蔽剂，进行连续滴定。

在实际工作中，单用一种解蔽的方法，常常不能获得满意的结果。当溶液中有多种离子共存时，往往使用几种沉淀剂或解蔽剂，才能获得较好的选择性。如测定土壤中的 Ca^{2+} 和 Mg^{2+}，Al^{3+}、Fe^{3+}、Mn^{2+} 等离子对测定有很大的干扰。在弱碱性条件下，这些干扰离子生成相应的氢氧化物沉淀，显棕红色，对滴定终点的观察很不利，故常用盐酸羟胺和三乙醇胺来掩蔽。

三、应用其他配位滴定剂

除 EDTA 外，还有一些氨羧配位剂，它们与金属离子形成配合物的稳定性差别较大。在 EDTA 滴定中，当 $\Delta\lg K$ 较小时，可换成其他的氨羧配位剂，使 $\Delta\lg K$ 增大，提高滴定的选择性。

1. 2-羟乙基乙二胺三乙酸　缩写 HEDTA，与金属离子配合物的稳定性一般比相应的 EDTA 配合物的稳定性小，但滴定稳定常数较高的金属离子时，选择性比 EDTA 要好。例如，两者与 Ni^{2+}、Cu^{2+} 和 Mn^{2+} 形成配合物稳定常数分别对比如下：

	Ni^{2+}	Cu^{2+}	Mn^{2+}
$\lg K_{M\text{-}EDTA}$	18.62	18.80	13.87
$\lg K_{M\text{-}HEDTA}$	17.3	17.6	10.9

可见，利用 EDTA 滴定时，Ni^{2+} 或 Cu^{2+} 与 Mn^{2+} 的 $\Delta\lg K$ 都小于 6，很难进行准确滴定。若采用 HEDTA 时，$\Delta\lg K$ 大于 6，即可消除 Mn^{2+} 对 Ni^{2+} 或 Cu^{2+} 的干扰。

2. 1,2-二氨基环己烷四乙酸　缩写 CyDTA（或 DCTA，DCyTA），与金属离子形成配合物的稳定性高于相应的 EDTA 配合物，对 Ca^{2+}、Mg^{2+} 等离子的滴定颇为有利。在碱性溶液中滴定，Ba^{2+} 对 Ca^{2+} 的干扰将大大减小，提高滴定的准确度。

	Ca^{2+}	Mg^{2+}	Ba^{2+}	Sr^{2+}
$\lg K_{M\text{-}EDTA}$	10.69	8.7	7.86	8.73
$\lg K_{M\text{-}CyDTA}$	13.20	11.02	8.69	10.59

3. 乙二醇二乙醚二胺四乙酸　缩写 EGTA，滴定 Mg^{2+} 和 Ca^{2+} 时，两者的 $\Delta\lg K$ 值由 2.0 增加为 5.76，有利于消除 Mg^{2+} 对 Ca^{2+} 的干扰。

	Ca^{2+}	Mg^{2+}
$\lg K_{M\text{-}EDTA}$	10.69	8.7
$\lg K_{M\text{-}EGTA}$	10.97	5.21

4. 乙二胺四丙酸　缩写 EDTP，与金属离子形成配合物的稳定性一般比相应的 EDTA 配合物的稳定性差。但是，Cu-EDTP 配合物的稳定性较高。所以，采用 EDTP 直接滴定 Cu^{2+} 时，对溶液的酸度加以控制，可使 Zn^{2+}、Mn^{2+}、Cd^{2+} 等离子的干扰得到消除。

	Cu^{2+}	Zn^{2+}	Mn^{2+}	Cd^{2+}
$lgK_{M\text{-}EDTA}$	18.80	16.5	13.87	16.46
$lgK_{M\text{-}EDTP}$	15.4	7.8	4.7	6.0

第九节 配位滴定法的应用

一、配位滴定的标准溶液

在水中 EDTA 的溶解度很小，22℃时每 100ml 水中只能溶解 0.02g，通常用它的二钠盐 $Na_2H_2Y \cdot 2H_2O$（分子量为 372.26）配制标准溶液。在 22℃时，每 100ml 水中可溶解 ED-TA 二钠盐 11.1g，溶液的 pH 在 4.4 左右。

配制 0.02mol/L EDTA 溶液，可精密称取 4g EDTA 二钠盐于 250ml 烧杯中，加水溶解后，定量转移至 500ml 容量瓶中，定容至刻度，摇匀，即得。若溶液需保存，最好将溶液储存于聚乙烯塑料瓶中。常以金属锌或 ZnO 为基准物对 EDTA 溶液进行标定，用铬黑 T 或二甲酚橙作指示剂。

1. 以纯金属锌为基准物　先用稀盐酸除去纯金属锌粒表面的氧化物，然后水洗，再用丙酮漂洗一下，沥干，于 110℃下烘干备用。精密称取 0.3g 锌粒，加入 10ml 盐酸溶液（1∶1）使之溶解，然后将溶液转入 250ml 容量瓶中，用蒸馏水定容，摇匀，备用。取 Zn^{2+} 标准溶液 25.00ml，加二甲酚橙（0.2%）指示剂 1~2 滴，滴加 20% 六亚甲基四胺溶液至溶液呈现稳定的紫红色后，再过量滴入 5ml，用 EDTA 溶液滴定，当溶液由紫红色变为亮黄色时即为终点。

2. 以 ZnO 为基准物　准确称取 0.4g 在 800℃下灼烧至恒重的 ZnO，加 10ml HCl 溶液（1∶1），待溶解完全后，将溶液转入 250ml 的容量瓶中，用蒸馏水定容、摇匀、备用。取 Zn^{2+} 标准溶液 25.00ml，加 1 滴 0.2% 甲基红指示剂，滴加氨水至溶液显微黄色时，再加 25ml 蒸馏水和 10ml 氨性缓冲溶液，摇匀。最后，加 5 滴 0.5% 铬黑 T 指示剂，用 EDTA 溶液滴定，当溶液由紫红色变为纯蓝色时即为终点。

二、滴定方式及应用示例

在配位滴定中，应用不同的滴定方式，能直接或间接测定周期表中大多数金属元素。常用的滴定方式有以下四种。

（一）直接滴定法

将被测物质处理成溶液后，调节好酸度，加入金属子指示剂（有时还需要加入适当的辅助配位剂或掩蔽剂），直接用 EDTA 标准溶液滴定，这就是直接滴定法。

使用直接滴定法必须满足以下条件：①被测离子与 EDTA 的反应速度要快；②被测离子的浓度与该配合物的条件稳定常数应满足 $lgc_M K'_{MY} \geq 6$ 的要求；③有变色敏锐的指示剂，且无封闭现象；④在滴定条件下，被测离子不发生水解反应和沉淀反应，必要时可加适当的辅助配位剂，防止被测离子水解。

例如，钙、镁往往共存，经常需要测定两者的含量。测水中的钙镁总量就是测定水的总硬度。加热时，水中钙镁的酸式碳酸盐会分解，以沉淀形式析出而被除去，这种盐所形成的硬度称为暂时硬度。钙镁等其他盐类如硫酸盐、氯化物等，加热不能使之分解，这种盐形成的硬度称为永久硬度。暂时硬度和永久硬度之和称为总硬度。

下面以水硬度分析和血清钙的测定为例，加以说明。

水的硬度用 $CaCO_3 mg/L$ 表示，$1mg\ CaCO_3/L$ 为 1 度。

测定总硬度，取 100ml 水样于 250ml 锥形瓶中，加入 5ml pH 为 10 的 NH_3 - NH_4Cl 缓冲液，再加入 2～3 滴铬黑 T 指示剂，用 0.02mol/L EDTA 标准溶液滴定，当溶液由酒红色变为蓝色时为终点，代入下式求总硬度。

$$水的总硬度(CaCO_3 mg/L) = \frac{c_{EDTA} V_{EDTA} \times M_{CaCO_3}}{V_{水样}} \times 1000$$

在临床检验中，常用 EDTA 滴定法测定血清钙。在碱性溶液中，血清中的 Ca^{2+} 与钙指示剂相结合，形成酒红色的配合物，用 EDTA 滴定血清钙时，溶液由红色转变为蓝色为终点。操作如下：

取 0.25ml 血清，加 2.5ml 0.2mol/L NaOH 溶液，此时溶液的 pH 约为 12，Mg^{2+} 以 $Mg(OH)_2$ 沉淀形式被掩蔽，再加 2 滴钙指示剂，用 EDTA 标准溶液滴定至终点。滴定时，最好使用微量滴定管。

（二）返滴定法

返滴定法是在试液中先加入定量过量的 EDTA 标准溶液，然后用另一种金属离子的标准溶液去滴定过量的 EDTA，根据两种标准溶液的浓度及用量计算被测物质的含量。

返滴定法主要适用于没有适当的指示剂，配位反应速度缓慢，及被测离子易发生水解等副反应而影响滴定的情况。例如测定 Al^{3+} 时，Al^{3+} 与 EDTA 的配位反应速率较慢；Al^{3+} 被滴定的最高允许酸度 pH 为 4，若 pH 稍大点，Al^{3+} 会水解成多核羟基配合物，与 EDTA 配位反应速率将会更慢；另外，Al^{3+} 对铬黑 T、二甲酚橙等指示剂又有封闭作用，所以不能采用直接滴定法，只能使用返滴定法。在含 Al^{3+} 的试液中，先加入定量过量的 EDTA 标准溶液，调节溶液的 pH 约至 3.5，煮沸，使 Al^{3+} 与 EDTA 配合完全，然后加缓冲溶液，将溶液的 pH 调至 5～6，加入二甲酚橙指示剂，用 Zn^{2+} 标准溶液返滴定过量的 EDTA，此时 Al^{3+} 已生成 AlY 配合物，不再对指示剂有封闭作用，当溶液颜色由亮黄色变为紫红色时为终点。依据加入的 EDTA 的量及 Zn^{2+} 标准溶液的用量，即可求出 Al^{3+} 的含量。

返滴定剂（如 Zn^{2+} 标准溶液）所形成的配合物应具有较高的稳定性，但不宜超过被测离子配合物的稳定性太多，否则在滴定过程中，被测离子会被返滴定剂置换出来，引起误差，使得终点不敏锐。

（三）置换滴定法

当不能应用直接法进行滴定时，除了使用返滴定法外，也可采用置换滴定法。该法是利用置换反应，置换出等物质的量的另一种金属离子，或置换出 EDTA，然后进行滴定。置换滴定的方式主要有以下两种：

1. 置换金属离子　当被测离子 M 与 EDTA 反应不完全，或所生成的配合物稳定性较差时，可利用金属离子 N 的配合物（NL）作试剂，与 M 发生置换反应，置换出 N，再用 EDTA 标准溶液滴定 N，进而求出 M 的含量。

$$M(不可滴) + NL \rightleftharpoons ML + N(可滴)$$

如测定 Ba^{2+} 时无合适指示剂，可使 MgY^{2-} 与 Ba^{2+} 发生置换反应，再以铬黑 T 作指示剂，用 EDTA 滴定被置换出来的 Mg^{2+}，然后求出 Ba^{2+} 的含量。

2. 置换出 EDTA　先用 EDTA 使被测离子 M 和干扰离子 N 全部形成配合物，再使用另一种高选择性的配位剂 L 将与 M 配位的 EDTA 置换出来，然后用其他金属离子标准溶液滴定 EDTA，从而求出 M 的含量。

$$MY + L \rightleftharpoons ML + Y$$

如锡青铜中（含 Sn^{4+}、Zn^{2+}、Pb^{2+}、Cu^{2+}）Sn^{4+} 的测定就是应用上述置换滴定法。在试液中加入过量的 EDTA，使 Sn^{4+} 及共存离子全部被配位，用 Zn^{2+} 标准溶液滴定过量的 EDTA，再加入过量的 NH_4F，选择性地使 SnY 转变成稳定性更高的 SnF_6^{2-}，释放出的 EDTA 再用 Zn^{2+} 标准溶液滴定，根据所消耗 Zn^{2+} 的用量即可计算 Sn^{4+} 的含量。除 Sn^{4+} 外，Al^{3+}、Zr^{4+}、Th^{4+}、Ti^{4+} 等离子都可采用这种方法滴定。

此外，应用置换滴定法可提高指示剂指示终点的敏锐性。例如，铬黑 T 与 Mg^{2+} 显色很灵敏，与 Ca^{2+} 显色的灵敏度较差，因此，在 pH = 10 时用 EDTA 滴定 Ca^{2+}，常预先在溶液中加入少量的 MgY，发生如下置换反应：

$$MgY + Ca^{2+} \rightleftharpoons CaY + Mg^{2+}$$

铬黑 T 与置换出来的 Mg^{2+} 结合，溶液呈酒红色。滴定时，EDTA 与 Ca^{2+} 先发生配位反应，当到达滴定终点时，EDTA 夺取 Mg-铬黑 T 配合物中的 Mg^{2+}，使指示剂游离出来，溶液由酒红色变为蓝色，颜色变化很敏锐。因滴定前加入的 MgY 和最后生成的 MgY 的物质的量相等，所以加入的 MgY 对滴定结果没有影响。

（四）间接滴定法

一些非金属离子（如 SO_4^{2-}、PO_4^{3-} 等）与 EDTA 不发生配位反应，或某些金属离子（如 Li^+、Na^+、K^+、Rb^+、W^{6+}、Cs^+ 等）与 EDTA 形成的配合物不稳定，不能用 EDTA 直接滴定，这时可采用间接滴定法。加入过量的能与 EDTA 生成稳定配合物的金属离子作沉淀剂，将被测离子沉淀，再用 EDTA 标准溶液滴定过量的沉淀剂，或将沉淀分离、溶解后，再用 EDTA 滴定其中的金属离子。间接滴定法一般需要经过的步骤较多，误差较大。

如测定钠时，在一定条件下先将 Na^+ 沉淀为乙酸铀酰锌钠（$NaAc \cdot Zn(Ac)_2 \cdot 3UO_2(Ac)_2 \cdot 9H_2O$），分离沉淀、洗净并溶解，然后调节溶液 pH 至 5~6，以二甲酚橙作指示剂，用 EDTA 标准溶液滴定溶解出来的 Zn^{2+}，即可间接计算出试样中 Na^+ 的含量。测定 PO_4^{3-} 时，在一定条件下先将 PO_4^{3-} 定量沉淀为 $MgNH_4PO_4$，分离沉淀，调节溶液的酸度，然后用 EDTA 标准溶液滴定溶液中的 Mg^{2+}，即可求得磷的含量；也可加入乙醇，使沉淀的溶解度降低、沉淀反应更加完全，在不分离沉淀的情况下，直接用 EDTA 标准溶液滴定溶液中的 Mg^{2+}。

例 6-14　称取 0.2000g 含磷的试样，处理成试液，将磷沉淀为 $MgNH_4PO_4$。过滤沉淀，洗净，再使之溶解，调节溶液的 pH 为 10，以铬黑 T 为指示剂，用 2.0×10^{-2} mol/L EDTA 标准溶液滴定其中的 Mg^{2+}，消耗 EDTA 溶液 20.00ml，试计算试样中 P 和 P_2O_5 的含量。

解　$n_{MgNH_4PO_4} = n_{Mg^{2+}} = n_{PO_4^{3-}} = n_P$

Mg^{2+} 的物质的量 = P 的物质的量

$$w_P = \frac{c_{EDTA} V_{EDTA} M_P}{m_s} = \frac{2.0 \times 10^{-2} \times 20.00 \times 10^{-3} \times 30.97}{0.2000} = 6.19\%$$

$$w_{P_2O_5} = \frac{c_{EDTA}V_{EDTA}M_{P_2O_5}/2}{m_s}$$

$$= \frac{2.0\times10^{-2}\times20.00\times10^3\times141.96/2}{0.2000} = 14.20\%$$

（徐小娜）

本 章 小 结

本章主要讨论了配位滴定分析法的基本理论和配位滴定条件的选择。

1. 配位剂 EDTA 的结构、分布形式及其与金属离子形成螯合物的特点。

2. 配位滴定法的基本原理包括：配位平衡、配位滴定曲线、金属指示剂和标准溶液的配制与标定。

（1）配位滴定中 $\lg K'_{MY}$ 贯穿整章内容。$\lg K'_{MY}$ 是影响滴定突跃大小的重要因素、判断滴定条件和控制终点误差的重要依据。公式 $\lg K'_{MY} = \lg K_{MY} - \lg\alpha_M - \lg\alpha_Y$ 涉及基本概念（稳定常数、条件稳定常数、副反应系数、酸效应、共存离子效应、配位效应、水解效应）和各项物理量的意义及其相关计算。

（2）配位滴定曲线的计算和绘制、滴定突跃大小的影响因素及化学计量点时 pM' 的计算。

（3）金属指示剂的作用原理、必备条件和滴定终点时的 pM_t 的计算。

（4）标准溶液的配制与标定。

3. 配位滴定条件的选择包括：配位滴定的终点误差、配位滴定中酸度的选择与控制、提高配位滴定的选择性和配位滴定方式。

（1）终点误差的计算、根据误差大小的要求确定准确滴定的判断条件（即当 $E_t = \pm0.1\%$，$\Delta pM' = \pm0.2$ 时，准确滴定的条件为 $\lg cK'_{MY}\geq6$ 或 $cK'_{MY}\geq10^6$）。

（2）配位滴定中酸度的选择与控制：最高酸度、最低酸度、最佳酸度、金属指示剂的适宜酸度的相关计算。

（3）选择性滴定的可能性判断：准确滴定 M，而不受 N 的干扰，当 $\Delta pM' = \pm0.2$，$E_t = \pm0.3\%$（混合离子选择滴定时误差较大）时，要求 $\Delta\lg cK' = \lg c_M K'_{MY} - \lg c_N K'_{NY}\geq5$，若 M、N 离子浓度相等，则 $\Delta\lg K' = \lg K'_{MY} - \lg K'_{NY}\geq5$；一般情况下，准确滴定的条件为 $\lg c_M K'_{MY}\geq6$，消除 N 离子的干扰要达到的条件为 $\lg c_N K'_{NY}\leq1$。

（4）通过控制酸度和应用掩蔽方法（配位掩蔽法、沉淀掩蔽法、氧化还原掩蔽法及其他掩蔽方法）提高配位滴定的选择性。

（5）配位滴定法常用的滴定方式有：直接滴定法、返滴定法、置换滴定法和间接滴定法。

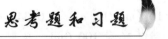 思考题和习题

1. EDTA 与金属离子的配位反应，和无机配位剂与金属离子的配位反应相比较，有哪些特点？为什么无机配位剂很少应用于配位滴定中？

2. 金属离子-EDTA 配合物稳定性为什么特别高？

3. 何为配合物的逐级稳定常数和累积稳定常数？

4. 螯合物的稳定性与哪些因素有关？

5. 何为副反应系数？何为条件稳定常数？

6. 影响配位滴定突跃大小的主要因素有哪些？

7. 金属指示剂的作用原理是什么？金属指示剂应该具备哪些条件？

8. 何为指示剂的封闭现象和僵化现象？如何消除？

9. EDTA 滴定单一金属离子时，如何确定最高酸度和最低酸度？

10. 在有共存离子时，如何提高配位滴定的选择性？

11. 配位滴定中常用的掩蔽方法有哪些？配位掩蔽剂应具备哪些条件？

12. 配位滴定中常用的滴定方式有哪些？分别适用于哪些情况？

13. 0.020mol/L 的 Cu^{2+} 溶液与 0.28mol/L 氨水等体积混合，求溶液中 Cu^{2+} 的浓度为多少(此时溶液中铜氨配离子的主要存在形式是 $Cu(NH_3)_4^{2+}$)？

$(5.56 \times 10^{-12} mol/L)$

14. 溶液中 Mg^{2+} 的浓度为 $2.0 \times 10^{-2} mol/L$，在 pH = 5 时，能否用 EDTA 滴定 Mg^{2+}？在 pH = 9.6 时的情况如何？如果继续降低酸度，情况又将如何？

(不能，能，产生 $Mg(OH)_2$ 不能滴定)

15. 用金属锌标定 EDTA 标准溶液，准确称取纯锌 0.3406g，溶解后定容到 250ml。移取 20.00ml，调节溶液的 pH 为 5~6，以二甲酚橙作指示剂，用 EDTA 标准溶液滴定，终点时用去 25.46ml，计算 EDTA 标准溶液的浓度。

(0.01646mol/L)

16. 以 0.02000mol/L 的 EDTA 标准溶液滴定同浓度的 Pb^{2+}，若 $E_t = \pm 0.1\%$，$\Delta pM' = \pm 0.2$，计算适宜的酸度范围。

(pH 为 3.4~7.0)

17. 吸取水样 100.0ml，用 0.005000mol/L EDTA 溶液滴定，用去 EDTA 16.80ml。计算水的硬度(用 $CaCO_3$ mg/L 表示)。

(84mg/L)

18. 测定血清 Ca^{2+} 含量，取血清 5.00ml，加少量水稀释，加 NaOH 溶液，调节溶液 pH > 12，再加钙指示剂，用 0.005000mol/L EDTA 标准溶液滴定，当溶液由酒红色变为纯蓝色时，用去 EDTA 标准溶液 2.65ml，求血清中 Ca^{2+} 含量(mg/L)？

(106mg/L)

19. 在 25.00ml Ni^{2+} 和 Zn^{2+} 的混合溶液中，加入 50.00ml 0.01250mol/L EDTA，过量的 EDTA 用 0.01200mol/L $MgCl_2$ 溶液 6.25ml 返滴定。然后再加入过量的二巯丙醇(BAL)，它只从 ZnY 中取代 Zn^{2+}，发生的反应如下：

$ZnY^{2-} + BAL \rightleftharpoons ZnBAL^{2+} + Y^{4-}$，滴定游离出来的 EDTA 用去 17.92ml 的 $MgCl_2$ 溶液，计算原溶液中 Zn^{2+} 和 Ni^{2+} 的浓度。

$(c_{Zn} = 8.6 \times 10^{-3} mol/L,\ c_{Ni} = 0.0134 mol/L)$

20. 分析含铜锌镁合金，称取 0.5000g 试样，溶解后定容到 100.0ml。吸取试液 25.00ml，调至 pH = 6，用 PAN 作指示剂，用 0.05000mol/L EDTA 标准溶液滴定铜和锌，用去 35.50ml。另吸取试液 25.00ml，调至 pH = 10，加 KCN 掩蔽铜和锌，用同浓度的 EDTA 标准溶液滴定镁，用去 4.36ml。然后再滴加甲醛以解蔽锌，又用同浓度 EDTA 溶液滴定，用去 12.40ml。计算试样中含铜、锌、镁的质量分数。

$(w_{Cu} = 58.67\%,\ w_{Zn} = 32.44\%,\ w_{Mg} = 4.24\%)$

21. 铬蓝黑 R 指示剂 H_2In^- 是红色，HIn^{2-} 是蓝色，In^{3-} 是橙色，它的 $pK_{a_2} = 7.4$，$pK_{a_3} = 13.5$。它与金属离子生成的配合物 MIn 是红色，试问指示剂在不同的 pH 时，呈现什么颜色？它能用作金属指示剂的 pH 范围是多少？

(pH < 7.4 呈红色，7.4 < pH < 13.5 呈蓝色，pH > 13.5 呈橙色；7.4 ~ 13.5)

22. 以 0.020mol/L EDTA 溶液滴定同浓度的 Ni^{2+}，溶液的 pH 为 5，计算计量点时 Ni^{2+} 的浓度（以 pNi 表示）。

(7.08)

23. 测定锆英石中 ZrO_2、Fe_2O_3 含量时，称取 1.000g 试样，以适当的熔样方法制成 200.00ml 试样溶液。移取 50.00ml 试液，调节 pH = 0.8，加入盐酸羟胺还原 Fe^{3+}，以二甲酚橙为指示剂，用 0.01000mol/L EDTA 滴定，用去 10.00ml。加入浓硝酸，加热，使 Fe^{2+} 被氧化成 Fe^{3+}，将溶液调至 pH 约为 1.5，以磺基水杨酸作指示剂，用上述 EDTA 溶液滴定，用去 20.00ml。计算试样中 ZrO_2 和 Fe_2O_3 的质量分数。

(4.92%，6.40%)

（钮树芳）

第七章 氧化还原滴定法

氧化还原滴定法（oxidation-reduction titration）是以氧化还原反应为基础的滴定分析方法，能够应用于很多无机化合物和有机化合物的直接或间接测定，具有较广的应用范围。

氧化还原反应的特点主要表现为反应机制复杂，常常有各种副反应伴随主反应发生；反应速度一般较慢，需要合适的反应条件和催化剂。因此，在滴定分析中应用氧化还原反应时，除了根据热力学观点判断氧化还原反应的可能性外，还应该考虑反应机制和反应速度等方面的问题。

第一节 氧化还原平衡

一、原电池

当把金属锌片放入硫酸铜溶液中，Zn 与 Cu^{2+} 之间发生了如下的氧化还原反应：

$$Zn + Cu^{2+} = Zn^{2+} + Cu$$

由于锌片与硫酸铜溶液直接接触，电子直接从 Zn 转移给 Cu^{2+}。随着反应的进行，锌片不断发生溶解，铜则不断发生沉积。该反应的实质是 Zn 被氧化，失去电子变为 Zn^{2+}；Cu^{2+} 被还原，得到电子变为 Cu，电子由 Zn 传递给 Cu^{2+}。

如果将上述反应设计为图 7-1 所示的装置，将锌片和铜片分别插入盛装 $ZnSO_4$ 和 $CuSO_4$ 的容器中，由于 Zn 与 $CuSO_4$ 互不接触而没有化学反应发生。当用外导线和盐桥将装置的两个部分连接后，则锌片逐渐溶解，铜片上有铜沉积，检流计指针发生偏转，表明外导线中有电流通过，装置中发生化学反应并且将化学能转变为电能。

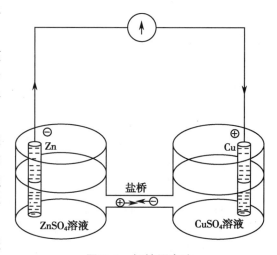

图 7-1 铜锌原电池

其中，Zn 是负极，发生氧化反应：$Zn - 2e = Zn^{2+}$

Cu 是正极，发生还原反应：$Cu^{2+} + 2e = Cu$

装置中发生的总反应为：

$$Zn + Cu^{2+} = Zn^{2+} + Cu$$

可以看出，装置中发生的总反应与前述的铜锌氧化还原反应完全一致，表明装置可以

162

将化学能转变为电能，这种将化学反应的化学能转变为电能的装置称为原电池(galvanic cell)。

任何一个氧化还原反应都是由氧化剂的还原反应和还原剂的氧化反应组成。例如，对于下列通式所表达的任意氧化还原反应：$Ox_1 + Red_2 = Red_1 + Ox_2$

氧化剂的还原反应　　$Ox_1 + ne = Red_1$

还原剂的氧化反应　　$Red_2 - ne = Ox_2$

可见氧化还原反应是由两个相应的半反应组成，每个半反应有各自的氧化态和还原态，并由此组成对应的氧化还原电对(简称电对)，常用 Ox_1/Red_1 和 Ox_2/Red_2 来表示氧化还原反应的两个电对。例如：Cu^{2+}/Cu、Fe^{3+}/Fe^{2+}、Ag^+/Ag、MnO_4^-/Mn^{2+}、$Cr_2O_7^{2-}/Cr^{3+}$ 等都可以构成氧化还原反应的电对。

任何两个电对，都可以构成如图 7-1 所示的原电池装置。为了简化起见，通常采用电池符号表示原电池装置：

$$(-)Zn \mid ZnSO_4(c_1) \parallel CuSO_4(c_2) \mid Cu(+)$$

在电池符号中，习惯将负极写在左边，正极写在右边。用"$\parallel$"表示盐桥，"$\mid$"表示相界面，同时注明电解质溶液的浓度。

下面是一些其他原电池符号示例

$$(-)Fe \mid Fe^{2+}(1.0mol/L) \parallel Cl^-(1.0mol/L) \mid Cl_2(100kPa),Pt(+)$$

$$(-)Pt \mid Fe^{2+}(1.0mol/L),Fe^{3+}(0.1mol/L) \parallel Ce^{4+}(1.0mol/L),Ce^{3+}(1.0mol/L) \mid Pt(+)$$

二、电极电位

连接原电池正、负两极的外导线中有电流通过，表明原电池正、负两极之间存在有电位差，这个电位差产生的原因在于两个电极具有不同的电极电位。

当金属与对应的盐溶液接触后，在极性水分子的作用下，金属表面的金属离子有溶解到溶液中形成水合离子的倾向，而溶液中的水合离子也有得到电子沉积于金属表面的倾向。由此，在金属和对应的金属离子溶液之间存在如下的平衡：

$$M(s) \rightleftharpoons M^{n+}(aq) + ne$$

如果金属溶解的倾向大于离子沉积的倾向，则金属表面带负电，溶液带正电，如图 7-2a；如果离子沉积的倾向大于金属溶解的倾向，则金属表面带正电，溶液带负电，如图 7-2b。无论何种情况，都会在金属和对应的盐溶液间形成双电层，导致在金属和其盐溶液之间产生了电位差，这个电位差称为电极电位(electrode potential)。

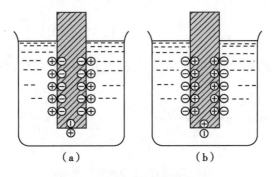

（a）　　　　　　　　　（b）

图 7-2　双电层与金属电极电位

电极电位的高低主要取决于构成电对的材料本性、电解质溶液浓度以及溶液温度等因素。对于任何可逆氧化还原电对 $Ox + ne = Red$，其实际电极电位遵守 Nernst 方程

$$\varphi = \varphi^{\ominus} + \frac{RT}{nF}\lg\frac{a_{Ox}}{a_{Red}} \tag{7-1}$$

式中，a_{Ox}、a_{Red} 分别为氧化态、还原态物质的活度，mol/L；$R = 8.314\ J/(mol \cdot K)$，为气体常数；$T$ 为电解质溶液的温度，K；n 为半反应的电子转移数；$F = 96485\ C/mol$，为法拉第常数；$\varphi^{\ominus}$ 称为标准电极电位，是指溶液中氧化态、还原态以及参加反应的其他各离子的活度均为 1mol/L、气体压力为 101.325kPa 时电对的电极电位。

通常，在 25℃ 时，Nernst 方程式的常用形式为：

$$\varphi = \varphi^{\ominus} + \frac{0.0592}{n}\lg\frac{a_{Ox}}{a_{Red}} \tag{7-2}$$

三、标准电极电位

标准电极电位是氧化还原电对的热力学常数，其大小仅仅与电对的本性及溶液温度有关。国际上统一规定，标准氢电极的电极电位为零，其他电对的标准电极电位均是与标准氢电极比较而得到的相对值，常见电对的标准电极电位见附录7。

四、条件电极电位

在实际应用 Nernst 方程时，为了简化起见，常采用电对氧化态与还原态物质的浓度代替活度进行计算。但是在不同离子强度和溶液介质组成条件下，如果依然采用标准电极电位，则计算结果与实际结果会出现较大差异。

根据式(5-1)有

$$a_{Ox} = \gamma_{Ox} \times [Ox] \qquad a_{Red} = \gamma_{Red} \times [Red]$$

式中，a 为活度，mol/L；γ 为活度系数；$[\ \ ]$ 代表物质的平衡浓度。

以 Fe^{3+}/Fe^{2+} 电对为例，其电极反应对应的 Nernst 方程为

$$\varphi = \varphi^{\ominus} + 0.0592\lg\frac{a_{Fe^{3+}}}{a_{Fe^{2+}}} \tag{7-3}$$

其中：$\qquad a_{Fe^{3+}} = \gamma_{Fe^{3+}}[Fe^{3+}] \qquad a_{Fe^{2+}} = \gamma_{Fe^{2+}}[Fe^{2+}]$

在 HCl 溶液中，由于水解或配位等副反应的发生，除了 Fe^{3+}、Fe^{2+} 外，Fe^{3+} 还有 $Fe(OH)^{2+}$、$FeCl^{2+}$、$FeCl_2^+$ 等形式存在，而 Fe^{2+} 亦有 $FeOH^+$、$FeCl^+$ 等形式存在。如果引进副反应系数，则有

$$[Fe^{3+}] = \frac{c_{Fe^{3+}}}{\alpha_{Fe^{3+}}} \qquad [Fe^{2+}] = \frac{c_{Fe^{2+}}}{\alpha_{Fe^{2+}}}$$

c 为氧化态和还原态物质的分析浓度(即总浓度)，α 为副反应系数

因此，有

$$a_{Fe^{3+}} = \gamma_{Fe^{3+}} \times \frac{c_{Fe^{3+}}}{\alpha_{Fe^{3+}}} \qquad a_{Fe^{2+}} = \gamma_{Fe^{2+}} \times \frac{c_{Fe^{2+}}}{\alpha_{Fe^{2+}}}$$

Nernst 方程变化为

$$\varphi = \varphi^{\ominus} + 0.0592\lg\frac{\gamma_{Fe^{3+}}\alpha_{Fe^{2+}}c_{Fe^{3+}}}{\gamma_{Fe^{2+}}\alpha_{Fe^{3+}}c_{Fe^{2+}}} \tag{7-4}$$

或

$$\varphi = \varphi^{\ominus} + 0.0592 \lg \frac{\gamma_{Fe^{3+}} \alpha_{Fe^{2+}}}{\gamma_{Fe^{2+}} \alpha_{Fe^{3+}}} + 0.0592 \lg \frac{c_{Fe^{3+}}}{c_{Fe^{2+}}} \qquad (7-5)$$

在特定实验条件下，α 和 γ 为常数，因而可将等式右端前两项合并，则

$$\varphi = \varphi^{\ominus\prime} + 0.0592 \lg \frac{c_{Fe^{3+}}}{c_{Fe^{2+}}} \qquad (7-6)$$

$\varphi^{\ominus\prime}$ 称为条件电极电位（conditional potential），它是在特定条件下，当电对的氧化态和还原态物质的分析浓度都为 1mol/L 时的实际电位。

与 $\varphi^{\ominus}$ 不同，$\varphi^{\ominus\prime}$ 不是电对的热力学常数，其数值与溶液的离子强度、引起副反应的组分等有关。只有在实验条件一定的情况下，$\varphi^{\ominus\prime}$ 值才固定不变。

例如，H_3AsO_4/H_3AsO_3 电对的半反应为

$$H_3AsO_4 + 2H^+ + 2e \rightleftharpoons H_3AsO_3 + H_2O \qquad \varphi^{\ominus}_{H_3AsO_4/H_3AsO_3} = 0.56V$$

$$\varphi_{H_3AsO_4/H_3AsO_3} = \varphi^{\ominus} + \frac{0.0592}{2} \lg \frac{[H_3AsO_4][H^+]^2}{[H_3AsO_3]}$$

$$= \varphi^{\ominus} + \frac{0.0592}{2} \lg \frac{c_{H_3AsO_3} \alpha_{H_3AsO_3} [H^+]^2}{c_{H_3AsO_4} \alpha_{H_3AsO_4}}$$

$$= \varphi^{\ominus\prime} + \frac{0.0592}{2} \lg \frac{c_{H_3AsO_4}}{c_{H_3AsO_4}}$$

$$\varphi^{\ominus\prime} = \varphi^{\ominus} + \frac{0.0592}{2} \lg \frac{\alpha_{H_3AsO_3} [H^+]^2}{\alpha_{H_3AsO_4}}$$

可以看出，上述条件电极电位在不同 H^+ 浓度条件下，具有不同的值

$$[H^+] = 5mol/L \text{ 时，} \quad \varphi^{\ominus\prime}_{H_3AsO_4/H_3AsO_3} = 0.60V$$

$$[H^+] = 10^{-8}mol/L \text{ 时，} \varphi^{\ominus\prime}_{H_3AsO_4/H_3AsO_3} = -0.11V$$

而 I_2/I^- 电对的条件电极电位基本不受 $[H^+]$ 的影响，其 $\varphi^{\ominus\prime}_{I_2/I^-} \approx \varphi^{\ominus}_{I_2/I^-} = 0.54V$，比较上面的两个条件电极电位可以判断，在强酸性溶液中所发生的反应为

$$H_3AsO_4 + 2I^- + 2H^+ \rightleftharpoons H_3AsO_3 + I_2 + H_2O$$

在 $[H^+] = 10^{-8}mol/L$ 的溶液所发生的反应为

$$H_3AsO_3 + I_2 + H_2O \rightleftharpoons H_3AsO_4 + 2I^- + 2H^+$$

可见，由于溶液酸度值改变，酸解离副反应系数发生较大变化而引起电对的条件电极电位也发生较大的变化，从而导致上面的两个化学反应进行的方向相反，前一个反应可应用于间接碘量法测定 H_3AsO_4，后一个反应可应用于 As_2O_3 基准物质标定 I_2 溶液。

在分析化学中，可根据 $\varphi^{\ominus\prime}$ 值大小判断电对的实际氧化还原能力，具有较强的实际应用价值。但迄今为止，许多氧化还原体系的 $\varphi^{\ominus\prime}$ 尚未测到，如果缺少某个条件下的 $\varphi^{\ominus\prime}$ 值，可以采用条件接近的 $\varphi^{\ominus\prime}$ 代替。例如，1.5mol/L 硫酸溶液中 Fe^{3+}/Fe^{2+} 电对，可用 1mol/L 硫酸溶液该电对的 $\varphi^{\ominus\prime}$（0.68V）代替，比用其标准电极电位 $\varphi^{\ominus}$（0.771V）误差更小。对尚无条件电极电位的电对，则只好应用其标准电极电位。附录中可以查到部分氧化还原电对的条件电极电位。

五、电极电位的应用

电极电位应用很广，在化学热力学中，可用于氧化还原反应的 ΔG（吉布斯自由能变

化）、原电池电动势的测定与计算。在氧化还原滴定分析中，主要应用于以下几方面。

1. 判断氧化还原反应的方向 判断氧化还原反应是否能够应用于滴定分析，对滴定分析有十分重要的意义。

在氧化还原反应中，总是较强的氧化剂和较强的还原剂相互作用，生成较弱的还原剂和较弱的氧化剂。因此，利用氧化剂和还原剂的相对强弱判断氧化还原反应的方向十分方便。在电极电位表上任意找出两个电对，将其标准电极电位按照高低次序排列

$$电对 1 \quad 氧化态_1 + n_1 e \Longrightarrow 还原态_1$$
$$电对 2 \quad 氧化态_2 + n_2 e \Longrightarrow 还原态_2$$

$\varphi_1^{\ominus} > \varphi_2^{\ominus}$。可以看出，当反应体系的各个物质都处于标准状态时，电对 1 中的氧化态是较强的氧化剂，电对 2 中的还原态是较强的还原剂，它们之间能够相互发生氧化还原反应，即氧化还原反应的方向为

$$氧化态_1 + 还原态_2 \rightarrow 还原态_1 + 氧化态_2$$

例如

$$Cr_2O_7^{2-} + 14H^+ + 6e \Longrightarrow 2Cr^{3+} + 7H_2O \qquad \varphi_{Cr_2O_7^{2-}/Cr^{3+}}^{\ominus} = 1.33V$$
$$Fe^{3+} + e \Longrightarrow Fe^{2+} \qquad \varphi_{Fe^{3+}/Fe^{2+}}^{\ominus} = 0.77V$$

$Cr_2O_7^{2-}/Cr^{3+}$ 电对中的 $Cr_2O_7^{2-}$ 是较强的氧化剂，Fe^{3+}/Fe^{2+} 电对中的 Fe^{2+} 是较强的还原剂，则其氧化还原反应的方向应为

$$Cr_2O_7^{2-} + 6Fe^{2+} + 14H^+ = 2Cr^{3+} + 6Fe^{3+} + 7H_2O$$

上面是用标准电极电位判断化学反应的方向，适合于反应体系中各个物质都处于标准状态的情况下。实际上，大多数氧化还原反应都是在非标准状态进行的，各种物质的浓度（活度）、各种副反应的发生等都会导致电极电位改变，影响氧化还原反应的方向。此时，需要根据 Nernst 方程计算各个电对的实际电极电位值，才可按照上述的方法进行氧化还原反应方向的判断。

例如

$$Pb^{2+} + 2e \Longrightarrow Pb \qquad \varphi_{Pb^{2+}/Pb}^{\ominus} = -0.126V$$
$$Sn^{2+} + 2e \Longrightarrow Sn \qquad \varphi_{Sn^{2+}/Sn}^{\ominus} = -0.136V$$

标准状态下的反应方向为

$$Pb^{2+} + Sn = Pb + Sn^{2+}$$

如果反应体系中，$[Pb^{2+}] = 0.001mol/L$、$[Sn^{2+}] = 0.100mol/L$

由 Nernst 方程

$$\varphi_{Pb^{2+}/Pb} = \varphi_{Pb^{2+}/Pb}^{\ominus} + \frac{0.0592}{2}lg[Pb^{2+}] = -0.126 + \frac{0.0592}{2}lg0.001 = -0.215$$

$$\varphi_{Sn^{2+}/Sn} = \varphi_{Sn^{2+}/Sn}^{\ominus} + \frac{0.0592}{2}lg[Sn^{2+}] = -0.136 + \frac{0.0592}{2}lg0.100 = -0.166$$

则其反应方向为

$$Sn^{2+} + Pb = Sn + Pb^{2+}$$

这种判断方式，可以总结为"高电极电位电对的氧化态物质氧化低电极电位电对的还原态物质，由此决定氧化还原反应的方向。"

2. 选择氧化剂或还原剂 在氧化还原滴定前，通常有一个样品的预处理过程，需要选择合适的氧化剂或还原剂转化被测组分，以满足滴定要求；在滴定分析过程中，也希望

其他共存组分不参与滴定反应，只对混合体系中的被测组分进行选择性滴定。此时，选择合适的氧化剂或还原剂就显得十分重要。

例如，在标准状态下，欲只氧化 I^-，而不能让共存的 Cl^- 和 Br^- 被氧化，应该选择什么物质作为氧化剂？已知 $\varphi^{\ominus}_{I_2/I^-} = 0.54V$，$\varphi^{\ominus}_{Cl_2/Cl^-} = 1.07V$，$\varphi^{\ominus}_{Br_2/Br^-} = 1.36V$。

从标准电极电位数值可以看出，如果所选氧化剂的电极电位小于 0.54V，则该氧化剂既不能氧化 Cl^- 和 Br^-，也不能氧化 I^-；如果所选氧化剂的电极电位大于 1.36V，则该氧化剂将把 Cl^-、Br^- 和 I^- 全部氧化；因此，所选氧化剂的电极电位必须在 0.54～1.07V 之间，才能保证共存的 Cl^- 和 Br^- 不被氧化，故可以选择 Fe^{3+}（$\varphi^{\ominus}_{Fe^{3+}/Fe^{2+}} = 0.77V$）或者 HNO_2（$\varphi^{\ominus}_{HNO_2/NO} = 1.00V$）作为氧化剂。

3. 判断氧化还原反应的程度　在水溶液中，氧化还原反应进行到一定程度都会达到平衡，反应平衡常数的大小就反映了氧化还原反应进行程度。因此，可以根据 Nernst 方程计算氧化还原反应的平衡常数来判断反应进行的程度。

例如，下列氧化还原反应

$$n_2 Ox_1 + n_1 Red_2 = n_1 Ox_2 + n_2 Red_1$$

相关电对的 Nernst 方程为

$$Ox_1 + n_1 e \rightleftharpoons Red_1 \qquad \varphi_1 = \varphi_1^{\ominus} + \frac{0.0592}{n_1} lg \frac{[Ox_1]}{[Red_1]}$$

$$Ox_2 + n_2 e \rightleftharpoons Red_2 \qquad \varphi_2 = \varphi_2^{\ominus} + \frac{0.0592}{n_2} lg \frac{[Ox_2]}{[Red_2]}$$

当反应达到平衡时，两个电对的电位相等，$\varphi_1 = \varphi_2$，则

$$\varphi_1^{\ominus} + \frac{0.0592}{n_1} lg \frac{[Ox_1]}{[Red_1]} = \varphi_2^{\ominus} + \frac{0.0592}{n_2} lg \frac{[Ox_2]}{[Red_2]}$$

整理后得

$$lg \frac{[Ox_2]^{n_1} [Red_1]^{n_2}}{[Ox_1]^{n_2} [Red_1]^{n_1}} = lgK = \frac{(\varphi_1^{\ominus} - \varphi_2^{\ominus}) n_1 n_2}{0.0592} \tag{7-7}$$

如果考虑溶液离子强度及各种副反应的影响，则以条件电位代替标准电极电位计算条件平衡常数，$n_1 n_2$ 为氧化还原反应中转移的总电子数。

$$lgK' = \frac{(\varphi_1^{\ominus'} - \varphi_2^{\ominus'}) n_1 n_2}{0.0592} \tag{7-8}$$

例 7-1　计算下列反应在 $1mol/L$ HCl 溶液介质中的平衡常数，并判断化学计量点时反应进行的完全程度。

$$2Fe^{3+} + Sn^{2+} = 2Fe^{2+} + Sn^{4+}$$

解　已知 $\varphi^{\ominus'}_{Fe^{3+}/Fe^{2+}} = 0.68V$，$\varphi^{\ominus'}_{Sn^{4+}/Sn^{2+}} = 0.14V$；反应中转移的总电子数为 $n_1 n_2 = 1 \times 2 = 2$

则：$lgK' = \frac{(\varphi_1^{\ominus'} - \varphi_2^{\ominus'}) n_1 n_2}{0.0592} = \frac{(0.68 - 0.14) \times 1 \times 2}{0.0592} = 18.3$

反应的平衡常数为：$K' = 2.0 \times 10^{18}$

化学计量点时，$c_{Fe^{3+}} = 2c_{Sn^{2+}}$，$c_{Fe^{2+}} = 2c_{Sn^{4+}}$

$$K' = \frac{c_{Fe^{2+}}^2 \cdot c_{Sn^{4+}}}{c_{Fe^{3+}}^2 \cdot c_{Sn^{2+}}} = \frac{c_{Fe^{2+}}^3}{c_{Fe^{3+}}^3} = 2.0 \times 10^{18}$$

$$\frac{c_{Fe^{2+}}}{c_{Fe^{3+}}} = 1.3 \times 10^6$$

可见，在化学计量点时，溶液中剩余的 Fe^{3+} 约为 0.0001%，其余均被还原为 Fe^{2+}，说明反应进行很完全。

在分析化学中，要求氧化还原反应进行得越完全越好。若将氧化还原反应应用于滴定分析，一般要求在化学计量点时，其反应完全程度至少达到 99.9%，在 0.1% 误差要求下，对 $1:1$ 类型的氧化还原反应，一般认为当 $\lg K' \geqslant 6$ 时，该反应的进行程度即可满足滴定分析的要求，如果 $n_1 n_2 = 1$，此时

$$\lg K' = \frac{(\varphi_1^{\ominus\prime} - \varphi_2^{\ominus\prime}) n_1 n_2}{0.0592}$$

$$\Delta\varphi^{\ominus\prime} = (\varphi_1^{\ominus\prime} - \varphi_2^{\ominus\prime}) = \frac{\lg K' \times 0.0592}{n_1 n_2} = \frac{6 \times 0.0592}{1} = 0.355(V)$$

即要求 $1:1$ 类型，$n_1 n_2 = 1$ 的氧化还原反应的两个电对的条件电位差值至少在 $0.355V$ 以上，才能保证其氧化还原反应进行的程度满足滴定分析的要求。同理，对 $1:1$ 类型，$n_1 n_2 = 2$ 的氧化还原反应，两个电对的条件电位差值至少在 $0.178V$ 以上

$$\Delta\varphi^{\ominus\prime} = (\varphi_1^{\ominus\prime} - \varphi_2^{\ominus\prime}) = \frac{6 \times 0.0592}{2} = 0.178(V)$$

对 $1:2$ 类型的氧化还原反应，则要求 $\lg K' \geqslant 9$ 作为判断条件

$$\Delta\varphi^{\ominus\prime} = (\varphi_1^{\ominus\prime} - \varphi_2^{\ominus\prime}) = \frac{9 \times 0.0592}{2} = 0.266(V)$$

因此，一般认为氧化还原反应的两个电对的条件电位差值 $\Delta\varphi^{\ominus\prime} \geqslant 0.36V$，该反应进行的完全程度即可满足滴定分析的要求。由于 $\lg K'$ 值的大小主要由两个电对的条件电位决定，对于不满足滴定条件的氧化还原反应，则可以通过控制溶液的介质条件来改变电对的条件电位，以增大反应的 $\lg K'$ 值，从而满足定量滴定分析的要求。

第二节　氧化还原反应的速率

一、氧化还原反应速率的影响因素

氧化还原反应体系中，不同的氧化剂、还原剂的电子层结构、电极电位和反应历程都不相同。氧化剂与还原剂之间的电子转移，不仅受到溶剂分子、各种配位体的阻碍，而且原子或离子价态的改变引起电子层结构、化学键性质和物质组成的改变，也可能阻碍电子转移。因此，氧化还原反应的机制比酸碱反应、配位反应和沉淀反应更加复杂。虽然可以根据氧化还原电对的标准电极电位或条件电极电位判断氧化还原反应的方向和进行程度，却不能指出反应进行的速率。

实际上，不同氧化还原反应的速率差别很大。有的反应理论上可以进行，但由于反应速率太慢而认为反应并没有发生，如强氧化剂 Ce^{4+}（$\varphi_{Ce^{4+}/Ce^{3+}}^{\ominus} = 1.61V$），从标准电极电位来看，它可以将 H_2O 中的氧氧化为 O_2，实际上 Ce^{4+} 在水溶液中却十分稳定，说明它们之间并没有发生氧化还原反应。影响氧化还原反应速率的主要因素有反应物浓度、反应温度和催化剂等。

1. 反应物浓度　一般而言，反应速率随着反应物浓度的增加而加快。例如，在酸性溶液中，一定量的 $K_2Cr_2O_7$ 与 KI 的反应速率较慢

$$Cr_2O_7^{2-} + 6I^- + 14H^+ = 2Cr^{3+} + 3I_2 + 7H_2O$$

增加反应物 I^- 的浓度或提高溶液的酸度,都可以促使反应速率大大加快。

2. 反应温度 对大多数反应而言,反应温度的增加,不仅增加了反应物之间碰撞的概率,也增加了活化分子或活化离子的数目,可以提高反应速率。一般溶液温度每升高 $10℃$,反应速率约增大 $2\sim3$ 倍。

例如,在酸性溶液中,MnO_4^- 与 $C_2O_4^{2-}$ 的反应

$$2MnO_4^- + 5C_2O_4^{2-} + 16H^+ = 2Mn^{2+} + 10CO_2 + 8H_2O$$

该反应在室温条件下,反应速率缓慢。如果将溶液加热,则反应速率大大加快。因而,用 $KMnO_4$ 滴定 $H_2C_2O_4$ 时,通常将溶液加热到 $70\sim85℃$,以满足滴定分析的要求。

当然,并不是任何情况下都可以采用升高溶液温度的方法来加快反应速率,如升高溶液温度会加快 I_2 的挥发、促进 Fe^{2+}、Sn^{2+} 等被空气中氧氧化等。在这种情况下,欲提高反应速率,就只能采用其他办法。

3. 催化剂 催化剂的加入可使某些氧化还原反应的速率加快。例如 MnO_4^- 溶液与 $C_2O_4^{2-}$ 的反应速率缓慢。如果预先向溶液中加入一些 Mn^{2+} 作为催化剂,则反应一开始便能迅速进行;如果不预先加入 Mn^{2+},则反应起初速率很慢,随着 Mn^{2+} 的生成,Mn^{2+} 在反应中起到催化剂作用,反应速率逐渐加快。这种由生成物本身起催化作用的反应称为自催化反应(autocatalysis)。

二、催化作用与诱导作用

1. 催化作用 在分析化学中,经常利用催化剂来加快反应的速率。催化剂的存在,可能在反应过程中产生一些中间价态的离子、游离基或活泼中间配合物,从而改变了原有的氧化还原反应历程,或者降低了原有反应的活化能,使反应速率发生改变。

例如,在 Mn^{2+} 作为催化剂情况下,MnO_4^- 与 $C_2O_4^{2-}$ 的反应机理可能如下

$$Mn(Ⅶ) + Mn(Ⅱ) \rightarrow Mn(Ⅵ) + Mn(Ⅲ)$$
$$Mn(Ⅵ) + Mn(Ⅱ) \rightarrow 2Mn(Ⅳ)$$
$$Mn(Ⅳ) + Mn(Ⅱ) \rightarrow 2Mn(Ⅲ)$$

$Mn(Ⅲ)$ 与 $C_2O_4^{2-}$ 生成 $MnC_2O_4^+$、$Mn(C_2O_4)_2^-$、$Mn(C_2O_4)_3^{3-}$ 等一系列配合物,这些配合物慢慢分解为 Mn^{2+} 和 CO_2

$$MnC_2O_4^+ \rightarrow Mn^{2+} + CO_2 + \cdot CO_2^-$$
$$Mn(Ⅲ) + \cdot CO_2^- \rightarrow Mn^{2+} + CO_2$$

总反应为

$$2MnO_4^- + 5C_2O_4^{2-} + 16H^+ = 2Mn^{2+} + 10CO_2 + 8H_2O$$

在上述反应中,Mn^{2+} 对化学反应速度的加快作用,称为催化作用。而 Mn^{2+} 作为化学反应的生成物,在化学反应中发挥催化作用,这类反应又称为自催化反应。

2. 诱导作用 某些化学反应,在一般情况下不能进行或进行速率很慢。随着另外一个化学反应的发生,这些反应的速率也加快。这种由于一个化学反应的发生,促进另外一个化学反应进行的现象,称为诱导作用。

例如,$KMnO_4$ 与 Cl^- 的反应速度很慢,如果溶液中存在 Fe^{2+} 时,则 $KMnO_4$ 与 Fe^{2+} 的反应可以加快 $KMnO_4$ 与 Cl^- 的反应。

诱导反应：$MnO_4^- + 5Fe^{2+} + 8H^+ = Mn^{2+} + 5Fe^{3+} + 4H_2O$

受诱反应：$2MnO_4^- + 10Cl^- + 16H^+ = 2Mn^{2+} + 5Cl_2 + 8H_2O$

其中的 MnO_4^- 是反应的作用体，Fe^{2+} 是诱导体，Cl^- 是受诱体。

与催化作用不同，诱导体在参加诱导反应后，转变为其他物质。催化剂在参加化学反应后，本身的化学组成没有变化。

第三节　氧化还原滴定原理

一、氧化还原滴定曲线

在氧化还原滴定过程中，随着滴定剂的不断加入，被滴定物质的氧化态和还原态的浓度不断改变，氧化还原反应两个电对的电极电位值也随之发生相应的变化。如果以加入滴定剂的体积或者滴定百分数作为横坐标，电极电位作为纵坐标，即可绘制一条描述这种变化的关系曲线，称为氧化还原滴定曲线。

对于已有条件电位的简单滴定体系，可根据 Nernst 方程从理论上计算滴定曲线。而对反应过程比较复杂的滴定反应，滴定曲线一般是通过实验方法测得。

下面以在 1mol/L 硫酸溶液中，用 0.1000mol/L 的 Ce^{4+} 标准溶液滴定 20.00ml，0.1000mol/L 的 Fe^{2+} 溶液为例，说明滴定曲线的绘制方法。

滴定反应为：$Ce^{4+} + Fe^{2+} = Ce^{3+} + Fe^{2+}$　　$K' = 8 \times 10^{12}$

电极反应为：$Ce^{4+} + e \rightleftharpoons Ce^{3+}$　　　　　$\varphi_{Ce^{4+}/Ce^{3+}}^{\ominus} = 1.44V$

　　　　　　$Fe^{3+} + e \rightleftharpoons Fe^{2+}$　　　　　$\varphi_{Fe^{3+}/Fe^{2+}}^{\ominus} = 0.68V$

1. 滴定前　由于空气中氧的氧化作用，0.1000mol/L 的 Fe^{2+} 溶液中有极少量的 Fe^{3+}，组成 Fe^{3+}/Fe^{2+} 电对，但是由于无法知道 Fe^{3+} 浓度，因此无法计算此时的电极电位。

2. 滴定开始至化学计量点前　在这个阶段，每滴入一定量的滴定剂，反应都会达到一个新的平衡，溶液中 Ce^{4+}/Ce^{3+} 电对与 Fe^{3+}/Fe^{2+} 电对的电极电位相等，此时

$$\varphi = \varphi_{Ce^{4+}/Ce^{3+}}^{\ominus\prime} + 0.0592\lg\frac{c_{Ce^{4+}}}{c_{Ce^{3+}}} = \varphi_{Fe^{3+}/Fe^{2+}}^{\ominus\prime} + 0.0592\lg\frac{c_{Fe^{3+}}}{c_{Fe^{2+}}}$$

由于该反应的 K' 值很大，反应进行得很彻底，滴入的 Ce^{4+} 几乎全部转变为 Ce^{3+}，未反应的 Ce^{4+} 浓度不易求得；而 $c_{Fe^{3+}}/c_{Fe^{2+}}$ 的值可由滴入 Ce^{4+} 的滴定百分数确定，可利用 Fe^{3+}/Fe^{2+} 电对的 Nernst 方程式计算滴定体系的电位。

例如，当滴入 2.00ml 滴定剂 Ce^{4+} 时，滴定百分数为 10% 时，就相应有 10% 的 Fe^{2+} 被氧化为 Fe^{3+}，因此

$$c_{Fe^{3+}}/c_{Fe^{2+}} = 10\%/90\%$$

$$\varphi = \varphi_{Fe^{3+}/Fe^{2+}}^{\ominus\prime} + 0.0592\lg\frac{c_{Fe^{3+}}}{c_{Fe^{2+}}} = 0.68 + 0.0592\lg\frac{10\%}{90\%} = 0.62(V)$$

当滴入 19.98ml 滴定剂 Ce^{4+} 时，即滴定百分数为 99.9% 时，就相应有 99.9% 的 Fe^{2+} 被氧化为 Fe^{3+}，此时

$$\varphi = \varphi_{Fe^{3+}/Fe^{2+}}^{\ominus\prime} + 0.0592\lg\frac{99.9\%}{0.1\%} = 0.68 + 0.0592 \times 3 = 0.86(V)$$

3. 化学计量点时　当滴定到达化学计量点时，化学计量点的电位可以分别用下式表示

$$\varphi = \varphi^{\ominus'}_{Ce^{4+}/Ce^{3+}} + 0.0592\lg\frac{c_{Ce^{4+}}}{c_{Ce^{3+}}} = 1.44 + 0.0592\lg\frac{c_{Ce^{4+}}}{c_{Ce^{3+}}}$$

$$\varphi = \varphi^{\ominus'}_{Fe^{3+}/Fe^{2+}} + 0.0592\lg\frac{c_{Fe^{3+}}}{c_{Fe^{2+}}} = 0.68 + 0.0592\lg\frac{c_{Fe^{3+}}}{c_{Fe^{2+}}}$$

两式相加得

$$2\varphi = 1.44 + 0.68 + 0.0592\lg\frac{c_{Ce^{4+}}c_{Fe^{3+}}}{c_{Ce^{3+}}c_{Fe^{2+}}}$$

由于反应达到平衡时，$c_{Ce^{4+}} = c_{Fe^{2+}}$，$c_{Ce^{3+}} = c_{Fe^{3+}}$

$$2\varphi = 1.44 + 0.68 + 0.0592\lg\frac{c_{Ce^{4+}}c_{Fe^{3+}}}{c_{Ce^{3+}}c_{Fe^{2+}}} = 1.44 + 0.68 + 0.0592\lg1 = 2.12(V)$$

$$\varphi = 1.06V$$

4. 化学计量点后　在这个阶段，溶液中的 Fe^{2+} 几乎全部被氧化，过量滴入的滴定剂 Ce^{4+} 不再参与反应，因此可以利用 Ce^{4+}/Ce^{3+} 电对的 Nernst 方程式计算滴定体系的电位。

例如，当滴入 20.02ml 滴定剂 Ce^{4+} 时，Ce^{4+} 过量 0.1%

$$c_{Ce^{4+}}/c_{Ce^{3+}} = 0.1\%/100\%$$

$$\varphi = \varphi^{\ominus'}_{Ce^{4+}/Ce^{3+}} + 0.0592\lg\frac{0.1\%}{100\%} = 1.44 - 0.0592 \times 3 = 1.26(V)$$

当滴入 22.00ml 滴定剂 Ce^{4+} 时，Ce^{4+} 过量 10%

$$\varphi = \varphi^{\ominus'}_{Ce^{4+}/Ce^{3+}} + 0.0592\lg\frac{10\%}{100\%} = 1.44 - 0.0592 \times 1 = 1.38(V)$$

以此类推，按照上述方法即可计算滴定体系在不同滴定百分数的电位，表 7-1 中是计算的一部分电位数据，根据这些数据绘制的滴定曲线如图 7-3 所示。

表 7-1　0.1000mol/L Ce^{4+} 标准溶液滴定 0.1000mol/L Fe^{2+} 溶液体系电位的变化

滴定剂体积（ml）	滴定百分数（%）	c_{Ox}/c_{Red}	φ（V）
2.00	10	10^{-1}	0.62
10.00	50	10^{0}	0.68
18.00	90	10^{1}	0.74
19.80	99	10^{2}	0.80
19.98	99.9	10^{3}	0.86 ⎫ 滴定
20.00	100		1.06 ⎬ 突跃
20.02	100.1	10^{-3}	1.26 ⎭ 范围
22.00	110	10^{-1}	1.38
24.00	120	0.2	1.40
30.00	150	0.5	1.42
40.00	200	10^{0}	1.44

对滴定曲线进行分析，可以看出，在化学计量点前 0.1% 到化学计量点后 0.1% 之间，滴定体系的电位从 0.86V 增加到 1.26V，出现了电位变化范围为 0.40V 的滴定突跃。

从上面计算结果讨论可以看出，如果两个电对的电子转移数相等，其氧化还原反应的化学计量点刚好处于滴定突跃范围的中央，化学计量点的电位 φ_{sp} 为

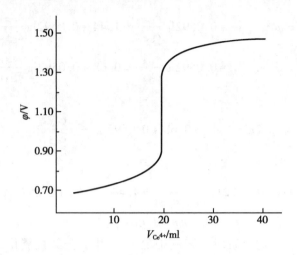

图 7-3　0.1000mol/L Ce^{4+} 标准溶液滴定 0.1000mol/L Fe^{2+} 溶液的滴定曲线

$$\varphi_{sp} = \frac{\varphi_1^{\ominus\prime} + \varphi_2^{\ominus\prime}}{2}$$

如果两个电对的电子转移数不相等($n_1 \neq n_2$)，例如

$$Ox_1 + n_1 e \Longleftrightarrow Red_1$$
$$Ox_2 + n_2 e \Longleftrightarrow Red_2$$
$$n_2 Ox_1 + n_1 Red_2 \Longleftrightarrow n_1 Ox_2 + n_2 Red_1$$

按照前面滴定曲线电极电势的计算方法，这类氧化还原反应的化学计量点电位的一般通式为

$$\varphi_{sp} = \frac{n_1 \varphi_1^{\ominus\prime} + n_2 \varphi_2^{\ominus\prime}}{n_1 + n_2} \tag{7-9}$$

其化学计量点不在滴定突跃范围中央，而是偏向于电子转移数多的电对一方。滴定剂由不足 0.1% 到过量 0.1% 时，滴定体系所对应的滴定突跃范围为

$$\varphi_2^{\ominus\prime} + \frac{0.0592 \times 3}{n_2} \sim \varphi_1^{\ominus\prime} - \frac{0.0592 \times 3}{n_1} \tag{7-10}$$

二、影响氧化还原滴定突跃的因素

在氧化还原滴定分析中，都是借助指示剂目测终点，通常要求在化学计量点附近有 0.2V 以上的滴定突跃。化学计量点附近的滴定突跃越大，越容易选择指示剂，滴定误差就越小，测定结果就越准确。因此，滴定突跃的大小决定了分析结果的准确度，也决定了指示剂的可选择范围。

一般来说，滴定反应中两个电对的电极电位差值越大，突跃越大。需要注意的是，由于滴定溶液的介质不同，溶液离子强度和各种副反应的影响，氧化还原滴定曲线的位置和突跃的大小都可能改变。图 7-4 是不同介质条件下，$KMnO_4$ 溶液滴定 Fe^{2+} 的滴定曲线。

如果要使滴定突跃明显，可通过加入配位剂生成稳定的配离子，降低还原剂电对的浓度比值，从而降低还原剂电对的电极电位，使反应进行得更加完全，滴定突跃增大。

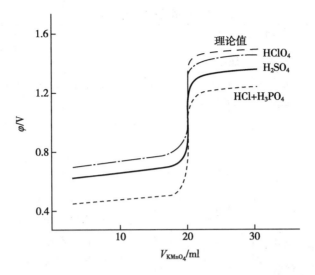

图 7-4　不同介质条件下，$KMnO_4$ 溶液滴定 Fe^{2+} 的滴定曲线

第四节　氧化还原滴定中的指示剂

根据作用原理，氧化还原滴定中的指示剂可以分为以下几种类型。

一、氧化还原指示剂

氧化还原指示剂是一类结构复杂的有机化合物，本身具有氧化还原性质，其氧化态和还原态具有不同的颜色。在滴定过程中，随着滴定体系电位的不断变化，指示剂由氧化态转变为还原态，或由还原态转变为氧化态，引起颜色的突变而指示终点。例如，二苯胺磺酸钠的还原态为无色，当其被氧化时，转变为紫红色的氧化态，使溶液呈现紫红色，即可指示滴定终点。

氧化还原指示剂的半反应和 Nernst 方程式如下

$$In(Ox) + ne \rightleftharpoons In(Red)$$

$$\varphi = \varphi_{In}^{\ominus\prime} + \frac{0.0592}{n}lg\frac{c_{In(Ox)}}{c_{In(Red)}}$$

在氧化还原滴定中，由于指示剂的加入量很少，加入到溶液中的指示剂电极电位由溶液体系的电位决定。随着滴定剂的不断加入，溶液体系的电位不断变化，指示剂的氧化态和还原态浓度的比值 $c_{In(Ox)}/c_{In(Red)}$ 改变亦按 Nernst 方程式所示关系变化，溶液的颜色也就发生变化，从而指示滴定终点。

当 $c_{In(Ox)}/c_{In(Red)}$ 从 10 变化到 1/10 时，指示剂由氧化态颜色转变为还原态颜色；当 $c_{In(Ox)}/c_{In(Red)}$ 从 1/10 变化到 10 变化时，指示剂由还原态颜色转变为氧化态颜色，指示剂的变色范围为 $\varphi = \varphi_{In}^{\ominus\prime} \pm \frac{0.0592}{n}V$。

当溶液体系的电位值刚好为 $\varphi_{In}^{\ominus\prime}$ 时，指示剂显示氧化态颜色和还原态颜色的混合色，即为指示剂变色点的颜色。表 7-2 为常用氧化还原指示剂的条件电位及颜色变化。

表 7-2　常用的氧化还原指示剂

指示剂	颜色变化		$\varphi_{In}^{\ominus\prime}$（V）	配制方法
	氧化态	还原态		
中性红	红	无色	0.24	0.1g 指示剂，溶解于 100ml 的 60% 乙醇溶液
亚甲蓝	绿蓝	无色	0.36	0.05% 的水溶液
二苯胺	紫	无色	0.76	0.25g 指示剂，3ml 水混合，溶解于 100ml 浓硫酸
二苯胺磺酸钠	紫红	无色	0.85	0.8g 指示剂，2g Na_2CO_3，用水溶解并稀释至 100ml
邻苯氨基苯甲酸	紫红	无色	0.89	0.1g 指示剂，30ml 0.6% Na_2CO_3 溶液溶解，用水稀释至 100ml
羊毛罂红	橙红	黄绿	1.00	0.1% 的水溶液
邻二氮菲- Fe^{2+}	浅蓝	红	1.06	1.49g 邻二氮菲，0.7g $FeSO_4 \cdot 7H_2O$，用水溶解并稀释至 100ml
5-硝基邻二氮菲- Fe^{2+}	浅蓝	紫红	1.25	0.07g 5-硝基邻二氮菲，0.7g $FeSO_4 \cdot 7H_2O$ 用水溶解并稀释至 1000ml

需要注意的是，不同指示剂具有不同的 $\varphi_{In}^{\ominus\prime}$ 值，在选择指示剂时，要使指示剂的 $\varphi_{In}^{\ominus\prime}$ 处于滴定的突跃范围内，并尽可能与化学计量点的电位接近，以减小滴定的终点误差。

二、自身指示剂

在氧化还原滴定中，无需另外加入指示剂，而是利用某些滴定剂稍微过量时的颜色变化来指示滴定终点，这类滴定剂称为自身指示剂（self indicator）。

例如，MnO_4^- 溶液本身呈现紫红色，在酸性溶液中用 MnO_4^- 滴定无色或浅色还原性物质时，其还原产物为无色 Mn^{2+}，当滴定达到化学计量点后，过量的 MnO_4^- 浓度只要达到 2×10^{-6} mol/L，溶液即显示浅红色，指示终点的到达。

又如，I_3^- 溶液本身呈现深棕色，与无色还原性物质的反应产物 I^- 为无色，过量的 I_3^- 浓度只要达到 2.5×10^{-5} mol/L 溶液即显示浅黄色，若用三氯甲烷或四氯化碳等有机溶剂萃取黄色 I_3^-，则有机溶剂层转变为更易观察的紫红色，从而指示滴定终点。

三、专属指示剂

专属指示剂本身不具有氧化还原性，但它能够与氧化剂或还原剂发生特殊的颜色反应，从而指示滴定终点。可溶性淀粉即属于这种指示剂。例如，可溶性淀粉与 I_3^- 溶液的反应十分灵敏，具有良好的可逆性。当 I^- 被氧化为 I_3^- 时，生成深蓝色化合物，当 I_3^- 被还原为 I^- 时，深蓝色消失，因此可利用深蓝色的出现或消失指示滴定终点。在室温条件下，I_3^- 浓度达到 5×10^{-6} mol/L 时，溶液即可呈现显著的蓝色。

第五节　氧化还原滴定前的预处理

一、预处理的必要性

氧化还原滴定时，被测物质的价态往往不一定适合于滴定分析，需要将被测组分定量转化为适合测定的一定价态,这个步骤称为氧化还原滴定前的预处理。通常是将被测组分氧化为高价状态,用还原剂滴定;或者还原为低价状态,用氧化剂滴定。

由于大多数还原性滴定剂容易被空气中的氧所氧化,因此氧化还原滴定中一般采用氧化剂作为滴定剂,需要对被测组分进行预还原处理。例如,欲进行 Fe^{3+} 测定,可以在 HCl 溶液中用 $SnCl_2$ 作为还原剂,将 Fe^{3+} 还原为 Fe^{2+},再用 $Cr_2O_7^{2-}$ 标准溶液进行测定,而过量的 $SnCl_2$ 在加入 $HgCl_2$ 溶液后转变为 Hg_2Cl_2 沉淀而除去。

二、预处理中常用的氧化剂、还原剂

预处理过程所采用的氧化剂或还原剂应该满足以下条件:①预氧化剂或预还原剂能够将被测组分定量、迅速地氧化或还原;②预氧化或预还原反应要具有一定的选择性,以避免其他组分的干扰;③过量的预氧化剂或预还原剂容易通过加热分解、过滤等方法除去。

例如,用 $K_2Cr_2O_7$ 溶液滴定 Fe^{3+} 和 Ti^{4+} 的混合样品,如果采用 Zn($\varphi_{Zn^{2+}/Zn}^{\ominus} = -0.76V$) 作为预还原剂,则 Fe^{3+}($\varphi_{Fe^{3+}/Fe^{2+}}^{\ominus} = 0.77V$) 和 Ti^{4+}($\varphi_{Ti^{4+}/Ti^{3+}}^{\ominus} = 0.10V$) 均会被还原,用 $K_2Cr_2O_7$ 溶液测定的是 Fe^{3+} 和 Ti^{4+} 的含量;如果改用 $SnCl_2$($\varphi_{Sn^{4+}/Sn^{2+}}^{\ominus} = 0.15V$) 作为预还原剂,就只能还原 Fe^{3+} 而不能还原 Ti^{4+},用 $K_2Cr_2O_7$ 溶液测定的就仅仅是 Fe^{3+} 的含量。因此,用 $SnCl_2$ 作为预还原剂就具备了一定的选择性。表 7-3 为常用的预氧化剂和预还原剂及其应用情况。

表 7-3　为常用的预氧化剂和预还原剂

试剂	主要用途	应用条件	过量试剂除去方法
预氧化剂			
$(NH_4)_2S_2O_8$	$Ce^{3+} \rightarrow Ce^{4+}$	酸性	
	$Mn^{2+} \rightarrow MnO_4^-$	酸性,Ag^+ 催化剂	
	$Cr^{3+} \rightarrow Cr_2O_7^{2-}$	酸性,Ag^+ 催化剂	煮沸分解
	$VO^{2+} \rightarrow VO_3^-$	酸性	
$KMnO_4$	$VO^{2+} \rightarrow VO_3^-$	酸性	加尿素、$NaNO_2$
H_2O_2	$Ce^{3+} \rightarrow Ce^{4+}$	酸性	Ni^{2+}、I^- 催化剂
	$Cr^{3+} \rightarrow CrO_4^{2-}$		煮沸分解
$HClO_4$	$Cr^{3+} \rightarrow Cr_2O_7^{2-}$	浓热	稀释
	$VO^{2+} \rightarrow VO_3^-$		
KIO_4	$Mn^{2+} \rightarrow MnO_4^-$	酸性	加 Hg^{2+},过滤
$NaBiO_3$	同$(NH_4)_2S_2O_8$	同$(NH_4)_2S_2O_8$	过滤除去
预还原剂			
$SnCl_2$	$Fe^{3+} \rightarrow Fe^{2+}$		
	$Mo(VI) \rightarrow Mo(V)$	酸性,加热	加 $HgCl_2$ 氧化
	$As(V) \rightarrow As(III)$		
Al	$Sn^{4+} \rightarrow Sn^{2+}$	制备为汞齐还原柱	
	$Ti^{4+} \rightarrow Ti^{3+}$		
SO_2	$Fe^{3+} \rightarrow Fe^{2+}$	$1mol/L H_2SO_4$	
	$As(V) \rightarrow As(III)$	含 SCN^- 催化剂	煮沸或通入 CO_2
	$Sb(V) \rightarrow Sb(III)$		

第六节　常用的氧化还原滴定法

一、高锰酸钾法

1. 概述　高锰酸钾法(potassium permanganate method)是利用 $KMnO_4$ 溶液作为滴定剂的一种氧化还原滴定方法。在不同的酸度条件下，$KMnO_4$ 表现出不同的氧化能力

强酸性：$\qquad MnO_4^- + 8H^+ + 5e \rightleftharpoons Mn^{2+} + 4H_2O \qquad \varphi^{\ominus} = 1.5V$

中性、弱酸性、弱碱性：$MnO_4^- + 2H_2O + 3e \rightleftharpoons MnO_2 + 4OH^- \qquad \varphi^{\ominus} = 0.59V$

强碱性：$\qquad MnO_4^- + e \rightleftharpoons MnO_4^{2-} \qquad \varphi^{\ominus} = 0.56V$

从上面半反应的电极电位值可以看出，$KMnO_4$ 在强酸性溶液中的氧化能力最强，自身被还原为无色 Mn^{2+}，过量 MnO_4^- 浓度达到 $10^{-5}mol/L$，溶液由无色转变为粉红色，指示滴定终点的到达，无需另外加入指示剂。因此，$KMnO_4$ 法常常在强酸性溶液进行，由于硝酸本身具有一定的氧化性，可与一些被测物质反应，盐酸中的氯离子又会被 $KMnO_4$ 氧化，所以不宜采用硝酸、盐酸控制酸度，一般选用硫酸控制溶液酸度。

$KMnO_4$ 法的优点是氧化能力强，应用广泛，滴定无色或浅色溶液，一般不需另加指示剂。主要缺点是 $KMnO_4$ 溶液不够稳定，由于能与许多还原性物质发生反应，$KMnO_4$ 法干扰比较严重，选择性较差。

在酸性条件下，$KMnO_4$ 既可用于过氧化物、草酸盐、亚砷酸盐、亚硝酸盐、亚铁盐等还原性物质的直接测定，也可用于 Ca^{2+}、Ba^{2+}、Pb^{2+}、Cd^{2+}、Zn^{2+} 等非还原性物质的间接测定；如果与 $Na_2C_2O_4$ 或 $(NH_4)_2Fe(SO_4)_2$ 标准溶液配合，则可对 MnO_2、PbO_2、CrO_4^{2-}、ClO_3^-、BrO_3^-、IO_3^- 等氧化性物质进行返滴定测定。除此之外，甲醇、甲醛、甲酸、甘油、酒石酸、柠檬酸、葡萄糖等有机物，也可采用 $KMnO_4$ 法进行测定。

2. $KMnO_4$ 标准溶液的配制　$KMnO_4$ 固体试剂一般含有少量 MnO_2 及其他杂质，蒸馏水中含有的微量还原性物质与 $KMnO_4$ 反应而析出 $MnO(OH)_2$ 沉淀，而 MnO_2 和 $MnO(OH)_2$ 又能促使更多的 $KMnO_4$ 分解，故不能采用 $KMnO_4$ 固体直接配制标准溶液。通常预先配制近似浓度的溶液，再用基准物质标定其浓度。

配制步骤如下：称取略多于理论量的 $KMnO_4$ 固体，用适量蒸馏水溶解，再用蒸馏水稀释至规定体积。溶液混匀后转入棕色试剂瓶中，置于阴暗避光处放置 7～10 日(或煮沸 20 分钟，放置 2 日)，使溶液中可能存在的还原性物质完全氧化。用玻璃砂芯漏斗过滤，除去析出的沉淀，溶液转入另一棕色试剂瓶中，置于阴暗避光处保存，以待标定。

3. $KMnO_4$ 溶液的标定　$Na_2C_2O_4$、$H_2C_2O_4 \cdot 2H_2O$、$(NH_4)_2Fe(SO_4)_2 \cdot 6H_2O$、$As_2O_3$ 等基准物质均可用于 $KMnO_4$ 溶液的标定。由于 $Na_2C_2O_4$ 固体易于提纯，无吸湿性，性质稳定，在 105～110℃加热烘干 2 小时后即可使用，是标定 $KMnO_4$ 最常用的基准物质。

$KMnO_4$ 与 $Na_2C_2O_4$ 反应如下

$$2MnO_4^- + 5C_2O_4^{2-} + 16H^+ = 2Mn^{2+} + 10CO_2 + 8H_2O$$

为了保证 $KMnO_4$ 与 $Na_2C_2O_4$ 反应的快速、定量进行，必须掌握好下述滴定条件：

(1) 溶液温度：滴定时溶液温度控制在 70～85℃，滴定完成时，溶液温度应不低于 60℃。溶液温度低于60℃，该反应速度缓慢；溶液温度高于90℃，则 $C_2O_4^{2-}$ 发生分解，导

致标定结果偏高。

（2）溶液酸度：滴定开始时，溶液酸度控制 $0.5 \sim 1.0mol/L$；滴定完成时，酸度控制在 $0.2 \sim 0.5mol/L$。酸度过低，易导致 $MnO(OH)_2$ 沉淀生成；酸度过高，则会促使 $C_2O_4^{2-}$ 发生分解。

（3）滴定速度：用溶液滴定时，开始滴入的溶液褪色较慢，随着 Mn^{2+} 的生成，Mn^{2+} 在反应中起到催化剂作用，反应速度逐渐加快；同时，在热的酸性溶液中，$KMnO_4$ 容易发生分解而影响标定准确度。因此，最初的滴定速度不宜太快，在滴入第一滴 $KMnO_4$ 溶液后，必须等紫红色消失后再滴入第二滴，随后可适当加快滴定速度，但也不宜太快。

（4）指示剂：由于 $KMnO_4$ 本身具有颜色，约过量 $10^{-5}mol/L$ 即可显示出粉红色，所以一般不需要另加指示剂。只有当 $KMnO_4$ 标准溶液的浓度小于 $0.01mol/L$ 时，可选用二苯胺磺酸钠、邻二氮菲-Fe^{2+} 等氧化还原指示剂。

（5）终点观察：用 $KMnO_4$ 溶液滴定至终点后，由于空气中还原性气体的缓慢作用，溶液中出现的粉红色会逐渐消退，不能持久。因此，只要滴定到溶液出现粉红色，并在 $30 \sim 60$ 秒内不褪色，即可认为已经达到滴定终点。

4. $KMnO_4$ 法应用示例

（1）H_2O_2 的测定：H_2O_2 与 $KMnO_4$ 在酸性溶液中发生如下反应

$$5H_2O_2 + 2MnO_4^- + 6H^+ = 2Mn^{2+} + 5O_2 + 8H_2O$$

因此，可用 $KMnO_4$ 标准溶液直接滴定 H_2O_2。反应开始时，$KMnO_4$ 褪色较慢；如果在滴定前加入少量 Mn^{2+} 作为催化剂，可加快反应速度。

市售过氧化氢为30%的 H_2O_2 溶液，按照一定比例稀释后即可用标准溶液直接滴定。商品双氧水中常常加有乙酰苯胺、尿素等还原性物质作为稳定剂，能够与 $KMnO_4$ 反应而产生干扰。此时，可以采用碘量法进行测定。

（2）Ca^{2+} 的测定：先用 $C_2O_4^{2-}$ 将 Ca^{2+} 定量转变为 CaC_2O_4 沉淀。沉淀经过滤、洗涤后，用热的稀 H_2SO_4 溶解 CaC_2O_4，即可采用 $KMnO_4$ 标准溶液滴定试液中的 $C_2O_4^{2-}$ 而间接测定 Ca^{2+}。能够与 $C_2O_4^{2-}$ 定量生成沉淀的金属离子，均可采用此法进行测定。

（3）高锰酸盐指数的测定：高锰酸盐指数（permanganate value）是指酸性或碱性溶液中，用 $KMnO_4$ 氧化水样中的某些有机物质及还原性无机物质，根据消耗的 $KMnO_4$ 量计算相当的氧量。高锰酸盐指数是反映水体中有机及还原性无机物质污染程度的常用指标。由于许多有机物只能部分氧化，易挥发的有机物不包括在测定之内，因此高锰酸盐指数不能作为理论需氧量或总有机物含量的指标。

高锰酸盐指数的测定步骤如下：准确移取 100.0ml 混合均匀的样品（或分取适量，用水稀释至100.0ml）于锥形瓶中，加入5.0ml 1:3 硫酸，再准确加入10.00ml $KMnO_4$ 标准溶液（$c_{\frac{1}{5}KMnO_4} \approx 0.01mol/L$），将锥形瓶置于沸水浴内保持30分钟。

向锥形瓶中加入10.00ml 草酸钠标准溶液（$c_{\frac{1}{2}Na_2C_2O_4} \approx 0.01mol/L$）至溶液变为无色，再用上述 $KMnO_4$ 标准溶液滴定至刚好出现粉红色，并保持30秒不退，记录消耗的 $KMnO_4$ 标准溶液体积 V_1。

用100.0ml 蒸馏水代替水样，按上述步骤进行空白试验，记录消耗的 $KMnO_4$ 标准溶液体积 V_0。

在空白试验滴定后的溶液中加入10.00ml 草酸钠溶液，用 $KMnO_4$ 标准溶液继续滴定至刚好出现粉红色，并保持 30 秒不退，记录消耗的 $KMnO_4$ 标准溶液体积 V_2。

按照下式计算被测水样高锰酸盐指数

$$I_{Mn} = \frac{\left[(10 + V_1)\dfrac{10}{V_2} - 10 \right] \times c \times 8 \times 1000}{100}$$

式中，c 为草酸钠溶液的浓度，mol/L。

如果样品经稀释后测定，则按照下式计算

$$I_{Mn} = \frac{\left\{ \left[(10 + V_1)\dfrac{10}{V_2} - 10 \right] - \left[(10 + V_0)\dfrac{10}{V_2} - 10 \right] \times f \right\} \times c \times 8 \times 1000}{V_3}$$

式中，f 为样品稀释时，蒸馏水在 100ml 测定体积中所占比例，V_3 为所取样品溶液体积。

二、碘量法

1. 概述　碘量法（iodimetry）是依据 I_2 的氧化性和 I^- 的还原性而建立的一种氧化还原滴定方法。碘量法是一种重要的定量分析方法，应用十分广泛。

由于 I_2 固体的溶解度小，而且具有挥发性，实际工作中常常在 I_2 溶液中加入过量的 KI，使 I_2 与 I^- 形成 I_3^- 配离子，既可增大 I_2 的溶解度，又可降低 I_2 的挥发性。

I_3^- 与 I^- 的半反应如下：

$$I_3^- + 2e \rightleftharpoons 3I^- \qquad \varphi^{\ominus} = 0.54V$$

由电对的标准电极电位可以看出，I_2 是一种较弱的氧化剂，能够用于较强还原性物质的测定；而 I^- 是一种中等强度的还原剂，能够用于许多氧化性物质的测定。因此，可以根据被测物质的氧化性或还原性的强弱，选择不同的滴定方式。

具有较强还原性的物质，如硫化物、亚硫酸盐、硫代硫酸盐、As^{3+}、Sn^{2+}、肼、维生素 C、巯基乙酸、四乙基铅等，能够被 I_2 直接氧化，可以采用直接碘量法进行测定。还原性稍弱的物质，如葡萄糖、蛋氨酸、硫脲、甲醛、甘汞、焦亚硫酸钠等，可以采用剩余滴定法进行测定。而一些具有氧化性的物质，如含氧酸盐、过氧化物、氧、臭氧、卤素、Cu^{2+}、As^{5+} 的等，能够与 I^- 定量反应，则可以采用间接碘量法进行测定。

2. 直接碘量法　直接碘量法利用 I_2 标准溶液直接测定电极电位低的还原性物质，又称为碘滴定法（iodimetry）。由于在强酸性介质条件下，I^- 容易被空气中的 O_2 氧化，导致某些反应不能定量完成。因此，直接碘量法通常在弱酸性或弱碱性溶液中进行，例如维生素 C 的测定在乙酸溶液中进行，而 AsO_3^{3-} 的测定是在 $NaHCO_3$ 溶液中进行。

在 pH 大于 9 的强碱性条件下，I_2 会发生歧化反应，故直接碘量法不适用于碱性溶液条件。

$$3I_2 + 6OH^- = IO_3^- + 5I^- + 3H_2O$$

3. 间接碘量法　间接碘量法又称为滴定碘法（iodometry），是根据 I_2 与 $Na_2S_2O_3$ 之间的定量反应关系为基础而建立的氧化还原滴定法。间接碘量法又分为置换滴定法和剩余滴定法两种滴定方式，都必须在中性或弱酸性溶液中进行。

电极电位高于 $\varphi^{\ominus}_{I_2/I^-}$ 的物质，其氧化态可以将加入的 I^- 氧化为 I_2，利用 $Na_2S_2O_3$ 标准溶液滴定生成的 I_2，这种滴定方式称为置换滴定法。例如

$$Cr_2O_7^{2-} + 6I^- + 14H^+ = 2Cr^{3+} + 3I_2 + 7H_2O$$
$$I_2 + 2S_2O_3^{2-} = 2I^- + S_4O_6^{2-}$$

电极电位低于 $\varphi_{I_2/I^-}^{\ominus'}$ 的物质，其还原态可与过量的 I_2 标准溶液反应，待反应完全后，再利用 $Na_2S_2O_3$ 标准溶液测定剩余的 I_2，这种滴定方式称为剩余滴定法。

相比于直接碘量法，间接碘量法的应用更加广泛，具有更大的实际应用价值。但是，应用间接碘量法必须掌握好以下条件：

（1）溶液酸度：I_2 与 $Na_2S_2O_3$ 之间的反应迅速、完全，但只有在中性或弱酸性溶液中才能定量完成。

在强酸性溶液中，$Na_2S_2O_3$ 发生分解，I^- 则易被空气中 O_2 氧化

$$S_2O_3^{2-} + 2H^+ = SO_2 + S + H_2O$$
$$4I^- + 4H^+ + O_2 = 2I_2 + 2H_2O$$

在碱性溶液中，I_2 与 $Na_2S_2O_3$ 之间发生副反应，I_2 发生歧化反应

$$S_2O_3^{2-} + 4I_2 + 10OH^- = 2SO_4^{2-} + 8I^- + 5H_2O$$
$$3I_2 + 6OH^- = IO_3^- + 5I^- + 3H_2O$$

因此，为保证 I_2 与 $Na_2S_2O_3$ 的反应定量完成，必须将溶液酸度控制在中性或弱酸性。

（2）防止 I_2 的挥发和 I^- 的氧化：碘量法的误差主要来自两个方面，一是 I_2 的挥发，一是 I^- 在酸性溶液中容易被空气中的 O_2 氧化。

为防止 I_2 挥发，可在溶液中加入理论值 $2\sim3$ 倍的 KI，使其与 I_2 生成 I_3^- 配离子，减小 I_2 的挥发；一般在室温进行滴定，反应溶液的温度不宜过高；使用碘量瓶进行滴定，不要剧烈振摇溶液。

为防止 I^- 氧化，溶液酸度不宜过高，以降低 O_2 对 I^- 的氧化速度；避免阳光直射，并设法消除 Cu^{2+}、NO_2^- 等对氧化反应的催化作用；当 I_2 析出完全后，立即用 $Na_2S_2O_3$ 标准溶液滴定，并适当加快滴定速度。

（3）注意掌握淀粉指示剂的加入时间：直接碘量法中，在酸度不太高的情况下，可在滴定前加入淀粉指示剂；间接碘量法中，用 $Na_2S_2O_3$ 标准溶液滴定 I_2 时，淀粉指示剂应在接近终点时加入，避免 I_2 被淀粉牢固吸附，造成蓝色不易褪去，使终点延后而带来误差。

对强酸性或含醇量较高的滴定体系，不宜使用淀粉指示剂，可以通过直接观察碘的黄色出现或消失来判断滴定终点。

4. 标准溶液　在碘量法中常用的有 $Na_2S_2O_3$ 标准溶液和 I_2 标准溶液两种。

（1）$Na_2S_2O_3$ 标准溶液：固体 $Na_2S_2O_3 \cdot 5H_2O$ 容易风化而使其组成不稳定；试剂中常常含有少量的 S、S^{2-}、SO_3^{2-}、CO_3^{2-}、Cl^- 等杂质，受到水中嗜硫菌、CO_2 和 O_2 的分解作用，使 $Na_2S_2O_3$ 溶液不稳定。因此，$Na_2S_2O_3$ 标准溶液只能采用间接法配制。

$$S_2O_3^{2-} \xrightarrow{\text{嗜硫菌}} SO_3^{2-} + S$$
$$S_2O_3^{2-} + CO_2 + H_2O \longrightarrow HSO_3^- + HCO_3^- + S$$
$$2S_2O_3^{2-} + O_2 \longrightarrow 2SO_4^{2-} + 2S$$

在配制 $Na_2S_2O_3$ 标准溶液时，用托盘天平称取所需量的 $Na_2S_2O_3 \cdot 5H_2O$，用新煮沸（杀死嗜硫菌、除去 CO_2、O_2）并冷却的蒸馏水溶解，加入少量 Na_2CO_3 抑制细菌生长，再稀释至所需体积，转入棕色试剂瓶，置于阴暗避光处保存。

$Na_2S_2O_3$ 标准溶液的标定常用 $K_2Cr_2O_7$、KIO_3、$KBrO_3$ 等基准物质。以 $K_2Cr_2O_7$ 为例，

称取一定量的 $K_2Cr_2O_7$ 基准物质于碘量瓶中，加适量蒸馏水溶解，加入过量 KI 溶液，迅速加入稀盐酸并控制酸度在 $0.2 \sim 0.4mol/L$，密闭碘量瓶塞，置于暗处放置一定时间，以待反应完全

$$Cr_2O_7^{2-} + 6I^- + 14H^+ = 2Cr^{3+} + 3I_2 + 7H_2O$$

以淀粉为指示剂，用 $Na_2S_2O_3$ 溶液滴定析出的 I_2，即可计算所配 $Na_2S_2O_3$ 溶液的浓度。

$$2S_2O_3^{2-} + I_2 = S_4O_6^{2-} + 2I^-$$

这样配制的 $Na_2S_2O_3$ 标准溶液比较稳定，但也不宜长期保存，过一段时间后应重新进行标定。如果发现溶液浑浊或有硫析出，则应重新配制。

（2）碘标准溶液：因碘具有挥发性和腐蚀性，一般先配制近似浓度的溶液，再进行标定。配制标准溶液时，在托盘天平称取所需量的碘，加入 $2 \sim 3$ 倍的 KI，于研钵内加少量水研磨，直至完全溶解，再稀释至所需体积，转入棕色试剂瓶，置于阴暗避光处保存。

碘标准溶液可用已经标定的 $Na_2S_2O_3$ 标准溶液标定。

也可用 As_2O_3 基准物质进行标定，用 NaOH 溶液溶解 As_2O_3，将溶液酸化，再用 $NaHCO_3$ 调节溶液 pH 约等于 8，则 I_2 与 H_3AsO_3 的反应可快速、定量进行

$$AsO_3^{3-} + I_2 + 2OH^- = AsO_4^{3-} + 2I^- + H_2O$$

根据称取的 As_2O_3 的质量即可计算 I_2 溶液的浓度。

5. 碘量法应用示例

（1）水中余氯的测定：余氯是指水经加氯消毒一定时间后，余留在水中的氯含量。余氯分为化合性余氯（主要为 NH_2Cl、$NHCl_2$ 及 NCl_3 等）和游离性余氯（主要为 OCl^-、$HOCl$、Cl_2 等）；总余氯即化合性余氯与游离性余氯之和。

过高浓度的余氯会伤害人体呼吸系统，余氯与水中有机物反应生成三氯甲烷等致癌物。

在酸性溶液中，余氯与 KI 作用，释放出定量的 I_2，再用 $Na_2S_2O_3$ 标准溶液滴定，即可计算总余氯。

$$2KI + 2CH_3COOH = 2CH_3COOK + 2HI$$
$$2HI + HOCl = I_2 + HCl + H_2O$$
$$I_2 + 2Na_2S_2O_3 = 2NaI + Na_2S_4O_6$$

余氯测定具体方法为：移取水样 200ml 于 300ml 碘量瓶中，加入 0.5g KI 和 5ml 乙酸盐缓冲溶液，用 $0.0100mol/L$ $Na_2S_2O_3$ 标准溶液滴定至溶液呈淡黄色，加入 1ml 淀粉指示剂溶液，继续用 $0.0100mol/L$ $Na_2S_2O_3$ 标准溶液滴定至蓝色消失，记录消耗的 $Na_2S_2O_3$ 标准溶液的体积。

按照下式计算被测水样中的总余氯

$$总余氯(Cl_2, mg/L) = \frac{c \times V_1 \times 35.46 \times 1000}{V}$$

式中，c 为 $Na_2S_2O_3$ 标准溶液浓度，mol/L；V_1 为 $Na_2S_2O_3$ 标准溶液的体积，ml；35.46 为 Cl_2 摩尔质量，g/mol；V 为移取水样体积，ml。

（2）卡尔费休法测定微量水含量：卡尔费休法属于非水滴定法，该方法要求所有容器必须干燥，主要用于测定有机物、无机物中的含水量，其基本原理是利用 I_2 氧化 SO_2 时，需要定量的 H_2O

$$I_2 + SO_2 + 2H_2O = 2HI + H_2SO_4$$

为保证该反应完全进行，需要在反应体系中加入适量吡啶(C_5H_5N)来中和反应后生成的 H_2SO_4，同时加入甲醇以防止生成的 $C_5H_5N \cdot SO_3$ 与 H_2O 发生副反应。因此，滴定时的标准溶液是含有 I_2、SO_2、C_5H_5N、CH_3OH 的混合溶液，称为费休试剂。

当费休试剂与 H_2O 反应时，试剂具有的棕色会立即消失，当溶液中出现棕色时，说明费休试剂与 H_2O 的反应完成，即表示滴定到达终点。

三、重铬酸钾法

1. 概述　重铬酸钾法(potassium dichromate method)是以 $K_2Cr_2O_7$ 标准溶液作为滴定剂的氧化还原滴定法。在酸性介质条件下，$K_2Cr_2O_7$ 与还原性物质作用的半反应为

$$Cr_2O_7^{2-} + 14H^+ + 6e \Longleftrightarrow 2Cr^{3+} + 7H_2O \qquad \varphi_{Cr_2O_7^{2-}/Cr^{3+}}^{\ominus} = 1.33V$$

可以看出，在强酸性介质中，$K_2Cr_2O_7$ 的标准电极电位低于 $KMnO_4$ 的标准电极电位(1.51V)，其氧化能力弱于 $KMnO_4$。

在酸性介质中，$K_2Cr_2O_7$ 与还原性物质作用后，橙色的 $K_2Cr_2O_7$ 总是生成绿色的 Cr^{3+} 产物，没有其他副反应发生。由于颜色变化不明显，因此 $K_2Cr_2O_7$ 本身不能作为指示剂，常常采用二苯胺磺酸钠和邻二氮菲-Fe^{2+} 作为指示剂。

2. 标准溶液　由于 $K_2Cr_2O_7$ 固体很容易纯化，所以 $K_2Cr_2O_7$ 标准溶液一般采用直接法配制。配制好的标准溶液性质十分稳定，长时间放置后，浓度不会发生变化。

3. 应用示例　在卫生检验领域，常常采用 $K_2Cr_2O_7$ 返滴定法测定工业废水和生活污水的化学耗氧量(chemical oxygen demand，COD)及水样中的其他有机物质。

移取 20.00ml 混合均匀的水样(或适量水样稀释至 20.00ml)置于 250ml 磨口锥形瓶中，准确加入 10.00ml 重铬酸钾标准溶液及数粒沸石，慢慢地加入 30ml 硫酸-硫酸银溶液，混匀溶液后，装上回流冷凝管，加热回流 2 小时，取下锥形瓶，溶液冷却后，加 3 滴邻二氮菲-Fe^{2+} 指示剂溶液，用硫酸亚铁铵标准溶液滴定，当溶液的颜色由蓝绿色至红棕色即为终点，记录消耗硫酸亚铁铵标准溶液的体积 V_1。同时取 20.00ml 蒸馏水，按同样的操作步骤作空白试验，记录消耗硫酸亚铁铵标准溶液的体积 V_0。

按照下式计算水样中的 COD

$$COD(O_2, mg/L) = \frac{(V_0 - V_1) \times c \times 8 \times 10^3}{20.00}$$

式中，c 为硫酸亚铁铵标准溶液的浓度，mol/L。

四、其他氧化还原滴定法

1. 溴量法

(1) 概述：溴量法(bromimetry)是根据溴的氧化作用和溴代作用而建立的滴定分析法。

利用溴的氧化作用，可测定硫化氢、二氧化硫、亚硫酸盐以及羟胺等还原性物质的含量；利用溴与有机物的定量溴代反应，可直接测定酚类及芳胺类化合物的含量；此外，Al、Mg 和 Fe 等金属离子与 8-羟基喹啉生成难溶化合物，可用溴量法间接进行测定。

在酸性介质中 Br_2 被还原生成 Br^-，其半反应为

$$Br_2 + 2e \Longleftrightarrow 2Br^- \qquad \varphi_{Br_2/Br^-}^{\ominus} = 1.065V$$

由于溴容易挥发，使其浓度不稳定。一般是配制溴酸钾与溴化钾的混合溶液(溴液)

代替溴溶液。滴定时，在酸性样品溶液中加入溴液，$KBrO_3$ 立即与 KBr 反应生成 Br_2

$$BrO_3^- + 5Br^- + 6H^+ = 3Br_2 + 3H_2O$$

待反应生成的 Br_2 与被测物质反应完全后，向溶液中加入过量 KI，KI 与剩余的 Br_2 反应置换出 I_2

$$Br_2 + 2I^- = 2Br^- + I_2$$

再以淀粉溶液为指示剂，用 $Na_2S_2O_3$ 标准溶液滴定 I_2，根据消耗 $Na_2S_2O_3$ 标准溶液的体积和加入溴液的体积，即可计算被测物质的含量。

溴量法中使用的 $Na_2S_2O_3$ 标准溶液，其配制、标定与碘量法相同；$KBrO_3$-KBr 标准溶液则以质量比 $KBrO_3 : KBr = 1 : 5$ 配制成水溶液，再用碘量法标定。

（2）溴量法应用示例：酚类物质是原生质毒物，主要来自炼油、造纸、木材防腐和化工等废水。其中，沸点在 230℃ 以下的酚类能够与水蒸气一起蒸馏，称为挥发性酚。

在过量的溴液中，酚与溴生成三溴酚，并进一步生成溴代三溴酚。

$$KBrO_3 + 5KBr + 6HCl = 3Br_2 + 6KCl + 3H_2O$$

$$C_6H_5OH + 3Br_2 = C_6H_2Br_3OH + 3HBr$$

$$C_6H_2Br_3OH + Br_2 = C_6H_2Br_3OBr + HBr$$

溶液中剩余的溴与 KI 反应释放出 I_2 的同时，溴代三溴酚与 KI 生成三溴酚和 I_2，利用标准溶液滴定释放出的 I_2，即可根据标准溶液的消耗量计算出挥发酚的含量。

$$Br_2 + 2KI = 2Br + I_2$$

$$C_6H_2Br_3OBr + 2KI + 2HCl = C_6H_2Br_3OH + 2KCl + HBr + I_2$$

移取 100ml 经磷酸调节酸度、$CuSO_4$ 抑菌、蒸馏等预处理后水样，置于 250ml 碘量瓶中，加入 5ml 盐酸，用滴定管加入 $KBrO_3$-KBr 标准溶液至淡黄色，再过量 50%，记录消耗 $KBrO_3$-KBr 标准溶液的体积。迅速盖上瓶塞，混匀，放置 15 分钟后加入 1.0g KI，混匀后置暗处继续放置 5 分钟，用 $Na_2S_2O_3$ 标准溶液滴定至淡黄色，加入 1ml 淀粉指示剂溶液，继续滴定至蓝色刚刚褪去，记录消耗 $Na_2S_2O_3$ 标准溶液的体积，并按相同的方法用 100ml 蒸馏水进行空白试验。

按照下式计算挥发酚的含量

$$挥发酚(以苯酚计, mg/L) = \frac{(V_2 - V_1) \times c \times 15.68 \times 1000}{100}$$

式中，V_1 为滴定水样时消耗 $Na_2S_2O_3$ 标准溶液的体积，ml；V_2 为空白试验时消耗 $Na_2S_2O_3$ 标准溶液的体积，ml；c 为 $Na_2S_2O_3$ 标准溶液的浓度，mol/L。

2. 铈量法　铈量法（cerium method）是以 $Ce(SO_4)_2$ 标准溶液为滴定剂的一种氧化还原滴定法，$Ce(SO_4)_2$ 标准溶液可以直接配制，无需标定，溶液放置较长时间或者加热煮沸也不易分解，十分稳定。

Ce^{4+} 是强氧化剂，在酸性条件下，其半反应式为：

$$Ce^{4+} + e \rightleftharpoons Ce^{3+} \qquad \varphi_{Ce^{4+}/Ce^{3+}}^{\ominus\prime} = 1.44V$$

Ce^{4+} 被还原时，只有一个电子转移，无中间价态产物生成，不发生副反应；生成的 Ce^{3+} 为无色，Ce^{4+} 本身的黄色灵敏度不高，一般采用邻二氮菲-Fe^{2+} 作为指示剂，终点时的变色敏锐。碱性条件下，Ce^{4+} 容易发生水解，生成碱式盐沉淀，因此不适合在碱性或中性溶液中进行滴定。

本 章 小 结

通过对原电池的讨论，引出氧化还原电对、电极电位、标准电极电位及条件电位等基本概念及其相关计算，介绍了电极电位在氧化还原反应方向判断、预氧化剂或预还原剂的选择、氧化还原反应进行程度的判断等方面的应用。

通过对不同滴定分数时电对电极电位的计算，讨论了氧化还原滴定曲线的特点、影响滴定突跃的因素、氧化还原滴定必须满足的条件、氧化还原指示剂的原理和选择原则。

通过实例讨论了高锰酸钾法、碘量法、重铬酸钾法、溴量法及铈量法等常用的氧化还原滴定方法的基本原理、滴定条件及应用。

思考题和习题

1. 什么是条件电位？它与标准电极电位有何异同？影响条件电位的因素有哪些？

2. 试描述条件电位在氧化还原滴定分析中的意义。

3. 如何根据电极电位判断氧化还原反应的方向？怎样判断一个氧化还原反应能否应用于滴定分析？

4. 氧化还原滴定中采用的指示剂有哪些类型？如何为一个氧化还原滴定分析选择合适的指示剂？

5. 试判断下列反应在标准状态下进行的方向，并将两个电对组成原电池，写出其电池符号：
$$2MnO_4^- + 10Cl^- + 16H^+ = 2Mn^{2+} + 5Cl_2 + 8H_2O$$

6. 在 1.00×10^{-4} mol/L $Zn(NH_3)_4^{2+}$ 溶液中，已知 NH_3 的平衡浓度为 0.100mol/L，试计算 $Zn(NH_3)_4^{2+}/Zn$ 电对的电极电位。

（ -1.04 V）

7. 在 1mol/L H_2SO_4 溶液中，用 $KMnO_4$ 标准溶液滴定 $FeSO_4$ 溶液。已知： $\varphi_{MnO_4^-/Mn^{2+}}^{\ominus'} = 1.45$ V， $\varphi_{Fe^{3+}/Fe^{2+}}^{\ominus'} = 0.68$ V。试计算反应的条件平衡常数。

（ 1.08×10^{65} ）

8. 在 0.2219g 纯 $K_2Cr_2O_7$ 中加入过量 KI，待反应完成后，用 $Na_2S_2O_3$ 溶液滴定析出的 I_2，共消耗 $Na_2S_2O_3$ 溶液 24.70ml，试计算 $Na_2S_2O_3$ 溶液的浓度。

（ 0.1832mol/L ）

9. 用 0.02000mol/L $KMnO_4$ 标准溶液滴定 1.250g 过氧化氢溶液，在标准状态下放出氧气 25.20ml，求需要消耗的溶液毫升数和双氧水中 H_2O_2 的含量。

（ 22.50ml，3.062% ）

10. 称取苯酚样品 0.4083g，用少量 NaOH 溶液溶解后转入 250ml 容量瓶中，稀释至刻度，混匀。移取该溶液 25.00ml 于碘量瓶中，加溴液（ $KBrO_3 + KBr$ ）25.00ml，再加入盐酸和适量 KI。用浓度为 0.1084mol/L $Na_2S_2O_3$ 溶液进行滴定，终点时用去 20.04ml。另取 25.00ml 溴液为空白，用去相同浓度的 $Na_2S_2O_3$ 溶液 41.60ml 至终点。计算样品中苯酚的含量。

（ 89.78% ）

（易　钢）

第八章 沉淀滴定法

沉淀滴定法(precipitation titration)是以沉淀反应为基础的滴定分析方法。能用于沉淀滴定的反应必须具备以下条件：①沉淀反应必须具有确定的化学计量关系；②沉淀的溶解度必须足够小($S < 1.0 \times 10^{-6} g/ml$)；③反应迅速，很快达到平衡，即要求溶液中被测物的浓度能随着滴定的进程而定量地改变；④必须有合适的指示终点的方法。

沉淀反应虽然很多，但能用于沉淀滴定法的却很有限。目前应用广泛的是利用生成难溶性银盐的反应来进行滴定分析的方法，称为银量法(Argentimetry)。银量法可用于测定 Cl^-、Br^-、I^-、CN^-、SCN^- 和 Ag^+ 等。经处理后定量转化为上述离子的有机物也可用银量法进行测定。除了银量法外，还有一些利用其他沉淀反应的沉淀滴定法，本章只讨论银量法的基本原理及其应用。

第一节 基 本 原 理

银量法是以 $AgNO_3$ 为标准溶液，测定能与 Ag^+ 生成沉淀的物质含量的一种滴定分析方法。

基本反应 $Ag^+ + X^- \rightleftharpoons AgX\downarrow$ (X^-: Cl^-、Br^-、I^-、CN^-、SCN^- 等)

一、滴定曲线

以 0.1000mol/L $AgNO_3$ 溶液滴定 0.1000mol/L NaCl 溶液 20.00ml 为例，了解沉淀滴定过程中离子浓度的变化规律。

反应方程式 $Ag^+ + Cl^- \rightleftharpoons AgCl\downarrow$（白色）

1. 滴定前 溶液中 $[Cl^-]$ 为溶液的起始浓度。

$$[Cl^-] = 0.1000 mol/L$$

$$pCl = -lg0.1000 = 1.00$$

2. 开始滴定至化学计量点前 随着滴定剂 $AgNO_3$ 溶液的不断加入，溶液中剩余的 $[Cl^-]$ 不断减少。当加入 $AgNO_3$ 溶液 19.98ml 时，溶液中剩余的 $[Cl^-]$ 为

$$[Cl^-] = \frac{(20.00 - 19.98) \times 0.1000}{20.00 + 19.98} = 5.0 \times 10^{-5} (mol/L)$$

$$pCl = 4.30$$

此时 $[Ag^+]$ 可通过 $[Ag^+][Cl^-] = K_{sp} = 1.8 \times 10^{-10}$ 求算

$$pCl + pAg = -lgK_{sp} = pK_{sp} = 9.74$$

$$pAg = pK_{sp} - pCl = 9.74 - 4.30 = 5.44$$

3. 化学计量点 当加入 $AgNO_3$ 溶液 20.00ml 时，$[Ag^+]$ 和 $[Cl^-]$ 正好反应完全。

此时

$$[Ag^+] = [Cl^-] = \sqrt{K_{sp(AgCl)}} = \sqrt{1.8 \times 10^{-10}} = 1.3 \times 10^{-5}(mol/L)$$
$$pAg = pCl = 4.87$$

4. 化学计量点后 溶液中的 $[Ag^+]$ 由过量的 $AgNO_3$ 浓度决定，当加入 $AgNO_3$ 溶液 20.02ml 时

$$[Ag^+] = \frac{(20.02 - 20.00) \times 0.1000}{20.02 + 20.00} = 5.0 \times 10^{-5}(mol/L)$$
$$pAg = 4.30$$
$$pCl = 9.74 - 4.30 = 5.44$$

将不同滴定点 pCl 及 pAg 计算结果列于表 8-1 中。同时列出以 0.1000mol/L $AgNO_3$ 分别滴定 0.1000mol/L NaBr 和 0.1000mol/L NaI 时在不同滴定点的 pBr、pI、pAg 数据。并以 pCl 和 pAg 的关系绘制滴定曲线，见图 8-1。

表 8-1 0.1000mol/L $AgNO_3$ 溶液分别滴定

20.00ml 0.1000mol/L Cl^-、Br^-、I^- 溶液时 pAg 与 pX 的变化

滴定剂加入量		滴定 Cl^-		滴定 Br^-		滴定 I^-	
V_{AgNO_3}/ml	滴定分数/%	pCl	pAg	pBr	pAg	pI	pAg
0.00	0.00	1.00		1.00		1.00	
18.00	90.00	2.28	7.46	2.28	10.02	2.28	13.80
19.80	99.00	3.30	6.44	3.30	9.00	3.30	12.78
19.98	99.90	4.30	5.44	4.30	8.00	4.30	11.78
20.00	100.00	4.87	4.87	6.15	6.15	8.04	8.04
20.02	100.10	5.44	4.30	8.00	4.30	11.78	4.30
20.20	101.00	6.44	3.30	9.00	3.30	12.78	3.30
22.00	110.00	7.42	2.32	10.00	2.30	13.78	2.30

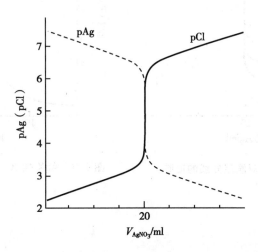

图 8-1 0.1000mol/L $AgNO_3$ 溶液滴定 20.00ml 0.1000mol/L NaCl 溶液的滴定曲线

沉淀滴定曲线有如下特点：

1. 与酸碱滴定曲线相似 滴定开始时溶液中 $[X^-]$ 较大，滴入 Ag^+ 所引起的 $[X^-]$

改变不大，曲线平坦。接近化学计量点时，溶液［X⁻］已经很小，滴入少量的 Ag^+ 即会引起［X⁻］发生较大的变化，从而形成滴定突跃。

2. 滴定曲线以化学计量点为中心前后对称 随着滴定的进行，溶液中［Ag^+］增加时，［X⁻］以相同的比例减少，到化学计量点时，［Ag^+］与［X⁻］相等。即以 pAg，pX 所表示的两条曲线在化学计量点相交。

二、影响滴定突跃的因素

1. X⁻的浓度 当沉淀的溶度积常数一定时，［X⁻］越大，其滴定突跃范围越大。［X⁻］增大10倍，pX 突跃范围增大2个单位；［X⁻］减小到1/10，pX 突跃范围减小2个单位(图8-2)。

2. 沉淀的溶度积常数 K_{sp} 当被测离子浓度一定时，K_{sp} 越小，滴定突跃范围越大。例如，浓度均为 0.1000mol/L 时，用 $AgNO_3$ 滴定 $NaCl$($K_{sp(AgCl)} = 1.8 \times 10^{-10}$)的滴定突跃为1.14 单位；用 $AgNO_3$ 滴定 $NaBr$($K_{sp(AgBr)} = 5.0 \times 10^{-13}$)的滴定突跃为3.70 单位；而用 $AgNO_3$ 滴定 NaI($K_{sp(AgI)} = 9.3 \times 10^{-17}$)则滴定突跃为7.48 单位。所以相同浓度的 Cl⁻、Br⁻ 和 I⁻ 的滴定曲线，滴定突跃范围最大的是 I⁻，而最小的是 Cl⁻(图8-3)。

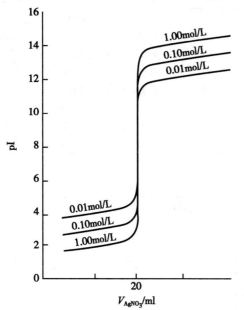

图8-2 I⁻溶液浓度对滴定曲线的影响

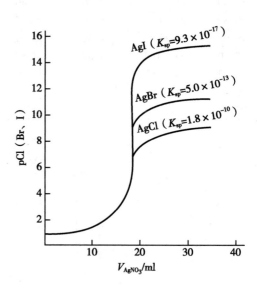

图8-3 AgX 的 K_{sp} 大小对滴定曲线的影响

三、分步滴定法

如果溶液中同时含有 Cl⁻、Br⁻、I⁻，且它们之间的浓度相近时，可分步进行测定。由于 AgI、AgBr、AgCl 的溶度积常数差别较大，溶度积最小的 AgI 将最先沉淀出来而 AgCl 最后析出，在滴定曲线上显示三个大小不同的突跃。但由于卤化银沉淀的吸附和生成混晶等因素的影响，测定结果误差较大，在实际工作中很少应用。

第二节 银 量 法

根据确定滴定终点的作用原理不同，银量法可分莫尔（Mohr）法、佛尔哈德（Volhard）法、法扬司（Fajans）法三种。

一、莫尔法

以铬酸钾（K_2CrO_4）为指示剂的银量法称为莫尔法，又称铬酸钾指示剂法。

（一）原理

以 K_2CrO_4 为指示剂，在中性或弱酸性溶液中用 $AgNO_3$ 标准溶液直接滴定 Cl^-（或 Br^-），利用微过量的 Ag^+ 与 K_2CrO_4 生成砖红色的 Ag_2CrO_4 沉淀以指示终点。

以滴定 Cl^- 为例讨论本方法的测定原理：

终点前　$Ag^+ + Cl^- \rightleftharpoons AgCl \downarrow$（白色）　　　　　　$K_{sp} = 1.8 \times 10^{-10}$

终点时　$2Ag^+ + CrO_4^{2-} \rightleftharpoons Ag_2CrO_4 \downarrow$（砖红色）　　$K_{sp} = 2.0 \times 10^{-12}$

由于 AgCl 的溶解度小于 Ag_2CrO_4 的溶解度，故在滴定过程中，Ag^+ 首先与 Cl^- 生成 AgCl 沉淀，而此时 $[Ag^+]^2 [CrO_4^{2-}] < K_{sp(Ag_2CrO_4)}$，所以不能形成 Ag_2CrO_4 沉淀。随着滴定的进行，溶液中 $[Cl^-]$ 不断降低，$[Ag^+]$ 不断增大，待 Cl^- 被完全滴定后，$[Ag^+]^2 [CrO_4^{2-}] > K_{sp(Ag_2CrO_4)}$，于是出现 Ag_2CrO_4 砖红色沉淀，从而指示滴定终点。

（二）滴定条件

1. 指示剂的用量　K_2CrO_4 指示剂的用量直接影响测定的准确性。若指示剂的用量过多，Cl^- 尚未沉淀完全即有砖红色的 Ag_2CrO_4 沉淀形成，使终点提前（K_2CrO_4 指示剂本身的黄色也会影响终点的判断）；若指示剂用量太少，滴定到化学计量点后，加入过量的 $AgNO_3$ 仍不能形成 Ag_2CrO_4 沉淀，终点推迟。故加入指示剂 K_2CrO_4 的量要尽量控制在合适的范围内。

假设到达计量点时溶液的总体积约为 50ml，消耗 $AgNO_3$ 溶液（0.1000mol/L）约 20ml，如果允许终点有 0.05% 的滴定剂过量（即多加入 $AgNO_3$ 溶液 0.01ml），此时过量的 Ag^+ 浓度为：

$$[Ag^+] = \frac{0.1000 \times 0.01}{50} = 2.0 \times 10^{-5}(mol/L)$$

根据 $K_{sp(Ag_2CrO_4)} = [Ag^+]^2 [CrO_4^{2-}] = 2.0 \times 10^{-12}$，此时恰能生成 Ag_2CrO_4 沉淀所需的 CrO_4^{2-} 浓度为：

$$[CrO_4^{2-}] = \frac{K_{sp(Ag_2CrO_4)}}{[Ag^+]^2} = \frac{2.0 \times 10^{-12}}{(2.0 \times 10^{-5})^2} = 5.0 \times 10^{-3}(mol/L)$$

实际测定时，一般在溶液总体积为 50～100ml 的溶液中加入 5% K_2CrO_4 指示剂 1～2ml，此时 $[CrO_4^{2-}]$ 为 2.6×10^{-3}～5.2×10^{-3}mol/L。

2. 溶液的酸度　溶液的 pH 是影响莫尔法的重要因素之一。若溶液的 pH < 6 时，CrO_4^{2-} 会以 $HCrO_4^-$ 形式存在或转化为 $Cr_2O_7^{2-}$，使 CrO_4^{2-} 浓度降低，指示终点的 Ag_2CrO_4 沉淀出现晚，甚至不出现，导致较大的测定误差。

$$2CrO_4^{2-} + 2H^+ \rightleftharpoons 2HCrO_4^- \rightleftharpoons Cr_2O_7^{2-} + H_2O$$

若溶液的碱性太强（pH > 10.5），则有 Ag_2O 黑色沉淀析出：

$$2Ag^+ + 2OH^- \rightleftharpoons 2AgOH$$
$$AgOH \longrightarrow Ag_2O \downarrow + H_2O$$

因此，莫尔法应在 pH 6.5 ~ 10.5 的中性或弱碱性环境中进行。若溶液酸性较强，可加入 $CaCO_3$、$Na_2B_4O_7$、$NaHCO_3$ 等调至中性；若碱性太强，可用稀 HNO_3 中和。

若有铵盐存在，会形成 $Ag(NH_3)^+$ 或 $Ag(NH_3)_2^+$ 等配离子，使 AgCl 和 Ag_2CrO_4 溶解度增大。如果 $[NH_4^+] < 0.05mol/L$，可通过控制溶液的酸度在 pH6.5 ~ 7.2 之间排除；$[NH_4^+] > 0.15mol/L$，控制溶液的酸度则不能消除影响，必须在滴定前将 NH_4^+ 除去。

3. 注意事项

（1）干扰离子：溶液中存在的 PO_4^{3-}、AsO_4^{3-}、SO_3^{2-}、S^{2-}、CO_3^{2-}、$C_2O_4^{2-}$ 等阴离子均能与 Ag^+ 生成沉淀；Ba^{2+}、Pb^{2+}、Bi^{3+} 等阳离子也可与 CrO_4^{2-} 发生沉淀反应。大量有色离子，如 Cu^{2+}、Co^{2+}、Ni^{2+} 等会影响终点观察；在中性或弱碱性的溶液中易发生水解的离子，如 Fe^{3+}、Al^{3+}、Bi^{3+} 和 Sn^{4+} 等也会带来影响。因此，以上这些干扰离子在滴定前都应预先分离除去。

（2）滴定时应充分振摇：因 AgCl 沉淀能吸附 Cl^-、AgBr 沉淀能吸附 Br^-，使溶液中的 Cl^-，Br^- 浓度降低，以致终点提前而引入误差。剧烈振摇可释放出被 AgCl、AgBr 沉淀吸附的 Cl^- 或 Br^-，防止由此带来的滴定误差。

（三）应用范围

莫尔法适用于溶液中 Cl^-、Br^- 和 CN^- 的测定，不宜测定 I^- 和 SCN^-。因为 AgI 沉淀能吸附 I^-、AgSCN 沉淀能吸附 SCN^-，且两者的吸附能力都很强。尽管剧烈振荡也无法使 I^- 和 SCN^- 释放出来。也不能用 NaCl 标准溶液直接滴定 Ag^+，因为此时溶液中 Ag^+ 过量会与指示剂 K_2CrO_4 中的 CrO_4^{2-} 生成 Ag_2CrO_4 沉淀。用 NaCl 标准溶液滴定时，Ag_2CrO_4 转化成 AgCl 的速度极慢，使终点滞后，滴定误差很大。若要用此法测定 Ag^+，必须采用返滴定法，在溶液中加入一定量且过量的 NaCl 标准溶液，再用 $AgNO_3$ 标准溶液滴定剩余的 Cl^-。

二、佛尔哈德法

以铁铵矾 $[NH_4Fe(SO_4)_2 \cdot 12H_2O]$ 为指示剂的银量法称为佛尔哈德法，又称铁铵矾指示剂法。本法又分为直接滴定法和返滴定法。

（一）直接滴定法

1. 原理　在酸性溶液中，以铁铵矾为指示剂，用 NH_4SCN 或 KSCN 标准溶液直接滴定 Ag^+。当 Ag^+ 完全沉淀后，稍过量的 SCN^- 与 Fe^{3+} 生成 $Fe(SCN)^{2+}$ 红色配合物指示终点到达。

$$终点前 \quad Ag^+ + SCN^- \rightleftharpoons AgSCN \downarrow （白色）$$
$$终点时 \quad Fe^{3+} + SCN^- \rightleftharpoons [Fe(SCN)]^{2+} （红棕色）$$

2. 滴定条件

（1）酸度控制：应在 HNO_3 溶液中进行滴定，滴定酸度控制在 0.1 ~ 1mol/L 之间较适宜，并且可以防止 Fe^{3+} 的水解。因为，酸度过低，Fe^{3+} 将水解形成 $Fe(H_2O)_5OH^{2+}$ 或 $Fe(H_2O)_4(OH)_2^+$ 等深色配合物，影响终点观察；碱度过大还会析出 $Fe(OH)_3$ 沉淀，终

点没有红色的 $Fe(SCN)^{2+}$ 生成，无法指示滴定终点。由于在 HNO_3 介质中进行，PO_4^{3-}、AsO_4^{3-}、S^{2-}、CO_3^{2-} 等离子都不会引起干扰。

（2）指示剂的用量：铁铵矾指示剂浓度过大，Fe^{3+} 的黄色会干扰终点观察。为防止黄色干扰，并在终点时恰能观察到 $Fe(SCN)^{2+}$ 明显的红色，所需 $Fe(SCN)^{2+}$ 的最低浓度为 $6 \times 10^{-6} mol/L$。考虑到 $Fe(SCN)^{2+}$ 的配位平衡，终点时 Fe^{3+} 的浓度以 $0.015 mol/L$ 为宜。

（3）注意事项：因 AgSCN 强烈的吸附作用，只有充分振摇才能使沉淀表面被吸附的 Ag^+ 释放出来，防止终点提前。

3. 应用范围　在酸性溶液中可测定 Ag^+ 等。

（二）返滴定法

1. 原理　加入一定量过量的 $AgNO_3$ 标准溶液于含有卤素离子的溶液中，以铁铵矾为指示剂，用 NH_4SCN 标准溶液滴定剩余的 $AgNO_3$。

终点前　$Ag^+_{(定量,过量)} + X^- \rightleftharpoons AgX\downarrow$（白色）

$\qquad\qquad Ag^+_{(剩余量)} + SCN^- \rightleftharpoons AgSCN\downarrow$（白色）

终点时　$SCN^- + Fe^{3+} \rightleftharpoons Fe(SCN)^{2+}$（红棕色）

2. 滴定条件

（1）酸度控制：应在 $0.1 \sim 1 mol/L$ HNO_3 溶液中进行。许多弱酸根离子不干扰测定。

（2）避免沉淀转化：返滴定法测 Cl^- 时，在计量点时 AgCl 和 AgSCN 两种难溶性银盐同时存在。由于 AgSCN 的溶度积小于 AgCl 的溶度积，当溶液中剩余的 Ag^+ 被滴定完全后，SCN^- 就会将 AgCl 沉淀中的 Ag^+ 转化为 AgSCN 沉淀，使 AgCl 沉淀溶解，从而不能及时产生红色的 $Fe(SCN)^{2+}$ 配位离子，或者用力振摇可使已出现的 $Fe(SCN)^{2+}$ 的红色消失。

$$AgCl\downarrow + SCN^- \rightleftharpoons AgSCN\downarrow + Cl^-$$

该反应式中 SCN^- 的来源有两个：①用力振摇 $Fe(SCN)^{2+}$ 释放出 SCN^-；②返滴定时多消耗 NH_4SCN。为使终点时 $Fe(SCN)^{2+}$ 红色保持，必须继续滴加 NH_4SCN 标准溶液直到下列平衡关系成立，沉淀转化才会停止。

$$\frac{[Cl^-]}{[SCN^-]} = \frac{K_{sp(AgCl)}}{K_{sp(AgSCN)}} = \frac{1.8 \times 10^{-10}}{1.1 \times 10^{-12}} = 164$$

由于沉淀转化的存在，过多消耗 NH_4SCN 标准溶液，造成较大的终点误差。因此在测定氯化物时，为避免上述沉淀转化反应的发生，可采用下列措施：①加入定量的 $AgNO_3$ 标准溶液使 AgCl 沉淀完全，再煮沸溶液使 AgCl 沉淀凝聚并将其滤去。过滤出的沉淀用稀 HNO_3 洗涤，洗涤液和滤液合并，再用 NH_4SCN 标准溶液滴定滤液中的 Ag^+，从而减少 AgCl 沉淀对 Ag^+ 的吸附。采用这种方法涉及过滤、洗涤等操作，过程繁琐且效果不理想。②用 NH_4SCN 标准溶液返滴剩余的 Ag^+ 之前，向试液中加入 $1 \sim 2 ml$ 硝基苯、邻苯二甲酸二丁酯、异戊醇或 1, 2-二氯乙烷等有机溶剂，并用力振摇，使有机溶剂将 AgCl 沉淀包裹起来，有效地避免 SCN^- 与 Ag^+ 接触，从而防止沉淀转化反应的发生。③利用高浓度 Fe^{3+} 作指示剂，减少终点时 SCN^- 的浓度，从而减少误差。实验证明，当溶液中 Fe^{3+} 的浓度为 $0.2 mol/L$，滴定误差将在 0.1% 以内。

（3）由于 AgBr 和 AgI 的溶度积都比 AgSCN 的溶度积小，所以用返滴定法测定 Br^-、I^- 时，不存在沉淀转化问题。但值得一提的是，滴定 I^- 时，必须先加入过量的 $AgNO_3$ 标准溶液后，才能加入铁铵矾指示剂，否则将发生下列反应，影响其结果的准确性。

$$2Fe^{3+} + 2I^- = I_2 + 2Fe^{2+}$$

（4）去除干扰离子：铜盐、汞盐、氮的氧化物及一些强氧化剂均能与 SCN^- 作用干扰测定，必须提前除去。

3. 应用范围　返滴定法可测定 Cl^-、Br^-、I^-、CN^-、SCN^- 等离子。

三、法扬司法

以吸附指示剂指示滴定终点的银量法称为法扬司法，又称吸附指示剂法。

（一）原理

吸附指示剂是一类有机染料，在溶液中解离出的离子呈现某种颜色，当它被沉淀胶粒表面吸附后，其结构发生变化，导致颜色发生改变，从而指示滴定终点。

以 $AgNO_3$ 标准溶液滴定 Cl^-，荧光黄（HFIn）为指示剂为例。化学计量点前，溶液中存在过量 Cl^-，AgCl 沉淀胶体优先吸附 Cl^- 形成 $AgCl \cdot Cl^-$，此时沉淀胶体带负电荷，荧光黄阴离子（FIn^-）不被吸附，溶液呈现 FIn^- 的黄绿色。当滴定至稍过化学计量点时，溶液中有过量的 Ag^+，AgCl 沉淀优先吸附 Ag^+，此时沉淀胶体带正电荷 $AgCl \cdot Ag^+$，再吸附 FIn^-，引起 FIn^- 结构发生变化而呈粉红色，从而指示滴定终点。

溶液中荧光黄的解离平衡　$HFIn \rightleftharpoons FIn^- + H^+$

终点前　Cl^-（过量）　　　　$AgCl \cdot Cl^- + FIn^-$（黄绿色）

终点后　Ag^+（过量）　　　　$AgCl \cdot Ag^+ \cdot FIn^-$（粉红色）

滴定终点颜色变化为：$AgCl \cdot Ag^+ + FIn^- = AgCl \cdot Ag^+ \cdot FIn^-$
　　　　　　　　　　　　（黄绿色）　　　　（粉红色）

用 Cl^- 滴定 Ag^+，同样以荧光黄为指示剂，终点的颜色变化恰好相反，为粉红色变为黄绿色。

（二）滴定条件

1. 增大沉淀的比表面积　因吸附指示剂的颜色变化发生在沉淀表面，如果沉淀具有较大的比表面积，吸附指示剂终点变色会更敏锐，所以滴定过程中应设法防止沉淀凝聚，并使沉淀维持胶体颗粒状态。为此通常加入糊精，淀粉等胶体保护剂以增大沉淀的比表面积。

2. 指示剂的吸附能力要恰当　沉淀对指示剂离子的吸附能力应略小于对被测离子的吸附能力，否则在计量点前指示剂离子取代了被测离子而使沉淀变色，使滴定终点提前。若沉淀对指示剂离子吸附能力太弱，则终点滞后。

卤化银沉淀对卤素离子和几种常用吸附指示剂的吸附能力的大小顺序如下：

$$I^- > SCN^- > Br^- > 曙红 > Cl^- > 荧光黄$$

因此，测定 Cl^- 时只能用荧光黄指示剂，滴定 Br^-、I^-、SCN^- 时则可选择曙红作指示剂。

3. 被测溶液的浓度不能太低　如果溶液太稀则生成沉淀少，终点变色不明显。

4. 滴定应避免在强光照射下进行　因为卤化银沉淀对光特别敏感，易分解析出金属银，溶液会很快变为灰黑色，从而影响滴定终点观察。

5. 根据指示剂选择合适的酸度　不同的指示剂其显色型体所需的 pH 值不同，因此应根据指示剂来控制溶液酸度以有利于指示剂显色型体的存在。

吸附指示剂可分为两大类：一类是酸性染料，如荧光黄及其衍生物，为有机弱酸，通常解离出指示剂阴离子；另一类为碱性染料，如甲基紫，罗丹明 6G 等，为有机弱碱，则解离出指示剂阳离子。

现将几种常用的吸附指示剂及所适宜的 pH 范围列于表 8-2 中。

表 8-2　常用的吸附指示剂

指示剂名称	滴定剂	被测离子	适用 pH 范围
荧光黄	Ag^+	Cl^-	7.0 ~ 10.0
二氯荧光黄	Ag^+	Cl^-	4.0 ~ 10.0
曙红	Ag^+	Br^-、I^-、SCN^-	2.0 ~ 10.0
甲基紫	Ba^{2+}、Cl^-	SO_4^{2-}、Ag^+	1.5 ~ 3.5
溴甲酚绿	Ag^+	SCN^-	4.0 ~ 5.0
罗丹明 6G	Br^-	Ag^+	酸性环境

（三）应用范围

法扬司法可用于测定 Cl^-、Br^-、I^-、SCN^- 和 Ag^+ 等离子。

第三节　银量法应用示例

一、基准物质与标准溶液

（一）基准物质

1. $AgNO_3$ 基准物质　可选用市售的优级纯或基准 $AgNO_3$。若纯度不够可在稀硝酸中重结晶纯化，避光保存备用。

2. NaCl 基准物质　NaCl 有基准试剂出售，也可用一般试剂级规格的 NaCl 精制。NaCl 极易吸潮，应置于干燥器中保存。

（二）标准溶液

1. $AgNO_3$ 标准溶液的配制

（1）直接法配制：精密称取一定量的 $AgNO_3$ 基准物，加水溶解并定容，直接配制成标准溶液。

（2）间接配制：市面上有 $AgNO_3$ 基准物出售，但价格昂贵，一般都用分析纯的 $AgNO_3$ 试剂配成近似浓度，再用 NaCl 基准物标定其准确浓度。$AgNO_3$ 标准溶液见光易分解，应置于棕色瓶中避光保存，存放一段时间后，应重新标定。标定方法最好与样品测定方法相同，以消除方法误差。

2. NH_4SCN 标准溶液的配制　NH_4SCN 试剂一般含有杂质，且易潮解，只能用间接法配制。先配成近似浓度，再用 $AgNO_3$ 标准溶液以铁铵矾为指示剂进行标定。

二、应用示例

1. 水质理化检验中的应用　生活饮用水标准检验方法（GB/T 5750.5-2006）中规定，测定水中氯化物的含量采用莫尔法进行测定。同时还规定：在测定水中氰化物的含量时，需配制 0.1mg/ml KCN 标准储备溶液，其准确浓度临用前要用 $AgNO_3$ 标准溶液进行标定

［为结果计算方便，要求 $AgNO_3$ 标准溶液配制成 $0.01920mol/L$（T_{AgNO_3/CN^-} 为 $1.00mg/ml$）。$AgNO_3$ 标准溶液的准确浓度需用莫尔法标定，并稀释成 $T_{AgNO_3/CN^-} = 1.00mg/ml$，供标定 KCN 标准储备溶液使用。

2. 临床医学上应用　生理盐水中要求 NaCl 含量为 0.9%，该浓度的 NaCl 溶液其渗透压以及其中钠含量才与人体血浆相近。测定生理盐水中的 NaCl 量，可用莫尔法和法扬司法。

3. 有机卤化物中卤素的测定　有机卤化物中所含卤素多系共价键结合，须经适当的处理将其转化成卤素离子，方能用银量法测定。

本章小结

　　本章主要讨论了沉淀滴定中应用广泛的银量法，介绍了沉淀滴定法及银量法的概念，并从银量法的滴定曲线入手，提出根据被测离子 X 形成 AgX 沉淀的 K_{sp} 差异为依据，以便实现在同一溶液中对多种离子分步测定的可能。重点讨论了莫尔法、佛尔哈德法、法扬司法三种银量法的测定原理、滴定条件及应用范围。其中莫尔法适用于溶液中 Cl^-、Br^- 和 CN^- 的测定，不宜测定 I^- 和 SCN^-，要求在中性或弱碱性环境中进行测定。特别强调其指示剂 K_2CrO_4 的用量一定要适宜。佛尔哈德法可分为直接滴定法和返滴定法，直接滴定法在酸性溶液中测定 Ag^+，而返滴定法测定 Cl^-、Br^-、I^-、CN^-、SCN^- 等离子。在返滴定法中最重要的是避免 AgCl 沉淀转化问题，可采取文中介绍的几种方法解决。法扬司法可测定 Cl^-、Br^-、I^-、SCN^- 和 Ag^+ 等。因吸附指示剂的颜色变化与沉淀颗粒的比表面积有关，所以尽量使沉淀维持胶体颗粒状态，是该法测定结果准确性的关键。其次是选对指示剂以及选择指示剂合适的酸度。

思考题和习题

1. 比较三种银量法的基本原理，滴定条件及应用范围。

2. 用银量法测定下列试样中 Cl^- 的含量，选用什么指示剂指示终点比较合适？
①$CaCl_2$；②$CuCl_2$；③$BaCl_2$；④NH_4Cl；⑤$Na_2SO_4 + NaCl$；⑥$PbNO_3 + NaCl$

3. 莫尔法测定被测离子时，指示剂 K_2CrO_4 的用量非常重要，为什么？

4. 佛尔哈德法测哪种离子会发生沉淀转化，应采用哪些措施防止？

5. 在下列各种情况中，分析结果是准确、偏高或偏低？为什么？
（1）在 $pH = 4$ 的溶液中、在 $pH = 10$ 含有铵盐的溶液中，用莫尔法测定 Cl^-；
（2）用佛尔哈德法测定 I^- 时，先加铁铵矾指示剂，再加入过量的 $AgNO_3$ 溶液，然后进行滴定；
（3）用法扬司法测定 Cl^- 时，以曙红为指示剂；
（4）用佛尔哈德法测 Br^- 时，沉淀未作任何处理。

6. 称取 $0.1368g$ NaCl 基准物质于锥形瓶中，加水溶解后再加入糊精，以荧光黄为指示剂，用待标定的 $AgNO_3$ 溶液滴定该溶液由黄绿色变为粉红色时用去 $22.80ml$。求该 $AgNO_3$ 溶液的准确浓度。

$(0.1027mol/L)$

7. 称取食盐 0.2360g，溶于水后，加入 0.1281mol/L AgNO$_3$ 标准溶液 35.00ml。过量的 Ag$^+$ 用 0.1186mol/L 的 NH$_4$SCN 标准溶液滴定（以铁铵矾为指示剂）终点时耗去 10.32ml。计算食盐中 NaCl 的质量分数。

(80.73%)

8. 检验一批生理盐水中 NaCl 的含量是否达标，随机抽取其中一瓶生理盐水，准确吸取 25.00ml 于锥形瓶中，用法扬司法测定，消耗了 0.1490mol/L 的 AgNO$_3$ 标准溶液 24.90ml。试计算生理盐水中 NaCl 的含量。

(0.87%)

9. 将待标定的 AgNO$_3$ 标准溶液 35.00ml 加入含有 0.1200g NaCl 基准物中，过量的 AgNO$_3$ 用 3.20ml NH$_4$SCN 标准溶液（待标定）滴定至终点。另取 24.00ml AgNO$_3$ 标准溶液，用佛尔哈德法测定，用去 NH$_4$SCN 标准溶液 21.50ml，试计算

（1）AgNO$_3$ 标准溶液浓度；

（2）NH$_4$SCN 标准溶液浓度；

（3）AgNO$_3$ 标准溶液对 Cl$^-$ 的滴定度。

(0.06533mol/L；0.07293mol/L；0.003818g/ml)

10. 称取某含砷农药 0.2000g，在酸性介质中将砷处理成 H$_3$AsO$_4$，然后加入过量的 AgNO$_3$ 使其沉淀为 Ag$_3$AsO$_4$。将沉淀过滤、洗涤后，再溶解于酸中。以 0.1180mol/L NH$_4$SCN 标准溶液滴定其中的 Ag$^+$ 至终点，消耗了 33.85ml。计算该农药中 As 的质量分数。

(49.88%)

（龚一苑）

第九章　重量分析法

重量分析法(gravimetric analysis)是将试样中的被测组分从试样中分离出来，然后转化为一定的称量形式，用准确称量的方法测定被测组分含量的一种定量分析方法。重量分析包括了分离和称量两个过程，根据分离方法的不同，重量分析法分为挥发法(volatilization)、沉淀法(precipitation)、萃取法(extraction)和电解重量法(electrolytic gravimetry)。重量分析法以沉淀法应用最广。

重量分析法是直接通过分析天平称量而获得分析结果，不需要与标准试样或基准物质进行比较，也没有由容量器皿引起的误差，因此准确度比较高。但操作较繁琐、费时，对低含量组分的测定误差较大，所以不适用于微量和痕量组分的测定。目前，对于某些常量元素如硅、硫、钨的含量以及水分、灰分和挥发物等的测定仍采用重量分析法。

第一节　沉淀重量分析法

沉淀重量分析法简称沉淀法，是利用沉淀反应将被测组分转化成难溶物，以沉淀形式从试液中分离出来，然后经过滤、洗涤、烘干或灼烧转化为称量形式，根据称量形式的质量计算其含量的方法。因此，要求被测组分必须沉淀完全，而且所得沉淀必须纯净，这是沉淀重量法的关键问题。为了达到沉淀完全和纯净的目的，必须掌握沉淀的性质和适宜的沉淀条件。

一、重量分析法对沉淀的要求

沉淀重量法中，生成沉淀的化学组成称为沉淀形式(precipitation forms)。沉淀经处理后，供最后称量的化学组成称为称量形式(weighing forms)。沉淀形式与称量形式可以相同，也可以不同。例如，测定试液中 SO_4^{2-} 含量时，加入 $BaCl_2$ 作为沉淀剂，沉淀形式和称量形式均为 $BaSO_4$，两者相同；测定试液中 Fe^{3+} 的含量时，加入氨水作为沉淀剂，沉淀形式是 $Fe(OH)_3 \cdot xH_2O$，灼烧后所得称量形式是 Fe_2O_3，两者不同。

为了得到准确的分析结果，重量分析法要求沉淀形式与称量形式具备以下条件：

对沉淀形式的要求：①沉淀的溶解度要小，通常要求沉淀溶解损失的量应小于分析天平的称量误差范围(< ±0.2mg)；②沉淀的纯度高，尽量避免杂质的沾污；③沉淀形式易于过滤、洗涤；④沉淀应易于转化为具有固定组成的称量形式。

对称量形式的要求：①称量形式必须有确定的化学组成，这是正确进行重量分析法计算的依据；②称量形式必须十分稳定，不受空气中水分、CO_2 和 O_2 等的影响；③称量形式的摩尔质量要大，这样可增大称量形式的质量，减少称量误差，提高分析结果的准确度。例如重量分析法测定 Al^{3+}，可以用氨水沉淀为 $Al(OH)_3$，然后灼烧成 Al_2O_3 称量形式。也可以用8-羟基喹啉沉淀为8-羟基喹啉铝($C_9H_6NO)_3Al$，然后烘干后称量。按这两种称量形式计算，0.1000g铝可获得0.1888g Al_2O_3 或1.704g($C_9H_6NO)_3Al$。分析天平的称量误差一般为±0.2mg。对于称量上述两种称量形式，称量不准确而引起的相对误差分别为：

$$Al_2O_3(\%) = \frac{\pm 0.0002}{0.1888} \times 100\% \approx \pm 0.1\%$$

$$(C_9H_6NO)_3Al(\%) = \frac{\pm 0.0002}{1.704} \times 100\% \approx \pm 0.01\%$$

显然用8-羟基喹啉作为沉淀剂测定铝准确度更高。

二、沉淀的溶解度及其影响因素

利用沉淀反应进行重量分析时，要求被测组分完全地转变为沉淀。沉淀反应完全的程度取决于沉淀溶解度的大小。溶解度小，沉淀完全；溶解度大，沉淀不完全。在沉淀重量分析法中，沉淀的溶解损失是误差的主要来源之一，为此必须了解沉淀的溶解度及其影响因素。

（一）沉淀的溶解度

沉淀在水中溶解有两步平衡，一是固相与液相间的平衡，二是溶液中未离解的分子与离子之间的解离平衡。如1∶1型难溶化合物MA在水中有如下平衡关系：

$$MA_{(固)} \Longleftrightarrow MA_{(水)} \Longleftrightarrow M^+ + A^-$$

固体MA的溶解部分为$MA_{(水)}$、M^+和A^-两种状态，其中$MA_{(水)}$有的以分子状态存在，有的以离子对状态存在，例如AgCl和$CaSO_4$溶于水中，分别存在下列平衡关系：

$$AgCl_{(固)} \Longleftrightarrow AgCl_{(水)} \Longleftrightarrow Ag^+ + Cl^-$$

$$CaSO_{4(固)} \Longleftrightarrow Ca^{2+} \cdot SO_4^{2-}{}_{(水)} \Longleftrightarrow Ca^{2+} + SO_4^{2-}$$

其中，AgCl以分子状态存在，而$CaSO_4$以离子对状态存在。

以AgCl为例，第一步平衡，根据$AgCl_{(固)}$和$AgCl_{(水)}$之间的沉淀溶解平衡关系：

$$\frac{a_{AgCl(水)}}{a_{AgCl(固)}} = S^0$$

式中，$a_{AgCl(水)}$为水中AgCl的活度，$a_{AgCl(固)}$为固体AgCl的活度。纯固体活度等于1，故$a_{AgCl(水)} = S^0$。所以，溶液中物质分子状态或离子对状态的活度为一常数，称为该物质的固有溶解度（intrinsic solubility），以S^0表示。其意义为：一定温度下，在有固相存在时，溶液中以分子（或离子对）状态存在的活度。

第二步平衡，根据沉淀AgCl在水溶液中的平衡关系：

$$\frac{a_{Ag^+} \cdot a_{Cl^-}}{a_{AgCl(水)}} = K$$

将S^0代入上式得：

$$a_{Ag^+} \cdot a_{Cl^-} = S^0 \cdot K = K_{ap} \tag{9-1}$$

式中，K_{ap}为AgCl的活度积常数，简称活度积（activity product）。在分析化学中，通常不考虑离子强度的影响，采用浓度代替活度，根据式(5-1)活度与浓度的关系可得：

$$[Ag^+][Cl^-] = \frac{K_{ap}}{\gamma_{Ag^+} \cdot \gamma_{Cl^-}} = K_{sp} \tag{9-2}$$

式中，K_{sp} 为 AgCl 的溶度积常数，简称溶度积（solubility product）；γ 为活度系数。

由于溶解度是指在平衡状态下所溶解的难溶盐的总浓度，若溶液中不再存在其他平衡关系时，其溶解度 S 应包括分子浓度与离子浓度两部分，若 AgCl 的溶解度为 S，则

$$S = S^0 + [Ag^+] = S^0 + [Cl^-]$$

但沉淀的固有溶解度不易测得，主要由于溶液中有大量共同离子存在，使各种微溶化合物的固有溶解度相差颇大。已知的一些难溶盐，如 AgBr、AgI、$AgIO_3$ 等的固有溶解度约占总溶解度的 $0.1\% \sim 1\%$；其他如 $Fe(OH)_3$、$Zn(OH)_2$、CdS、CuS 等的固有溶解度也很小。因此，固有溶解度可忽略不计。

因此 AgCl 的溶解度为：

$$S = [Ag^+] = [Cl^-] = \sqrt{K_{sp}} \tag{9-3}$$

而对于 M_mA_n 型难溶盐则有：

$$[M^{n+}]^m \cdot [A^{m-}]^n = \frac{K_{ap}}{\gamma_{M^{n+}} \cdot \gamma_{A^{m-}}} \tag{9-4}$$

难溶盐的溶解度小，在纯水溶液中离子强度很小，此种情况下活度系数可视为1。所以活度积 K_{ap} 等于溶度积 K_{sp}，即，$[M^{n+}]^m \cdot [A^{m-}]^n = K_{sp}$。一般溶度积表中，所列的 K 均为活度积，但应用时一般作为溶度积，不加区别。但若溶液中的离子强度较大，K_{ap} 与 K_{sp} 差别较大，则应采用活度系数校正。

K_{sp} 的大小主要取决于沉淀的结构、温度等因素。在一定温度下的饱和溶液中 K_{sp} 是一个常数，是衡量沉淀溶解度的一个尺度。在特定温度下，由已知的 K_{sp} 可以计算出难溶盐的溶解度。同时，根据溶度积规则，又可判断沉淀的生成与溶解。为了能够进行有效的分离，K_{sp} 应为 10^{-4} 或更小。如有几种离子均可沉淀时，则它们的 K_{sp} 值要有足够的差异，才能使其中溶解度最小的物质在特定条件下沉淀出来，而其他的离子仍留在溶液之中。下面举例说明沉淀的溶解度和溶度积的计算。

例9-1 Ag_2CrO_4 的 $K_{sp} = 1.1 \times 10^{-12}$，求 Ag_2CrO_4 的溶解度。

解 设 Ag_2CrO_4 的溶解度为 S，根据沉淀溶解平衡：

$$Ag_2CrO_4 \rightleftharpoons 2Ag^+ + CrO_4^{2-}$$
$$\qquad\qquad 2S \qquad S$$

$$K_{sp} = [Ag^+]^2 \cdot [CrO_4^{2-}] = (2S)^2 \cdot S = 4S^3$$

$$S = \sqrt[3]{\frac{K_{sp}}{4}} = \sqrt[3]{\frac{1.1 \times 10^{-12}}{4}} = 6.5 \times 10^{-5} (mol/L)$$

例9-2 AgCl 的 $K_{sp} = 1.8 \times 10^{-10}$，问 AgCl 与 Ag_2CrO_4 哪一个溶解度大。

解 设 AgCl 的溶解度为 S，根据沉淀溶解平衡：

$$AgCl \rightleftharpoons Ag^+ + Cl^-$$
$$\qquad\qquad S \qquad S$$

$$\therefore S = \sqrt{K_{sp}} = \sqrt{1.8 \times 10^{-10}} = 1.4 \times 10^{-5} (mol/L)$$

从例 9-1 可知，$S_{Ag_2CrO_4} > S_{AgCl}$，所以 Ag_2CrO_4 的溶解度比 AgCl 大。

实际上，在沉淀的平衡过程中，除了被测离子与沉淀剂形成沉淀的主反应外，还存在多种副反应，如水解效应、配位效应和酸效应等。

$$
\begin{array}{ccc}
MA \rightleftharpoons & M^+ & + & A^- \\
& OH^- \Big\Vert & \Big\Vert L^- & \Big\Vert H^+ \\
& MOH & ML & HA
\end{array}
$$

此时被测离子在溶液中以多种型体存在，其各种型体的总浓度分别为［M′］和［A′］，则：

$$K_{sp} = [M^+][A^-] = \frac{[M'][A']}{\alpha_M \cdot \alpha_A} = \frac{K'_{sp}}{\alpha_M \cdot \alpha_A} \qquad (9-5)$$

即：
$$K'_{sp} = [M'][A'] = K_{sp} \cdot \alpha_M \cdot \alpha_A$$

式中，K'_{sp} 称为条件溶度积(conditional solubility product)，α_M、α_A 分别为相应的副反应系数。

由此可见，由于副反应的发生，使 K'_{sp} 大于 K_{sp}。这时沉淀的溶解度为：

$$S = [M'] = [A'] = \sqrt{K'_{sp}}$$

M_mA_n 型难溶盐沉淀的条件溶度积 K'_{sp}（$K'_{sp} = K_{sp} \cdot \alpha_M^m \cdot \alpha_A^n$）与配合物的条件稳定常数 K'_{MY} 及氧化还原电对的条件电位 $\varphi^{\ominus}$ 类似，也随沉淀条件的变化而改变。K'_{sp} 能反映溶液中沉淀溶解平衡的实际情况，比 K_{sp} 更能反映沉淀反应的完全程度，反映各种因素对沉淀溶解度的影响。

（二）影响沉淀溶解度的因素

在重量分析中，通常要求被测组分溶解在母液及洗涤液中所引起的损失不超过分析天平的允许称量误差范围。但是很多沉淀不能满足这个要求，例如在纯水中，$BaSO_4$ 的溶解度为 2.3mg/L，AgCl 的溶解度为 1.6mg/L，CaC_2O_4 的溶解度为 6.0mg/L。如果溶液和洗液的总体积为 500ml，这些沉淀由于溶解而引起的损失，$BaSO_4$ 为 1.2mg、AgCl 为 0.8mg、CaC_2O_4 为 3.0mg，产生的误差都超过了重量分析的要求。因此，在重量分析中必须了解影响沉淀溶解度的各种因素，如同离子效应、盐效应、酸效应和配位效应等对溶解度的影响；此外，温度、介质、晶体结构和颗粒大小也对沉淀溶解度有影响。可以通过调节这些因素来降低沉淀的溶解度，以达到重量分析的要求。

1. 同离子效应　组成沉淀的离子称为构晶离子，当沉淀反应达到平衡后，增加某一构晶离子的浓度使沉淀溶解度降低的现象，称为同离子效应(common ion effect)。例如，25℃时，$BaSO_4$ 在水中的溶解度为：

$$S = [Ba^{2+}] = [SO_4^{2-}] = \sqrt{K_{sp}} = \sqrt{1.1 \times 10^{-10}} = 1.0 \times 10^{-5}(mol/L)$$

如果使溶液中的 Ba^{2+} 浓度增加至 0.10mol/L，则此时 $BaSO_4$ 的溶解度为：

$$S = [SO_4^{2-}] = \frac{K_{sp}}{[Ba^{2+}]} = \frac{1.1 \times 10^{-10}}{0.10} = 1.1 \times 10^{-9}(mol/L)$$

即 $BaSO_4$ 的溶解度由原来的 1.0×10^{-5}mol/L 降低到 1.1×10^{-9}mol/L，减小了约 10 000 倍。

实际工作中，通常利用同离子效应，即加大沉淀剂的用量，使被测组分沉淀完全。如用重量分析法测定 SO_4^{2-} 含量，在 200ml 溶液中加入等量 $BaCl_2$ 时，溶解的 $BaSO_4$ 质量为：

$$\sqrt{K_{sp}}M_{BaSO_4} \times \frac{200}{1000} = \sqrt{1.1 \times 10^{-10}} \times 233.4 \times 0.2 \approx 0.0005(g)$$

不能满足重量分析要求。若加入过量 $BaCl_2$，当沉淀反应达到平衡时，［Ba^{2+}］= 0.01mol/L，则 200ml 溶液中 $BaSO_4$ 的溶解损失量为：

$$\frac{K_{sp}}{[Ba^{2+}]}M_{BaSO_4} \times \frac{200}{1000} = \frac{1.1 \times 10^{-10}}{0.01} \times 233.4 \times 0.2 \approx 5.1 \times 10^{-7}(g)$$

显然，此值已远小于允许误差，可以认为已沉淀完全。

因此，在重量分析中，常加入过量沉淀剂，利用同离子效应来降低沉淀的溶解度，使沉淀完全。一般情况下，沉淀剂用量过量 50%～100%，如果沉淀剂不易挥发，则以过量 20%～30% 为宜。若沉淀剂过量太多，有时可能引起盐效应、酸效应及配位效应等副反应，反而使沉淀的溶解度增大。

2. 盐效应   沉淀的溶解度随溶液中电解质浓度增加而增大的现象称为盐效应(salt effect)。发生盐效应的原因是由于强电解质的存在，使溶液的离子强度增大，离子的活度系数减小，导致沉淀溶解度增大。例如，在 $NaNO_3$ 存在的情况下，$AgCl$、$BaSO_4$ 的溶解度比在纯水中大，而且溶解度随 $NaNO_3$ 浓度的增大而增大。当 $NaNO_3$ 的浓度由 0 增大至 0.01mol/L 时，$AgCl$ 的溶解度由 1.28×10^{-5} mol/L 增大至 1.43×10^{-5} mol/L。

在沉淀法中，沉淀剂通常也是强电解质，所以在利用同离子效应保证沉淀完全的同时，还应考虑盐效应的影响。当沉淀剂适当过量时，同离子效应起主导作用，沉淀的溶解度随沉淀剂用量的增加而降低；如果沉淀剂过量太多，盐效应可能超过同离子效应，尤其是在有高价离子参与的沉淀反应中，盐效应更加显著，因此沉淀剂过量要适当。例如，用 Na_2SO_4 作沉淀剂测定 Pb^{2+} 时，由表 9-1 可以看出，随着 Na_2SO_4 浓度的增加，同离子效应使 $PbSO_4$ 溶解度降低，当 Na_2SO_4 浓度增大到 0.04mol/L 时，$PbSO_4$ 的溶解度达到最小，说明此时同离子效应最大。当 Na_2SO_4 浓度继续增大时，盐效应增强，$PbSO_4$ 的溶解度开始增大。

表 9-1 $PbSO_4$ 在不同浓度 Na_2SO_4 溶液中溶解度的变化

Na_2SO_4 浓度/(mol/L)	0	0.001	0.01	0.02	0.04	0.10	0.20
$PbSO_4$ 溶解度/($\times 10^{-4}$ mol/L)	1.5	0.24	0.16	0.14	0.13	0.16	0.23

一般来说，只有当沉淀的溶解度比较大，且溶液的离子强度又很高时，才考虑盐效应。若沉淀溶解度很小，如水合氧化物和某些金属配位化合物沉淀，盐效应的影响很小，可以忽略不计。

3. 酸效应   指溶液的酸度对沉淀溶解度的影响。在难溶化合物中有一部分是弱酸或多元酸的盐以及许多金属离子与有机沉淀剂形成的沉淀。发生酸效应的主要原因是溶液中 H^+ 对弱酸、多元酸或难溶酸离解平衡的影响。酸效应对不同类型沉淀溶解度的影响程度不同。对于强酸盐沉淀($BaSO_4$、$AgCl$ 等)的溶解度影响不大。若沉淀是弱酸或多元酸盐(如 CaC_2O_4、$CaCO_3$ 等)或沉淀本身是弱酸(如硅酸($SiO_2 \cdot nH_2O$)、钨酸($WO_3 \cdot nH_2O$))，以及许多与有机沉淀剂形成的沉淀，酸效应很显著。例如对于 M_mA_n 沉淀，增大溶液的 H^+ 浓度，可使 A^{m-} 与 H^+ 结合生成相应的共轭酸，降低溶液的 H^+ 浓度，使 M^{n+} 发生水解。根据溶度积和弱电解质电离两种平衡关系，调节溶液 pH 可使氢氧化物和弱酸盐沉淀的溶解度降低。

以 CaC_2O_4 沉淀为例，来说明 pH 对沉淀溶解度的影响。CaC_2O_4 沉淀在溶液中建立如下平衡：

$$CaC_2O_{4(固)} \rightleftharpoons Ca^{2+} + C_2O_4^{2-}$$
$$C_2O_4^{2-} + H^+ \rightleftharpoons HC_2O_4^- \ (K_{a_2})$$
$$HC_2O_4^- + H^+ \rightleftharpoons H_2C_2O_4 \ (K_{a_1})$$

溶液 H^+ 浓度增大，平衡向生成 $H_2C_2O_4$ 方向移动，CaC_2O_4 溶解度增大。设 CaC_2O_4 的溶解度为 S，则

$$[Ca^{2+}] = S$$

$$[C_2O_4^{2-}]_{\dot{\otimes}} = [C_2O_4^{2-}] + [HC_2O_4^-] + [H_2C_2O_4] = S$$

在一定 pH 时，$[C_2O_4^{2-}]_{\dot{\otimes}}$ 与 $[C_2O_4^{2-}]$ 的比值 α_H 是草酸在该 pH 时的酸效应系数。

$$\alpha_H = \frac{[C_2O_4^{2-}]_{\dot{\otimes}}}{[C_2O_4^{2-}]} = 1 + \frac{[H^+]}{K_{a_2}} + \frac{[H^+]^2}{K_{a_1}K_{a_2}} \tag{9-6}$$

将式(9-6)代入 $[Ca^{2+}][C_2O_4^{2-}] = K_{sp}$ 中，得

$$[Ca^{2+}][C_2O_4^{2-}]_{\dot{\otimes}} = K_{sp} \cdot \alpha_H = K'_{sp} \tag{9-7}$$

式中 K'_{sp} 是 CaC_2O_4 的条件溶度积。利用 K'_{sp} 可计算不同酸度下草酸钙的溶解度。

$$S_{CaC_2O_4} = [Ca^{2+}] = [C_2O_4^{2-}]_{\dot{\otimes}} = \sqrt{K'_{sp}} = \sqrt{K_{sp} \cdot \alpha_H} \tag{9-8}$$

例 9-3 当溶液的 pH = 2.0 和 pH = 4.0 时，比较 CaC_2O_4 的溶解度。$K_{sp} = 2.0 \times 10^{-9}$，$H_2C_2O_4$ 的 $K_{a_1} = 5.9 \times 10^{-2}$，$K_{a_2} = 6.4 \times 10^{-5}$。

解 pH = 2.0 时，由式 9-6 可知，CaC_2O_4 沉淀的溶解度为：

$$\alpha_H = 1 + \frac{1 \times 10^{-2}}{6.4 \times 10^{-5}} + \frac{1 \times 10^{-4}}{5.9 \times 10^{-2} \times 6.4 \times 10^{-5}} \approx 183.74$$

$$S = \sqrt{183.74 \times 2.0 \times 10^{-9}} = 6.1 \times 10^{-4}(mol/L)$$

pH = 4.0 时，CaC_2O_4 沉淀的溶解度为：

$$\alpha_H = 1 + \frac{1 \times 10^{-4}}{6.4 \times 10^{-5}} + \frac{1 \times 10^{-8}}{5.9 \times 10^{-2} \times 6.4 \times 10^{-5}} \approx 2.56$$

$$S = \sqrt{2.56 \times 2.0 \times 10^{-9}} = 7.2 \times 10^{-5}(mol/L)$$

由上述计算可知，CaC_2O_4 在 pH = 2.0 时的溶解度已超过重量分析要求；pH = 4.0 时的溶解度比 pH = 2.0 时小 10 倍，若要符合允许误差范围，沉淀应在 pH = 4~6 的溶液中进行。

4. 配位效应　指溶液中存在能与构晶离子生成可溶性配合物的配位剂，使沉淀的溶解度增大，甚至不产生沉淀的现象。例如用 Cl^- 沉淀 Ag^+ 时，若溶液中有 NH_3 存在，则能形成 $Ag(NH_3)_2^+$，此时 $AgCl$ 溶解度远大于其在纯水中的溶解度，若 $NH_3 \cdot H_2O$ 浓度足够大，则可能使 $AgCl$ 完全溶解。$AgCl$ 在含 NH_3 溶液中有以下反应：

$$AgCl \rightleftharpoons Ag^+ + Cl^- \qquad K_{sp} = [Ag^+][Cl^-]$$

$$Ag^+ + NH_3 \rightleftharpoons AgNH_3^+ \qquad K_1 = \frac{[AgNH_3^+]}{[Ag^+][NH_3]}$$

$$AgNH_3^+ + NH_3 \rightleftharpoons Ag(NH_3)_2^+ \qquad K_2 = \frac{[Ag(NH_3)_2^+]}{[AgNH_3^+][NH_3]}$$

有关各组分间的浓度有以下关系：

$$[Ag^+] = \frac{K_{sp}}{[Cl^-]}$$

$$[AgNH_3^+] = K_1[Ag^+][NH_3] = K_{sp}K_1\frac{[NH_3]}{[Cl^-]}$$

$$[Ag(NH_3)_2^+] = K_2[AgNH_3^+][NH_3] = K_{sp}K_1K_2\frac{[NH_3]^2}{[Cl^-]}$$

在溶液中以上各种形态的 Ag^+ 总浓度与 Cl^- 浓度相等，即：

$$[\mathrm{Cl}^-] = [\mathrm{Ag}^+] + [\mathrm{AgNH}_3^+] + [\mathrm{Ag(NH_3)}_2^+] = \frac{K_{\mathrm{sp}}}{[\mathrm{Cl}^-]}(1 + K_1[\mathrm{NH_3}] + K_1 K_2 [\mathrm{NH_3}]^2)$$

Cl^- 的浓度即为 AgCl 的溶解度：

$$S_{\mathrm{AgCl}} = [\mathrm{Cl}^-] = \sqrt{K_{\mathrm{sp}}(1 + K_1[\mathrm{NH_3}] + K_1 K_2[\mathrm{NH_3}]^2)}$$

设在一个没有强电解质存在的溶液中，离子活度系数 $\gamma = 1$，$[\mathrm{NH_3}] = 0.01\,\mathrm{mol/L}$，$K_{\mathrm{sp(AgCl)}} = 1.56 \times 10^{-10}$，银配合物的各级稳定常数分别为：$K_1 = 1.74 \times 10^3$，$K_2 = 6.5 \times 10^3$，则 AgCl 的溶解度为：

$$\begin{aligned} S &= \sqrt{1.56 \times 10^{-10} \times (1 + 1.74 \times 10^3 \times 0.01 + 1.74 \times 10^3 \times 6.5 \times 10^3 \times 0.01^2)} \\ &= 4.22 \times 10^{-4}\,(\mathrm{mol/L}) \end{aligned}$$

比 AgCl 在纯水中的溶解度增大 30 多倍，所得溶解度即为 Cl^- 的浓度。将上述结果代入各含 Ag^+ 的浓度式，可得溶液中各种含 Ag^+ 的浓度为：

$$[\mathrm{Ag}^+] = 3.7 \times 10^{-7}\,\mathrm{mol/L}$$
$$[\mathrm{AgNH_3^+}] = 6.4 \times 10^{-6}\,\mathrm{mol/L}$$
$$[\mathrm{Ag(NH_3)_2^+}] = 4.15 \times 10^{-4}\,\mathrm{mol/L}$$

可见 Ag^+ 在 $0.01\,\mathrm{mol/L}$ 氨溶液中的主要存在形成是 $\mathrm{Ag(NH_3)_2^+}$。

因此，配位效应对沉淀溶解度的影响与难溶化合物的溶度积常数 K_{sp} 和形成配位化合物的稳定常数 K 的相对大小有关。K_{sp} 和 K 越大，则配位效应越显著。进行沉淀反应时，有时沉淀剂本身就是配位剂，反应中既有同离子效应又有配位效应。如 Ag^+ 溶液中加入 Cl^-，最初生成 AgCl 沉淀，但若继续加入过量的 Cl^-，则 Cl^- 能与 AgCl 配位生成 $\mathrm{AgCl_2^-}$ 和 $\mathrm{AgCl_3^{2-}}$ 配位离子，而使 AgCl 沉淀逐渐溶解。AgCl 沉淀的溶解度随 Cl^- 浓度的变化情况见图 9-1。当 $[\mathrm{Cl}^-] = 0.001\,\mathrm{mol/L}$ 时，AgCl 沉淀的溶解

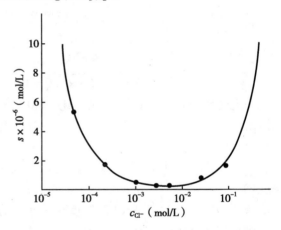

图 9-1 AgCl 沉淀的溶解度与 Cl^- 浓度的关系

度比在纯水中的溶解度小，这时同离子效应起主要作用；$[\mathrm{Cl}^-] = 0.003\,\mathrm{mol/L}$ 时，AgCl 沉淀的溶解度最小；若 $[\mathrm{Cl}^-] = 0.5\,\mathrm{mol/L}$ 时，则 AgCl 沉淀的溶解度比在纯水中的溶解度大，此时配位效应起主要作用；若 Cl^- 浓度再大，AgCl 沉淀就不能出现。因此，用 Cl^- 沉淀 Ag^+ 时，必须严格控制 Cl^- 浓度。沉淀剂本身是配位剂的情况比较常见，对于这种情况，应避免加入太过量的沉淀剂。

5. 其他因素　除上述主要影响因素外，还有温度、溶剂、沉淀颗粒大小和沉淀析出的形态都是影响沉淀溶解度的因素。

（1）温度：溶解一般是吸热过程，绝大多数沉淀的溶解度随温度升高而增大，其增大程度各不相同，如沉淀 $\mathrm{MgNH_4PO_4}$ 等在热溶液中溶解度较大，为了避免沉淀溶解太多而引起损失，过滤、洗涤等操作应在室温下进行。对非晶形沉淀如 $\mathrm{Fe_2O_3 \cdot nH_2O}$、$\mathrm{Al_2O_3 \cdot nH_2O}$ 等由于它们溶解度很小，易产生胶溶作用，冷却后很难过滤，也难洗涤干净，一般需趁热过滤并采用热洗涤液洗涤。

（2）溶剂：大部分无机沉淀是离子型晶体，它们的溶解度受溶剂极性影响，溶剂极性越强，溶解度越大，改变溶剂极性可改变沉淀的溶解度。对一些水中溶解度较大的沉淀，加入适量与水互溶的有机溶剂，以降低极性，减小沉淀的溶解度。如 $PbSO_4$ 在 30% 的乙醇溶液中的溶解度比在水中小约 20 倍。

（3）沉淀颗粒大小和析出的形态：有些沉淀初生成时是一种亚稳态晶形，有较大的溶解度，需待转化成稳定结构，才有较小的溶解度。如 CoS 沉淀初生成时为 α 型，$K_{sp} = 4 \times 10^{-20}$，放置后转化 β 型，$K_{sp} = 7.9 \times 10^{-24}$。沉淀颗粒大小与溶解度有关。同一种沉淀，晶体颗粒越小，溶解度越大；晶体颗粒越大，溶解度越小。在实际工作中，常采用陈化的方法将沉淀在溶液中放置一段时间，使小晶体转化为大晶体，以减小沉淀溶解度。

（4）胶溶作用：对于非晶形沉淀，在进行沉淀反应时，常会形成胶体溶液，甚至已经凝集的胶体沉淀，还会重新转变成胶体溶液，分散在溶液中，这种现象称为胶溶作用。胶体微粒小，易透过滤纸而引起损失，因此常加入适量电解质以防止胶溶作用。如 $AgNO_3$ 沉淀 Cl^- 时，须加入适量 HNO_3；洗涤 $Al(OH)_3$ 沉淀须用 NH_4NO_3 的水溶液。

（5）水解作用：有些构晶离子能发生水解作用。例如在 $MgNH_4PO_4$ 的饱和溶液中，Mg^{2+}、NH_4^+ 和 PO_4^{3-} 都能水解：

$$Mg^{2+} + H_2O \rightleftharpoons MgOH^+ + H^+$$

$$NH_4^+ + H_2O \rightleftharpoons NH_3 \cdot H_2O + H^+$$

$$PO_4^{3-} + H_2O \rightleftharpoons HPO_4^{2-} + OH^-$$

由于水解使离子浓度乘积小于溶度积，而使沉淀溶解，溶解度增大。为了抑制离子的水解，沉淀时须加入适量的 $NH_3 \cdot H_2O$。

三、沉淀的形成

1. 沉淀的类型　沉淀按其物理性质不同，可粗略地分为两类：一类是晶形沉淀（crystalline precipitate）；一类是非晶形沉淀。非晶形沉淀又称为无定形沉淀（amorphous precipitate）或胶状沉淀。如 $BaSO_4$ 是典型的晶形沉淀，$Fe_2O_3 \cdot xH_2O$ 是典型的非晶形沉淀。AgCl 是一种凝乳状沉淀，按其性质来说，介于两者之间。实际上这三种沉淀的内部结构均是结晶，晶形沉淀和非晶形沉淀的最大区别是沉淀颗粒的大小不同，晶形沉淀的颗粒直径约为 $0.1 \sim 1\mu m$；非晶形沉淀的颗粒直径一般小于 $0.02\mu m$；凝乳状沉淀的颗粒大小介于两者之间。从沉淀外形看，晶形沉淀是由较大的沉淀颗粒组成，内部排列较规则，结构紧密，易于过滤和洗涤；非晶形沉淀是由许多疏松微小沉淀颗粒聚集在一起组成的，体积庞大，结构疏松，含水量大，容易吸附杂质，难以过滤和洗涤。生成的沉淀属于哪种类型，与沉淀的性质、沉淀形成时的条件以及沉淀的预处理密切相关。在重量分析法中，希望得到的晶形沉淀有较大的颗粒，非晶形沉淀要紧密，这样便于过滤和洗涤，沉淀的纯度也高。因此，了解沉淀的形成机制及影响沉淀类型的因素对于重量分析法非常重要。

2. 沉淀形成的机制及影响沉淀类型的因素　沉淀的形成是一个复杂的过程，一般认为沉淀的形成可大致分为晶核形成（成核）和晶核长大两个过程。

$$构晶离子 \xrightarrow{\text{成核作用}} 晶核 \xrightarrow{\text{长大过程}} 沉淀微粒 \begin{cases} \xrightarrow{\text{凝聚}} 非晶形沉淀 \\ \xrightarrow[\text{定向排列}]{} 晶形沉淀 \end{cases}$$

晶核的形成有两种，一种是均相成核，一种是异相成核。均相成核是指在过饱和溶液中，组成沉淀物质的构晶离子，从均匀液相中由于静电作用而缔合，自发地产生晶核的过程。晶核是指过饱和溶液中构晶离子由静电作用相互结合成的离子群，如 $BaSO_4$ 沉淀的晶核就是由 8 个构晶离子组成的，其中 4 个是 Ba^{2+}、4 个是 SO_4^{2-}。异相成核是指在沉淀的介质和容器中不可避免地存在大量肉眼看不到的固体微粒起着晶核的作用，离子或离子群扩散到这些微粒上诱导沉淀形成的过程。

　　当向试液中加入沉淀剂时，构晶离子浓度的乘积超过该条件下沉淀的 K_{sp} 时，离子通过相互碰撞聚集成微小的晶核。晶核形成以后，溶液中其他构晶离子向晶核表面扩散，并聚集在晶核上，使晶核逐渐长大形成沉淀微粒。沉淀颗粒的大小，由聚集速度和定向速度的相对大小所决定。构晶离子形成晶核，晶核进一步积聚成为沉淀颗粒的速度称为聚集速度。在聚集的同时，构晶离子在静电引力的作用下又能够按一定的晶格进行排列，这种定向排列的速度称为定向速度。在沉淀过程中，如果聚集速度小，而定向速度大，即构晶离子较缓慢地聚集成沉淀，有足够的时间进行晶格排列，得到的是晶形沉淀，反之则得到非晶形沉淀。

　　聚集速度主要由沉淀条件决定，其中最重要的是溶液中生成沉淀物质的过饱和度。聚集速度与溶液的相对过饱和度成正比，可用冯·韦曼（Von Weimarn）经验公式表示，即：

$$v = K \frac{Q - S}{S}$$

　　式中，v 为聚集速度；Q 为加入沉淀剂瞬时生成沉淀物质的浓度；S 为该沉淀的溶解度；$Q - S$ 为沉淀物质的过饱和度；$\dfrac{Q - S}{S}$ 为相对过饱和度；K 为与沉淀性质、温度和介质等因素有关的常数。

　　如果沉淀的溶解度较大，瞬间生成沉淀物质的浓度较小，则相对过饱和度小，聚集速度慢，就得到颗粒大的晶形沉淀；反之，则易形成非晶形沉淀。因此，沉淀颗粒大小决定于沉淀时溶液的过饱和度和沉淀物质的溶解度。如在稀溶液中沉淀 $BaSO_4$，可获得细晶沉淀；若在 $0.75 \sim 3mol/L$ 的浓溶液中沉淀 $BaSO_4$，则形成胶状沉淀。在晶核成长过程中，为获得大颗粒的晶形沉淀，除了尽可能采用稀溶液外，还要设法增大沉淀的溶解度，以降低溶液的相对过饱和度。如在酸性介质中沉淀 $BaSO_4$，其目的是利用酸效应来适当增大 $BaSO_4$ 的溶解度，减小溶液的相对过饱和度，以利于获得较大颗粒的晶形沉淀。对于 $Fe(OH)_3$、$Al(OH)_3$ 等高价金属离子的氢氧化合物来说，由于溶解度太小，通常获得的是非晶形沉淀。

　　定向速度的大小主要与沉淀物质的性质有关，极性较强的盐类如 $BaSO_4$、CaC_2O_4 等，一般都具有较大的定向速度，如果聚集速度慢，定向速度快，常得到晶形沉淀。而金属氢氧化物类，特别是高价金属离子氢氧化物的沉淀，如 $Al(OH)_3$、$Fe(OH)_3$ 等，它们的溶解度很小，沉淀时溶液的相对过饱和度较大，聚集速度很快，又由于含有大量的水分子而阻碍离子的定向排列，使定向速度较慢，一般易生成体积庞大、结构疏松的非晶形沉淀。

　　沉淀析出后，让初生成的沉淀和母液一起放置一段时间，这个过程称陈化，也称熟化。陈化的目的是使小晶粒逐渐溶解，大晶粒逐渐长大。因为在同样条件下，小晶粒的溶解度比大晶粒的溶解度大，如果溶液对于大结晶是饱和的，对于小结晶则未达到饱和时，于是小结晶溶解，溶解到一定程度后，溶液对大结晶达到过饱和，溶液中离子就在大结晶上沉淀。但溶液对大结晶为饱和溶液时，对小结晶又为不饱和状态，小结晶又要继续溶解。这样，小结晶不断地溶解，而大结晶不断地长大，结果是晶粒变大。因此，陈化可使沉淀晶粒变大、沉淀更完整、更纯净，陈化过程还可使溶解度较大的亚稳态的晶形转化为溶解度较小的稳态晶形，减少溶解损失。

因此，沉淀的类型取决于沉淀物质本身的性质、沉淀的条件及沉淀的成核和成长过程，为了得到较大颗粒的晶形沉淀或较紧密的非晶形沉淀，通过改善沉淀的条件来控制溶液的相对过饱和度尤为重要。

四、影响沉淀纯度的因素

在重量分析法中，要求获得纯净的沉淀，不混入其他杂质。但沉淀从溶液中析出时，会或多或少地夹杂溶液中的其他组分，影响沉淀纯度，为重量分析法带来误差。因此，必须了解沉淀生成过程中混入杂质的各种原因，找出减少杂质混入的方法，以获得合乎重量分析法要求的沉淀。影响沉淀纯度的主要因素是共沉淀（coprecipitation）和后沉淀（postprecipitation）。

1. 共沉淀　当一种沉淀从溶液中析出时，溶液中某些可溶性杂质也会夹杂在沉淀中沉下来，这种现象称为共沉淀。产生共沉淀的原因有表面吸附、生成混晶、包藏等。

（1）表面吸附：在沉淀内部，每个构晶离子都被带相反电荷的离子所包围并按一定规律排列，整个沉淀内部处于静电平衡状态，但处于沉淀表面的离子至少有一方没有被包围，由于静电引力作用，使它们具有吸引带相反电荷离子的能力。当用过量的 $BaCl_2$ 沉淀 Na_2SO_4 溶液中 SO_4^{2-} 时，如图9-2所示，每个 Ba^{2+} 都被 SO_4^{2-} 所包围，每个 SO_4^{2-} 也都被 Ba^{2+} 所包围，而在沉淀表面 Ba^{2+} 或 SO_4^{2-} 至少有一个面没有被包围。沉淀表面首先吸附过量的 Ba^{2+}，形成第一吸附层，使沉淀表面带正电荷，然后又吸附溶液中带异电荷的 Cl^-，形成第二吸附层，两者构成沉淀表面的中性双电层。$BaCl_2$ 过量愈多共沉淀愈严重。

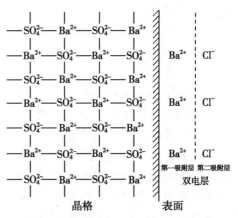

图9-2　$BaSO_4$ 晶体表面吸附示意图

从静电引力作用来说，溶液中任何带相反电荷的离子都同样有被吸附的可能性，但实际上沉淀表面吸附作用有选择性，沉淀对不同杂质离子的吸附能力主要取决于沉淀和杂质离子的性质，其一般规律是：①第一吸附层优先吸附过量沉淀剂的构晶离子，例如，上述 $BaSO_4$ 沉淀表面吸附的 Ba^{2+}；某些与构晶离子半径相似、电荷相同的离子，也可能被吸附在沉淀表面的第一层，例如，$BaSO_4$ 沉淀的表面可以吸附溶液中混入的 Pb^{2+}。②第二吸附层易吸附能与构晶离子生成溶解度小或解离度小的化合物离子，例如，用 $Ba(NO_3)_2$ 代替一部分 $BaCl_2$ 沉淀 SO_4^{2-}，并使两者过量的程度相同时，则共沉淀的 $Ba(NO_3)_2$ 比 $BaCl_2$ 多，这是由于 $Ba(NO_3)_2$ 的溶解度比 $BaCl_2$ 的溶解度小的缘故；杂质离子的电荷数愈高愈易被吸附。第二吸附层不如第一层牢固，第二层的离子常被溶液中的其他离子所置换，利用这一性质，可将沉淀表面第二层的离子除去。例如，用 NH_4^+ 置换 K^+，可使钾盐变成易挥发除去的铵盐。

此外，沉淀对同一种杂质的吸附能力即吸附量，与以下因素有关：①与沉淀的比表面积有关。沉淀颗粒越小，比表面积越大，吸附杂质的量就愈多。晶形沉淀的颗粒大，比表面积小，吸附杂质较少；非晶形沉淀颗粒很小，比表面积大，所以表面吸附现象严重。②与浓度有关。杂质离子浓度愈大，被吸附的量愈多。③与温度有关。溶液的温度越高，吸附杂质的量愈少，可见吸附过程是放热过程，故升高溶液温度可减少或阻止吸附作用。

（2）形成混晶：每种晶形沉淀拥有一定的晶体结构。如果被吸附的杂质离子半径与构晶离子的半径相近，电荷相同，所形成的晶体结构相同，杂质离子可进入晶格排列中，取代沉淀晶格中某些离子的固定位置，生成混合晶体，称为同形混晶，使沉淀受到严重沾污。生成同形混晶的选择性比较高，要避免也困难，因为无论杂质的浓度多么小，只要构晶离子形成了沉淀，杂质就一定会在沉淀过程中取代某一构晶离子而进入沉淀中，例如，Pb^{2+} 与 Ba^{2+} 的电荷相同，离子半径相近，$PbSO_4$ 和 $BaSO_4$ 的晶体结构也相同，Pb^{2+} 离子就可能混入 $BaSO_4$ 的晶格中，与 $BaSO_4$ 形成混晶而被共沉淀下来。由同形混晶引起的共沉淀纯化很困难，须经过一系列重结晶才能逐步除去，最好的办法是事先分离这类杂质离子。有时，杂质离子或原子并不位于正常晶格的离子或原子位置上，而是位于晶格空隙中，称为异形混晶，在沉淀时加入沉淀剂的速度慢，可以减少异形混晶生成。另外，陈化也有可能除去异形混晶。

（3）吸留或包埋：在沉淀过程中，如果沉淀生成太快，则表面吸附的杂质离子来不及离开沉淀表面就被沉积上来的离子所覆盖，这样杂质就被包藏在沉淀内部，引起共沉淀现象，这种现象称为吸留（occlusion）。吸留引起共沉淀的程度，也符合吸附规律。有时母液也可能被包埋（inclusion）在沉淀之中，引起共沉淀。沉淀剂加入过快或有局部过浓现象时，吸留和包埋就比较严重。这类共沉淀不能用洗涤的方法除去，可采用改变沉淀条件、陈化或重结晶的方法加以消除。

2. 后沉淀　后沉淀现象是沉淀析出之后，溶液中本来不能析出沉淀的组分，在沉淀表面上继续析出沉淀的现象。后沉淀现象是由于沉淀表面的吸附作用引起的，这种情况大多发生于该组分的过饱和溶液中。例如，在含 Cu^{2+} 和 Zn^{2+} 的酸性溶液中通入 H_2S，就得到 CuS 沉淀（ZnS 在酸性溶液中并不沉淀），但若放置较长的时间，由于 CuS 表面吸附 S^{2-}，使沉淀表面 S^{2-} 浓度增大，从而使 $[S^{2-}]$ 与 $[Zn^{2+}]$ 的乘积大于 ZnS 的 K_{sp}，于是 ZnS 就在 CuS 表面上析出。放置时间越长，后沉淀现象越严重，所以在某些时候为了避免后沉淀造成的沾污，应在沉淀形成以后及时过滤，使沉淀与母液分离。

3. 提高沉淀纯度的方法

（1）选择合理的分析步骤：如果试液中有几种含量不同的组分，欲测定少量组分的含量时，不要首先沉淀主要组分，否则会引起大量沉淀的析出，使部分少量组分混入沉淀中而引起测定误差。分析这种体系应选择高灵敏度的检测方法，在主要组分不干扰测定的前提下，先分析微量组分。

（2）降低易被吸附杂质离子的浓度：由于吸附作用具有选择性，降低易被吸附杂质离子的浓度，可以减少吸附共沉淀。例如，沉淀 $BaSO_4$ 时，沉淀反应应在 HCl 溶液中进行，而不宜在 HNO_3 溶液中进行。又如，Fe^{3+} 易被吸附，溶液中含有 Fe^{3+} 时，最好预先将 Fe^{3+} 还原为不易被吸附的 Fe^{2+}，或加入适当的配位剂使 Fe^{3+} 转化为某种较稳定的配合物，以便减少共沉淀。

（3）选择合适的沉淀剂：选用有机沉淀剂可减少共沉淀。

（4）选择合理的沉淀条件：沉淀的纯度与沉淀剂浓度、加入速度、温度、搅拌情况、洗涤方法及操作有关，因此，选择合理的沉淀条件可减少共沉淀。

（5）必要时进行再沉淀：将沉淀过滤、洗涤和溶解后，再进行第二次沉淀。这时由于杂质离子浓度的降低，使共沉淀或后沉淀随之减少。

五、沉淀条件的选择

在重量分析法中，为了获得准确的分析结果，要求沉淀完全、纯净，而且易于过滤和洗涤。为此，必须根据不同形态的沉淀类型，选择不同的沉淀条件，以获得合乎重量分析法要求的沉淀。

1. 晶形沉淀的沉淀条件　要求做到"稀、慢、搅、热、陈"。稀是指在适当的稀溶液中进行沉淀，这样溶液的相对过饱和度小，容易得到大颗粒的晶形沉淀。这种沉淀易过滤、洗涤。同时，由于晶粒大，比表面小，溶液稀，杂质浓度小，共沉淀现象也相应减少，有利于得到纯净的沉淀。但是，对于溶解度较大的沉淀，必须考虑溶解损失，即溶液不宜过稀。慢和搅是指在充分的搅拌下，缓慢地加入沉淀剂。这样可以防止局部过浓现象而产生大量小晶核，使得到的沉淀颗粒大、纯净。热是指沉淀作用应当在热溶液中进行。一般难溶化合物的溶解度随温度升高而增大，沉淀吸附杂质的量随温度升高而减少。在热溶液中进行沉淀，一方面可增大沉淀的溶解度，降低溶液的相对过饱和度，减少成核数量，可使聚集速度小，以便获得大颗粒的晶形沉淀；另一方面，又能减少杂质的吸附量，有利于得到纯净的沉淀。有的沉淀在热溶液中溶解度大，应放冷后再过滤，以减少沉淀损失。陈是指陈化（aging），沉淀完全后，让初生的沉淀与母液一起放置一段时间，使晶形颗粒变大，沉淀纯净。因为在同样条件下，小晶粒的溶解度比大晶粒大。在同一溶液中，对大晶粒为饱和溶液时，对小晶粒则为未饱和。因此，陈化过程中，随着小晶粒的溶解，溶液中的构晶离子就在大晶粒上沉积，大晶粒不断长大，而被吸附、吸留或包藏在沉淀内部的杂质将重新进入溶液，可提高沉淀的纯度。另一方面使溶解度大的亚稳态晶形转化为溶解度小的稳态晶形以减少因溶解而带来的损失。

2. 非晶形沉淀的沉淀条件　非晶形沉淀如 $Al(OH)_3 \cdot xH_2O$、$Fe(OH)_3 \cdot xH_2O$ 等，溶解度一般都很小。所以很难通过减小溶液的相对过饱和度来改变沉淀的物理性质。非晶形沉淀是由许多沉淀微粒聚集而成的，沉淀的结构疏松，比表面大，颗粒小，吸附杂质多，又易胶溶，而且沉淀的结构疏松，不易过滤和洗涤。对于非晶形沉淀，主要是设法破坏胶体、防止胶溶，加速沉淀微粒的凝集。因此，非晶形沉淀的沉淀条件是：①应当在较浓溶液中和在热溶液中进行沉淀。溶液较浓和提高温度都可降低沉淀的水化程度，减少沉淀的含水量。同时也有利于沉淀凝集，可得到紧密的沉淀，便于过滤。同时，在热溶液中进行沉淀，还可以减少沉淀表面对杂质的吸附，有利于提高沉淀的纯度。②沉淀时，加入大量电解质或某些能引起沉淀微粒凝聚的胶体。电解质可防止胶体溶液形成，这是因为电解质能中和胶体微粒的电荷，降低其水化程度，有利于胶体微粒的凝聚。为了防止洗涤沉淀时发生胶溶现象，洗涤液中也应加入适量的电解质，如盐酸、氨水、铵盐等，同时也可以将吸附层中难挥发的杂质交换出来。③不必陈化。沉淀完毕后，趁热过滤，不要陈化。否则非晶形沉淀放置后，将逐渐失去水分而聚集得更为紧密，使已吸附的杂质难以洗去。④沉淀时不断搅拌，沉淀剂的加入可稍快，对非晶形沉淀也是有利的。

3. 均匀沉淀法　为了改进沉淀结构，也常采用均匀沉淀法。均匀沉淀法是利用化学反应使溶液中缓慢地逐渐产生所需的沉淀剂，待沉淀剂达到一定浓度即开始产生沉淀，这样可使溶液中过饱和度很小，但又能延长时间维持溶液的过饱和状态，而且沉淀剂的产生是均匀地分布于溶液中，无局部过浓现象。因此可以得到颗粒大，结构紧密、纯净而易过滤洗涤的沉淀。例如为了使溶液中的 Ca^{2+} 与 $C_2O_4^{2-}$ 能生成较大的晶形沉淀，在 Ca^{2+} 的酸性溶液中加入草酸铵，然后加入尿素，加热煮沸。尿素逐渐水解：$(NH_2)_2CO + H_2O \rightleftharpoons NH_3 + CO_2$，生成的 NH_3 中和溶液中的 H^+，使 $C_2O_4^{2-}$ 浓度缓慢增加，最后 pH 达到 $4 \sim 4.5$ 之间，CaC_2O_4 沉淀完全。这样得到的沉淀晶形颗粒大、纯净。

此外，利用酯类或其他有机化合物的水解、配位化合物的分解、氧化还原反应等能缓慢地产生所需沉淀剂的方式，均可进行均匀沉淀。如在酸性条件下，加热水解硫代乙酰胺，$CH_3CSNH_2 + 2H_2O \rightleftharpoons CH_3COO^- + NH_4^+ + H_2S$，$H_2S$ 被均匀、逐渐地释放出来，用于与金属离子生成硫化物沉淀，可避免直接使用 H_2S 时的毒性及臭味，还可以得到易于过滤和洗涤的硫化物沉淀。

4. 选择合适的沉淀剂　为了使沉淀形式满足重量分析法的要求，沉淀剂的选择主要从以下几方面考虑。

（1）形成沉淀的溶解度要小：如欲测定溶液中 Ca^{2+} 浓度，由于 CaC_2O_4 溶解度比 $CaSO_4$ 溶解度小，所以选择 $(NH_4)_2C_2O_4$ 为沉淀剂，而不选择 $(NH_4)_2SO_4$ 为沉淀剂。

（2）沉淀剂最好具有挥发性：为了使过量的沉淀剂在沉淀的干燥或灼烧时易于除去，故尽可能选择挥发性的物质为沉淀剂。如测定溶液中 Fe^{3+} 浓度，为了使 Fe^{3+} 沉淀为 $Fe(OH)_3$，常选用氨水而不用 $NaOH$ 为沉淀剂。

（3）沉淀剂应具有较好的选择性：若所选用的沉淀剂仅沉淀被测组分而不与其他物质作用，这样就可以省去分离干扰物质的步骤。有机沉淀剂品种多，选择性高，生成沉淀的溶解度小，沉淀吸附杂质少，沉淀纯，并且沉淀分子量大，被测组分所占百分比小，有利于提高分析的准确度，因此常被采用。

（4）沉淀剂用量：沉淀剂用量要适当过量，以便利用同离子效应降低沉淀的溶解度，使沉淀反应完全。但沉淀剂用量太大，会由于产生盐效应或配位效应而使沉淀的溶解度增大。

六、沉淀的过滤、洗涤、烘干或恒重

1. 沉淀的过滤　过滤沉淀时，常使用滤纸或玻璃砂芯滤器。需要灼烧的沉淀常用无灰滤纸过滤，每张滤纸经灼烧后所余灰分不超过 0.2mg，所以也称为定量滤纸。滤纸的紧密程度不同，可以根据沉淀的性状加以选择。一般非晶形沉淀选用疏松的快速滤纸过滤，以免过滤太慢；粗粒的晶形沉淀可用较紧密的中速滤纸，较细粒的晶形沉淀应选用最紧密的慢速滤纸，以防沉淀穿过滤纸。过滤时通常采用"倾注法"过滤，采用此法是为了使滤纸或滤器不致在开始时迅速被沉淀堵塞，以缩短过滤时间。若沉淀的溶解度随温度升高增大很少，不影响结果，以趁热过滤较好。若过滤后只需干燥便可得称量形式，如 $AgCl$，小檗碱等沉淀，一般采用滤孔合适的玻璃砂坩埚或玻璃砂芯漏斗过滤，可减压抽滤。用玻璃砂芯滤器过滤，也采用倾注法。

2. 沉淀的洗涤　沉淀洗涤的目的是为了洗去沉淀表面的吸附杂质和混杂在沉淀中的母液，洗涤时尽量减少沉淀的溶解损失和防止形成胶溶。洗涤液可用蒸馏水或灼烧时能挥发除去的原沉淀剂或铵盐类电解质溶液。一般溶解度较小而不形成胶体的沉淀，可用蒸馏水洗涤；溶解度较大的晶形沉淀可用沉淀剂稀溶液洗涤，但沉淀剂应易挥发或易分解，能在烘干或灼烧中除去。对易胶溶的非晶形沉淀，应用易挥发的电解质稀溶液洗涤。用倾注法洗涤，洗涤时采用少量多次的方法最有效。

3. 沉淀的干燥或灼烧和恒重　干燥是为了除去沉淀中的水分和挥发性物质，同时使沉淀组分转化为称量形式。干燥的温度和时间由沉淀的性质决定。一般是 110 ~ 120℃ 烘 40 ~ 60 分钟即可，放冷后称量至恒重。有些有机沉淀干燥温度还需低些。有些沉淀有时需高温灼烧才能彻底除去水分和挥发性物质，并使沉淀在较高温度分解为组成固定的称量形式。一般灼烧温度在 800℃ 以上。如 $MgNH_4PO_4 \cdot 6H_2O$ 沉淀在 1100℃ 灼烧成 $Mg_2P_2O_7$ 称量形式，称量至恒重。所谓恒重系指称量形式连续两次干燥或灼烧后称得的质量之差不超过 0.3mg。

七、重量分析结果的计算

在重量分析中，多数情况下称量形式与被测组分的形式不一致，这就需要将称量形式的质量换算成被测组分的质量。被测组分的摩尔质量与称量形式的摩尔质量之比是常数，称为换算因数(conversion factor)或化学因数(chemical factor)，常以 F 表示。

设 A 为被测组分，D 为称量组分，其计量关系一般可表达为：

$$aA \quad + \quad bB \Longleftrightarrow cC \xrightarrow{\triangle} dD$$

被测组分　沉淀剂　沉淀形式　称量形式

$$F = \frac{a \times M_A}{d \times M_D} \tag{9-9}$$

式中，M_A 和 M_D 分别为被测组分 A 和称量形式 D 的摩尔质量。a、d 是使被测组分和称量形式中所含的主体元素原子个数相等而需要乘以的系数。例如：

被测组分	称量形式	换算因素
Fe	Fe_2O_3	$2M_{Fe}/M_{Fe_2O_3}$
MgO	$Mg_2P_2O_7$	$2M_{MgO}/M_{Mg_2P_2O_7}$
$K_2SO_4 \cdot Al_2(SO_4)_3 \cdot 24H_2O$	$BaSO_4$	$M_{K_2SO_4 \cdot Al_2(SO_4)_3 \cdot 24H_2O}/(4M_{BaSO_4})$

分析结果常按百分含量计算。试样中被测组分的含量可根据称量形式的质量和换算因数进行计算，即：

$$X(\%) = F \times \frac{m}{m_s} \times 100 \tag{9-10}$$

式中 $X(\%)$，为被测组分的百分含量，F 为换算因数，m 为称量形式的质量，m_s 为试样的质量。

例 9-4　测定草酸氢钾的含量，用 Ca^{2+} 为沉淀剂，最后灼烧成 CaO 称量。称取样品 0.5172g，最后得 CaO 的质量为 0.2265g。计算样品中 $KHC_2O_4 \cdot H_2C_2O_4 \cdot 2H_2O$ 的含量。

解　$KHC_2O_4 \cdot H_2C_2O_4 \cdot 2H_2O + 2Ca^{2+} \rightarrow 2CaC_2O_4 \rightarrow 2CaO$

由式 9-9 可知：$F = \dfrac{M_{KHC_2O_4 \cdot H_2C_2O_4 \cdot 2H_2O}}{2 \times M_{CaO}} = \dfrac{254.2}{2 \times 56.08} = 2.266$

$$X(\%) = F\frac{m}{m_s} \times 100 = \frac{0.2265 \times 2.266}{0.5172} \times 100 = 99.24\%$$

八、应用示例

氯化银沉淀法测定氯化物含量：硝酸酸性溶液中用 $AgNO_3$ 使 Cl^- 成 $AgCl$ 沉淀，过滤洗涤后，110～200℃干燥称重。冷稀溶液中析出的 $AgCl$ 沉淀是很细的颗粒，部分凝集成团。加热与搅拌可促进凝聚。沉淀用蒸馏水洗涤较易胶溶而穿透滤层。可用浓度低于 0.01mol/L 的 HNO_3 洗涤，HNO_3 浓度增大使沉淀溶解度增大。$AgCl$ 见光易分解。易用玻砂坩埚或古氏坩埚过滤，应避免强光照射。测定方法如下：取含氯约 0.1g 的样品，精密称定。于 250ml 烧杯中加水 100ml 溶解，加 1:1 HNO_3 1ml 酸化。搅拌下缓慢加入 0.1mol/L $AgNO_3$ 溶液，并过量 5～10ml。加热至近沸，搅拌 1～2 分钟，促使凝聚，放置沉淀。可加几滴 $AgNO_3$ 溶液于上清液检查沉淀是否完全。暗处放置 1～2 小时。用 0.01mol/L HNO_3 倾注法洗沉淀 2～3 次后，移入已干燥恒重的玻砂坩埚，再用 0.01mol/L HNO_3 少量多次洗涤。洗至洗涤液与 0.1mol/L HCl 不显 Ag^+ 反应。最后用 1～2 份少量水洗去大部分 HNO_3。110～200℃干燥至恒重。全过程应注意避光。

第二节　挥发重量分析法

挥发重量分析法又称气化重量分析法，它是利用被测组分具有挥发性或可转化为挥发性物质的性质，进行含量测定的方法。干燥失重是挥发法中应用最多的分析项目之一，挥发重量分析法又分为直接挥发法和间接挥发法。

一、直接挥发法

直接挥发法是利用加热等方法使试样中挥发性组分逸出，用适宜的吸收剂将其全部吸收，根据吸收剂所增加的质量来计算组分含量的方法。例如，将一定量带有结晶水的固体试样，加热至适当温度，用高氯酸镁吸收逸出的水分，则高氯酸镁增加的质量就是固体试样中结晶水的质量。又如碳酸盐类，可由所生成的 CO_2 先通过吸收剂除去水蒸气后，再用苏打石灰予以吸收，苏打石灰增加的质量就是 CO_2 的质量。在直接法测定中，如果有几种挥发性物质并存，应选用适当的吸收剂，使被测组分定量地被吸收而不吸收其他共存物。如有机化合物经过灼烧后生成 H_2O 和 CO_2，用高氯酸镁吸收水蒸气，用苏打石灰吸收 CO_2，最后分别测定其增加的质量，经换算得到试样中氢和碳的含量。

二、间接挥发法

间接挥发法是利用加热等方法使试样中挥发性组分逸出以后，称量其残渣，由试样所减少的质量来计算该挥发组分的含量。如测定氯化钡晶体（$BaCl_2 \cdot 2H_2O$）中结晶水的含量，可将一定质量的 $BaCl_2 \cdot 2H_2O$ 加热，使水分挥去，氯化钡试样减失的质量即为结晶水的含量，称为干燥失重法。试样中水分挥发的难易取决于水在试样中存在的状态，其次取决于环境空间的干燥程度。固体物质中水的存在状态分为：①引湿水（water of hydroscopicity），或称湿存水，即固体表面吸附的水分。这种水在一定温度下随物质的性质、粉碎程度以及空气的湿度而定。物质的表面积大（颗粒细）、吸水性强以及空气的湿度大，则吸附愈显著。所有固体物质放在空气中都会或多或少的带有这种水分。②包埋（藏）水（occluded water）是从水溶液中得到的晶体内空穴所包藏水分。这种水与外界不通，很难除尽，可将颗粒研细或用高温烧除。③吸入水（water of imbibition）是一些具有亲水胶体性质的物质（如硅胶、纤维素、淀粉和明胶等）内表面吸收的水分。这类物质内部具有很大的扩胀性，内表面积大，能大量的吸收水分。吸入水一般在 100 ~ 110℃ 下加热，不易驱尽，有时需采用 70 ~ 100℃ 真空干燥。④结晶水（water of crystallization），凡含水盐，如 $CaC_2O_4 \cdot H_2O$、$BaCl_2 \cdot 2H_2O$ 等都有结晶水。⑤组成水（water of composition），在某些物质中虽然没有水的分子，但受热能分解释放出水分，如 $KHSO_4$ 和 Na_2HPO_4 等。

$$2KHSO_4 \xrightarrow{\triangle} K_2S_2O_7 + H_2O$$

$$2Na_2HPO_4 \xrightarrow{\triangle} Na_4P_2O_7 + H_2O$$

根据试样的耐热性不同和水分挥发的难易程度，测定干燥失重常用的方式有以下三种。

1. 常压下加热干燥　通常是将试样置于电热干燥箱中，在一定温度（一般 105 ~ 110℃）下加热。例如，食品中水分的测定，某些药物含水量的测定。常压下加热干燥，适用于性质稳定，受热不易挥发、氧化或分解变质的试样。对于水分不易挥发的试样，可提高温度或延长时间。

某些化合物虽受热不易变质，但因结晶水的存在而有较低熔点，在加热干燥时，未达到干燥温度就成熔融状态，很不利于水分挥发。测定这类物质的水分时，应先在低温或用干燥剂法除去一部分或大部分结晶水以后，再提高干燥温度，例如含 2 分子水的 $NaH_2PO_4 \cdot 2H_2O$，60℃ 时熔融，干燥温度应低于 60℃，待脱去 1 分子水后，成为 $NaH_2PO_4 \cdot H_2O$ 时，则受热不熔，100℃ 时开始失去结晶水，可在 105 ~ 110℃ 条件下干燥。

2. 减压加热干燥　对于在常压下高温加热易分解变质或熔点低的试样，可在减压电热干燥箱（真空干燥箱）中进行减压加热干燥。它是一个与大气隔绝的密闭系统，由抽气机将箱内部分空气抽去，降低箱内气压。箱内气压愈低，水蒸气分压亦愈低，可达到很低的相对湿度。若适当地提高温度（一般 60 ~ 80℃），则更有利于水分挥发，能获得高于常压下加热干燥的效率。这种干燥方法适用于试样易变质和水分较难挥发的试样。

3. 干燥剂干燥　能升华或受热不稳定、易变质的物质适用于干燥剂干燥。干燥剂是一些与水分有强结合力、相对蒸汽压低的脱水化合物，如 $CaCl_2$、硅胶、$CaSO_4$、$Mg(ClO_4)_2$、P_2O_5 等。在密闭的容器中，干燥剂吸收空气中水分，降低空气中的相对湿度，促使试样中的水挥发，并能保持容器内较低的相对湿度。只要试样的相对蒸汽压高于干燥剂的相对蒸汽压，试样就能继续失水，直至达到平衡。用干燥剂干燥法测定水分，因为达到平衡需要时间较长，而且不易达到完全干燥的目的，所以该法比较少用。盛有干燥剂的密闭容器（干燥器），在重量分析中经常被用做短时间存放刚从烘箱或高温电炉取出的热干燥器皿或试样。目的是在低湿度的环境中冷却，减少吸水，以便称量。但十分干燥的试样不宜在干燥器中长时间放置，尤其是很细的粉末，由于表面吸附作用，可使它吸收一些水分。

三、应用示例

氯化钡晶体($BaCl_2 \cdot 2H_2O$)的结晶水测定：在一般温度和湿度下 $BaCl_2 \cdot 2H_2O$ 很稳定，既不风化也不潮解，但在 100℃ 以上就会失去所有的结晶水。无水 $BaCl_2$ 不易分解，即使温度再高些也无关系。$BaCl_2 \cdot 2H_2O$ 很少有包藏水，湿存水也极少，因此由这种方法测定的含水量只是结晶水。测定方法如下：取两个称量瓶于烘箱中，在 105℃ 干燥1小时，取出置于干燥器中，冷至室温，精密称量。再在同样条件下干燥、冷却和称量，直至恒重。然后取两份化学纯或分析纯的 $BaCl_2 \cdot 2H_2O$ 1.4~1.5g，分别置于已恒重的称量瓶中，于 105℃ 干燥至恒重。减失的质量即为结晶水的质量。

第三节　萃取重量分析法

萃取重量分析法是利用被测组分在互不相溶的两溶剂体系中分配比不同，采用溶剂萃取的方法，把被测组分从原来的溶剂体系定量转移到萃取溶剂体系中，使之与其他组分分离，挥去萃取液中的溶剂，用称重的方法测定其含量。

溶剂萃取法(solvent extraction)又称为液-液萃取法，是常用的分离和富集方法。可用溶剂直接从固体试样中萃取，也可先将试样制成溶液(水相)，再用另一种与之不相溶的溶剂(有机相)进行萃取，前者称为液-固萃取，后者称为液-液萃取，一般后者应用更多。

常用的萃取体系有直接萃取体系、金属螯合物萃取体系、离子缔合物萃取体系、溶剂化合物萃取体系及共价化合物萃取体系等。有关萃取体系的详细内容将在第十一章介绍，下面举例说明萃取重量分析法在卫生检验和临床检验中的应用。

1. 食品中脂肪的测定　称取一定量干燥、粉碎均匀的食品试样于一滤纸筒内，滤纸筒置于索氏提取管内。在干燥至恒重的烧瓶内装 2/3 容积的无水乙醚，置于 70℃ 水浴加热，乙醚蒸发经冷凝滴到提取管内溶解试样中的脂肪。当提取管内的乙醚达到一定高度，即与萃取物沿虹吸管回流到瓶内，如此反复若干次，样品中的脂肪全部被萃取到烧瓶中。蒸干烧瓶中的乙醚，通过称取残留物的质量或称取滤纸筒内试样减轻的质量即可求出试样中脂肪含量。

2. 血清总脂的测定　血清总脂是指血清中各种脂类物质总和。总脂可用三氯甲烷和甲醇的混合液进行萃取。其中甲醇可以沉淀蛋白质并使脂蛋白分子破坏，达到萃取完全的目的。测定方法大致如下：取一定量的血清样于具塞试管内，加入一定量的三氯甲烷和甲醇的混合液，振摇试管，静置，离心分离，除去上层液体和蛋白质凝块，用稀硫酸洗涤三氯甲烷层以除去非脂类蛋白质，分离三氯甲烷层于已干燥至恒重的锥形瓶中，水浴蒸干三氯甲烷，干燥至恒重，计算血清中总脂含量。

本 章 小 结

本章重点阐述了重量分析法中的沉淀法；介绍了沉淀形式、称量形式、同离子效应、盐效应、酸效应、配位效应、共沉淀、后沉淀、陈化等基本概念；讨论了沉淀形式与称量形式必须具备的条件、影响沉淀溶解度和纯度的因素、沉淀条件的选择等基本理论；给出了沉淀溶解度(包括 MA 型和 M_mA_n 型)、重量法分析结果的基本计算方法。

思考题和习题

1. 重量分析法要求沉淀形式与称量形式具备哪些条件?

2. 影响沉淀溶解度的因素有哪些?

3. 沉淀是怎样形成的? 形成沉淀的形态主要与哪些因素有关?

4. 晶形沉淀与非晶形沉淀的沉淀条件有什么不同? 为什么?

5. 要获得纯净而易于滤过和洗涤的沉淀须采取哪些措施? 为什么?

6. 挥发法分为哪两类? 各举一例说明。

7. 计算下列各组的换算因数。

称量形式	被测组分
Al_2O_3	Al
$BaSO_4$	$(NH_4)_2Fe(SO_4)_2 \cdot 6H_2O$
Fe_2O_3	Fe_3O_4
$PbCrO_4$	Cr_2O_3

8. 氯霉素的化学式为 $C_{11}H_{12}O_5N_2Cl_2$,有氯霉素眼药膏试样 1.03g,在密闭试管中用金属钠共热以分解有机物并释放出氯化物,将灼烧后的混合物溶于水,滤过除去碳的残渣,用 $AgNO_3$ 沉淀氯化物,得 0.0129g AgCl。计算试样中氯霉素的百分质量分数。

(1.40%)

9. 称取含有 NaCl 和 NaBr 试样 0.6280g,溶解后用 $AgNO_3$ 溶液处理。得到干燥的 AgCl 和 AgBr 沉淀 0.5064g。另称取相同质量的试样 1 份,用 0.1050mol/L $AgNO_3$ 溶液滴定至终点,消耗 28.34ml。计算试样中 NaCl 和 NaBr 的百分含量各为多少?

(11.10%,29.26%)

(姜 泓)

第十章 分析试样的采集与制备

分析工作所遇到的样品种类繁多，就卫生检验和医学检验而言，有空气、水、食品及生物材料等。为了评估其安全性，常需要测定大量样品中某些组分的含量。但是在实际分析时，只能抽取出部分个体进行检验，这样少的试样所得的分析结果，要求能反映总体的真实情况，分析试样应具有高度的代表性。因此，需要科学合理地进行分析试样的采集与制备。本章主要介绍分析试样的采集和保存及试样的制备方法。

第一节 试样的采集与保存

分析工作一般是采集分析对象中一部分有代表性物质进行测定，来推断被分析对象总体的性质。试样的采集与制备，是指从总体中抽取一定数量，并将有代表性的一部分样品作为检验样品，称为原始试样，然后再制备成供分析用的最终试样，即分析试样。分析对象的全体称为总体(population)。构成总体的每一个单位称为个体(individual)。从总体中抽取部分个体，作为总体的代表性物质进行检验，这部分个体的集合体称之为样品(sample)。从总体中抽取样品的操作过程称为采样(sampling)。

样品是获得分析数据的基础，样品的正确采集非常重要。试样的采集和制备必须保证所取试样具有代表性，即分析试样的组成能代表总体的平均组成；并且采样过程中要保持原有的理化指标，防止被测成分逸散或带入杂质。如果采样不合理，样品不能反映总体的真实情况，即使分析工作再仔细、认真，分析结果再准确，也毫无意义，甚至可能因为提供了无代表性的分析数据导致错误的结论及后果，给实际工作造成严重的混乱。因此，采用正确的试样采集和制备方法显得尤为重要。

一、试样采集的原则和样品的保存

(一) 试样采集的原则

为保证试样采集的合理性，试样采集要遵循以下原则，具体可以概括为：代表性、典型性、适时性和程序性。

1. 代表性　采集的样品必须能充分代表被分析总体的性质，减少在采样过程中产生的人为误差。一般要求随机抽取样品，正确布点采样，采集的试样要均匀。例如植物油、鲜乳、酱油、饮料等液体样品，应充分混匀后再进行采集。对于固体如粮食、蔬菜、水果等，需按不同部位取出少量，将其混合均匀后再用四分法进行缩分得到代表性样品。

2. 典型性　主要针对某些特殊性样品的采集。如为重大活动提供的食品，污染或怀疑污染的食品，中毒或怀疑中毒的食品，掺假或怀疑掺假的食品等。对于这些样品的采集，应根据分析检测目的，采集能充分说明此目的的典型样品。例如为保障重大活动的食品安全，应采集影响食品安全的关键控制的样品。对掺假、腐败变质或怀疑被污染的食品进行分析，可分别采取外观有明显区别的，如色、香、味、包装及不同存放条件的可疑部分作为样品。对于食物中毒样品的采集，要采集病人吃剩的可疑食物、呕吐物及胃内容物等典型样品。

3. 适时性　根据检测目的、样品性质及周围环境等，对某些样品的采集要有严格的时间概念。若时间过长，则采集得到的试样可能发生腐败变质或其他改变，甚至试样中被测组分消失而失去代表性。因此，适时采集试样并检测对于分析工作来说非常重要。例如发生食物中毒时，应立即赴现场采样，否则不能采集到引起食物中毒的关键成分。监测工人在一个班工作时间内接触空气中有害物质的最高浓度，应选择排放有害物质浓度最高的时间采样。对于地面水的监测，必须确定合理的采样频率和采样时间，每年至少要在丰水期、枯水期、平水期分别采样，以了解水质的季节变化情况。

4. 程序性　样品检测的程序性原则是指采样、检验、留样、报告等步骤均应按规定的程序进行，各阶段都要有完整的手续，责任分清。

采样过程要设法保持原有的理化指标，避免样品污染和被测组分发生化学变化或丢失，因此要选择合适的采样器具和采样方法。常用的采样工具有长柄勺、玻璃或金属采样管，用以采集液体样品；采样铲，用以采集散装大颗粒样品，如花生等；半圆形金属管，用以采集半固体；金属探管、金属探子，用以采集袋装颗粒或粉状样品；双层导管采样器，适用于奶粉等的采样，主要防止奶粉采样时受外环境污染。盛装样品的容器应密封、清洁、干燥，不应含有被测物质及干扰物质；不影响样品气味、风味、pH；盛装液体样品，应用具有防水、防油功能的带塞玻璃瓶或塑料瓶；酒类、油性样品不宜用橡胶塞；酸性食品不宜用金属容器；测定农药的样品不宜用塑料容器等。

采样时要认真填写采样记录，详细记录采样名称、地点、时间、数量、采样方法以及采样人、分析项目、温度和气压等。采样方法应尽量简单，处理装置尺寸适当。采样量应能满足检测项目对样品量的需要，一般为三份，供检验、复检以及备查或仲裁之用。

（二）试样的保存

1. 样品保存的目的　采集的样品最好尽快进行分析或现场检测。对于不能及时分析的样品应妥善保存。由于物理、化学和微生物的作用，样品在存放过程中可能会发生不同程度的变化，导致被测成分的损失，从而不能有效地代表原样品的含量及性质，使分析工作变得更加困难。所以存放过程中应注意以下几个方面：

（1）防止污染：采集样品的采样工具、盛装样品的容器、操作人员的手等接触样品的物品，必须清洁，不得带入污染物，保存过程中样品应密封保存。

（2）防止腐败变质：对于易腐败变质的样品，应采取低温冷藏的方法保存，以降低酶的活性及抑制微生物的生长繁殖。对于已经腐败变质的样品，应弃去不要，重新采样分析。

（3）防止样品中的水分蒸发或干燥的样品吸潮：由于水分的含量直接影响样品中各物质的浓度和组成比例。对于含水量多，一时又不能测定完的样品，可先测定水分，保存烘干样品，分析结果可通过折算，换算为新鲜样品中某物质的含量。

（4）固定被测成分：某些被测成分不够稳定或易挥发，应结合分析方法，在采样时加入稳定剂，固定被测成分。

2. 样品的保存方法　在实际工作中，样品保存的方法较多，要根据样品性质、分析项目和分析方法来选择。常用的保存方法有三种：

（1）密封保存法：将采集的样品存放在干燥洁净的容器中，加盖封口或用石蜡封口，防止空气中的 O_2、H_2O、CO_2 等对样品的作用以及水分、挥发性成分的损失等。

（2）冷藏保存法：对于易变质、含易挥发组分的样品，采样后应冷冻或冷藏保存。该方法特别适用于食物和生物材料样品的保存。常用的器具有冰箱、低温冰箱、冷藏采样车、隔热层保护箱或冰壶加冰块等。

（3）化学保存法：在采集的样品中加入一定量的酸、碱或其他化学试剂作为调节剂、抑制剂或防腐剂，用以防止沉淀、水解、吸附、氧化和还原等反应的发生及抑制微生物的生长等，稳定被测组分的组成、价态和含量。如为了防止水样中重金属离子的水解、沉淀，常加入少量 HNO_3 调节酸度。测定氰化物、挥发酚时，常加入 $NaOH$ 使其生成盐。

此外，样品的保存还应注意存放容器、容器的清洗及存放时间。容器的选择主要取决于样品性质和分析项目，材料应是惰性的，并对被测成分的吸附很小，容易清洗。如测定水样中的微量金属离子时，选择聚乙烯或聚四氟乙烯塑料容器，可减小容器对样品的吸附，避免玻璃容器中金属离子的溶出。测定有机污染物时则选用玻璃容器为好。样品性质和检测项目不同，容器的洗涤方法也略有差别。一般先用洗涤剂清洗，再分别用自来水和蒸馏水冲洗干净。测定有机物质时，除按一般方法洗涤外，还要用有机溶剂（如石油醚）彻底荡洗 2~3 次。样品存放的时间取决于样品性质、测定项目的要求和保存条件。

二、试样采集方法简介

卫生检验的样品种类较多，组成复杂多变，试样的性质和均匀程度也各不相同，分析的项目也不一样，因此样品的采集方法和技术要求各不相同。针对不同的形态和不同种类的样品应采用不同的采样方法。

（一）空气样品的采集

由于空气污染物的物理化学性质、来源和所处的环境状况不同，它们在空气中的存在状态不同，有的以气态（SO_2、NO_x、CO、O_3 等）或蒸气状态（苯、甲苯等）逸散在空气中，有的以微滴或固体小颗粒分散在空气中呈气溶胶（aerosol）状态（烟、雾、悬浮颗粒物）。空气样品的采集原则是根据监测目的和检验项目，采集具有代表性的样品，以保证空气理化检验结果的真实性和可靠性。为此，在对采样现场调查的基础上，应选择好采样点、采样时间和频率；要根据被测物在空气中的存在状态、理化性质、浓度和分析方法的灵敏度选择合适的采样方法和采样量；正确使用采样仪器，要建立相应的空气采样质量保证体系；在采样过程中尽量避免采样误差；在样品的采集、运输、贮存、处理和分析等过程中，要确保样品被测组分稳定，不变质，不受污染；保证采集到足够的样品量，以满足分析方法的要求。空气样品的采样方法可分为直接采集法和浓缩采集法。

1. 直接采集法　又称为集气法，将空气样品直接采集在合适的空气收集器内。主要用于被测物浓度较高或分析方法较灵敏，直接采集就能满足要求的样品。直接采集法是利用真空吸取、置换或充气的原理收集现场空气，测定的是空气中污染物的瞬间浓度或短时间内的浓度，不适用以气溶胶状态存在的污染物。根据所用收集器和操作方法的不同，直接采样法又可分为注射器采样法、塑料袋采样法、置换采样法和真空采样法等。

2. 浓缩采集法　也称为富集法，使空气样品通过收集器，其中的被测组分被吸收、吸附或阻留。当空气中被测物浓度较低或所用分析方法灵敏度较低时，可选用此方法采样。采样仪器主要由收集器、流量计和抽气动力三部分组成。抽气动力将一定量的空气强制通过收集器，流量计用来计量采气流量。该方法采气量大，测定结果表示采样时间内被测物质的平均浓度。按收集器不同，浓缩法又可分为溶液吸收法、填充柱法、滤料阻留法等。

（1）溶液吸收法：主要采集气态、蒸气态和气溶胶物质。空气通过装有吸收液的吸收管时，被测物由于溶解作用或化学反应进入吸收液中，以达到浓缩的目的。溶液吸收法的吸收效率主要决定于吸收速度和样气与吸收液的接触面积。要提高吸收速度，应选择效能好的吸收液。吸收液应对被测物有较大的溶解度或与被测物发生化学反应的速度快，吸收效率高，被测物质被吸收后有足够的稳定时间，以满足分析测定所需的时间要求，并与后续的分析方法相匹配，无干扰。常用的吸收液有水、水溶液和有机溶剂。增大被采气体与吸收液接触面积的有效措施是选用适宜的吸收管。目前常用气泡吸收管、冲击式吸收管和多孔筛板吸收管（瓶）。气泡吸收管适用于采集气态和蒸气态物质。冲击式吸收管适宜采集气溶胶态物质，不适合采集气态和蒸气态物质。多孔筛板吸收管适合采集气态和蒸气态物质外，也能采集气溶胶态物质。

（2）填充柱法：主要用于气态和蒸气态物质的采集。空气通过装有固体填料的填充柱时，被测成分被固体填料吸收，然后用适宜的溶剂洗脱或通过加热解析的方法将其分离出来，达到分离富集的目的。填充柱可分为吸附型、分配型和反应型三种类型。吸附型填充柱常用的吸附剂有硅胶、活性炭、素陶瓷、分子筛、高分子多孔微球等。分配型填充柱的填充剂是表面涂有高沸点有机溶剂（如异十三烷）的惰性多孔颗粒物（如硅藻土），可采集空气中有机氯农药、多氯联苯等组分。反应型填充柱的填充剂由惰性多孔颗粒物（如石英砂、玻璃微球等）或纤维状物（如滤纸、玻璃棉等）和在其表面涂渍能与被测组分发生化学反应的试剂制成，可用于空气中微量氨的采集与测定。

（3）滤料阻留法：主要用于采集不易或不能被液体吸收的尘粒状气溶胶物质。空气通过滤料时，被测成分被阻留在膜上，达到浓缩的目的。常用的滤料有纤维状滤料和筛孔状滤料。纤维状滤料如滤纸（适用于金属尘粒的采集）、玻璃纤维滤膜（适用于采集大气中的飘尘）、过氯乙烯滤膜（适用于进行颗粒物分散度及颗粒物中化学组分的分析）等。筛孔状滤料如微孔滤膜、核孔滤膜、银薄膜（适用于采集分析金属的气溶胶）等。

（二）水样的采集

卫生检验的水样分为天然水、生活饮用水、生活污水和工业废水等。采样前应对影响情况进行调查：①水源的水文、气候、地质、地貌特征；②水体沿岸城市分布、工业布局、污染源分布、排污情况和城市的给水情况；③水体沿岸资源现状、水资源用途和重点水源保护区等，以确定采样点。根据检测目的和要求以及水样的来源不同，采样的方法、次数、采样量等也不相同。

1. 天然水与生活饮用水的采集　采集自来水或具有抽水设备的井水时，应先放水数分钟，使积留于水管中的杂质流出，再收集水样。对于没有抽水设备的井水，直接用采集瓶收集。采集江、河、湖、水库等表面水时，因为分布面积较广，因此采样点的布设应基于在较大范围内进行详尽的调查，获得足够的信息。水库原水一般布设采样点位于取水口与补给水的入水口，采集应选择在水质相对稳定的区域。河水采集一般应避开补给水的入口，在相对混合均匀且水质相对较稳定的区域采样。水样采集，通常在低于水面下 0.5 米处采样，若有特定深度要求时，按要求的深度进行采集。采集较深层的水样，必须用特制的深水采样器。供细菌学检验用的水样，需对器具进行无菌处理。地表水有季节性的变化，采样频率取决于水质变化状况及特性。

2. 生活污水和工业废水的采集　根据采样时间不同，采样方法主要有以下几种：

（1）瞬间取样：为了了解废水在每天不同时间内污染物含量的动态变化，应每隔一定时间，如 1 小时、2 小时或几分钟采集一次水样，并立即分析。

（2）间隔式等量取样：通常在一昼夜内，每隔一定时间采集等量的水样并混匀。这种采样方法适用于废水流量比较恒定的情况。

（3）平均比例取样：如果废水流量变化较大，则需要根据不同流量按比例采集水样，流量大时多采，流量小时少采，然后混合各次水样。

（4）单独取样：有些污染物，如悬浮物、油类等在废水中的分布极不均匀，而且在放置过程中又易于上浮或下沉，这种情况就应单独取样，全量分析。

采集水样时，应严格按照检测项目的要求采用相应的盛装容器，以区分检测有机物和无机物指标的样品。对要求遮光的水样要采用棕色瓶进行保存，并且防止污染。在采集前，应先涮洗盛装容器 2 ~ 3 次后再采集水样，并贴好标签，对于要求盛装满的水样，如溶解氧与 BOD_5，水样应完全装满容器，塞紧瓶塞，注明满瓶的标记。常用的采样器有水桶、单层采水瓶、深层采水器、急流采水器、采水泵等，其选择取决于水体情况。存放水样的容器常用聚乙烯瓶或桶、硬质玻璃瓶、不锈钢瓶，根据检测项目来选择。采样量主要视测定项目数量及测定目的而定，一般为 2 ~ 3L。

（三）食品样品的采集

食品的种类繁多，其成熟程度、加工和保存条件及外界温度等因素，都会影响食品中的营养成分以及被污染程度，同一食品不同部位某被测物的组成和含量也会有差异，应根据检测目的和样品的物理状态，采用不同的采样方式和采样方法。

1. 采样方式　采样方式分为随机抽样、系统抽样、指定代表性样品。随机抽样（random sampling）指使总体中每份样品被抽取的概率都相同的抽样方法，适用于对样品不太了解以及对食品的合格率检验等情况，例如分析食品中某种营养素的含量，检验食品是否符合国家卫生标准等。系统抽样（systematic sampling）用于已经掌握了样品随时间和空间的变化规律，并按该规律进行采样的抽样方法，例如分析生产流程对食品营养成分的破坏或污染等情况。指定代表性样品（representative sample）用于有某种特殊检测目的的样品的采集，例如掺伪食品、被污染食品、变质食品等的检验。

2. 采样方法　液体或半固体样品如油料、鲜奶、饮料、酒等，应充分混匀后用虹吸管或长形玻璃管分上、中、下三层分别采出部分样品，充分混合后装在三个干净的容器中，作为检验、复检和备查样品。颗粒状样品如粮食、糖及其他粉末状食品等，用双套回转取样管，从每批食品的上、中、下三层不同部位分别采集，混合后按四分法缩分至采样量。对于组成不均匀固体食品如蔬菜、水果、鱼等，根据检测目的取其有代表性的部分（如根、茎、叶、肌肉等）制成匀浆，再用四分法缩分。小包装（瓶、袋、桶）固体食品如罐头、腐乳等，应按不同批号随机取样，同一批号取样件数，包装 250g 以上的不得少于 6 个，250g 以下的包装不得少于 10 个，然后再缩分。对于大包装固态食品，按采样件数的计算公式：采样件数 $= \sqrt{总件数/2}$，确定应该采集件数。在食品堆放的不同部位分别采样，取出选定的大包装，用采样工具在每一个包装的上、中、下三层和五点（周围四点和中心）取出样品。

（四）生物材料样品的采集

生物材料指人或动物的体液、排泄物、分泌物及脏器等，最常用的是血样和尿样，其次是毛发、指甲、唾液、呼出气、粪便和组织。毒物进入机体后会发生富集、降解及转化等生化过程，故样品的选择应根据化学物在体内的吸收代谢途径、排泄和富集情况、转化形态、稳定程度及检测目的而定，使所采集样品能反映机体对化学物的吸收量。

首先，不同的吸收途径会导致化学物及其代谢产物在不同生物材料中的含量不同，应根据吸收途径选择有代表性的生物材料。例如乙苯经皮肤吸收，约有5%的量被代谢为扁桃酸而由尿排出，若由呼吸吸收后，约有60%的量被代谢为扁桃酸而随尿排出，此时如按一般规律，以其尿中排出的扁桃酸量作为混合接触乙苯的测定指标，则不能准确衡量其暴露情况。

其次，接触化学物质后，何时采集样本也很重要。例如，接触苯乙烯后机体生成的马尿酸，约在接触后24小时左右才在尿中出现；机体接触三氯乙烯后24~36小时，尿中才出现三氯乙酸。因此在采集生物材料样品时，要充分考虑其适时性的问题。

另外，选择的生物材料中被测物的浓度与环境接触水平或与健康效应有剂量相关关系，样品和被测成分（指标）足够稳定以便于运输和保存，采集生物材料样品对人体无损害，能为受检者所接受。以下主要介绍尿液、血液、呼出气、毛发、唾液和组织的样品采集及其注意事项。

1. 尿样　由于大多数毒物及其代谢物经肾脏排出，而且多数毒物在尿中的含量与其在血中的浓度有较大相关，同时尿液的收集也比较方便。但也有不足之处，如尿液受饮食、运动和用药的影响较大，也受肾功能的影响，还容易带入干扰物质，所以测定结果需要加以校正或综合分析。尿液可根据检测目的采集24小时混合尿（全日尿）、晨尿及某一时间的一次尿。尿液检验最好留取新鲜标本及时检查，否则尿液生长细菌，使尿液中的化学成分发生变化。在留取24小时或12小时尿液时，尿液标本应置冰箱保存或加入防腐剂，防止尿液被测成分损失。常用的尿液防腐剂有浓盐酸、甲苯、冰乙酸、麝香草酚等。收集一次尿时，应考虑化学物在体内的半减期。例如，对于现场操作工人，应根据接触化学物的排泄半减期而及时收集尿液，或于工作4小时或8小时后进行取样，取样时应在其上次排尿后间隔3~4小时进行，并采集中段尿。全日尿能代表一天的平均水平，结果比较稳定，但收集较麻烦，且容易污染。实践表明有些测定项目晨尿和全日尿的测定结果之间无显著性差异，因此多用晨尿代替全日尿。收集容器为聚乙烯瓶或硬质玻璃瓶。

2. 血样　血液的各种指标可以反映机体近期的情况，常与机体吸收的物质总量成正相关，同时成分比较稳定，取样时受污染的机会少，但取样量和取样次数受限制。采集方法主要取决于分析目的及方法的要求，需血量小时采手指或耳垂血，需血量大时采取静脉血。根据被测物在血液中的分布，分别采取全血、血浆和血清进行分析。血样收集于清洁干燥带盖的聚四氟乙烯、聚乙烯或硬质玻璃管中。血样若需进行保存，应先进行成分分离后分别保存。

3. 呼出气　挥发性毒物经呼吸道进入人体后，在肺泡气与肺部血液之间达到血-气两相平衡，因此，可通过呼出气浓度水平估计血液中化合物的浓度水平，进而可反映环境毒物和人体摄入的水平。呼出气主要成分是二氧化碳、水蒸气和微量易挥发有机组分。呼出气可作为一种职业接触在血中溶解度低的挥发性有机溶剂和（或）在呼出气中以原型排泄的化合物的无损伤的监测方法。呼出气样品采集方便，可连续采样，样品中的干扰物质较少。例如接触对于一些挥发性毒物如苯、甲苯、丙酮等，可采集呼出气作为检测的指标。采集呼出气时，应使受检人脱离现场，戴上特制的呼吸口罩，按正常的呼吸频率，连续作2~3次吸气与呼气，收集最后一次呼出的末尾气体。肺气肿患者不能用本方法。采集的呼出气可利用气相色谱仪直接进样进行分析，对于组分含量较低的呼出气，可用合适的吸附管先进行吸附富集，解吸后进行分析。目前临床应用上，已有集气体采集和测定为一体的装置，如呼出气一氧化氮测定装置。

4. 毛发 微量元素与毛发有特殊的亲和力，是许多元素的蓄积库，通过对头发微量元素的检测，可以了解体内某些元素的含量，能反映机体在近期或过去不同阶段物质吸收和代谢的情况，是一种经济、科学的健康检测方法。对微量元素而言，头发中的含量因积累的原因比人体其他部分如血、唾液、尿液中含量高，而且较为稳定，分析较容易，并且头发易于采集、便于长期保存。它的不足之处是易受外环境污染，所以发样的洗涤非常重要，既要洗去外源性污染物，又不能使内源性被测成分溶出。若要反映机体近期情况，应取枕部距头皮2~5cm内的发段，取样量约1~2g。

5. 唾液 唾液作为生物材料样品，具有采样方便、无损伤、可反复测定的优点。唾液分为混合唾液和腮腺唾液，前者易采集，应用较多，后者需用专用取样器，样品成分较稳定，受污染的机会少。唾液可用于分析外源性毒物的含量，例如：唾液汞含量测定，进入体内的汞能部分排入唾液，且与血浆浓度呈正相关，因此唾液汞含量测定可用于汞中毒的诊断及对汞作业者的职业病调查。还有，唾液中乙醇含量的测定，饮酒后乙醇很快被吸收进入血浆，部分从唾液中排出，测定唾液中的乙醇浓度对急性乙醇中毒的诊断与抢救具有实用的价值。

6. 组织 组织主要包括尸检或手术后采集的肝、肾、肺等脏器。尸体组织最好在死后24~48小时之内取样，并要防止所用器械带来的污染，取样部位取决于分析目的。取样后，样品不经任何洗涤即放入干净的聚乙烯袋内冷冻保存。

第二节 试样的制备

卫生检验和医学检验涉及的样品，除少数空气、水样可以不经过处理直接测定外，绝大多数样品组成比较复杂，被测组分常与样品中的其他组分共存，测定试样中某一组分含量时，经常会受到其他组分的干扰，因此样品在分析前需要进行适当的前处理，即试样的制备，主要进行被测组分的提取和干扰成分的分离。

一、试样制备的目的

试样制备（sample preparation）的目的：①将样品中的被测物转变成适合于测定的形式（一般为溶液），以便于进行分析。②除去样品中对测定有干扰的物质，必要时对被测物进行浓缩富集，以提高测定的精密度和准确度。需要注意的是，在样品处理过程中不能引入被测物，尽可能减少被测组分的损失，而且所用试剂及反应产物对后续测定应无干扰。此外，还应根据分析项目及被测成分的性质、样品的性质、采用的分析方法以及分析的目的来选择合适的试样制备方法。

试样制备包括对样品进行溶解、分解、分离、被测成分的提取、浓缩（或稀释）、排除干扰、形态转换等步骤，所需时间一般占整个分析时间的60%以上。因此试样制备方法与技术的研究一直是分析工作者极其关注的问题。

二、试样的初步制备方法

试样制备的前处理就是对原始样品的分取、粉碎、混匀、缩分的过程。通过制样，使试样能正确代表全体样品。具体说来可分为三步：收集原始试样（粗样）；将每份粗样混合或粉碎、缩分至适合分析所需的数量；制成符合分析用的试样。不同的样品制备方法不同。例如：粮食等固体样品先经粉碎（磨碎或研碎）后，过 20 目筛取颗粒均匀的部分进行后续处理；液体、浆体或悬浮体等状态的样品在取样前应先充分摇匀或搅拌均匀后吸取所需的样品量；对于蔬菜、水果等样品，应水洗去泥沙，晾干，依据食用习惯取可食部分从纵轴剖开，切碎混匀，按照四分法取样；肉类等除去皮骨，肥瘦混合后绞碎取样。

常用的制备方法有以下几种：

1. 机械混匀 样品采集后进行机械混匀，以获得均匀的样品。常采用四分法和分样器法进行。①四分法：将采集的均匀的样品（例如粮食等）放在干净的玻璃板或塑料布上，充分混合均匀，铺平使厚度约为 3cm，划十字线把样品分成四份，保留对角的两份，其余两份弃去，如果保留的试样数量仍很多，可再用四分法处理，直至对角的两份达到所需数量为止。②分样器法：对于整桶采集回来的粉状样品（如奶粉等），可用双套回转取样器采集样品进行分析。

2. 粉碎、过筛 这种方法适用于粮食及水分少的固体食品等。常用的粉碎装置有粉碎机、旋风磨、咖啡磨、球磨机等。

3. 研磨 对含水多的新鲜样品（如马铃薯、水果等）、高脂肪的样品（如花生），可用缩分、研磨或捣碎的方法进行混匀与破碎。

4. 搅拌 对于液态样品（如油脂）及易溶于水或适当溶剂的样品，可用溶于溶液搅拌均匀的办法制样。

对采集后的样品可使用以上方法对样品进行初步的制备，以获得均质而有代表性的分析样品，进而进行下一步的试样分析溶液的制备，利于被测物的进一步分析与测定。在卫生和医学检验中，常用过滤法（filtration）、分解法、溶剂提取法（solvent extraction process）、水解法（hydrolization）等来制备试样分析溶液。接下来从无机组分和有机组分溶液的制备两个方面介绍分析溶液的制备方法。

三、无机成分分析试样的制备方法

样品中无机成分的分析目的通常有两个：一是进行营养评价，二是进行卫生检验。在样品制备前，通常需要作两方面的工作：一方面是除去大量有机物，可采用灰化、消化等方法。另一方面是除去对分析有干扰的其他无机元素，可采用螯合萃取、分离等方法。

对无机成分分析试样的制备及分析通常按以下步骤进行：①采样、均化、缩分；②采取灰化或其他处理方法，除去大量有机物，然后将元素直接溶于盐酸或其他溶剂，制成试样溶液；③用溶剂萃取、掩蔽、沉淀等方法排除其他离子的干扰；④选用合适的分析方法，如原子吸收光谱法、原子荧光光谱法、原子发射光谱法、分光光度法、极谱法等进行测定。对于样品中无机物组分分析试样的制备，常用过滤法、分解法、直接提取法等方法。

（一）过滤法

过滤法是除去低浓度悬浊液中微小颗粒的一种有效方法。根据过滤方式不同可分为筛滤、微孔过滤、膜滤和深层过滤等。例如：水样中存在的各种悬浮物或沉积物，会影响被测组分的定量分析，分析前应通过过滤将其除去。一般采用 0.45μm 的滤膜过滤，收集滤液供分析用。使用过滤法时应避免滤膜对被测物的吸附以及它对样品的污染。

（二）分解法

分解法是破坏样品中的有机物，使之分解或呈气体逸出，将被测物转化为离子状态，故又称为无机处理法，适宜于测定样品中的无机成分。目前常用的分解试样的方法有干式灰化法、湿消化法、密闭罐消化法和微波溶样法等。

1. 干法灰化法　干法灰化（dry ashing method）是以氧为氧化剂，在高温下使样品中有机物质分解，即有机物在加热过程中氧化变成气体而逸散掉，从而排除有机物的干扰，并使与有机物结合的无机元素释放出来。干法的分解方式有三种，即高温灰化法（high temperature ashing）、低温灰化法（low temperature ashing）和氧气瓶燃烧法（Oxygen combustion method）。

（1）高温灰化法：将粉碎的样品置于坩埚中，先低温干燥炭化，然后放入高温炉（马弗炉）在 400～550℃进一步灰化，至样品成白色或灰白色残渣，取出冷却后用水或稀酸溶解。此法的优点是操作比较简便，因多数样品经灼烧后灰分体积很少，因而能同时处理较多的样品，可富集被测组分，降低检出限。此外，因不加或很少加试剂，故空白值低。但对于易挥发元素如 As、Se、Pb、Hg 等，高温易造成挥发损失；坩埚材料对被测元素有一定吸附作用，有时与灰分发生反应污染样品，致使测定结果和回收率降低；灰化时间较长。所以，分解样品时要严格控制温度，坩埚材料也要合适，必要时需加入一定量灰化辅助剂，以增强氧化作用和疏松样品，防止被测组分挥发损失。常用的灰化辅助剂有 MgO、$Mg(NO_3)_2$、Na_2CO_3、NaCl 等。此法常用于测定有机物和生物试样中的无机元素，如铁、钼、锌等。

在进行灰化时应注意以下事项：灰化前样品应进行预炭化。样品炭化、加硝酸溶解残渣等操作应在通风橱内进行。应根据被测组分的性质，采用适宜的灰化温度。采用瓷坩埚灰化时，不宜使用新的，以免瓷坩埚吸附金属元素，造成实验误差。如果样品较难灰化，可将坩埚取出，冷却后，加入少量硝酸或水湿润残渣，加热处理，干燥后再移入高温炉内灰化。湿润或溶解残渣时，需待坩埚冷却至室温方可进行，不能将溶剂直接滴加在残渣上。

（2）低温灰化法：是在等离子体低温灰化炉中进行。利用高频等离子体技术，以纯 O_2 为氧化剂，在灰化过程中不断产生氧化性强的氧等离子体（激发态氧分子、氧离子、氧原子、电子等的混合体），使样品在低温下灰化。该方法克服了高温灰化法的缺点，适用于生物试样中 As、Se、Hg 等易挥发元素的测定。但仪器设备昂贵，灰化时间长。

（3）氧气瓶燃烧法：该法是将试样包裹在定量滤纸内，用铂片夹牢，放入充满氧气并盛有少量吸收液的密闭瓶中，用电火花引燃有机试样进行燃烧，试样中的硫、磷、卤素及金属元素，将分别形成硫酸根、磷酸根、卤素离子及金属氧化物或盐类等溶解在吸收液中。对于有机物中碳、氢元素的测定，通常用燃烧法，将其定量转变为 CO_2 和 H_2O。

2. 湿消化法　在加热条件下，加入氧化性的强酸如浓 HNO_3、H_2SO_4、$HClO_4$ 等，使有机物质完全分解、氧化，呈气态逸出，被测成分转化为无机物状态存在于消化液中，供测试用。由于消化是在液态下进行的，故称为湿消化法（wet digestion）。试样中的有机物在加热过程中即被氧化成 CO_2 和 H_2O，金属元素则转变为硝酸盐或硫酸盐，非金属元素则转变为相应的阴离子。此法适用于测定有机物中的金属、硫、卤素等元素。为了加快分解速度，有时需加入其他氧化剂如 H_2O_2、$KMnO_4$ 等或催化剂如 V_2O_5、SeO_2、$CuSO_4$ 等。该法的优点是有机物分解速度快、所需时间短、分解效果好，被测元素的挥发损失少，便于多元素的同时测定。由于加热温度较干法低，故可减少金属挥发逸散的损失，容器吸附残留也少。但是在消化过程中产生大量酸雾、氮和硫的氧化物等强腐蚀性有害气体，必须有良好的通风设备，操作过程需在通风橱内进行，同时要求试剂的纯度较高，否则空白值较大。根据湿消化法的具体操作不同，消化操作可分为敞口消化法、回流消化法、冷消化法、密闭罐消化法和微波消解法等。

常用的消化试剂有 HNO_3、H_2SO_4、$HClO_4$、HF 溶液等。

（1）HNO_3：几乎所有的硝酸盐都易溶于水，且硝酸具有强氧化性，除 Pt、Au 和某些稀有金属外，浓硝酸能分解几乎所有的金属试样。但 Fe、Al、Cr 等在硝酸中由于生成氧化膜而钝化，Sb、Sn、W 则生成不溶性的酸（偏锑酸、偏锡酸和钨酸），这些金属不宜用硝酸溶解。用硝酸溶解试样后，溶液中往往含有 HNO_2 和氮的低价氧化物，它们常常能破坏某些有机试剂而影响测定，应煮沸除去。试样中有机物的干扰，可用浓硝酸加热氧化破坏，也可加入其他酸如 H_2SO_4 或 $HClO_4$ 进行分解。

（2）H_2SO_4：除碱土金属和铅等硫酸盐外，其他硫酸盐一般都易溶于水，所以硫酸也是重要溶剂之一。其特点是沸点高（338℃）、分解试样较快。热的浓硫酸还具有强的脱水和氧化能力，用它在高温下可用来分解某些金属及合金（如铁、钴、镍、锌等）。当加热至冒白烟（产生 SO_3），可除去试样中低沸点的 HF、HCl、HNO_3 及氮的氧化物等，并可破坏试样中的有机物。

（3）$HClO_4$：除 K^+、NH_4^+ 等少数离子的高氯酸盐外，一般的高氯酸盐都易溶于水。浓热的高氯酸具有强的脱水和氧化能力，常用于硫化物的分解和破坏有机物。可将铬氧化为 $Cr_2O_7^{2-}$，钒氧化为 VO_3^-，硫氧化为 SO_4^{2-}。由于 $HClO_4$ 的沸点高（203℃），加热蒸发至冒烟时也可除去低沸点酸，所得残渣加水很易溶解。

在使用 $HClO_4$ 时应注意安全。浓度低于 85% 的纯 $HClO_4$ 在一般条件下十分稳定，但有强脱水剂（如浓硫酸）、有机物或某些还原剂等存在加热时，就会发生剧烈的爆炸。所以，对含有有机物和还原性物质的试样，应先用硝酸加热破坏，然后再用高氯酸分解，或直接用硝酸和高氯酸的混合酸分解，在氧化过程中随时补加硝酸，待试样全部分解后，才能停止加硝酸。一般说来，使用高氯酸必须有硝酸存在，这样才较安全。

（4）HF：常与 H_2SO_4 或 $HClO_4$ 等混合使用，分解硅铁、硅酸盐等试样。此时，硅以 SiF_4 形式除去，用 H_2SO_4 或 $HClO_4$ 是为了除去过量的 HF。如有碱土金属和铅时，用 $HClO_4$，有 K^+ 时用 H_2SO_4。用 HF 分解试样，需用铂坩埚或聚四氟乙烯器皿（温度低于 250℃）在通风柜内进行，并注意防止 HF 触及皮肤，以免灼伤。

在实际分析工作中，为了达到最好的样品分解效果，并考虑到安全的问题，常用几种消化试剂联用，结合各自的优点，取长补短，以增强对试样的消化能力，充分提取被测组分，便于进一步的分析与测定。常用的消化试剂组合有以下几种：

（1）HNO_3-H_2SO_4：HNO_3 的氧化能力强但沸点低，H_2SO_4 的沸点高且有氧化性和脱水性，两者混合后具有较强的消化能力，常用于生物材料样品和污浊污水的消化。该方法的消化时间较长，为 3~5 小时，不适宜于能形成硫酸盐沉淀的样品。

（2）HNO_3-$HClO_4$ 或 H_2O_2-$HClO_4$：H_2O_2 的氧化能力较强，加之 $HClO_4$ 沸点较高且有

脱水能力，故这两种消化液能有效地破坏有机物，对许多元素的测定都适用，消化时间短，为 1~3 小时，应用广泛。但 $HClO_4$ 与羟基化合物可生成不稳定的高氯酸脂而发生爆炸。为了避免危险，消化时应先加入 HNO_3 将羟基化合物氧化，冷却后再加入混合酸继续消化。

（3）HNO_3-H_2SO_4-$HClO_4$：通常在样品中先加入 HNO_3 和 H_2SO_4 消化，待冷却后滴加 $HClO_4$ 进一步消化，或将三种酸按一定比例配成混合酸加入样品中进行消化。消化时样品中的大部分有机物被硝酸分解除去，剩余的难分解有机物被 $HClO_4$ 破坏。由于 H_2SO_4 沸点高，消化过程中可保持反应瓶内不被蒸干，可有效地防止爆炸。此法特别适宜于有机物含量较高且难以消化的样品，但对含碱土金属、铅及部分稀土元素的样品不适宜。

除以上几种常用的消化试剂外，有时还用其他试剂。如冷原子吸收法测定汞时，常用 H_2SO_4-$KMnO_4$ 消化样品；分解含硅酸盐的样品时，常用 HF 与 HNO_3、H_2SO_4、$HClO_4$ 的混合酸进行消化等。

3. 密闭罐消化法　密闭罐消化法（closed vessel digestion method）是把样品放入用聚四氟乙烯材料作为内衬的密闭罐中，根据样品的情况，加入适量的氧化性强酸、HF 或 H_2O_2，加盖密封，然后在烘箱中加热消化。此法的优点是试剂用量小、空白值低、快速，可避免挥发性元素的损失。但密闭罐容易漏气，腐蚀烘箱。

在进行消化操作过程中应注意以下问题：加入硝酸、硫酸后，应小火缓缓加热，待反应平稳后方可大火加热，以免泡沫外溢，造成试样的损失；及时沿瓶壁补加硝酸，避免炭化现象发生，如果发生了炭化现象，必须立即添加发烟硝酸；补加硝酸等消化液时，最好将消化瓶从电炉上取下，待冷却后再补加；如消化中采用硫酸，试样要进行比色分析时，应加水洗脱残存硝酸，以免生成的亚硝酸硫酸破坏有机显色剂，对测定产生干扰；如消化中采用高氯酸，应先用浓硝酸分解有机物，然后加入高氯酸。消化过程中应有足够的硝酸存在，因此应不断补充硝酸，并且应在常温下才能将高氯酸加入样品中，高氯酸的用量需严格控制，一般在 5ml 以下。

4. 微波溶样法　微波溶样法（microwave digestion method）是将微波快速加热和密闭罐消化的高温高压特点相结合的一种新型而有效的分解样品技术。微波溶样装置主要由微波炉、密闭聚四氟乙烯罐组成。分解样品时，样品放入密闭罐中，并根据样品情况加入适量氧化性强酸、H_2O_2 等试剂。当微波（一般为 2450MHz）穿透密闭罐作用于消化试剂和样品时，一方面使试剂以及样品中的极性分子快速转向和定向排列，产生剧烈的振动、摩擦和撞击作用，使样品与试剂的接触界面不断快速更新，加速样品的分解；另一方面，样液中的各种离子在高频电磁场作用下产生快速变换方向的迁移运动，离子与周围各种分子的碰撞机会增加而使体系升温，这也有利于样品被撕裂、震碎和分解。微波溶样法快速、高效，一般 3~5 分钟可将样品彻底分解，试剂用量少，空白值低，挥发性元素不损失，可同时进行多个样品的处理，便于自动化等优点。但缺点是设备昂贵，处理的样品量较少，一般为 1g 左右。

在实际工作中，为了保证试样分解完全，常配合使用多种分解方法。此外，在分解试样时应尽量少引入盐类，以免对后续的测定带来误差和困难，所以分解试样尽量采用湿法。在湿法中选择溶剂的原则是：能溶于水的先用水溶解，不溶于水的酸性物质用碱性溶剂，碱性物质用酸性溶剂，还原性物质用氧化性溶剂，氧化性物质用还原性溶剂。

（三）直接提取法

直接提取法又称溶剂溶解法。用适当溶剂浸泡样品，将其中的被测组分全部溶解于溶剂中。此法对有机物和无机物的测定都适用。根据所用溶剂不同，又有以下四种方法：

1. 水溶法　又称水浸法，溶剂为纯水。适宜于样品中水溶性成分的提取，如食品中的色素、苯甲酸钠、盐、甜味素、水溶性维生素，土壤中的硝酸盐、亚硝酸盐等的测定。

2. 酸性水溶液浸出法　溶剂是强酸或弱酸水溶液。适宜于在酸性水溶液中溶解度大且稳定的成分。如食品包装材料中的金属元素常用 4% 乙酸或烯 HNO_3 浸泡溶出，油脂中的金属元素常用 0.5mol/L HCl 浸泡溶出等。

3. 碱性水溶液浸出法　适宜于在碱性水溶液中稳定且溶解度大的成分，如酚类、氰化物、两性元素等的测定。

4. 有机溶剂浸出法　溶剂用有机溶剂。适宜于易溶于有机溶剂的被测成分。常用溶剂有丙酮、乙醚、石油醚、三氯甲烷、正己烷等。根据"相似相溶"的原理选择有机溶剂。如食品中的脂溶性维生素可用三氯甲烷浸提；水果、蔬菜中的有机氯农药可用丙酮浸出后，再用石油醚提取；食品中的油脂可用乙醚浸提等。

提取法的关键是选择适当的溶剂或溶剂体系。一般按相似相溶的原理来选择溶剂，此外还应考虑样品的理化性质（如沸点、稳定性、毒性等）、水分含量、脂肪含量、被测物的性质、分析方法等。

四、有机成分分析样品的制备

有机成分分析样品的前处理方法很多，它通常包括提取、浓缩（或稀释）、净化（排除干扰）、形态转换等多个步骤。

（一）被测组分的提取

根据被测组分与其他成分结合的状况以及与其他基质性质上的差异，选择适当的方法将被测组分释放并分离出来，同时还要排除一些其他成分的干扰。提取时要求能够完全提取或定量地提取，使分析结果准确可靠。常用的提取方法有溶剂提取法、挥发与蒸馏法、水解法。

1. 溶剂提取法　主要介绍液-液萃取法。溶剂萃取，又称液-液萃取或抽提，是利用溶质在两种互不相溶的溶剂中分配系数的不同，将被测物从一种溶剂转移到另一种溶剂中，而与其他组分分离，达到提取或分离的目的，是一种常用的样品制备方法和分离方法。例如用苯为溶剂从煤焦油中提取酚，以石油醚为溶剂萃取动物油脂中的有机氯农药等。实验室中常用分液漏斗等仪器进行。为了达到良好的提取分离效果，选择合适的萃取溶剂是至关重要的。选择萃取剂时应考虑溶质与萃取剂的沸点差越大越有利于萃取，两个液相应具有一定的密度差，利于溶液的分层。此外，有机物的萃取中，可利用相似相溶的原理，根据被测组分的极性和检测的目的，选择合适的萃取体系。

2. 挥发与蒸馏法　挥发法（evolution method）与蒸馏法（distillation method）是利用共存组分挥发性的不同（沸点差异）进行分离的方法。

（1）挥发法：利用被分离组分具有挥发性或者可以转变为挥发性物质，通过加热或常温下通惰性气体，使其从试样基体中逸出而与共存组分分离的方法。逸出的挥发性物质可用适当的溶剂或吸附剂吸收，也可直接用于测定。例如：用冷原子吸收光谱法测定生物材料样品或环境样品中 Hg，样品经消化处理后，用酸性 $SnCl_2$ 将 Hg^{2+} 还原成金属汞，以空

气或 N_2 将其吹出后直接测定；在酸性介质中用 Zn 或 KBH_4 作还原剂，可以使 As、Sb、Bi、Ge、Sn、Pb、Se、Te、In、Ti 等形成挥发性氢化物逸出，达到分离和富集的目的；分离水或尿中氟化物，样品经 H_2SO_4 酸化后加热，用 N_2 将生成的 HF 吹出，并吸收于 NaOH 溶液中。

近年来，顶空分析法（head space analysis）发展迅速，其本质上就是挥发分离技术。顶空气相色谱法（HS-GC）又称液上气相色谱分析，它采用气体进样，可专一性收集样品中的易挥发性成分，其分离原理是将组成复杂的样品置于密闭系统中，恒温加热达到平衡后，一定量被测组分进入蒸气相，与样品基体分离，通过测定蒸气相中被测组分的含量，就可间接测得样品含量。与液-液萃取和固相萃取相比，既可避免在除去溶剂时引起挥发物的损失，又可降低共提物引起的噪音，具有更高的灵敏度和分析速度，对分析人员和环境危害小，操作简便，是一种符合"绿色分析化学"要求的分析手段。顶空分析法使样品的前处理更加简便、快捷，而且易实现自动化。主要分为静态顶空分析、动态顶空分析、顶空-固相微萃取三类。例如水中 $CHCl_3$ 和 CCl_4 的测定，血中甲醇和乙醇的测定等均可采用顶空分析法。

（2）蒸馏法：利用被测组分与其他物质的蒸气压不同而进行分离与提纯的一种方法。这一方法常用于挥发性物质与不挥发性物质，或沸点不同物质的分离。此法将挥发性的被测物或被测物经处理后转变为挥发性物质，加热使其成为蒸气从样品基体中逸出，再用适宜溶剂吸收或收集组分，达到分离富集的目的。蒸馏法是分离液体混合物常用的方法，它与挥发法并无本质的区别。蒸馏分离的关键是选择适宜的蒸馏体系，以便选择性地蒸出样品中的被分离成分。例如水或尿中挥发性酚的分离，蒸馏体系用 H_3PO_4 调节 pH < 4，并加入少量 $CuSO_4$；水中氰化物的测定，可用乙酸锌-酒石酸蒸馏体系，因为 $Zn(CN)_4^{2-}$ 配合物中的 CN^- 和游离 CN^- 容易被蒸出，其他金属配合物中的 CN^- 几乎不被蒸出；也可用 H_3PO_4 和 H_3PO_4-EDTA 蒸馏体系，除难以离解的 $Cd(CN)_4^{2-}$ 配合物外，其他配合物中的 CN^- 都可被定量蒸出。另外，根据被分离对象的不同，可以选用常压蒸馏法、水蒸气蒸馏法和减压蒸馏法。当物质的沸点在 40~150℃时，采用常压蒸馏法，如水或尿中挥发性酚的分离。当物质的蒸汽压较低，或在沸点温度下不稳定，但在 100℃ 的蒸气压大于 1.33kPa，且与水不互溶时，可选用水蒸气蒸馏法，如分离富集水中的溴苯，对于在沸点温度或接近于沸点温度下易分解的物质，或沸点太高的物质，可选用减压蒸馏法，如食品中有机磷农药的分离富集。

（3）水解法：又称部分分解法，常用酸、碱、酶对样品进行水解，使被测组分释放出来。例如：食品总脂肪的测定，用 HCl 进行水解，使结合脂肪水解成游离脂肪；乳制品中脂肪的测定则采用 NH_3 水解，使乳制品中的酪蛋白钙盐溶解，并破坏胶体状态，释放出脂肪；测定食品中硫胺素含量时，为了使结合状态的硫胺素变成游离状态，需用淀粉酶进行水解。酶水解法特别适用于生物材料样品，优点是作用条件温和，可有效防止被测物的挥发损失，同时可维持金属离子的原有价态以进行形态分析，因此既可用于无机成分分析，也可用于有机成分分析。

（二）试样的净化

净化的目的是为了除去试样中的干扰成分。在提取被测组分的同时，有些干扰成分会不可避免的同时被提取出来，此时就需要对试样进行净化，排除干扰，使分析结果更加准确。常用的一些净化方法有柱色谱法、薄层色谱法、液-液分配法、磺化法与皂化法、低温冷冻法、盐析法、酸沉淀法、渗析法、掩蔽法、吹扫共蒸馏法等。其中色谱法的主要原理是利用物质在流动相与固定相两相间的分配系数的差异，当两相作相对运动时，在两相间进行多次分配，产生差速迁移，从而实现各组分的分离。磺化法与皂化法用于对酸或碱稳定的被测成分提取液中脂肪的去除。

（三）被测组分的浓缩

对于微量或痕量组分的分析，为了提高分析的灵敏度和准确性，往往在测定之前要对试样进行浓缩。浓缩过程中应注意防止被测物的氧化分解，尤其是在浓缩至近干的状况下，更容易发生氧化分解，此时就需要在氮气保护下进行浓缩。常用的浓缩的方法有蒸馏或减压蒸馏浓缩、旋转蒸发器浓缩、三球浓缩器浓缩、吹蒸法、提取-浓缩联合装置。

（四）试样的衍生化或转态

衍生化及转态是试样制备中常用的处理方法。由于某些分析方法的要求，在一些分析项目的测定中，并不是直接测定被测组分本身，而是要求被测组分转变为另一种可被测定的物质来进行测定。例如：用气相色谱法测定高级脂肪酸，由于高级脂肪酸不能气化，而不能采用气相色谱法分析，必须将其转变为可被测定的甲酯才能进行分析。再如凯氏定氮法测定蛋白质的含量，是将样品中含氮有机化合物中的氮还原为 NH_3，NH_3 与硫酸结合为硫酸铵，氨在碱性条件下蒸出，并被硼酸溶液吸收，再用盐酸滴定。在这些例子中，既有样品的消化分解，又有成分的转化、净化分离与浓缩。

综上所述，试样溶液的制备方法有很多，要根据样品的种类、被测组分与干扰成分的性质差异、分析项目的要求等，选择合适的样品制备方法，以保证获得可靠的分析结果。

本 章 小 结

本章讨论了化学分析中常用的一些试样采集、保存及制备的方法。

1. 试样采集的原则和试样保存的方法。试样采集的原则可以概括为代表性、典型性、适时性和程序性。常用的保存方法有密封保存法、冷藏保存法和化学保存法。

2. 本章概括了空气样品、水样、食品和生物材料的采集方法。

3. 常用的试样制备方法按照被测组分的性质分为无机成分试样制备和有机成分试样制备。对于无机成分分析的试样制备，常用过滤法、分解法、直接提取法等。有机成分分析的样品前处理方法包括提取、浓缩(或稀释)、净化(排除干扰)、形态转换等步骤。

 思考题和习题

1. 试样采集的原则是什么？
2. 气体样品的采集方法有哪几种？各适用于什么情况？
3. 试样处理的目的是什么？
4. 试样处理的方法有哪几类？各适用于什么情况？
5. 试比较高温灰化法、低温灰化法、湿消化法分解试样的优缺点。

（李华斌）

第十一章　分析化学中常用的分离和富集方法

在实际分析工作中，试样的组成往往是非常复杂的，除了被测组分之外，还有与其共存的各种组分。当试样组成比较简单，所选择的测定方法有较高的选择性时，将试样处理制成溶液后即可直接测定被测组分的含量。实际工作中，常常遇到的是组成比较复杂的试样，在测定其中某一组分时，共存的其他组分往往会产生干扰。这时，可采取前面各章节介绍的控制分析条件或加掩蔽剂的方法来消除干扰。若仍无法消除干扰，就需要将被测组分与干扰组分分离。分离是消除干扰最有效的方法，也是在实际工作中经常遇到的问题。分离方法（separation method）是分析化学所要研究的重要内容之一。

随着医药卫生事业的发展，对分析化学的要求越来越高，常要求测定极微量的组分，现有分析方法的灵敏度难以达到要求，这时必须先对被测组分进行富集（enrichment），也就是在分离的同时，设法增大被测组分的浓度以满足分析方法灵敏度的要求。富集过程显然也是分离过程（从大量基体中分离出被测组分）。例如，《生活饮用水卫生标准》规定农药甲基对硫磷的限值为 0.02mg/L，难以用气相色谱法直接测定，如果将 10L 水样经过某种分离手段最后处理成 10ml 溶液，即将甲基对硫磷的浓度提高了 1000 倍，就可以解决测定方法灵敏度不够的问题，同时还解决了与水样中其他杂质分离的问题。

在分析化学中，对分离和富集的要求是：

1. 被测组分在分离富集过程中的损失应尽可能的小，通常用组分的回收率（R）来衡量。例如被测组分为 A，其回收率（recovery）R_A 可表示为：

$$R_A = \frac{Q_A}{Q_A^0} \times 100\% \tag{11-1}$$

式中，Q_A 为分离后测得的 A 的量；Q_A^0 为试样中 A 的总量。

回收率越高，表明被测组分分离效果越好。在实际分析测定中，被测组分含量不同，对回收率要求也不同。被测组分为主要组分时，回收率应大于 99.9%；被测组分含量在 1% 左右时，回收率应大于 99%；对于痕量组分，回收率达到 95% 或更低一些也是可以的。

2. 同时分离多个组分，组分间应尽可能完全分离。组分间分离效果的好坏用分离因数（S）表示。例如对于两个组分 A、B 之间的分离，其分离因数（separation factor）$S_{B/A}$ 定义为

$$S_{B/A} = \frac{R_B}{R_A} \tag{11-2}$$

$S_{B/A}$ 越小，表明分离效果越好。对于常量组分分析，一般要求 $S_{B/A}$ 小于 10^{-3}；对于痕量组分分析，一般要求 $S_{B/A}$ 小于 10^{-6}。

3. 对于痕量组分的分离，有时要采取适当的措施，使组分得到浓缩和富集，富集效

果一般用富集倍数(F)来表示，被测组分 A 的 F 可表示为

$$F = \frac{R_A}{R_M} = \frac{Q_A / Q_A^0}{Q_M / Q_M^0} = \frac{Q_A / Q_M}{Q_A^0 / Q_M^0} \tag{11-3}$$

式中，R_M 为基体物质的回收率；Q_M 为富集后测得的基体的量；Q_M^0 为试样中基体的总量。

富集倍数实际上是信(号)噪(声)比的提高倍数。如果基体对测定没有干扰，也可以用被测组分富集前后的浓度比表示富集倍数。对富集倍数的要求取决于样品中被测组分的量和基体的量的比值，或样品中被测组分的含量，同时还取决于测定方法的灵敏度。如果样品中被测组分的含量很低，测定方法的灵敏度低时，要求 F 大。

分析化学中分离方法比较多，本章将重点介绍分析化学中常用的一些分离富集方法，包括沉淀分离法、溶剂萃取分离法、离心分离法、膜分离法等。

第一节 沉淀分离法

一、常量组分的沉淀分离法

沉淀分离法(separation by precipitation)是一种经典的分离方法，它利用在样品溶液中加入沉淀剂，通过沉淀反应将被测组分与干扰组分进行分离。其主要依据是溶度积原理。对沉淀反应的要求是所生成的沉淀溶解度小、纯度高、稳定。其优点是操作简单，易于掌握，适用于常量组分的分离和大批样品分析；缺点是需要进行过滤、洗涤等耗时操作，而且由于沉淀有一定的溶解度，有时会产生共沉淀，影响回收率。故在微量或痕量分析中应用有一定的局限性。沉淀分离法按照沉淀剂的种类，可分为无机沉淀分离法和有机沉淀分离法两大类。

(一) 无机沉淀剂分离法

一些金属的氢氧化物、硫化物、硫酸盐、碳酸盐、草酸盐、磷酸盐、铬酸盐和卤化物等具有较小的溶解度，借此可用于沉淀分离。其中以氢氧化物和硫化物沉淀应用较多。

1. 氢氧化物沉淀分离法　除碱金属和碱土金属离子外，大多数金属离子都能生成氢氧化物沉淀，但沉淀的溶解度差别很大，有可能借控制酸碱度的方法使某些金属离子彼此分离。

(1) 溶液 pH 的估算：根据溶度积原理，M^{n+} 的氢氧化物沉淀与溶液碱度关系如下

$$[M^{n+}][OH^-]^n = K_{sp}$$

$$[OH^-] = \sqrt[n]{\frac{K_{sp}}{[M^{n+}]}} \tag{11-4}$$

由此可粗略估算出刚开始沉淀时的最小 pH 和沉淀完全时的 pH。表 11-1 为一些常见金属离子的氢氧化物开始沉淀和沉淀完全时的 pH。应该指出，实际离子形成沉淀的酸度与理论计算值往往不同，原因是实际沉淀的实验条件与文献给出的溶度积条件不一致，如沉淀时的温度、速度、沉淀的形态和颗粒大小等。文献上的 K_{sp} 是适用于稀溶液中的活度积，实际溶液中都有背景离子强度的影响。因此，分离金属离子所估算的 pH 只能作为参考，实际分离 pH 范围必须由实验确定。

表 11-1　常见金属离子的氢氧化物开始沉淀和沉淀完全时的 pH

氢氧化物	开始沉淀时的 pH ($[M^{n+}] = 0.01\,mol/L$)	沉淀完全时的 pH ($[M^{n+}] = 10^{-6}\,mol/L$)	溶度积 K_{sp}
$Sn(OH)_4$	0.5	1.3	1×10^{-56}
$Sn(OH)_2$	1.7	3.7	3×10^{-28}
$Fe(OH)_3$	2.2	3.5	4.0×10^{-38}
$Al(OH)_3$	4.1	5.4	1.0×10^{-33}
$Cr(OH)_3$	4.6	5.9	6.0×10^{-31}
$Ni(OH)_2$	6.4	8.4	6.5×10^{-18}
$Zn(OH)_2$	6.5	8.5	1.2×10^{-17}
$Fe(OH)_2$	7.5	9.5	8.0×10^{-16}
$Mn(OH)_2$	8.8	10.8	4.5×10^{-13}
$Mg(OH)_2$	9.6	11.6	1.8×10^{-11}

（2）控制 pH 的常用试剂

NaOH 溶液：NaOH 溶液是强碱，可控制 pH≥12.0，作为沉淀剂可以使两性金属离子与非两性金属离子得到分离。两性金属离子以含氧酸阴离子形态存在于溶液中，而非两性金属离子则生成氢氧化物沉淀。NaOH 溶液中往往含有微量 CO_3^{2-}，使部分 Ca^{2+}、Sr^{2+}、Ba^{2+} 形成碳酸盐沉淀。当 Ca^{2+} 含量较高时，将部分析出 $Ca(OH)_2$ 沉淀。

氨水-铵盐（NH_3-NH_4Cl）溶液：氨水-铵盐（NH_3-NH_4Cl）缓冲体系，能方便地调节中性、微酸性或中等碱性，将 pH 控制在 9 左右，常用来沉淀不与 NH_3 形成配合物的金属离子，可使多种两性金属离子形成氢氧化物沉淀，也可使高价离子沉淀与低价离子分离。

碱性氧化物或碳酸盐悬浊液：利用微溶于水的碱性金属氧化物（ZnO、MgO）或碳酸盐（$CaCO_3$、$BaCO_3$）来调节溶液的 pH，可使某些金属离子生成氢氧化物沉淀。如在酸性溶液中加入 ZnO 悬浊液，ZnO 与酸作用逐渐溶解，可以使 pH 升高。利用 ZnO 作沉淀剂，可控制 pH 在 6 左右。此法的优点是溶液呈微酸性，使氢氧化物沉淀首先吸附 H^+，减少对其他阳离子吸附，可使一些高价离子完全沉淀，二价金属离子部分沉淀。

常用沉淀剂进行氢氧化物沉淀的分离情况见表 11-2。

2. 硫化物沉淀分离法　指金属离子通过生成硫化物沉淀进行分离的方法。与氢氧化物沉淀法相似，不少金属硫化物的溶度积相差很大，可以借助控制硫离子的浓度使金属离子彼此分离。H_2S 是常用的沉淀剂，$[S^{2-}]$ 和 $[H^+]$ 的关系是

$$K_{a_1}K_{a_2} = \frac{[H^+]^2[S^{2-}]}{[H_2S]} \tag{11-5}$$

常温常压下，H_2S 的饱和溶液浓度大约是 $0.1\,mol/L$，$[S^{2-}]$ 和 $[H^+]$ 成反比。因此，可以通过调节溶液的酸度来控制溶液中 $[S^{2-}]$，以实现分离的目的。

硫化物分离法共沉淀现象严重，多为胶状沉淀，分离效果不好，而且 H_2S 是有毒并有恶臭的气体，因此，该法应用不广泛。

表 11-2　常用沉淀剂进行氢氧化物沉淀分离情况

沉淀试剂	定量沉淀的离子	部分沉淀的离子	留于溶液中的离子
NaOH 溶液	Ag^+、Au^+、Mg^{2+}、Cu^{2+}、Cd^{2+}、Hg^{2+}、Co^{2+}、Ni^{2+}、Bi^{3+}、Fe^{3+}、Ti^{4+}、Zr^{4+}、Hf^{4+}、Th^{4+}、Mn^{4+}、稀土元素等	Ca^{2+}、Sr^{2+}、Ba^{2+}、Nb^{5+}、Ta^{5+}	AlO_2^-、CrO_2^-、ZnO_2^-、SnO_2^-、GaO_2^-、PbO_2^{2-}、BeO_2^{2-}、GeO_3^{2-}、SiO_3^{2-}、WO_4^{2-}、MoO_4^{2-}、VO_3^- 等
NH_3-NH_4Cl 溶液	Hg^{2+}、Be^{2+}、Ga^{3+}、In^{3+}、Tl^{3+}、Al^{3+}、Cr^{3+}、Sb^{3+}、Sn^{4+}、Fe^{3+}、Bi^{3+}、Ti^{4+}、Zr^{4+}、Hf^{4+}、Th^{4+}、Ce^{4+}、Mn^{4+}、V^{4+}、Nb^{5+}、Ta^{5+}、U^{6+}、稀土元素等	Mn^{2+}、Pb^{2+}、Fe^{2+}	Ca^{2+}、Sr^{2+}、Ba^{2+}、Mg^{2+}、$Ag(NH_3)_2^+$、$Cu(NH_3)_4^{2+}$、$Cd(NH_3)_4^{2+}$、$Ni(NH_3)_4^{2+}$、$Co(NH_3)_4^{2+}$、$Zn(NH_3)_4^{2+}$ 等
ZnO 悬浊液	Fe^{3+}、Cr^{3+}、Bi^{3+}、Al^{3+}、Ce^{4+}、Ti^{4+}、Zr^{4+}、Sn^{4+}、V^{4+}、U^{4+}、Nb^{5+}、Ta^{5+}、W^{6+} 等	Ag^+、Be^{2+}、Cu^{2+}、Hg^{2+}、Pb^{2+}、V^{5+}、Mo^{6+}、稀土等	Mg^{2+}、Co^{2+}、Ni^{2+}、Mn^{2+} 等

（二）有机沉淀剂分离法

有机沉淀剂种类繁多、选择性高、沉淀晶型好，且沉淀通过灼烧可除去有机沉淀剂而留下被测元素，因此有机沉淀剂分离法以其突出的优势在沉淀分离法中得到广泛的应用。依据其与被测物质生成沉淀的类型，大致可分为三种。

1. 生成简单盐的沉淀分离法　这类方法的沉淀剂为有机酸或有机碱，它们可以与无机离子以离子键方式生成盐而沉淀。

某些含有—COOH、—OH、—As(OH)$_2$、—NH 等基团的有机酸分子中的氢原子在一定条件下可被阳离子取代生成盐。如在 1mol/L HCl 介质中，苯胂酸沉淀 Zr^{4+} 的反应：

$$2 \bigcirc\!\!-\!\!As\!\!=\!\!O\begin{smallmatrix}OH\\OH\end{smallmatrix} + Zr^{4+} \longrightarrow \bigcirc\!\!-\!\!As\!\!=\!\!O \cdots Zr \cdots O\!\!=\!\!As\!\!-\!\!\bigcirc \downarrow + H^+$$

有些含氨基的有机碱可与阴离子生成盐而沉淀。如在 pH = 2.5 溶液中，联苯胺分离硫酸根离子的反应：

$$H_2N\!\!-\!\!\bigcirc\!\!-\!\!\bigcirc\!\!-\!\!NH_2 + H_2SO_4 \longrightarrow H_3\overset{+}{N}\!\!-\!\!\bigcirc\!\!-\!\!\bigcirc\!\!-\!\!\overset{+}{N}H_3SO_4^{2-} \downarrow$$

2. 生成螯合物的沉淀分离法　此类有机沉淀剂往往含有两个基团，一个是酸性基团，如—COOH、—OH、=NOH、—SH 等；另一个是碱性基团，如≡N—、=NH、—NH$_2$、=CO、=CS 等。其可与某些金属离子生成难溶于水的螯合物，借此可与不生成沉淀的金属离子分离。例如，在氨性溶液及酒石酸中，丁二酮肟与镍离子反应生成鲜红色丁二酮肟镍沉淀的反应；8-羟基喹啉与 Al^{3+} 的沉淀反应。

$$2\ \text{(丁二酮肟)} + Ni^{2+} \longrightarrow \text{(丁二酮肟镍螯合物)} + 2H^+$$

$$\frac{1}{3}Al^{3+} + \text{(8-羟基喹啉)} \longrightarrow \text{(8-羟基喹啉铝)} + H^+$$

常见的有机沉淀剂还有铜铁试剂（N-亚硝基苯胲铵）、铜试剂（二乙基二硫代氨基甲酸钠）、苯胂酸、邻氨基苯甲酸等。一些常见的有机螯合物沉淀剂及沉淀金属离子见表 11-3。

表 11-3　常见有机螯合物沉淀剂及沉淀金属离子

沉淀剂	沉淀金属离子
丁二酮肟	Ni^{2+}、Pt^{2+}、Pd^{2+}、Bi^{3+}
8-羟基喹啉	与大多数金属离子形成沉淀
铜铁试剂	Cu^{2+}、Fe^{3+}、Ti^{4+}、Nb^{4+}、Ta^{4+}、Ce^{4+}、Sn^{4+}、Zr^{4+}、V^{5+}
铜试剂	Ag^{+}、Pb^{2+}、Cu^{2+}、Cd^{2+}、Zn^{2+}、Bi^{3+}、Fe^{3+}、Sb^{3+}、Tl^{3+}、Sn^{4+}
苯胂酸	Zr^{3+}、Hf^{4+}、Sn^{4+}、Th^{4+}
苯并三唑	Ag^{+}、Co^{2+}、Cd^{2+}、Cu^{2+}、Fe^{2+}、Ni^{2+}、Zn^{2+}
邻氨基苯甲酸	Ag^{+}、Co^{2+}、Cd^{2+}、Cu^{2+}、Ni^{2+}、Mn^{2+}、Zn^{2+}、Pb^{2+}、Fe^{3+}

3. 生成离子缔合物的沉淀分离法　有些分子量较大的有机试剂在水溶液中能以阳离子或阴离子形式存在，它们与带相反电荷的金属配离子或含氧酸根离子以电荷作用相结合，生成难溶于水的离子缔合物沉淀。

例如氯化四苯砷 $(C_6H_5)_4AsCl$ 与 MnO_4^- 在水溶液中生成 $(C_6H_5)_4AsMnO_4$ 离子缔合物沉淀；水杨酸阴离子与 Cu-吡啶络阳离子形成离子缔合物沉淀如下：

$$\left[\text{(水杨酸阴离子)}\right]^{2-} \cdot \left[\text{(Cu-吡啶络阳离子)}\right]^{2+}$$

二、微量组分的共沉淀分离和富集

当常量难溶化合物的沉淀在溶液中析出时，引起共存于溶液中某些可溶微痕量物质一起沉淀的现象称为共沉淀。无论是重量分析还是沉淀分离，共沉淀现象都是不利因素。但共沉淀在微量组分的分离和分析中，却被作为有利因素来应用。例如，海水中 UO_2^{2+} 含量为 $2\sim3\mu g/L$，不能直接测定和沉淀分离，但可在 1L 海水中用磷酸铝共沉淀 UO_2^{2+}，经过滤洗涤后，再用 10ml 盐酸溶解沉淀，可将 UO_2^{2+} 的浓度富集 100 倍。

在共沉淀分离法中，所使用的常量沉淀物称为载体或共沉淀剂。作为共沉淀的载体需满足以下要求：对微量组分的共沉淀具有选择性；载体本身不干扰微量组分的测定，或容易被除去、掩蔽；有较高的共沉淀效率，以便得到较高的富集倍数。

采用共沉淀现象进行分离，主要有以下几种情况：

（一）吸附共沉淀分离法

吸附共沉淀是由于沉淀表面电荷未平衡吸引异电荷离子或沉淀生成速率太快，导致表面吸附的其他离子来不及离开沉淀表面而引起的共沉淀现象。例如，可利用 $Fe(OH)_3$ 沉淀为载体吸附富集含铬工业废水中的微量 Cr^{3+}；以 CuS 沉淀为载体吸附富集水样中的微量 Pb^{2+}、Hg^{2+} 等。对同量沉淀而言，沉淀颗粒越小，比表面越大，与溶液的接触面积越大，越有利于提高共沉淀效率。

（二）生成混晶共沉淀分离法

晶形沉淀都有一定的晶体结构，如果溶液中存在与构晶离子电荷相同、半径相近的微量离子，这些离子就可能部分地取代晶格中的构晶离子形成混晶而共沉淀下来。能生成混晶的离子应具有相同的晶格结构，由于受晶格的限制，该方法选择性较好。例如，Pb^{2+} 离子和 Sr^{2+} 离子的电荷和半径接近，$PbSO_4$ 和 $SrSO_4$ 的晶体结构也相同。分离富集样品中微量 Pb^{2+} 时，加入较大量的 Sr^{2+}，再加入过量 Na_2SO_4 溶液，这样 $PbSO_4$ 和 $SrSO_4$ 就由于混晶现象产生共沉淀。

（三）形成晶核共沉淀分离法

溶液中含量极少的元素，即使转化成难溶物质也无法沉淀下来。但可以把它作为晶核，其他常量组分在该晶核上聚集，使晶核长大后沉淀下来。例如，在含有 Au^+、Ag^+、Pt^{2+}、Pd^{2+} 等金属元素的阳离子的酸性溶液中，加入少量 Na_2TeO_3，再加入还原剂如 $SnCl_2$ 或 H_2SO_3，上述微量的贵金属被还原为金属微粒，成为晶核，同时亚碲酸被还原析出的游离碲会聚集在贵金属晶核表面，使晶核长大，随后一起凝聚下沉，从而与溶液中的其他大量离子分离。

三、生物大分子的沉淀分离和纯化

沉淀分离技术作为经典的化学分离方法，由于其操作简便，成本低廉，浓缩倍数高的优势，在蛋白质、酶和核酸等生物大分子分离富集方面也有广泛的应用。沉淀分离技术应用于生物大分子分离富集通常包括下列几种沉淀方法：

（一）中性盐沉淀法（盐析法）

中性盐沉淀法是在溶液中加入大量中性盐，使某些大分子物质的溶解度降低析出，而与其他成分分离的方法。多用于各种蛋白质和酶的分离纯化。此外，多肽、多糖和核酸等也可以用该法进行分离。

很多蛋白质和酶易溶于水，因为这些生物大分子的颗粒表面富含亲水基团如 —COOH、—NH₂ 和 —OH，这些基团与极性水分子相互作用形成水化层，包围于大分子周围形成 $1\sim100nm$ 的亲水胶体颗粒，削弱了蛋白质分子之间的作用力，生物大分子表面极性基团越多，水化层越厚，大分子与溶剂分子之间的亲和力越大，因而溶解度也越大。亲水胶体在水中稳定的因素有两个：即表面电荷和水化膜。中性盐的亲水性大于蛋白质和酶分子的亲水性，所以加入大量中性盐后，夺走了水分子，破坏了水化膜，暴露出疏水区域，同时又中和了电荷，破坏了亲水胶体，蛋白质分子即形成沉淀。

在盐析过程中，蛋白质的溶解度与溶液中盐的离子强度之间的关系可用 Cohn 表达式表示：

$$\lg(S/S_0) = -K_sI \ 或 \ \lg S = \lg S_0 - K_sI \tag{11-6}$$

式中，S 为蛋白质在离子强度为 I 的溶液中的溶解度；S_0 为蛋白质在纯水中（$I=0$）的溶解度；K_s 为盐析常数；I 为离子强度。

K_s 取决于盐的性质，并且与离子的价数、平均半径有关。当温度一定时，对于某一溶质来说，S_0 是一常数，即 $\lg S_0 = \beta$（截距常数），所以有 $\lg S = \beta - K_sI$。β 值的大小取决于溶质的性质，与温度和 pH 有关。

生物大分子一般含有较多的亲水基团，需要在较高的离子强度下才能从溶液中析出。从式（11-6）中可以看出，在一定的温度和酸度下，改变盐的浓度（离子强度）可以把不同的生物大分子从溶液中沉淀出来，这种方法称为"K_s 分段盐析法"，常用于大分子初步提纯。在一定的离子强度下，改变溶液的温度或 pH，使大分子从溶液中沉淀出来，称为"β 分段盐析法"，常用于大分子后期纯化。

在生物大分子盐析中，硫酸铵是应用最广泛的盐析剂，原因在于硫酸铵溶解度大，温度系数小，价格便宜，不易引起生物大分子变性，且分段效果比其他盐类好。另外，其他较为常用的盐析剂还有硫酸钠、硫酸镁、磷酸钠、氯化钠、磷酸钾和柠檬酸钠等。

（二）有机溶剂沉淀法

在生物大分子的水溶液中加入一定量亲水的有机溶剂，降低大分子的溶解度，而使其沉淀析出的方法。多用于蛋白质和酶、多糖、核酸以及生物小分子的分离纯化。作用原理：当将亲水性有机溶剂加入溶液中时，介质的介电常数（极性）降低，溶质分子之间的静电引力增加，聚集形成沉淀。另一方面，由于使用的有机溶剂与水互溶，它们在溶解于水的同时从生物分子周围的水化层中夺走了水分子，破坏了大分子的水化膜，也促使发生沉淀作用。

用于生物大分子的有机沉淀剂要能与水互溶。如沉淀蛋白质和酶常用的是乙醇、甲醇和丙酮；沉淀核酸、糖、氨基酸和核苷酸最常用的沉淀剂是乙醇。进行沉淀操作时，欲使溶液达到一定的有机溶剂浓度，需要加入的有机溶剂的浓度和体积可按下式计算：

$$V = V_0 \cdot \frac{S_2 - S_1}{100\% - S_2} \tag{11-7}$$

式中，V 为需加入有机沉淀剂的体积；V_0 为原溶液的体积；S_1 为原溶液中有机沉淀剂的浓度；S_2 为需达到的有机沉淀剂的浓度；100% 是指加入的有机溶剂的浓度为 100%，如所加入的有机溶剂的浓度为 95%，上式的（$100\% - S_2$）项应改为（$95\% - S_2$）。

有机溶剂沉淀法的优点是：分辨能力比盐析法高，即一种生物大分子只在一个比较窄的有机溶剂浓度范围内沉淀；沉淀不用脱盐，过滤比较容易。其缺点是对某些具有生物活性的大分子容易引起变性失活，操作需在低温下进行，且成本较高。

（三）选择性变性沉淀法

利用蛋白质、酶和核酸等生物大分子对某些物理或化学因素敏感性不同，有选择地使之变性沉淀，以达到分离提纯的目的。主要有以下几种类型：

1. 热变性 利用生物大分子对热的稳定性不同，加热升高温度使某些生物大分子变性沉淀而目标物保留在溶液中。此方法最为简便，不需消耗任何试剂，但分离效率较低，通常用于生物大分子的初期分离纯化。

2. 表面活性剂和有机溶剂变性 不同蛋白质和酶等对于表面活性剂和有机溶剂的敏感性不同，在分离纯化过程中使用它们可以使那些敏感性强的杂蛋白质变性沉淀，而目标物仍留在溶液中。使用此法时通常都在冰浴或冷室中进行，以保护目标物的生物活性。

3. 选择性酸碱变性　利用蛋白质和酶等对于溶液中酸碱敏感性的不同，而使杂蛋白变性沉淀，通常是在分离纯化流程中附带进行的一个分离纯化步骤。

热变性沉淀和酸碱变性沉淀多用于除去某些不耐热的和在一定 pH 下易变性的杂蛋白。

（四）等电点沉淀分离法

等电点沉淀分离法主要是利用两性电解质分子在电中性时溶解度最低，不同的两性电解质具有不同的等电点而进行分离的一种方法。用于氨基酸、蛋白质及其他两性物质的沉淀。蛋白质、酶和核酸等生物大分子都是两性电解质，通常在偏酸性溶液中带正电，在偏碱性溶液中带负电，在其等电点处的静电荷为零，双电层和水化膜结构被破坏，由于分子间引力，容易相互聚集成为较大的颗粒而沉淀。但是，由于许多大分子的等电点十分接近，而且带有水化膜的蛋白质等生物大分子仍有一定的溶解度，不能完全沉淀析出，单独使用此法分辨率较低，效果不理想。因此，此法常与盐析法、有机溶剂沉淀法或其他沉淀剂一起配合使用，以提高沉淀能力和分离效果。此法主要用于分离纯化过程中去除杂蛋白，而不用于沉淀目标物。

（五）有机聚合物沉淀法

除了盐和有机溶剂能使生物大分子沉淀外，水溶性的中性高聚物也能使生物大分子沉淀。最常用的有机聚合物是分子量为 6000 的聚乙二醇（PEG）。PEG 的沉淀效果主要与其本身的浓度和分子量有关，同时还受离子强度、溶液 pH 和温度等因素的影响。在一定的 pH 下，盐浓度越高，溶液的 pH 越接近目标物的等电点，沉淀所需 PEG 的浓度越低。在一定范围内，高分子量和浓度高的 PEG 沉淀的效率高。

有机聚合物沉淀法的优点是：操作条件温和，不易引起生物大分子变性；沉淀效能高，使用很少量的 PEG 即可以沉淀相当多的生物大分子；沉淀后有机聚合物容易去除。该法最早应用于提纯免疫球蛋白和沉淀一些细菌和病毒，近年来广泛用于核酸和酶的纯化。

第二节　溶剂萃取分离法

萃取（extraction）通常是指原先溶于水相的某种或几种物质，与有机相接触后，通过物理或化学过程，部分或几乎全部转入有机相的过程。就广义而言，萃取可分为液相到液相、固相到液相、气相到液相等三种过程。通常所说的"萃取"指的是液液萃取过程，即溶剂萃取过程。物质在溶剂中的溶解度和多种因素有关，大致可根据"相似相溶"原理来判断。

溶剂萃取分离是近代分析化学中常用而重要的分离方法之一。其优点是简单、快速、易于操作，既可萃取基体元素，又可分离富集痕量元素，由于有机合成化学的发展，新型萃取剂不断增多，因此可供选择的萃取体系也不断增多，以便达到更高的选择性和萃取率。溶剂萃取分离可与光度法、原子吸收法、电化学方法、X 射线荧光光谱法、发射光谱法等仪器分析方法结合，提高测定的选择性及灵敏度。

一、萃取分离的基本原理

（一）萃取过程

根据"相似相溶"原理，极性化合物易溶于极性的溶剂中，具亲水性；非极性化合物易溶于非极性的溶剂中，具疏水性。由于水是极性溶剂，所以从水相中萃取分离微量非极性或弱极性被测组分，常用非极性溶剂。例如 I_2 是一种非极性化合物，从水溶液中萃取微量 I_2，用等体积的非极性 CCl_4，萃取百分率可达 98.8%。常用的非极性有机溶剂有：正庚烷、正己烷、石油醚、三氯化碳、四氯化碳、苯、甲苯等。

无机化合物在水溶液中受水分子极性的作用，电离成为带电荷的亲水性离子，并进一步结合成为水合离子，而易溶于水中。如果要从水溶液中萃取水合离子，显然是比较困难的。为了从水溶液中萃取某种金属离子，就必须设法脱去水合离子周围的水分子，并中和所带的电荷，使之变成极性很弱的可溶于有机溶剂的化合物，也就是将亲水性的离子变成疏水性的化合物。为此，常加入某种试剂使之与被萃取的金属离子作用，生成一种不带电荷的易溶于有机溶剂的分子，再用有机溶剂萃取。例如 Ni^{2+} 在水溶液中是亲水性的，以水合离子 $Ni(H_2O)_6^{2+}$ 的状态存在。如果在 pH = 9.0 氨性溶液中，加入丁二酮肟试剂，生成疏水性的丁二酮肟镍螯合物分子，它不带电荷并由疏水基团取代了水合离子中的水分子，成为亲有机溶剂的疏水性化合物，即可用 $CHCl_3$ 进行萃取。

（二）分配系数

在萃取过程中，被萃取物 M 在互不相溶的两相（水相和有机相）中进行分配。在一定温度下，分配达到平衡时，有

$$[M]_w \rightleftharpoons [M]_o$$

式中，$[M]_o$、$[M]_w$ 分别表示被萃取物在有机相和水相中的平衡浓度。

如果 M 在两相中分子式相同，被萃取物在两相中的浓度之比为一常数，即

$$K_D = \frac{[M]_o}{[M]_w} \tag{11-8}$$

平衡常数 K_D 称为分配系数（distribution coefficient）。溶剂萃取的分配系数是表征萃取体系分离物质特性的重要参数，分配系数大的物质较分配系数小的物质更大比例地进入有机相。两种物质的分配系数相差越大，该萃取体系分离这两种物质效果越好。

（三）分配比

在实际应用的萃取体系中，被萃取物在一相或两相中因发生解离、聚合或其他的化学反应而以多种型体存在。这种情况下，常用分配比（distribution ratio，D）来表示被萃取物在两相中的分布情况，分配比即达到萃取平衡时，被萃取物在两相中的总浓度之比，可表示为

$$D = \frac{c_{M,o}}{c_{M,w}} = \frac{[M_1]_o + [M_2]_o + \cdots + [M_i]_o}{[M_1]_w + [M_2]_w + \cdots + [M_i]_w} \tag{11-9}$$

式中 $[M_1]$、$[M_2]$、$\cdots$、$[M_i]$ 分别表示被萃取物不同型体的浓度。

分配比 D 考虑到了被萃取物的各种存在型体在两相中分配的总效果。分配系数 K 仅表示某一种型体在两相中的分配情况。只有当被萃取物在两相中以一种相同的型体分配时，分配系数 K 才和分配比 D 相等。因此在实际应用中，分配比 D 能更好地反映萃取程度。D 值越大，被萃取物进入有机相的总浓度越大，萃取越完全。如果要求被萃取物绝大部分进入有机相，D 值应大于10。

（四）萃取率

在实际工作中，为了衡量某组分被萃取的完全程度，常用萃取率（extraction efficiency，E）表示。

$$E = \frac{m_o}{m_t} \times 100\% \tag{11-10}$$

式中，m_o 为被萃取物在有机相中的总量；m_t 为被萃取物在两相中的总量。若两相的体积分别为 V_o 和 V_w，则

$$E = \frac{c_{M,o} \cdot V_o}{c_{M,o} \cdot V_o + c_{M,w} \cdot V_w} \times 100\% \qquad (11\text{-}11)$$

上式分子分母同除以 $c_{M,w} \cdot V_o$，得

$$E = \frac{D}{D + V_w/V_o} \qquad (11\text{-}12)$$

由此可见，萃取率与分配比及两相体积比有关，分配比及相比越大，萃取率越高，萃取越完全。

在实际萃取过程中，常采用连续萃取即增加萃取次数的方法来提高萃取效率，连续萃取计算推导如下。

设在 V_w ml 水溶液中含 m_0g 的被萃取物，用 V_o ml 有机溶剂萃取一次后留在水相中的被萃取物为 m_1g，进入有机相中的量为 $m_0 - m_1$g，此时分配比为

$$D = \frac{c_o}{c_w} = \frac{m_0 - m_1}{V_o} \bigg/ \frac{m_1}{V_w} \qquad (11\text{-}13)$$

$$m_1 = m_0 [V_w/(DV_o + V_w)] \qquad (11\text{-}14)$$

若用 V_o ml 有机溶剂再萃取一次，剩余在水相中的被萃取物减至 m_2g。

$$m_2 = m_1 (V_w/DV_o + V_w) = m_0 (V_w/DV_o + V_w)^2 \qquad (11\text{-}15)$$

依此类推，每次均用 V_o ml 有机溶剂萃取，萃取 n 次以后，水相中被萃取物的质量为 m_ng。

$$m_n = m_0 (V_w/DV_o + V_w)^n \qquad (11\text{-}16)$$

例 11-1　用 8-羟基喹啉三氯甲烷溶液于 pH = 7.0 时，从水溶液中萃取 La^{3+}。已知 La^{3+} 在两相中的分配比 $D = 43$，取含 1mg/ml 的 La^{3+} 水溶液 20ml，计算：（1）10ml 萃取液一次萃取；（2）每次 5ml 两次萃取。求萃取率各是多少？

解　（1）10ml 萃取液一次萃取时

$$m_1 = m_0 [V_w/(DV_o + V_w)] = 20 \left(\frac{20}{43 \times 10 + 20} \right) = 0.89 \, (mg)$$

$$E = \frac{20 - 0.89}{20} \times 100\% = 95.6\%$$

（2）每次 5ml，萃取两次时

$$m_2 = m_0 (V_w/DV_o + V_w)^2 = 20 \left(\frac{20}{43 \times 5 + 20} \right)^2 = 0.145 \, (mg)$$

$$E = \frac{20 - 0.145}{20} \times 100\% = 99.3\%$$

计算结果表明，同样体积的萃取溶剂，分几次萃取比一次萃取的效率高。在实际应用中对萃取率的要求是由被萃取物的含量及对准确度的需要决定的，如对于微量组分的分离，一般要求 E 达到 95% 或 90% 即可，而对于常量组分的分离，则常要求 E 要达到 99.9% 以上。

二、重要萃取体系

根据萃取机制或萃取过程中生成的萃取物的性质，将萃取体系分为简单分子萃取体系、金属螯合物萃取体系、离子缔合物萃取体系和中性配合物萃取体系。

（一）简单分子萃取体系

被萃取物在水相和有机相中均以中性分子形式存在，使用惰性溶剂可以将其直接萃取，这样的方法称为简单分子萃取。其特点是：被萃取物在水相和有机相中都以中性分子形式存在；溶剂与被萃取物之间一般没有化学结合；不加萃取剂，溶剂本身就是萃取剂。这一类萃取是由于被萃取物在水相和有机相中溶解度不同而在两相之间进行的物理分配过程，它符合分配定律。常见简单分子萃取体系如表 11-4 所示。

表 11-4　常见简单分子萃取体系

类型		实例	萃取溶剂
单质	卤素	I_2、Cl_2、Br_2	CCl_4
	其他单质	Hg	正己烷
难电离无机化合物	卤化物	HgX_2、AsX_3、SbX_3、CeX_4、SnX_4	$CHCl_3$
	硫氰酸盐	$M(SCN)_2$ $M = Be$、Cu $M(SCN)_3$ $M = Al$、Co、Fe	醚
	氧化物	OsO_4、RuO_4	CCl_4
	其他无机化合物	CrO_2Cl_2	CCl_4
有机化合物	有机酸	$RCOOH$、TTA、乙酰丙酮酚类	醚、$CHCl_3$、苯、煤油
	有机碱	RNH_2、R_2NH、R_3N	煤油
	中性有机化合物	酮、醛、醚、亚砜	煤油

大多数无机化合物在水溶液中以离子形式存在，运用该体系进行萃取为数不多，但许多有机化合物易被有机溶剂直接萃取。

（二）金属螯合物萃取体系

金属离子与螯合剂（亦称萃取络合剂）的阴离子结合而形成中性螯合物分子。这类金属螯合物难溶于水，而易溶于有机溶剂，因而能被有机溶剂所萃取，利用此性质的萃取即为金属螯合物萃取。很多能在水溶液中用作金属沉淀剂的螯合剂，一般都可作为萃取剂使用。例如，8-羟基喹啉，铜铁试剂、乙酰丙酮等既是沉淀剂，也是螯合萃取剂，其他可以用做螯合剂的还有二硫腙、水杨醛肟、二乙基胺二硫代甲酸钠、丁二酮肟等。螯合萃取剂通常是一种多官能团的有机弱酸，具有 HA 形式，其结构中常含有两种官能团，即酸性官能团（—OH、—COOH、—SO_3H、＝NOH、＝NH、—SH 等）和配位官能团（＝O、—O—、—N＝、＝S、＝CO 等）。在萃取过程中，金属离子将螯合剂酸性基团中的氢置换出来，同时与配位基团通过配位键而形成一种具有环状结构的疏水性的金属螯合物 MR_n，这种金属螯合物以形成五元环或六元环最为稳定，它们因不溶于水而易溶于有机溶剂（三氯甲烷、四氯化碳、苯、甲苯等）而被萃取。

1. 萃取平衡　如果用 M^{n+} 代表被萃取的金属离子，HR 代表螯合剂，MR_n 代表螯合物，萃取平衡体系可表示为：

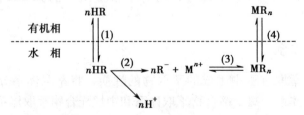

在螯合萃取过程中，金属离子在水相和有机相之间的萃取平衡可用下式表示：

$$M^{n+} + nHR_o \Longrightarrow MR_{n,o} + nH^+$$

其萃取平衡常数 K_e 为：

$$K_e = \frac{[MR_n]_o [H^+]^n}{[M^{n+}][HR]_o^n} \tag{11-17}$$

总的萃取平衡可以看作是由下列四个单独平衡所组成：

（1）螯合剂 HR 在水相和有机相间的分配平衡：

$$HR_w \Longrightarrow HR_o$$

$$分配系数\ K_D = \frac{[HR]_o}{[HR]_w} \tag{11-18}$$

（2）螯合剂在水相中的离解平衡：

$$HR \Longrightarrow H^+ + R^-$$

$$解离常数\ K_a = \frac{[H^+][R^-]}{[HR]} \tag{11-19}$$

（3）被萃取金属离子与螯合剂的阴离子在水相中的配位平衡

$$M^{n+} + nR^- \Longrightarrow MR_n$$

$$稳定常数\ \beta_n = \frac{[MR_n]}{[M^{n+}][R^-]^n} \tag{11-20}$$

（4）金属螯合物 MR_n 在两相中的分配平衡

$$MR_{n,w} \Longrightarrow MR_{n,o}$$

$$MR_n\ 分配系数\ K_D' = \frac{[MR_n]_o}{[MR_n]_w} \tag{11-21}$$

假定有机相中金属离子仅以螯合物 MR_n 形式存在，没有其他副反应发生，在水相中 M^{n+} 不发生其他配位、水解、聚合等反应，将上述（11-18）、（11-19）、（11-20）和（11-21）式分别代入总的平衡公式（11-17），整理后可得：

$$K_e = K_D' \cdot \beta_n \left(\frac{K_a}{K_d}\right)^n \tag{11-22}$$

在螯合萃取体系中，被萃取金属的分配比可表示为：

$$D = \frac{[MR_n]_o}{[M^{n+}]_w + [MR_n]_w} \tag{11-23}$$

如果 MR_n 在水相中溶解度很小，即 $[M^{n+}]$ 远大于 $[MR_n]$，则上式可改为

$$D = \frac{[MR_n]_o}{[M^{n+}]} \tag{11-24}$$

则式（11-17）可写为：

$$K_e = D \frac{[H^+]^n}{[HR]_o^n} \tag{11-25}$$

将式（11-22）代入式（11-25），经整理后得分配比：

$$D = K_e \frac{[HR]_o^n}{[H^+]^n} = K_D' \beta_n \frac{K_a^n [HR]_o^n}{K_D^n [H^+]^n} \tag{11-26}$$

可见分配比与萃取浓度 $[HR]_o$ 的 n 次方成正比，与氢离子浓度 $[H^+]$ 的 n 次方

成反比。

2. 萃取条件选择

(1) 螯合剂的选择：螯合剂必须具有一定的亲水基团和疏水基团。螯合剂含有亲水基团，易溶于水，才能与金属离子生成螯合物，由式(11-26)可知，螯合剂与金属离子生成的螯合物的稳定常数越大，则萃取效率越高；但亲水基团过多，生成的螯合物反而不易被萃取到有机相中。因此要求螯合剂的亲水基团要少，疏水基团要多。亲水基团有—OH、—NH$_2$、—COOH、—SO$_3$H，疏水基团有脂肪基(—CH$_3$、—C$_2$H$_5$ 等)、芳香基(苯和萘基)等。乙二胺四乙酸(EDTA)虽然能与许多种金属离子生成螯合物，但这些螯合物多带有电荷，不易被有机溶剂所萃取，故不能用做萃取螯合剂。

(2) 螯合剂浓度的选择：由式(11-26)可知，在 pH 一定时，分配比与螯合剂在有机相中浓度的 n 次方成正比。螯合剂浓度越大，萃取率越大，所以螯合剂通常是过量的。但浓度太大可能有副反应发生，且螯合物在有机相中溶解度有限，所以不能使用太高浓度的螯合剂。

(3) 萃取溶剂的选择：许多与水不相混溶的有机溶剂，如三氯甲烷、四氯化碳、苯、环己烷、乙醚、异丙醚、甲基异丁基酮(MIBK)等，常用于形成螯合物的萃取体系中。从式(11-26)可知，萃取溶剂种类同时影响螯合萃取剂的分配系数 K_D 和螯合物的分配系数 K'_D。一般说来，萃取溶剂种类改变，会使这两个分配系数沿着同一方向改变。由于分配比 D 与 K'_D 成正比，与 K_D 的 n 次方成反比，所以，萃取溶剂对于低价阳离子影响不大，但对于高价阳离子螯合物影响较大，因此高价阳离子螯合物的萃取选用分配系数较大的萃取溶剂会使分配比 D 值下降影响萃取。此外，萃取时为便于分层，所用萃取溶剂与水密度差要大，黏度要小，尽量选择毒性小，挥发性小和不易燃烧的溶剂。

(4) 溶液酸度的选择：由式(11-26)可知，溶液的酸度越小，则被萃取的物质分配比越大，越有利于萃取。但酸度过低则可能引起金属离子的水解或其他干扰反应发生。因此应根据不同的金属离子控制适宜的酸度。例如，用二硫腙作螯合剂，用 CCl$_4$ 从不同酸度的溶液中萃取 Zn^{2+} 时，pH 必须大于 6.5 才能完全萃取，但是当 pH 大于 10 以上，萃取效率反而降低，这是因为生成难配位的 ZnO$_2^{2-}$ 所致，所以萃取 Zn^{2+} 最适宜的 pH 范围为6.5～10。

(5) 干扰离子的消除：当多种金属离子均可与螯合剂生成螯合物时，可以通过控制酸度进行选择性萃取，将被测组分与干扰组分分离。如果通过控制酸度尚不能消除干扰时，还可以加入掩蔽剂，使干扰离子生成亲水性化合物而不被萃取。例如测量铅合金中的银时，用二硫腙-CCl$_4$ 萃取，为了避免大量 Pb^{2+} 和其他元素离子的干扰，可以通过加入 EDTA，把 Pb^{2+} 及其他少量干扰元素掩蔽起来进行萃取。常用的掩蔽剂有氰化物、EDTA、酒石酸盐、柠檬酸盐和草酸盐等。

(三) 离子缔合物萃取体系

金属配离子与带相反电荷的离子通过静电作用结合成离子缔合物，借离子缔合物具有疏水性的特点，而被有机溶剂萃取的方法称为离子缔合物萃取。通常离子的体积越大，电荷越低，越容易形成疏水性的离子缔合物。该类萃取体系可进一步分成以下几类。

1. 金属阳离子的离子缔合物　金属阳离子与大体积的配位剂作用，形成难以与水分子配位的配阳离子，然后与适当的阴离子缔合，形成疏水性的离子缔合物。例如 Fe^{2+} 与邻二氮菲螯合物带正电荷，能与 ClO$_4^-$ 生成可被 CHCl$_3$ 萃取的离子缔合物：

$$\left[\begin{array}{c} \left(\begin{array}{c} N \\ \\ N \end{array} \right)_3 Fe \end{array} \right]^{2+} (ClO_4^-)_2$$

2. 金属配阴离子的离子缔合物　金属离子与溶液中简单配位阴离子形成配阴离子，然后与大体积的有机阳离子形成疏水性的离子缔合物。例如 Sb^{5+} 在 HCl 溶液中形成 $SbCl_6^-$ 配阴离子，结晶紫在酸性溶液中形成的大阳离子可与之缔合，而被甲苯萃取：

$$\left[(CH_3)_2N\!\!-\!\!\bigcirc\!\!-\!\!C\!\!\left(\substack{ =\bigcirc =N(CH_3)_2 \\ \bigcirc } \right) \substack{N(CH_3)_2} \right]^+ SbCl_6^-$$

3. 形成锌盐的离子缔合物　含氧的有机萃取剂如醚类、醇类、酮类等的氧原子具有孤对电子，因而能够与 H^+ 或其他阳离子结合而形成锌离子。它可以与金属络离子结合形成易溶于有机溶剂的锌盐而被萃取。例如在盐酸介质中，用乙醚萃取 Fe^{3+}：

$$\substack{CH_3CH_2 \\ CH_3CH_2}\!\!>\!\!O + H^+ \rightleftharpoons \substack{CH_3CH_2 \\ CH_3CH_2}\!\!>\!\!OH^+$$

$$Fe^{3+} + 4Cl^- \rightleftharpoons FeCl_4^-$$

$$\substack{CH_3CH_2 \\ CH_3CH_2}\!\!>\!\!OH^+ + FeCl_4^- \rightleftharpoons \substack{CH_3CH_2 \\ CH_3CH_2}\!\!>\!\!OH^+FeCl_4^-$$

这里乙醚既是萃取剂又是萃取溶剂。

实验证明，含氧有机溶剂形成锌盐的能力按下列次序增强：$R_2O < ROH < RCOOH < RCOOR < RCOR$。

4. 其他离子缔合物　如含砷的有机萃取剂萃取铼，是基于铼酸根阴离子与四苯砷阳离子反应，生成可被苯或甲苯萃取的离子缔合物：

$$(C_6H_5)_4As^+ + ReO_4^- \rightleftharpoons (C_6H_5)_4As^+ReO_4^-$$

（四）中性配合物萃取体系

中性配合物萃取是指被萃取组分与萃取剂都是中性分子，它们结合生成中性配合物进入有机相，可以把生成的中性配合物看成溶剂化合物，故这种类型的萃取又可称为溶剂化合物萃取。萃取剂通过配位原子与被萃取物质的分子相结合，取代被萃取物质分子中的水分子而形成新的溶剂化合物。如 $UO_2(NO_3)_2 \cdot 4H_2O$ 与磷酸三丁酯（TBP）反应，形成化合物 $UO_2(NO_3)_2 \cdot 2TBP \cdot 2H_2O$ 或 $UO_2(NO_3)_2 \cdot 2TBP$，其结构分别为：

尽管 $UO_2(NO_3)_2$ 分子在水相中可能以 UO_2^{2+}、$UO_2(NO_3)^+$、$UO_2(NO_3)_2$、$UO_2(NO_3)_3^-$ 等多种形式存在，但被萃取的只是中性分子 $UO_2(NO_3)_2$。常用的中性萃取剂见表 11-5。

表 11-5　常用的中性萃取剂

类型	举例
中性磷萃取剂	磷酸三丁酯、丁基膦酸二丁酯、二丁基膦酸丁酯、三丁基氧化膦
中性含氧萃取剂	酮、醇、酯、醛
中性含氮萃取剂	吡啶
中性含硫萃取剂	二甲基亚砜、二苯基亚砜

三、萃取操作方法

（一）间歇萃取法

间歇萃取法又称单效萃取法，是溶剂萃取分离中最简单和最常用的一种方法。这种方法是取一定体积的被萃取溶液，加入适当的萃取剂，调节至应控制的酸度，然后移入分液漏斗中，加入一定体积的萃取溶剂，充分振荡至达到平衡为止。静置待两相分层后，轻轻转动分液漏斗的活塞、使水溶液层或有机溶剂层流入另一容器中，使两相彼此分离。如果被萃取物质的分配比足够大时，则一次萃取即可达到定量分离的要求。如果被萃取物质的分配比不够大，经第一次分离之后，需要加入新的溶剂，重复操作，进行二次、三次或更多次萃取。在间歇法萃取中，常用梨形分液漏斗（图 11-1a），这种分液漏斗形状较细长，可使两相分离较为完全。另外一种球形分液漏斗（图 11-1b），多用于滴加反应试液使用。

在溶剂萃取分离过程中，为了提高萃取效果，要选择合适的有机相和水相条件，以及调节金属离子价态和利用络合掩蔽等条件，有时还要对试样进行适当的洗涤和反萃取。就是将几次分离所得的有机相合并，然后用 1~2 份新配的水溶液反萃取或洗涤，水溶液所含的试剂浓度和酸度应和最佳萃取条件一致。这样有机相中的少量干扰组分就会进入水相中，而被萃取组分仍留在有机相中，从而进一步提纯分离组分。

梨形分液漏斗分离两相时，若有机相较水轻，只能在放出水相后，才能放出有机相，这样，如果需要重复萃取，操作起来就很麻烦。图 11-2 是一种改进的萃取器，适用于较轻溶剂的多次萃取操作。萃取时先将被萃取溶液和萃取溶剂置于 B 管中，转动三孔旋塞 D 使萃取室 A 与抽气系统相通，打开旋塞 C，将溶液和溶剂经毛细管吸入萃取室 A，继续缓缓吸入空气流，使之起到搅拌作用。关闭旋塞 C 和 D，静置分层。然后打开旋塞 C，转动三孔旋塞 D 使萃取室 A 与橡皮球相通，借橡皮球鼓气，将萃取室下层水溶液压入 B 管，当两相界面刚好到达旋塞 C 时，关闭旋塞 C。打开旋塞 E，把有机相压入细长分液漏斗 F 中。B 管中的水溶液可加入有机溶剂再次萃取，如前所述。当最后一次萃取完毕后，取出盛有有机相的分液漏斗 F，放出有机相供进一步分析测定。

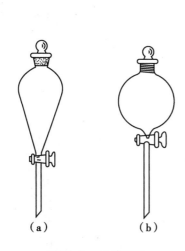

图 11-1　分液漏斗

a. 梨形分液漏斗　b. 球形分液漏斗

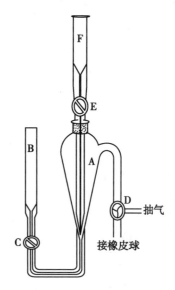

图 11-2　间歇法改良萃取器

（二）连续萃取法

对于分配比比较小的体系，用间歇萃取法反复萃取多次才能达到定量分离时，可采用连续萃取法。连续萃取器有多种形式，现简单介绍几种如下。

1. 高密度溶剂连续萃取器　如图 11-3a 所示，该萃取器适用于较水重的溶剂连续萃取。萃取过程中，萃取溶剂 E 在烧瓶中加热蒸馏，蒸气上升到冷凝器被冷凝，新鲜有机溶剂冷凝下来时，流经被萃取的水溶液层 R，较重的溶剂携带试样组分从萃取器底部经侧管进入烧瓶，烧瓶中的溶剂蒸发冷凝后再次萃取，直到足够量的被测物质被萃取出来。

2. 低密度溶剂连续萃取器　如图 11-3b 所示，该萃取器适用于较水轻的溶剂连续萃取。该萃取装置将一端带有细孔玻璃筛板的漏斗管放进萃取管中，萃取过程中，溶剂 E 经蒸馏冷凝，产生的新鲜溶剂滴落到漏斗管中，经细孔玻璃筛板分散成细滴流出，与被萃取溶液 R 充分接触，发生萃取作用，溶剂携带试样组分从溢流管进入烧瓶，溶剂蒸发冷凝后再次萃取，如此可进行反复连续萃取。

3. 用于固体试样的连续萃取器　在有些情况下，某些天然产品、生化试样，有时需要进行液固萃取。由于溶剂进入固体试样内壁是比较缓慢的过程，因此液固萃取需要较长的时间，一般也需要用连续萃取。常用的液固萃取器是索氏（Soxhlet）萃取器（图 11-4）。萃取时，将固体试样置于纤维素或滤纸制成的套管中，放置于萃取室 A 中，萃取溶剂在烧瓶 D 中加热蒸馏，蒸汽经 C 管上升到冷凝管冷凝后滴入萃取室中，溶剂达到一定高度，经虹吸管 B 流回烧瓶。进一步蒸发、冷凝、萃取，如此循环，直至被萃取物集于烧瓶中。

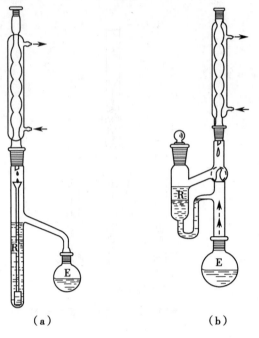

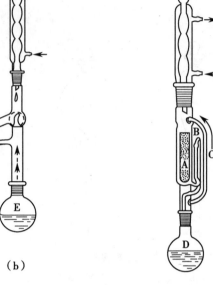

图 11-3 连续萃取装置

a. 高密度溶剂连续萃取器　b. 低密度溶剂连续萃取器

图 11-4 索氏萃取器

四、其他萃取技术

1. 超临界流体萃取　超临界流体(SF)是处于临界温度(T_c)和临界压力(P_c)以上，介于气体和液体之间的流体。超临界流体具有气体和液体的双重特性。超临界流体的密度和液体相近，黏度与气体相近，但扩散系数约比液体大 100 倍。由于溶解过程包含分子间的相互作用和扩散作用，因而超临界流体对许多物质有很强的溶解能力，这些特性使得超临界流体成为一种好的萃取溶剂。超临界流体萃取(supercritical fluid extraction)就是在超临界萃取仪中，利用超临界流体的这一强溶解能力的特性，从基体中分离和纯化被测组分，再通过减压将其释放出来的过程。

最常用的超临界流体是 CO_2，其具有以下良好特性：临界温度低($T_c = 31.1℃$)和临界压力($P_c = 7.38MPa$)适中，操作条件温和；可看作是与水相似的无毒、廉价的有机溶剂；在使用过程中稳定、无毒、不燃烧、安全、不污染环境；使用超临界 CO_2 萃取时，被萃取的物质通过降低压力，或升高温度释放 CO_2 即可析出，不必经过反复萃取操作。

由于 CO_2 是非极性物质，对极性化合物溶解能力很低，为了提高其溶解极性物质的能力，可在体系中加入夹带剂。常用的夹带剂有：甲醇、乙醇、四氢呋喃和乙酸乙酯等。

2. 微波辅助萃取　微波辅助萃取(microwave-assisted extraction)是利用电磁场的作用使固体或半固体物质中的某些有机物成分与基体有效分离，并能保持分析对象的原始化合物状态的一种分离方法。微波是指频率在 $0.3 \sim 300GHz$ 的电磁波。

微波辅助萃取是高频电磁波穿透萃取媒质，到达被萃取物料的内部，微波能迅速转化为热能使细胞内部温度快速上升，当细胞内部压力超过细胞壁承受能力，细胞破裂，细胞内有效成分自由流出，在较低的温度下溶解于萃取媒质再通过进一步过滤和分离，便获得萃取物料。在微波辐射作用下被萃取物料成分加速向萃取溶剂界面扩散，从而使萃取速率提高数倍，同时还降低了萃取温度，最大限度保证萃取的质量。

微波辅助萃取的特点：试剂用量少，节能，污染小；加热均匀，且热效率较高；萃取结果不受物质含水量的影响，回收率较高；适合批量处理，萃取效率高，省时，与传统的溶剂提取法相比，可节省 50% ~ 90% 的时间；选择性较好，由于微波可对萃取物质中的不同组分进行选择性加热，因而可使目标组分与基体直接分离开来，从而可提高萃取效率和产品纯度。

3. 超声辅助萃取　超声波是指频率为 0.02 ~ 50MHz 左右的声波，它是一种机械波，需要能量载体——介质来进行传播。超声波在传递过程中存在着正负压强交变周期，在正相位时，对介质分子产生挤压，增加介质原来的密度；负相位时，介质分子稀疏、离散，介质密度减小。超声辅助萃取(ultrasonic-assisted extraction)借助在溶剂和样品之间产生声波空化作用，导致溶液内气泡的形成、增长和爆破压缩，从而使固体样品分散，增大样品与萃取溶剂之间的接触面积，提高目标物从固相转移到液相的传质速率。

超声辅助萃取的特点：无需高温；常压萃取，安全性好，操作简单易行，维护保养方便；萃取效率高；超声波萃取对溶剂和目标萃取物的性质关系不大，可供选择的萃取溶剂种类多、目标萃取物范围广泛。

4. 加速溶剂萃取　加速溶剂萃取(accelerated solvent extraction)是指在较高的温度(50 ~ 200℃)和压力(10 ~ 20MPa)下用有机溶剂萃取固体或半固体的自动化萃取技术。使用常规的溶剂，利用增加温度和压力提高萃取效率，可大大加快萃取速度，并明显降低萃取溶剂的使用量。

其原理是提高的温度能极大地减弱由范德华力、氢键、目标物分子和样品基质活性位置的偶极吸引所引起的相互作用力，增加分析物的溶解度；降低溶剂黏度，从而减小溶剂进入样品的阻力。加大压力可以提高溶剂的沸点，使其在较高温度下保持液态，从而保持较高的溶解能力。

与索氏提取、超声、微波、超临界和经典的分液漏斗振摇等方法相比，加速溶剂萃取的突出优点是：有机溶剂用量少，10g 样品一般仅需 15ml 溶剂；快速，完成一次萃取全过程的时间一般仅需 15 分钟；基体影响小，对不同基体可用相同的萃取条件；萃取效率高，选择性好；使用方便、安全性好，自动化程度高。

5. 固相萃取　固相萃取是近年发展起来一种样品预处理技术，由液固萃取和液相柱色谱技术结合发展而来，主要用于样品的分离、纯化和浓缩，它采用高效、高选择性固定相，能显著减小溶剂用量，简化样品预处理过程。

固相萃取是利用选择性吸附与选择性洗脱的液相色谱法分离原理，使液体样品溶液通过吸附剂，保留其中被测物质，再选用适当强度溶剂冲去杂质，然后用少量溶剂迅速洗脱被测物质，从而达到快速分离净化与浓缩的目的。其也可选择性吸附干扰杂质，而让被测物质流出；或同时吸附杂质和被测物质，再使用合适的溶剂选择性洗脱被测物质进行分离。萃取过程一般包括活化、上样、淋洗和洗脱四个步骤。

固相萃取的优点是：可同时完成样品富集与净化，大大提高检测灵敏度；比液液萃取更快，更节省溶剂，可自动化批量处理；重现性好。其缺点是固相萃取小柱成本较高。

第三节　离心分离技术

离心分离(centrifugal separation)技术是借助于离心机旋转所产生的离心力，根据物质颗粒的沉降系数、质量、密度及浮力等因子的不同，而使物质分离、浓缩和提纯的一种方法。它广泛用于化学、生物学、医学及化工等领域，其设备-离心机也是这些领域的必需设备。

一、离心分离原理

当悬浮液静止不动时，由于重力场的作用，较大的悬浮颗粒会逐渐沉降，颗粒越重下沉越快，反之会上浮。但很小的颗粒不仅沉降速度慢，而且扩散现象严重，很难或根本无法沉降。这样就需离心的方法产生出离心力场，使之产生沉降。

1. 离心力　当一个粒子在高速旋转下受到离心力作用时，此离心力 F_c 等于离心加速度 $\omega^2 R$ 与颗粒质量 m 的乘积，即：

$$F_c = m\omega^2 R \tag{11-27}$$

式中，m 为沉降粒子的有效质量；ω 为粒子旋转的角速度；R 为粒子的旋转半径，cm。可见，对于特定粒子，离心力的大小取决于旋转速度和旋转半径。

2. 相对离心力　相对离心力(RCF)是指在离心场中，作用于颗粒的离心力相当于地球重力的倍数，单位是重力加速度 $g(980\text{cm/s}^2)$，RCF 可用下式计算：

$$RCF = \frac{F_c}{G} = \frac{m\omega^2 R}{mg} = \frac{\omega^2 R}{g} \tag{11-28}$$

$$\omega = \frac{2\pi \times \text{rpm}}{60} \tag{11-29}$$

$$RCF = 1.119 \times 10^{-5} \times (\text{rmp})^2 R \tag{11-30}$$

式中，rpm 为每分钟转数。由上式可见，只要给出旋转半径 R，则 RCF 和 rpm 之间可以相互换算。在说明离心条件时，低速离心通常以转子每分钟的转数 rpm 表示，如 4000rpm；而在高速离心时，特别是在超速离心时，往往用相对离心力来表示，如 25 000g。

二、离心机

离心机按用途可分为分析型、制备型及分析-制备型三种；按结构特点则有管式、吊篮式、转鼓式和碟式等多种；按转速可分为常速(低速)、高速和超高速三种。

常速离心机又称为低速离心机。其最大转速在 8000rpm 以内，相对离心力(RCF)在 $10^4 g$ 以下，分离形式是固液沉降分离。主要用于分离细胞、细胞碎片以及培养基残渣等固形物，和粗结晶等较大颗粒。常速离心机的分离形式、操作方式和结构特点多种多样，可根据需要选择使用。

高速离心机的转速为 $1 \times 10^4 \sim 2.5 \times 10^4$ rpm，相对离心力达 $1 \times 10^4 \sim 1 \times 10^5 g$，分离形式也是固液沉降分离。主要用于分离各种沉淀物、细胞碎片和较大的细胞器等。为了防止高速离心过程中温度升高而使酶等生物分子变性失活，有些高速离心机装设了冷冻装置，称高速冷冻离心机。

超速离心机的转速达 $2.5 \times 10^4 \sim 8 \times 10^4 \mathrm{rpm}$，最大相对离心力达 $5 \times 10^5 \mathrm{g}$。分离的形式是差速沉降分离和密度梯度区带分离，离心管平衡允许的误差要小于 $0.1 \mathrm{g}$。超速离心机的精密度相当高，为了防止样品液溅出，一般附有离心管帽；为防止温度升高，均有冷冻装置和温度控制系统；为了减少空气阻力和摩擦，设置有真空系统。此外，还有一系列安全保护系统、制动系统及各种指示仪表等。分析用超速离心机一般都带有光学系统，主要用于研究生物大分子和颗粒的理化性质，依据被测物质在离心场中的行为(用离心机中的光学系统连续监测)，能推断物质的纯度、形状和分子量等。

使用各种离心机时，必须事先平衡离心管和其内容物，要对称放置，转头中绝对不能装载单数的管子，以便使负载均匀地分布在转头的周围。装载溶液时，使用开口离心机时不能装得过多，以防离心时甩出，造成转头不平衡、生锈或被腐蚀，制备型超速离心机的离心管，则要求必须将液体装满，以免离心时塑料离心管的上部凹陷变形，严禁使用显著变形、损伤或老化的离心管。离心过程中应随时观察离心机上的仪表是否正常工作，如有异常的声音应立即停机检查，及时排除故障，未找出原因前不得继续运转。

三、离心分离方法

(一) 差速离心法

差速离心法是指通过不断增加相对离心力，使沉降速度不同的颗粒，在不同的离心速度和离心时间下分批分离的方法。此法一般用于分离沉降系数相差较大的颗粒。

进行差速分离时，首先要选择好颗粒沉降所需的离心力和离心时间。当以一定的离心力在一定的离心时间内进行离心时，在离心管底部就会得到最大和最重颗粒的沉淀，分出的上清液在加大转速下再进行离心，又得到第二部分较大较重颗粒的沉淀及含较小和较轻颗粒的上清液，如此多次离心处理，即能把液体中的不同颗粒较好地分离开。此法所得的沉淀是不均一的，仍含有其他成分，需经过 $2 \sim 3$ 次的再悬浮和再离心，才能得到较纯的颗粒。

此法主要用于组织匀浆液中分离细胞器和病毒。其优点是：操作简便，离心后用倾倒法即可将上清液与沉淀分开。缺点是：须多次离心，沉淀中有夹带，分离效果差，不能一次得到纯颗粒，对于生物样品，沉淀于管底的颗粒受挤压，容易变性失活。

(二) 密度梯度离心法

密度梯度离心法是将样品加在惰性梯度介质中进行离心沉降或沉降平衡，在一定的离心力下把颗粒分配到梯度中某些特定位置上，形成不同区带的分离方法。密度梯度区带离心法又可分为差速区带离心法和等密度离心法两种：

1. 差速区带离心法　离心前，在离心管内先装入密度梯度介质(如蔗糖、甘油、KBr、CsCl 等)，被分离的样品铺在梯度液的顶部，同梯度液一起离心。由于离心力的作用，颗粒离开原样品层，按不同沉降速度向管底沉降，离心一定时间后，沉降的颗粒逐渐分开，形成一系列界面清楚的不连续区带。沉降系数越大，往下沉降越快，所呈现的区带也越低。离心条件一定时，沉降系数与分子量和分子形状有关。此离心法的关键是选择合适的离心转速和时间。

归纳起来有两种密度梯度液，一种密度随管长或半径呈阶梯式增加，为不连续梯度。另一种是密度随管长或半径逐渐增加，为连续梯度。

不连续密度梯度制备：通常先配好一系列不同密度的溶液，然后用移液管将梯度介质由浓到稀沿管壁小心加入，或用一加细长管的注射器针头插到管底，从稀到浓一层层地铺到离心管中，即可产生一个不连续的密度梯度。

连续密度梯度制备：最简单的设备包括两个柱形的容器。中间装一连通管；连通管上安装有活塞开关，两边为储存室和混合室，后者内装有搅拌器，通过导液管使混合液流入离心管中。离心管顶部和底部所需要的两种不同密度溶液，分别装入储存室和混合室内。将较浓的溶液放在混合室中，较稀的溶液放在储存室中。开动搅拌器，打开接通管活塞，控制流速。导液管口必须紧贴离心管壁，因为这样从混合室中流出溶液的浓度以线性速率减低，使溶液沿离心管壁流下，可以避免扰乱已形成的密度梯度。

2. 等密度离心法　又称平衡密度梯度离心。该方法虽然是在密度梯度介质中进行离心，但被分离的物质是利用它们密度不同进行分离的。某些密度梯度介质经过离心后会自身形成梯度，如有些硅溶胶(Percoll)可迅速形成梯度，$CsCl$、Cs_2SO_4 或三碘苯甲酰葡萄糖胺经长时间离心后也可产生稳定的梯度。需要离心分离的样品可和梯度介质先均匀混合，梯度介质由于离心力的作用逐渐形成管底部浓而管顶稀的密度梯度，与此同时，原来分布均匀的颗粒也发生重新分布。当管底介质的密度大于颗粒的密度即 $\rho_m > \rho_p$ 时，颗粒上浮；当管顶介质的密度小于颗粒的密度即 $\rho_m < \rho_p$ 时，则颗粒沉降；最后颗粒进入到一个它本身的密度位置即 $\rho_m = \rho_p$ 时，颗粒不再移动，形成稳定的区带，不同组分颗粒形成的区带在梯度介质中位置不同。等密度离心法需时间较长，一般为十几小时至几十小时。

密度梯度离心法的优点是：①分离效果好，可一次获得较纯颗粒；②适应范围广，既能分离具有沉降系数差的颗粒，又能分离有一定浮力密度差的颗粒；③颗粒不会挤压变形，能保持颗粒活性，并防止已形成的区带由于对流而引起混合。方法的缺点是：①离心时间较长；②需要制备惰性梯度介质溶液；③操作严格，不易掌握。

第四节　膜分离技术

膜分离(membrane separation)技术是以选择性透过膜为介质，使被分离的物质在某种推动力，如压力差、浓度差、电位差等作用下有选择性地通过膜，如低相对分子质量溶质可以通过膜，而高相对分子质量溶质被截留，以此来分离溶液中不同相对分子质量的物质，从而达到分离、提纯的目的。

与传统的分离操作相比，膜分离具有以下特点：无相变发生，是单纯的物理变化，能耗低；一般无需额外加入其他物质，节约资源；常温下进行，特别适用于热敏性物质分离；膜组件简单，设备体积小，运行成本低，可实现连续操作。

一、膜分离性能指标

1. 透过性能　表征膜透过性能常用透过速率表示，透过速率是指单位时间、单位膜面积透过组分的通量，对于水溶液体系，又称为透水率或水通量，用 J 表示：

$$J = \frac{V}{A \times t} \tag{11-31}$$

式中，J 为透过速率；V 为透过组分的体积或质量；A 为膜的有效面积；t 为操作时间。

2. 截留率　截留率反应膜对溶质的截留程度，对于盐溶液又称脱盐率，用 R 表示，定义为：

$$R = \frac{c_F - c_P}{c_F} \times 100\%$$ （11-32）

式中，c_F 为原料中溶质的浓度；c_P 为过滤后原料中溶质的浓度。100% 截留率表示溶质全部被截留；0% 截留率则表示溶质全部透过膜，无分离作用。

3. 截留分子量　截留分子量是指截留率为 90% 时所对应的最小分子量。截留分子量的高低，在一定程度上反应膜的孔径大小。通常可以用一系列不同分子量的标准物质进行测定。

二、常用的膜分离方法

1. 微滤　微滤（micro-filtration）又称微孔过滤，是以多孔膜（微孔滤膜）为过滤介质，在 0.1 ~ 0.3MPa 的压力推动下，溶液中的悬浮固体、细菌、胶体及固体蛋白等大的粒子组分被截留，而大量溶剂、小分子及少量大分子溶质都能透过膜的分离过程。

常用的微滤膜根据材质分为有机和无机两大类，有机膜材料有乙酸纤维素、聚丙烯、聚碳酸酯、聚四氟乙烯等，无机膜材料有陶瓷滤片和金属烧结滤片等。微滤膜一般为均匀的多孔膜，孔径较大，通常用测得的平均直径来表示其截留特性，孔径范围在 0.02 ~ 10μm 之间，膜厚 50 ~ 250μm，微孔滤膜的孔隙率占其体积的 70% ~ 80%，因此微滤的阻力小，过滤速度快。

微滤应用范围很广，适用于去除水中的悬浮物，微小粒子和细菌；除去组织液、抗生素、血清、血浆蛋白质等多种溶液中的菌体；饮料、酒类、酱油、醋等食品中的悬浊物、微生物、酵母和真菌；在高效液相色谱分析中也广泛使用 0.22 ~ 0.46μm 的微孔滤膜去除流动相中的细小固体颗粒。

2. 超滤　超滤（ultra-filtration）是一种加压膜分离技术，以大分子与小分子分离为目的，即在一定压力下，使小分子溶质和溶剂穿过一定孔径的特制的薄膜，成为净化液（滤清液），比膜孔大的溶质及溶质集团被截留，成为浓缩液。超滤操作的静压差一般为 0.1 ~ 0.5MPa，被分离组分的直径为 0.01 ~ 0.1μm，相对分子质量在 500 ~ 1 000 000 的大分子和胶体粒子。相对分子质量一定时，刚性分子比易变形的分子截留率大，球形和有侧链的分子比线性分子截留率大。

超滤膜材料大多是醋酯纤维或与其性能类似的高分子材料，由表面活性层和支持层组成。表面活性层很薄，约厚 0.1 ~ 1.5μm，具有排列有序、孔径均匀的微孔。支持层厚度为 200 ~ 250μm，起支撑作用，使膜有足够强度。支撑层疏松、孔径较大，透水率高。

超滤在超纯水制备中必不可少，可除去水中极细微粒（如细菌、病毒、热源等）；在样品预处理中，超滤可进行低分子到高分子物质的浓缩、分离和纯化。

3. 纳滤　纳滤（nano-filtration）是介于超滤与反渗透之间的一种膜分离技术，其截留分子量在 80 ~ 1000 的范围内，孔径为几纳米，因此又称为"纳米过滤"。也是一种以压力为驱动力的新型膜分离过程，操作压力差一般为 0.5 ~ 4.0MPa。

纳滤膜多为芳香族聚酰胺类复合膜，大多数自身带有负电荷。复合膜为非对称膜，由两部分结构组成：一部分为起支撑作用的多孔膜，其机制为筛分作用；另一部分为起分离作用的一层较薄的致密膜。分离具有两个特征：对于液体中分子量为数百的有机小分子具有分离性能；物料的荷电性和离子价数对膜的分离效应有很大影响，一般一价离子易渗透，多价离子易被截留。

纳滤主要用于饮用水中脱除 Ca^{2+}、Mg^{2+} 离子等硬度成分、三卤甲烷中间体、异味、色度、农药、合成洗涤剂，可溶性有机物及蒸发残留物质。也可用于废水处理、高附加值成分浓缩等，其应用前景广阔。

4. 反渗透　许多人造或天然的膜对于物质的透过具有选择性，我们把能够透过溶剂而不能透过溶质的膜称为理想的半透膜(semipermeable membrane)。有些天然膜，如动物膀胱等，水能透过膜，而高相对分子质量的或胶体溶质则不能通过。

如把相同体积的稀溶液(如淡水)和浓溶液(如盐水)分别置于一容器的两侧，中间用半透膜阻隔，稀溶液中的溶剂将自然地穿过半透膜，向浓溶液侧流动，浓溶液侧的液面会比稀溶液的液面高出一定高度，形成一个压力差，达到渗透平衡状态，此种压力差即为渗透压，渗透压的大小决定于溶液的种类，浓度和温度，与半透膜的性质无关。若在浓溶液侧施加一个大于渗透压的压力时，浓溶液中的溶剂会向稀溶液流动，此种溶剂的流动方向与原来渗透的方向相反，这一过程称为反渗透(reverse osmosis)。从而在膜的低压侧得到透过的溶剂，即渗透液；高压侧得到浓缩的溶液，即浓缩液，以此使分析物得到分离、提取、纯化和浓缩的目的。

反渗透膜一般是表面与内部结构不同的非对称膜，有无机膜(如玻璃中空纤维膜)和有机膜(如乙酸纤维素膜、聚酰胺膜等)。反渗透的操作压力一般为 $1.0 \sim 10.0MPa$，截留组分为分离溶液中相对分子质量低于 500 的糖、盐等分子物质。

反渗透早期主要应用于海水淡化、纯水制备，现已发展到化学化工、食品、制药等领域中的分离。

5. 微渗析　微渗析(microdialysis)又称微透析，是一种将灌流取样和透析技术结合起来，从生物活体内进行动态微量生化取样的新技术。它具有活体连续取样、动态观察、定量分析、采样量小、组织损伤轻等特点。可在麻醉或清醒的生物体上使用，特别适合于深部组织和重要器官的活体生化研究。以透析原理作为基础，通过对插入生物体内的微透析探头在非平衡条件下进行灌流，物质沿浓度梯度逆向扩散，使被分析物质穿过膜扩散进入透析管内，并被透析管内连续流动的灌流液不断带出，从而达到活体组织取样的目的。

渗析膜为纤维素膜、聚丙烯腈膜、和聚碳酸酯膜，它们不具有化学选择性。由膜的孔径大小决定体液小分子渗入或渗出。排出体外的液体可用化学或仪器分析方法进行检测。

6. 电渗析　电渗析(electrodialysis)是以直流电为动力，利用阴、阳离子交换膜对水溶液中阴、阳离子的选择透过性，以及溶液中阴、阳离子在电场作用下的趋向运动而进行溶质与溶剂分离的方法。在原理上，电渗析器是一个带有隔膜的电解池。

电渗析的功能主要取决于离子交换膜，离子交换膜以高分子材料为基体，接上可电离的活性基团。阴离子交换膜简称阴膜，它的活性基团是铵基，电离后的固定离子基团带正电荷。阳离子交换膜简称阳膜，它的活性基团通常是磺酸基，电离后的固定离子基团带负电荷。离子交换膜具有选择透过性是由于膜上的固定离子基团吸引膜外溶液中异种电荷离子，使它能在电位差或同时在浓度差的推动下透过膜体，同时排斥同种电荷的离子，拦阻它进入膜内。阳离子易于透过阳膜，阴离子易于透过阴膜。

电渗析膜材料主要有聚乙烯醇、聚乙烯异相膜，聚偏氟乙烯、聚苯醚、聚三氟苯乙烯、全氟磺酸、聚乙烯、聚氯乙烯等均相或半均相膜。用于电渗析的离子交换膜要求膜的电阻低、选择性高、机械强度和化学稳定性好。

电渗析可以对电解质水溶液起淡化、浓缩、分离、提纯的作用；也可以用于蔗糖等非电解质的提纯，以除去其中的电解质。

其他的膜分离方法还有气体膜分离、渗透汽化、液膜分离等。

本 章 小 结

分析测试中，大多数样品组成复杂，由于各种干扰组分的存在以及被测组分含量较低，无法直接进行分析，必须通过预处理进行分离和富集。本章从实际分析工作出发，介绍了分离化学领域常用的一些分离富集方法和技术。

1. 基本概念　回收率；分离因数；沉淀分离法；萃取分离法；分配系数；分配比；萃取率；离心分离；离心力；膜分离；透过性能；截留率等。

2. 基本分离富集类型

（1）沉淀分离法：常量组分的沉淀分离包括无机沉淀分离和有机沉淀分离。无机沉淀分离常用 NaOH 溶液、氨水-铵盐（NH_3-NH_4Cl）溶液、碱性氧化物或碳酸盐悬浊液控制 pH 进行氢氧化物沉淀分离；或利用控制［S^{2-}］浓度进行硫化物沉淀分离。

微量组分的共沉淀分离包括吸附共沉淀分离、生成混晶共沉淀分离、形成晶核共沉淀分离。

生物大分子的沉淀分离和纯化通常包括中性盐沉淀法、有机溶剂沉淀法、选择性变性沉淀法、等电点沉淀分离法、有机聚合物沉淀法等几种方法。

（2）萃取分离法

简单分子萃取：被萃取物在水相和有机相中以中性分子的形式存在，使用惰性溶剂可以将其直接萃取。

金属螯合物萃取：金属离子与螯合剂的阴离子结合而形成中性螯合物分子。利用金属螯合物难溶于水，而易溶于有机溶剂特点，进行有机溶剂萃取。此体系影响萃取率的因素有螯合剂的种类、螯合剂的浓度、萃取溶剂和酸度等。

离子缔合物萃取：金属络离子与带相反电荷的离子通过静电作用结合成离子缔合物，根据离子缔合物具有疏水性特点，而被有机溶剂萃取。包括生成金属阳离子的离子缔合物、金属络阴离子的离子缔合物、铈盐的离子缔合物及其他离子缔合物的萃取体系。

中性配合物萃取：被萃取组分与萃取剂都是中性分子，它们结合生成中性配合物进入有机相进行萃取。

（3）离心分离法

差速离心分离：通过不断增加相对离心力，使沉降速度不同的颗粒，在不同的离心速度和离心时间下分批分离。

密度梯度离心分离：将样品加在惰性梯度介质中进行离心沉降或沉降平衡，在一定的离心力下把颗粒分配到梯度中某些特定位置上，形成不同区带进行分离。

（4）膜分离：微滤、超滤、纳滤、反渗透、微渗析、电渗析等的特点和应用，其推动力包括压力差、浓度差和电位差等。

思考题和习题

1. 解释以下术语：分离富集；沉淀分离；萃取；离心分离；微滤；超滤；纳滤；反渗透；微渗析；电渗析。

2. 氢氧化物沉淀分离中，常用的有哪些方法？

3. 生物大分子的沉淀分离和纯化方法有哪些？

4. 何为分配系数、分配比？萃取率与哪些因素有关？

5. 在进行螯合物萃取时控制溶液的酸度十分重要，为什么？

6. 试述常用膜分离过程的分类及其基本特性。

7. 0.020mol/L Fe^{2+} 溶液，加 NaOH 进行沉淀时，要使其沉淀达 99.99% 以上。试问溶液中的 pH 至少应为多少？已知 $K_{sp} = 8 \times 10^{-16}$。

（pH = 9.3）

8. 某弱酸 HB 在水中的 $K_a = 4.2 \times 10^{-5}$，在水相与某有机相中的分配系数 $K_D = 44.5$。若将 HB 从 50.0ml 水溶液中萃取到 10.0ml 有机溶液中，试分别计算 pH = 1.0 和 pH = 5.0 时的萃取百分率（假如 HB 在有机相中仅以 HB 一种形体存在）。

（89.9% 和 63.2%）

9. 饮用水常被痕量三氯甲烷污染，用 1.0ml 的戊烷萃取 100ml 水样中三氯甲烷，其萃取率为 53%，计算当用 10ml 戊烷萃取 100ml 水样中三氯甲烷萃取时，萃取率为多少？

（91.9%）

（连靠奇）

附录 1　弱酸在水中的离解常数（25℃，$I = 0$）

弱酸	分子式	K_a	pK_a
砷酸	H_3AsO_4	$6.3 \times 10^{-3}\,(K_{a_1})$	$2.20\,(pK_{a_1})$
		$1.0 \times 10^{-7}\,(K_{a_2})$	$7.00\,(pK_{a_2})$
		$3.2 \times 10^{-12}\,(K_{a_3})$	$11.50\,(pK_{a_3})$
亚砷酸	$HAsO_2$	6.0×10^{-10}	9.22
硼酸	H_3BO_3	5.8×10^{-10}	9.24
氢氰酸	HCN	6.2×10^{-10}	9.21
碳酸	H_2CO_3	$4.2 \times 10^{-7}\,(K_{a_1})$	$6.38\,(pK_{a_1})$
	$(CO_2 + H_2O)^*$	$5.6 \times 10^{-11}\,(K_{a_2})$	$10.25\,(pK_{a_2})$
铬酸	$HCrO_4^-$	$3.2 \times 10^{-7}\,(K_{a_2})$	$6.50\,(pK_{a_2})$
氢氟酸	HF	7.2×10^{-4}	3.14
磷酸	H_3PO_4	$7.6 \times 10^{-3}\,(K_{a_1})$	$2.12\,(pK_{a_1})$
		$6.3 \times 10^{-8}\,(K_{a_2})$	$7.20\,(pK_{a_2})$
		$4.4 \times 10^{-13}\,(K_{a_3})$	$12.36\,(pK_{a_3})$
氢硫酸	H_2S	$1.3 \times 10^{-7}\,(K_{a_1})$	$6.88\,(pK_{a_1})$
		$7.1 \times 10^{-15}\,(K_{a_2})$	$14.15\,(pK_{a_2})$
亚硫酸	H_2SO_3	$1.3 \times 10^{-2}\,(K_{a_1})$	$1.90\,(pK_{a_1})$
		$6.3 \times 10^{-8}\,(K_{a_2})$	$7.20\,(pK_{a_2})$
硫酸	HSO_4^-	$1.0 \times 10^{-2}\,(K_{a_2})$	$2.00\,(pK_{a_2})$
偏硅酸	H_2SiO_3	$1.7 \times 10^{-10}\,(K_{a_1})$	$9.77\,(pK_{a_1})$
		$1.6 \times 10^{-12}\,(K_{a_2})$	$11.80\,(pK_{a_2})$
甲酸	$HCOOH$	1.8×10^{-4}	3.74
乙酸	CH_3COOH	1.8×10^{-5}	4.74
一氯乙酸	$CH_2ClCOOH$	1.4×10^{-3}	2.86
二氯乙酸	$CHCl_2COOH$	5.0×10^{-2}	1.30

弱酸	分子式	K_a	pK_a
三氯乙酸	CCl_3COOH	0.23	0.64
氨基乙酸盐	$^+NH_3CH_2COOH$	$4.5 \times 10^{-3}(K_{a_1})$	$2.35(pK_{a_1})$
	$^+NH_3CH_2COO^-$	$2.5 \times 10^{-10}(K_{a_2})$	$9.60(pK_{a_2})$
乳酸	$CH_3CHOHCOOH$	1.4×10^{-4}	3.86
草酸	$H_2C_2O_4$	$5.9 \times 10^{-2}(K_{a_1})$	$1.22(pK_{a_1})$
		$6.4 \times 10^{-5}(K_{a_2})$	$4.19(pK_{a_2})$
d-酒石酸	$\begin{array}{l}CH(OH)COOH\\ \mid \\ CH(OH)COOH\end{array}$	$9.1 \times 10^{-4}(K_{a_1})$	$3.04(pK_{a_1})$
		$4.3 \times 10^{-5}(K_{a_2})$	$4.37(pK_{a_2})$
邻苯二甲酸	(邻苯二甲酸结构式) COOH COOH	$1.1 \times 10^{-3}(K_{a_1})$	$2.95(pK_{a_1})$
		$3.9 \times 10^{-6}(K_{a_2})$	$5.41(pK_{a_2})$
柠檬酸	$\begin{array}{l}CH_2COOH\\ \mid \\ CH(OH)COOH\\ \mid \\ CH_2COOH\end{array}$	$7.4 \times 10^{-4}(K_{a_1})$	$3.13(pK_{a_1})$
		$1.7 \times 10^{-5}(K_{a_2})$	$4.76(pK_{a_2})$
		$4.0 \times 10^{-7}(K_{a_3})$	$6.40(pK_{a_3})$
苯酚	C_6H_5OH	1.1×10^{-10}	9.95
苯甲酸	C_6H_5COOH	6.2×10^{-5}	4.21
抗坏血酸	$C_6H_8O_6$	$5.0 \times 10^{-5}(K_{a_1})$	$4.30(pK_{a_1})$
		$1.5 \times 10^{-12}(K_{a_2})$	$11.82(pK_{a_2})$

附录2　弱碱在水中的离解常数$(18 \sim 25℃, I = 0)$

弱碱	分子式	K_b	pK_b
氨水	$NH_3 \cdot H_2O$	1.8×10^{-5}	4.74
联氨	$H_2N—NH_2$	$3.0 \times 10^{-6}(K_{b_1})$	$5.52(pK_{b_1})$
		$7.6 \times 10^{-15}(K_{b_2})$	$14.12(pK_{b_2})$
羟氨	NH_2OH	9.1×10^{-9}	8.04
甲胺	CH_3NH_2	4.2×10^{-4}	3.38
乙胺	$CH_3CH_2NH_2$	5.6×10^{-4}	3.25
三乙醇胺	$N(CH_2CH_2OH)_3$	5.8×10^{-7}	6.24
六亚甲基四胺	$(CH_2)_6N_4$	1.4×10^{-9}	8.85
吡啶	C_5H_5N	1.7×10^{-9}	8.77
三(羟甲基)氨基甲烷(Tris)	$(HOCH_2)_3CNH_2$	1.6×10^{-6}	5.79

附录3　配位化合物的稳定常数(18~25℃)

配位剂	金属离子	$I(\text{mol/L})$	n	$\lg\beta_n$
NH_3	Ag^+	0.5	1, 2	3.24, 7.05
	Cd^{2+}	2	1, …, 6	2.65, 4.75, 6.19, 7.12, 6.80, 5.14
	Co^{2+}	2	1, …, 6	2.11, 3.74, 4.79, 5.55, 5.73, 5.11
	Cu^{2+}	2	1, …, 5	4.31, 7.98, 11.02, 13.32, 12.86
	Ni^{2+}	2	1, …, 6	2.80, 5.04, 6.77, 7.96, 8.71, 8.74
	Zn^{2+}	2	1, …, 4	2.37, 4.81, 7.31, 9.46
Cl^-	Ag^+	0	1, …, 4	3.04, 5.04, 5.04, 5.30
	Hg^{2+}	0.5	1, …, 4	6.74, 13.22, 14.07, 15.07
CN^-	Ag^+	0	1, …, 4	—, 21.1, 21.7, 20.6
	Cd^{2+}	3	1, …, 4	5.48, 10.60, 15.23, 15.78
	Fe^{2+}	0	6	35
	Fe^{3+}	0	6	42
	Hg^{2+}	0	4	41.4
	Ni^{2+}	0.1	4	31.3
	Zn^{2+}	0.1	4	16.7
F^-	Al^{3+}	0.5	1, …, 6	6.13, 11.15, 15.00, 17.75, 19.37, 19.84
	Fe^{3+}	0.5	1, …, 6	5.28, 9.30, 12.06, —, 15.77, —
I^-	Ag^+	0	1, …, 3	6.58, 11.74, 13.68
	Bi^{3+}	2	1, …, 6	3.63, —, —, 14.95, 16.80, 18.80
	Cd^{2+}	0	1, …, 4	2.10, 3.43, 4.49, 5.41
	Pb^{2+}	0	1, …, 4	2.00, 3.15, 3.92, 4.47
	Hg^{2+}	0.5	1, …, 4	12.87, 23.82, 27.60, 29.83
PO_4^{3-}	Ca^{2+}	0.2	CaHL	1.7
	Mg^{2+}	0.2	MgHL	1.9
	Fe^{3+}	0.66	FeL	9.35
SCN^-	Ag^+	2.2	1, …, 4	—, 7.57, 9.08, 10.08
	Co^{2+}	1	1	1.0
	Fe^{3+}	0.5	1, 2	2.95, 3.36
	Hg^{2+}	1	1, …, 4	—, 17.47, —, 21.23
$S_2O_3^{2-}$	Ag^+	0	1, …, 3	8.82, 13.46, 14.15

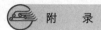

配位剂	金属离子	$I(\mathrm{mol/L})$	n	$\lg\beta_n$
$S_2O_3^{2-}$	Hg^{2+}	0	1, …, 4	—, 29.86, 32.26, 33.61
	Pb^{2+}	0	1, 3	5.1, 6.4
乙酰丙酮	Al^{3+}	0	1, 2, 3	8.60, 15.5, 21.3
	Cu^{2+}	0	1, 2	8.27, 16.34
	Fe^{2+}	0	1, 2	5.07, 8.67
	Fe^{3+}	0	1, 2, 3	11.4, 22.1, 26.7
	Ni^{2+}	0	1, 2, 3	6.06, 10.77, 13.09
	Zn^{2+}	0	1, 2	4.98, 8.81
柠檬酸	Al^{3+}	0.5	1	20.0
	Cd^{2+}	0.5	1	11.3
	Co^{2+}	0.5	1	12.5
	Cu^{2+}	0.5	1	18.0
	Fe^{2+}	0.5	1	15.5
	Fe^{3+}	0.5	1	25.0
	Ni^{2+}	0.5	1	14.3
	Pb^{2+}	0.5	1	12.3
	Zn^{2+}	0.5	1	11.4
草酸	Al^{3+}	0	1, 2, 3	7.26, 13.0, 16.3
	Cd^{2+}	0.5	1, 2	2.9, 4.7
	Co^{2+}	0	1, 2, 3	4.79, 6.7, 9.7
	Cu^{2+}	0.5	1, 2	4.5, 8.9
	Fe^{2+}	0.5~1	1, 2, 3	2.9, 4.52, 5.22
	Fe^{3+}	0	1, 2, 3	9.4, 16.2, 20.2
	Mg^{2+}	0.1	1, 2	2.76, 4.38
	Ni^{2+}	0.1	1, 2, 3	5.3, 7.64, 8.5
	Zn^{2+}	0.5	1, 2, 3	4.89, 7.60, 8.15
磺基水杨酸	Al^{3+}	0.1	1, 2, 3	13.20, 22.83, 28.89
	Cd^{2+}	0.25	1, 2	16.68, 29.08
	Co^{2+}	0.1	1, 2,	6.13, 9.82
	Cu^{2+}	0.1	1, 2	9.52, 16.45
	Fe^{2+}	0.1~0.5	1, 2	5.90, 9.90
	Fe^{3+}	0.25	1, 2, 3	14.64, 25.18, 32.12

配位剂	金属离子	$I(\mathrm{mol/L})$	n	$\lg\beta_n$
磺基水杨酸	Ni^{2+}	0.1	1, 2	6.42, 10.24
	Zn^{2+}	0.1	1, 2	6.05, 10.65
酒石酸	Bi^{3+}	0	3	8.30
	Ca^{2+}	0	1, 2	2.98, 9.01
	Cd^{2+}	0.5	1	2.8
	Cu^{2+}	1	1, …, 4	3.2, 5.11, 4.78, 6.51
	Fe^{3+}	0	3	7.49
	Mg^{2+}	0.5	1	1.2
	Pb^{2+}	0	1, 2, 3	3.78, —, 4.7
	Zn^{2+}	0.5	1, 2	2.4, 8.32
OH^-	Al^{3+}	2	4	33.3
	Bi^{3+}	3	1	12.4
	Cd^{2+}	3	1, …, 4	4.3, 7.7, 10.3, 12.0
	Co^{2+}	0.1	1, 3	5.1, 10.2
	Fe^{2+}	1	1	4.5
	Fe^{3+}	3	1, 2	11.0, 21.7
	Mg^{2+}	0	1	2.6
	Pb^{2+}	0.3	1, 2, 3	6.2, 10.3, 13.3
	Zn^{2+}	0	1, …, 4	4.4, 10.1, 14.2, 15.5

附录4　金属离子与某些氨羧配位剂螯合物的稳定常数（18～25℃，$I=0.1$）

金属离子	$\lg K$			
	CyDTA	EGTA	HEDTA	DTPA
Ag^+		6.88	6.71	
Al^{3+}	19.5	13.9	14.3	18.6
Ba^{2+}	8.69	8.41	6.3	8.87
Bi^{3+}	32.3		22.3	35.6
Ca^{2+}	13.20	10.97	8.3	10.83
Cd^{2+}	19.93	16.7	13.3	19.2
Co^{2+}	19.62	12.39	14.6	19.27
Cu^{2+}	22.00	17.71	17.6	21.55

续表

金属离子	lgK			
	CyDTA	EGTA	HEDTA	DTPA
Fe^{2+}	19.0	11.87	12.3	16.5
Fe^{3+}	30.1	20.5	19.8	28.0
Hg^{2+}	25.00	23.2	20.30	26.70
La^{3+}	16.26	15.6	13.2	
Mg^{2+}	11.02	5.21	7.0	9.30
Mn^{2+}	17.48	12.28	10.9	15.60
Ni^{2+}	20.3	13.55	17.3	20.32
Pb^{2+}	20.38	14.71	15.7	18.80
Sr^{2+}	10.59	8.5	6.9	9.77
Zn^{2+}	19.37	12.7	14.7	18.40

附录5　氧化还原电对的标准电极电位（18~25℃）

半反应	$\varphi^{\ominus}/V$
$Ag_2S + e = 2Ag + S^{2-}$	-0.71
$AgI + e = Ag + I^-$	-0.152
$AgBr + e = Ag + Br^-$	0.071
$AgCl + e = Ag + Cl^-$	0.224
$Ag(NH_3)_2^+ + e = Ag + 2NH_3$	0.37
$Ag^+ + e = Ag$	0.799
$AsO_4^{3-} + H_2O + 2e = AsO_3^{3-} + 2OH^-$	-0.67
$H_3AsO_4 + 2H^+ + 2e = H_3AsO_3 + H_2O$	0.559
$Br_2 + 2e = 2Br^-$	1.087
$BrO_3^- + 6H^+ + 6e = Br^- + 3H_2O$	1.44
$BrO_3^- + 6H^+ + 5e = 1/2Br_2 + 3H_2O$	1.52
$2CO_2 + 2H^+ + 2e = H_2C_2O_4$	-0.49
$Ce^{4+} + e = Ce^{3+}$	1.61
$Cl_2(g) + 2e = 2Cl^-$	1.36
$2ClO_3^- + 12H^+ + 10e = Cl_2 + 6H_2O$	1.47
$2ClO^- + 4H^+ + 2e = Cl_2 + 2H_2O$	1.63
$CrO_4^{2-} + 4H_2O + 3e = Cr(OH)_3 + 5OH^-$	-0.13

续表

半反应	$\varphi^{\ominus}/V$
$HCrO_4^- + 7H^+ + 3e = Cr^{3+} + 4H_2O$	1.195
$Cr_2O_7^{2-} + 14H^+ + 6e = 2Cr^{3+} + 7H_2O$	1.33
$Cu^{2+} + e = Cu^+$	0.16
$Cu^{2+} + 2e = Cu$	0.340
$Cu^{2+} + Cl^- + e = CuCl$	0.57
$Cu^{2+} + I^- + e = CuI$	0.87
$FeY^- + e = FeY^{2-}$	0.12
$Fe(CN)_6^{3-} + e = Fe(CN)_6^{4-}$	0.36
$FeF_6^{3-} + e = Fe^{2+} + 6F^-$	0.4
$Fe^{3+} + e = Fe^{2+}$	0.77
$Fe^{2+} + e = Fe$	-0.41
$2H^+ + 2e = H_2$	0.00
$2H_2O + 2e = H_2 + OH^-$	-0.828
$H_2O_2 + 2H^+ + 2e = 2H_2O$	1.77
$Hg_2Cl_2 + 2e = 2Hg + 2Cl^-$	0.268
$2HgCl_2 + 2e = Hg_2Cl_2 + 2Cl^-$	0.63
$IO_3^- + 3H_2O + 6e = I^- + 6OH^-$	0.26
$I_3^- + 2e = 3I^-$	0.54
$IO_3^- + 6H^+ + 6e = I^- + 3H_2O$	1.085
$2IO_3^- + 12H^+ + 10e = I_2 + 6H_2O$	1.19
$MnO_4^- + e = MnO_4^{2-}$	0.56
$MnO_4^- + 2H_2O + 3e = MnO_2 + 4OH^-$	0.60
$MnO_2 + 4H^+ + 2e = Mn^{2+} + 2H_2O$	1.23
$MnO_4^- + 8H^+ + 5e = Mn^{2+} + 4H_2O$	1.51
$MnO_4^- + 4H^+ + 3e = MnO_2 + 2H_2O$	1.69
$NO_3^- + 3H^+ + 2e = HNO_2 + H_2O$	0.94
$HNO_2 + H^+ + e = NO + H_2O$	0.99
$O_2 + 2H^+ + 2e = H_2O_2$	0.682
$H_2O_2 + 2H^+ + 2e = H_2O$	1.77
$Pb^{2+} + 2e = Pb$	-0.126
$PbO_2 + 4H^+ + 2e = Pb^{2+} + 2H_2O$	1.455
$SO_4^{2-} + H_2O + 2e = SO_3^{2-} + 2OH^-$	-0.93

续表

半反应	$\varphi^{\ominus}/V$
$S + 2e = S^{2-}$	-0.48
$S_4O_6^{2-} + 2e = 2S_2O_3^{2-}$	0.09
$S + 2H^+ + 2e = H_2S$	0.14
$SO_4^{2-} + 4H^+ + 2e = H_2SO_3 + 2H_2O$	0.17
$S_2O_3^{2-} + 6H^+ + 4e = 2SO_3 + 3H_2O$	0.5
$S_2O_8^{2-} + 2e = 2SO_4^{2-}$	2.01
$Sn(OH)_6^{2-} + 2e = HSnO_2^- + 3OH^- + H_2O$	-0.93
$SnCl_6^{2-} + 2e = SnCl_4^{2-} + 2Cl^-$	0.14
$Sn^{4+} + 2e = Sn^{2+}$	0.15
$Ti^{3+} + e = Ti^{2+}$	-0.37
$Ti^{4+} + e = Ti^{3+}$	0.092
$VO_2^+ + 2H^+ + e = VO^{2+} + 2H_2O$	1.00
$Zn(CN)_4^{2-} + 2e = Zn + 4CN^-$	-1.26
$Zn^2 + 2e = Zn$	-0.763

附录6　氧化还原电对的条件电位

半反应	$\varphi^{\ominus\prime}/V$	介质
$Ag^+ + e = Ag$	0.792	$1\,mol/L\ HClO_4$
	0.228	$1\,mol/L\ HCl$
$H_3AsO_4 + 2H^+ + 2e = H_3AsO_3 + H_2O$	0.577	$1\,mol/L\ HCl,\ HClO_4$
	0.07	$1\,mol/L\ NaOH$
$Ce^{4+} + e = Ce^{3+}$	1.70	$1\,mol/L\ HClO_4$
	1.75	$3\,mol/L\ HClO_4$
	1.61	$1\,mol/L\ HNO_3$
	1.44	$1\,mol/L\ H_2SO_4$
	1.42	$4\,mol/L\ H_2SO_4$
	1.28	$1\,mol/L\ HCl$
$Cr_2O_7^{2-} + 14H^+ + 6e = 2Cr^{3+} + 7H_2O$	1.00	$1\,mol/L\ HCl$
	1.08	$3\,mol/L\ HCl$
	1.10	$2\,mol/L\ H_2SO_4$
	1.15	$4\,mol/L\ H_2SO_4$
	1.025	$1\,mol/L\ HClO_4$

半反应	$\varphi^{\ominus\prime}/V$	介质
$Fe^{3+} + e = Fe^{2+}$	0.70	1mol/L HCl
	0.68	3mol/L HCl
	0.68	$0.1 \sim 4$mol/L H_2SO_4
	0.732	1mol/L $HClO_4$
	0.51	1mol/L HCl + 0.25mol/L H_3PO_4
$FeY^- + e = FeY^{2-}$	0.12	0.1mol/L EDTA，pH = 4 ~ 6
$Fe(CN)_6^{3-} + e = Fe(CN)_6^{4-}$	0.56	0.1mol/L HCl
$I_3^- + 2e = 3I^-$	0.5446	0.5mol/L H_2SO_4
$MnO_4^- + 8H^+ + 5e = Mn^{2+} + 4H_2O$	1.45	1mol/L $HClO_4$
$SnCl_6^{2-} + 2e = SnCl_4^{2-} + 2Cl^-$	0.14	1mol/L HCl
	0.10	5mol/L HCl
$Sn^{2+} + 2e = Sn$	−0.20	1mol/L HCl 或 0.5mol/L H_2SO_4

附录7　难溶化合物的溶度积($18 \sim 25℃$，$I = 0$)

难溶化合物	K_{sp}	pK_{sp}	难溶化合物	K_{sp}	pK_{sp}
$Al(OH)_3$	1.3×10^{-33}	32.9	CuBr	5.2×10^{-9}	8.28
AgBr	5.0×10^{-13}	12.30	CuI	1.1×10^{-12}	11.96
AgCl	1.8×10^{-10}	9.75	CuS	6.0×10^{-36}	35.2
Ag_2CrO_4	2.0×10^{-12}	11.70	$Fe(OH)_3$	4.0×10^{-38}	37.4
AgI	9.3×10^{-17}	16.03	$Fe(OH)_2$	8.0×10^{-16}	15.1
Ag_2S	2.0×10^{-49}	48.70	FeS	6.0×10^{-18}	17.2
AgSCN	1.0×10^{-12}	12.00	Hg_2Cl_2	1.3×10^{-18}	17.88
$BaCO_3$	5.1×10^{-9}	8.29	$MgNH_4PO_4$	2×10^{-13}	12.7
$BaCrO_4$	1.2×10^{-10}	9.93	$Mg(OH)_2$	1.8×10^{-11}	10.74
$BaSO_4$	1.1×10^{-10}	9.96	$PbCrO_4$	2.8×10^{-13}	12.55
$Bi(OH)_3$	4×10^{-31}	30.4	$Pb(OH)_2$	1.2×10^{-15}	14.93
$CaCO_3$	2.9×10^{-9}	8.54	PbS	8×10^{-28}	27.1
CaF_2	2.7×10^{-11}	10.57	$Sn(OH)_2$	1.4×10^{-28}	27.85
$CaC_2O_4 \cdot H_2O$	2.0×10^{-9}	8.70	$Sn(OH)_4$	1×10^{-56}	56.0
$Ca_3(PO_4)_2$	2.0×10^{-29}	28.70	$Zn(OH)_2$	1.2×10^{-17}	16.92
$CaSO_4$	9.1×10^{-6}	5.04	ZnS	1.2×10^{-23}	22.92
CdS	7.1×10^{-28}	27.15			
$Cr(OH)_3$	6×10^{-31}	30.2			

附录8　相对原子质量

元素		相对原子质量	元素		相对原子质量	元素		相对原子质量
名称	符号		名称	符号		名称	符号	
银	Ag	107.87	氦	He	4.0026	铷	Rb	85.468
铝	Al	26.982	铪	Hf	178.49	铼	Re	186.21
氩	Ar	39.948	汞	Hg	200.59	铑	Rh	102.91
砷	As	74.922	钬	Ho	164.93	钌	Ru	101.07
金	Au	196.97	碘	I	126.90	硫	S	32.066
硼	B	10.811	铟	In	114.82	锑	Sb	121.76
钡	Ba	137.33	铱	Ir	192.22	钪	Sc	44.956
铍	Be	9.0122	钾	K	39.098	硒	Se	78.96
铋	Bi	208.98	氪	Kr	83.80	硅	Si	28.086
溴	Br	79.904	镧	La	138.91	钐	Sm	150.36
碳	C	12.011	锂	Li	6.941	锡	Sn	118.71
钙	Ca	40.078	镥	Lu	174.97	锶	Sr	87.62
镉	Cd	112.41	镁	Mg	24.305	钽	Ta	180.95
铈	Ce	140.12	锰	Mn	54.938	铽	Tb	158.92
氯	Cl	35.453	钼	Mo	95.94	碲	Te	127.60
钴	Co	58.933	氮	N	14.007	钍	Th	232.04
铬	Cr	51.996	钠	Na	22.990	钛	Ti	47.867
铯	Cs	132.91	铌	Nb	92.906	铊	Tl	204.38
铜	Cu	63.546	钕	Nd	144.24	铥	Tm	168.93
镝	Dy	162.50	氖	Ne	20.180	铀	U	238.03
铒	Er	167.26	镍	Ni	58.693	钒	V	50.942
铕	Eu	151.96	氧	O	15.999	钨	W	183.84
氟	F	18.998	锇	Os	190.23	氙	Xe	131.29
铁	Fe	55.845	磷	P	30.974	钇	Y	88.906
镓	Ga	69.723	铅	Pb	207.2	镱	Yb	173.04
钆	Gd	157.25	钯	Pd	106.42	锌	Zn	65.39
锗	Ge	72.61	镨	Pr	140.91	锆	Zr	91.224
氢	H	1.0079	铂	Pt	195.08			

附录9 化合物的相对分子质量

化合物	相对分子质量	化合物	相对分子质量
$AgBr$	187.77	$FeSO_4$	151.90
$AgCl$	143.35	$FeSO_4 \cdot 7H_2O$	278.01
$AgCN$	133.89	$FeSO_4 \cdot (NH_4)_2SO_4 \cdot 6H_2O$	392.13
Ag_2CrO_4	331.73	H_3AsO_3	125.94
AgI	234.77	H_3AsO_4	141.94
$AgNO_3$	169.87	H_3BO_3	61.83
$AgSCN$	165.95	HBr	80.912
Al_2O_3	101.96	HCl	36.461
$Al(OH)_3$	78.00	$HClO_4$	100.47
$Al_2(SO_4)_3$	342.14	HCN	27.026
As_2O_3	197.84	$HCOOH$	46.026
As_2O_5	229.84	CH_3COOH	60.052
As_2S_3	246.02	H_2CO_3	62.025
$BaCl_2 \cdot 2H_2O$	244.27	$H_2C_2O_4$	90.035
$Ba(OH)_2$	171.34	$H_2C_2O_4 \cdot 2H_2O$	126.07
$BaSO_4$	233.39	HF	20.006
$CaCl_2$	110.99	HI	127.91
$CaCO_3$	100.09	HIO_3	175.91
CaC_2O_4	128.10	HNO_3	63.013
CaO	56.08	HNO_2	47.013
$Ca(OH)_2$	74.09	H_2O	18.015
$CdCl_2$	183.32	H_2O_2	34.015
$Ce(SO_2)_2$	332.24	H_3PO_4	97.995
$CoCl_2$	129.84	H_2S	34.08
$CoCl_2 \cdot 6H_2O$	237.93	H_2SO_3	82.07
Cr_2O_3	151.99	H_2SO_4	98.07
CO_2	44.01	$HgCl_2$	271.50
$CO(NH_2)_2$	60.06	Hg_2Cl_2	472.09
$CuCl_2$	134.45	HgI_2	454.40
CuI	190.45	$Hg_2(NO_3)_2$	525.19

化合物	相对分子质量	化合物	相对分子质量
$Cu(NO_3)_2$	187.56	$Hg(NO_3)_2$	324.60
CuO	79.545	HgO	216.59
Cu_2O	143.09	HgS	232.65
$CuSO_4$	159.60	I_2	253.81
$CuSO_4 \cdot 5H_2O$	249.68	$KAl(SO_4)_2 \cdot 12H_2O$	474.38
$FeCl_3$	162.21	KBr	119.00
FeO	71.846	$KBrO_3$	167.00
Fe_2O_3	159.69	KCl	74.551
Fe_3O_4	231.54	$KClO_3$	122.55
KCN	65.12	Na_3PO_4	163.94
K_2CO_3	138.21	$Na_2S \cdot 9H_2O$	240.18
K_2CrO_4	194.19	$NaSCN$	81.07
$K_2Cr_2O_7$	294.18	Na_2SO_3	126.04
$KHC_4H_4O_6$	188.18	Na_2SO_4	142.05
$KHC_8H_4O_4(KHP)$	204.22	$Na_2S_2O_3 \cdot 5H_2O$	248.2
$KHSO_4$	136.16	NH_4Cl	53.491
KI	166.00	CH_3COONH_4	77.08
KIO_3	214.00	$(NH_4)_2CO_3$	96.086
$KMnO_4$	158.03	$(NH_4)_2C_2O_4$	124.10
$KNaC_4H_4O_6 \cdot 4H_2O$	282.22	NH_4HCO_3	79.055
KNO_3	101.10	$(NH_4)_2HPO_4$	132.06
KNO_2	85.104	$NH_3 \cdot H_2O$	35.05
KOH	56.106	$(NH_4)_2MoO_4$	196.01
$KSCN$	97.18	NH_4NO_3	80.043
K_2SO_4	174.25	$(NH_4)_3PO_4 \cdot 12MoO_3$	1876.35
$MgCl_2 \cdot 6H_2O$	203.30	NH_4SCN	76.13
$MgNH_4PO_4$	137.32	$(NH_4)_2SO_4$	132.13
MgO	40.304	NO	30.006
$Mg_2P_2O_7$	222.55	NO_2	46.006
$MgSO_4 \cdot 7H_2O$	246.47	P_2O_5	141.94
MnO_2	86.937	PbC_2O_4	295.22
$MnSO_4$	151.00	$PbCl_2$	278.10

化合物	相对分子质量	化合物	相对分子质量
Na_3AsO_3	191.89	$PbCrO_4$	323.20
$Na_2B_4O_7 \cdot 10H_2O$	381.37	$Pb(CH_3COO)_2$	325.30
$NaBr$	102.91	$Pb(CH_3COO)_2 \cdot 3H_2O$	379.30
$NaCl$	58.44	$Pb(NO_3)_2$	331.20
$NaCN$	49.007	$PbSO_4$	303.30
Na_2CO_3	105.99	SO_2	64.06
$Na_2C_2O_4$	134.00	SO_3	80.06
$NaCH_3COO$	82.034	$SnCl_2 \cdot 2H_2O$	225.65
$NaC_7H_5O_2$(苯甲酸钠)	144.11	$SnCl_4$	260.52
$Na_3C_6H_5O_7 \cdot 2H_2O$(柠檬酸钠)	294.12	$Sr(NO_3)_2$	211.63
$NaHCO_3$	84.007	$ZnCl_2$	136.29
Na_2HPO_4	141.96	$Zn(CH_3COO)_2$	183.47
$Na_2H_2Y \cdot 2H_2O$	372.24	$Zn(NO_3)_2$	189.39
$NaNO_2$	68.995	ZnO	81.38
$NaNO_3$	84.995	$ZnSO_4$	161.44
$NaOH$	39.997	$ZnSO_4 \cdot 7H_2O$	287.54

附录 10　常用酸、碱溶液的密度和浓度

酸或碱	分子式	密度/(g/ml)	溶质的质量分数/%	$c/(mol/L)$
浓盐酸	HCl	1.19	37	12
浓硝酸	HNO_3	1.42	72	16
浓硫酸	H_2SO_4	1.84	96	18
冰醋酸	CH_3COOH	1.05	99.5	17
乙酸	CH_3COOH	1.04	34	6
浓氨水	$NH_3 \cdot H_2O$	0.90	28~30	15

参考文献

1. 武汉大学. 分析化学(上册). 第 5 版. 北京：高等教育出版社，2006
2. 李克安. 分析化学教程. 北京：北京大学出版社，2005
3. 全国质量管理和质量保证标准化技术委员会. GB/T 19000-2008 质量管理体系 基础和术语. 北京：中国标准出版社，2011
4. 中国国家标准化管理委员会. GB/T 5730.3-2006 生活饮用水标准检验方法水质分析质量控制. 北京：中国标准出版社，2007
5. 中国合格评定国家认可委员会. 检测和校准实验室能力认可准则. CANS/CL01(ISO/IEC 17025：2005)
6. 国家认证认可监督管理委员会编. 实验室资质认定工作指南. 实验室资质认定评审准则宣贯材料. 第 3 版. 北京：中国计量出版社，2007
7. 国家认证认可监督管理委员会编. 计量认证和审查认可工作文件汇编. 北京：中国计量出版社，2006
8. 邹学贤. 分析化学. 北京：人民卫生出版社，2006
9. 李发美. 分析化学. 第 7 版. 北京：人民卫生出版社，2011
10. 薛华. 分析化学. 第 2 版. 北京：清华大学出版社，1994
11. 刘桂芬. 卫生统计学. 北京：中国协和医科大学出版社，2006
12. 方积乾. 卫生统计学. 第 7 版. 北京：人民卫生出版社，2012
13. 华中师范大学，东北师范大学，陕西师范大学，等. 分析化学(上册). 第 4 版. 北京：高等教育出版社，2011
14. 胡琴，黄庆华. 分析化学. 北京：科学出版社，2009
15. 池玉梅. 分析化学. 北京：科学出版社，2012
16. 彭崇慧，冯建章，张锡瑜，等. 定量分析化学简明教程. 第 4 版. 北京：北京大学出版社，2009
17. 应武林，顾国耀. 分析化学. 第 5 版. 青岛：中国海洋大学出版社，2003
18. 黄世德，梁生旺. 分析化学. 北京：中国中医药出版社，2005
19. 符斌. ATC20 重量分析法. 北京：中国质检出版社，中国标准化出版社，2013
20. 高岐. 分析化学. 北京：高等教育出版社，2006
21. 彭珊珊，夏湘. 分析化学. 北京：中国计量出版社，2007
22. 郭爱民，杜晓燕. 卫生化学. 第 7 版. 北京：人民卫生出版社，2012
23. 黎源倩. 食品理化检验. 北京：人民卫生出版社，2006
24. 张克荣. 水质理化检验. 北京：人民卫生出版社，2006
25. 吕昌银，毋福海. 空气理化检验. 北京：人民卫生出版社，2006
26. 孙成均. 生物材料检验. 北京：人民卫生出版社，2006
27. 杨铁金. 分析样品预处理及分离技术. 北京：化学工业出版社，2007
28. 于世林，苗芬琴，杜洪光，等. 图解现代分析化学基本实验操作技术. 北京：科学出版社，2013
29. 孟凡昌，潘祖亭. 分析化学核心教程. 北京：科学出版社，2005

中英文名词对照索引